三式戦闘機「飛燕」

川崎キ61&キ100のすべて

Kawasaki Type 3 “Hien” & Type 5 Army Fighter

「丸」編集部 編

潮書房光人新社

よみがえった「飛燕」

三式戦二型改 試作17号機

取材・撮影＝藤森 篤
取材協力＝岐阜かがみがはら航空宇宙博物館

液冷エンジン最大の恩恵となる、胴体断面積の低減が理解できる。飛燕は日本唯一の液冷エンジン単座戦闘機だったが、速度と急降下性能を重視する欧州各国では、液冷エンジンが主流派だった。

三式戦闘機
「飛燕」

譲渡返還後の状態は決して良好ではなかったが、川崎重工が2015年から1年余を費やして、本格的な修復作業を施した結果、細部に至るまで極めて原型機に近い状態を取り戻した。

本機が搭載するハ一四〇発動機は、独ダイムラー・ベンツDB601をライセンス生産した、ハ四〇の出力向上型。機体と同様に本格的な修復作業を施し、単体展示されているため細部まで観察することができる。

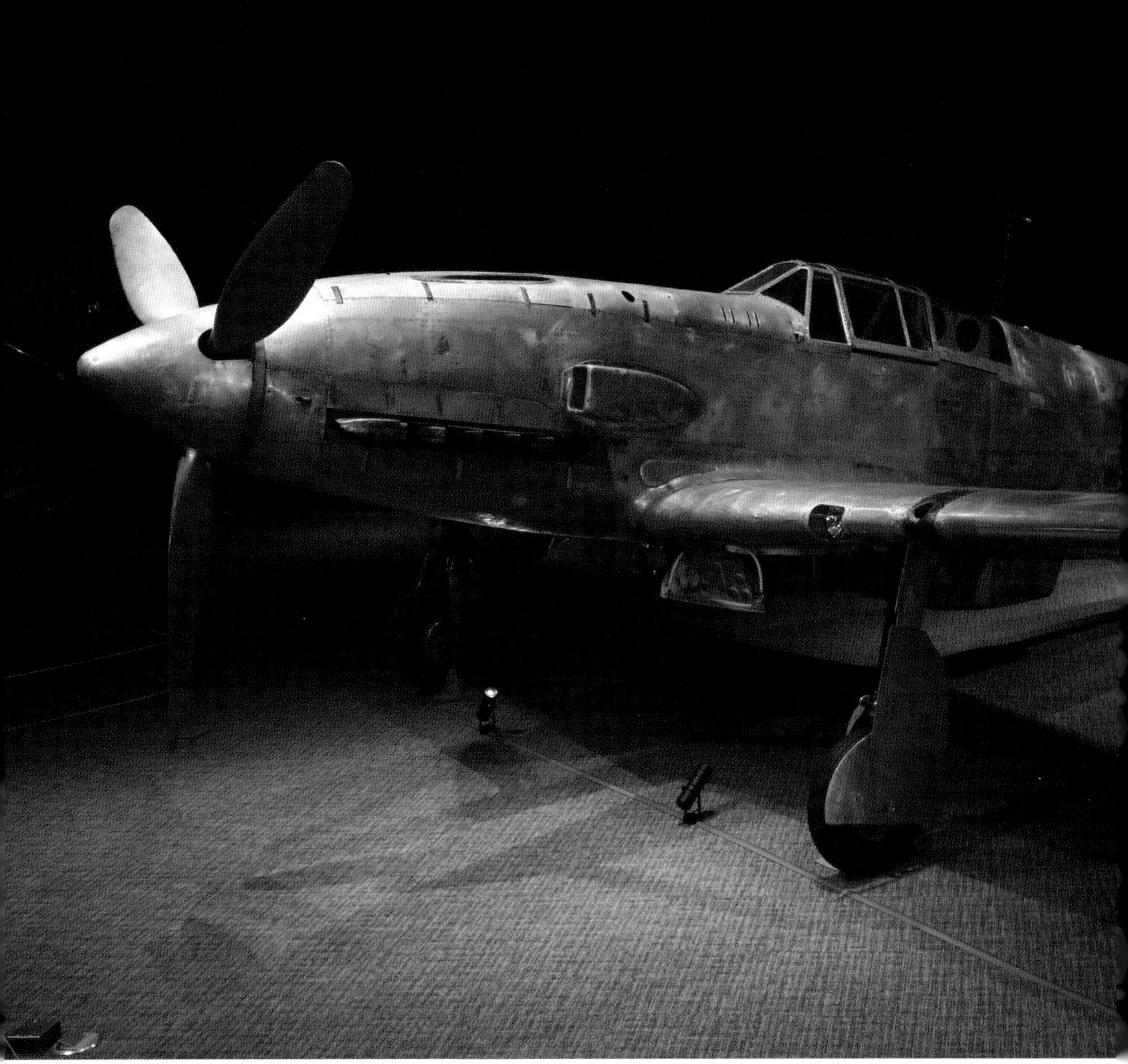

原形を保って現存する陸軍三式戦闘機『飛燕』は、岐阜かかみがはら航空宇宙博物館に展示されている二型（川崎キ六一Ⅱ改）が、もっか唯一無二。本機は戦時中、陸軍航空審査部所属の試作第17号機で、敗戦直後に福生飛行場で米軍に接収され横田基地で展示、1953年に日本航空協会へ譲渡返還された機体である。その後、航空自衛隊が保管・展示を行ない、知覧特攻平和会館での展示を経て、2015年から川崎重工が本格的修復作業を施し、現在に至っている。

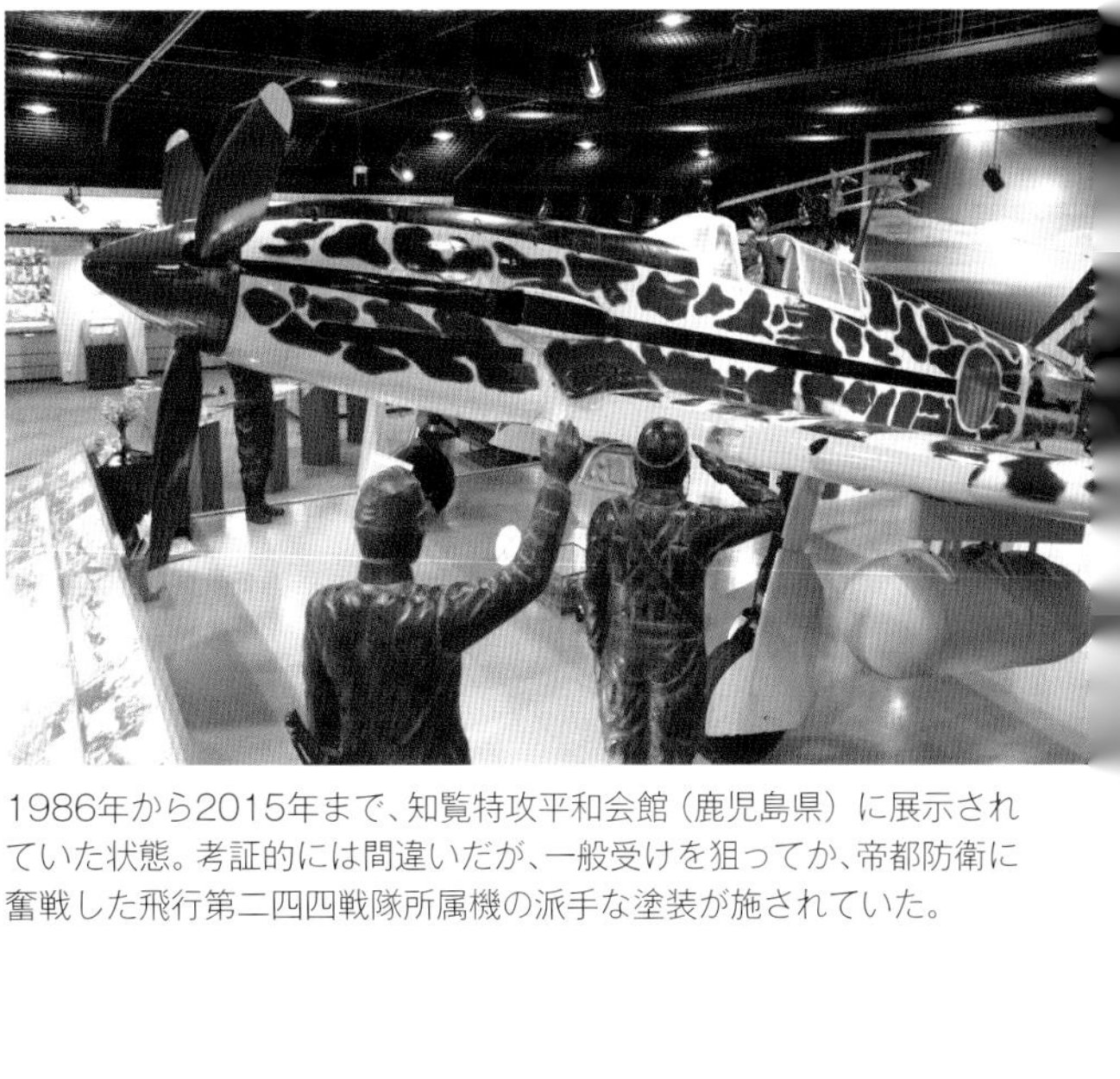

1986年から2015年まで、知覧特攻平和会館（鹿児島県）に展示されていた状態。考証的には間違いだが、一般受けを狙ってか、帝都防衛に奮戦した飛行第二四四戦隊所属機の派手な塗装が施されていた。

縦横比7.2という長大な主翼平面形は、通常型戦闘機では他に類を見ない。「軽戦闘機」「重戦闘機」という区分に捉われることなく、理想の戦闘機を追求する土井武夫主任技師と川崎設計陣が描いた開発思想の具現化である。

操縦席内部も完璧に再現され、欠品していた計器類は、東京航空計器が忠実な複製品を製作・装着した。それとは別に寄贈された原型機の計器盤が、単体展示されているのも非常に興味深い。

三式戦闘機
「飛燕」

傍らのアクリルケースには、各方面から寄贈された燃料噴射ポンプやピストン+コンロッド、さらには稼働率低下の元凶となったクランク軸ローラーベアリングなどが展示されており、興味は尽きない。

両翼下に装着した落下タンク二型。稀少金属ジュラルミンを節約するため、木材を使用している。落下タンクを装着した飛燕は、航続距離が最大3000キロにも延び、陸軍戦闘機屈指の航続性能を誇った。

ドイツ製液冷エンジン独特の流体式継手（可変速）過給器は、ハ一四〇発動機本体とは分離して単体で展示されているため、構造と機構が理解しやすい。

機体から取り外して単体展示されているラジエーター+オイルクーラー。三分割構造になっていて、左右両側が発動機冷却水用、中央は潤滑油冷却用だ。

伝承の陸鷲
クローズアップ
復元「飛燕」

三式戦闘機「飛燕」

解説＝小高正稔
取材協力＝川崎重工業株式会社

このアングルから見る三式戦Ⅱ型の機首は意外に柔らかでグラマラスな印象をうける。排気管の下などに発動機覆を固定する小さな長方形のファスナーが見えるが、この固定機構は三式戦Ⅰ型とも五式戦のものとも異なっており、段階的に洗練されていったことが復元の過程で明らかにされている

三式戦闘機は各型合計、約3000機が生産されたが、完全な形で現存する機体はこのⅡ型17号機のみである（本機以外ではオーストラリアでⅠ型の復元が進められていることが知られている）。この機体は終戦時、福生にあったもの。戦後は米軍基地内に展示されていたが、後に日本航空協会に移管され、さらに知覧に移され展示されていた。その間に部品の紛失や補修、リペイントが繰り返されていたが、今回の復元展示にあたって極力オリジナルに近い状態に近づけるように入念なリサーチが行なわれ、多くの知見が得られている。

復元なって神戸の展示会場で往時の姿を取り戻した三式戦Ⅱ型。延長された機首はスマートで力強い。このスタイルこそが「重戦」として完成した本来の三式戦の姿である。奥に見えるオートバイは時速400キロの速度記録を達成したモンスターマシン H2R

川崎重工業航空宇宙カンパニー各務原工場における復元作業。写真は復元作業もほぼ終わり、社内でのお披露目を前にした最終的な組み立て作業の様子。写真奥で取り付け中の発動機覆はオリジナルが失われていたため、極力正確に復元されたもの

クローズアップ復元「飛燕」

ほぼ復元なった三式戦Ⅱ型の機首部分。ハ-140の搭載にあわせて延長された機首はレンズの効果もあいまってなかなかにスマートかつ獰猛な印象を与えるが、1500馬力級のこのエンジンを搭載した状態こそ、計画時点での三式戦の完成形である

機体に装着されたラジエーターとラジエーターカバーを正面からみる。写真からも明らかにように飛燕のラジエーターは機体下面に接するように開口部を持つが、このために機体表面の境界層（空気の粘性によって生じる遅い空気の流れ）の影響を受け、これを意識したP-51などと比較して空力と効率の両面で不利があった（写真提供 : 川崎重工業株式会社）

復元した計器盤、配電盤、紫外線灯パネルを機体に搭載してフィットチェックを行なった状態。計器盤の鮮やかなベゼルが目を引くが、これは現存する残骸から明らかにされたものである。Ⅰ型とも五式戦とも異なる計器配置に注目したい。（写真提供 : 川崎重工業株式会社）

お披露目に向けて排気管覆などの細部も塗装されている。この部分は実機写真でも黒っぽく写っており、おそらくエナメルの焼付塗装だったのだろうと思われるが、今回の復元では塗装するにとどめられている。なお、黒色塗装はかかみがはら航空宇宙科学博物館に搬入後、剥離された

機体への固定作業の様子を横から見る。ラジエーターカバーそのものは、基本的に整流用、流量調整用の覆いでしかないため、2~3人で作業できるほどの重量でしかない。機体に貼られた白い紙は、スレを防ぐ保護用のもの

復元なった三式戦Ⅱ型の前に立つプロジェクトリーダーの冨田　光氏。復元作業には多くの社員が希望して参加したという。復元作業にあたっては3Dプリンターを活用した考証から手作業での板金など多様な手法が用いられているが、それを可能にしたのは冨田　光氏以下関係者の熱意と技術力である

機首とスピナー、プロペラのアップ。スピナーとプロペラはきれいに塗装されているように見えるが実はラッピングフィルム。これは最終的な展示場所となる各務原では塗装のない状態での展示となるためである。なお色調そのものは状態のよい現存機などを参考にしたもので、かなり正確である

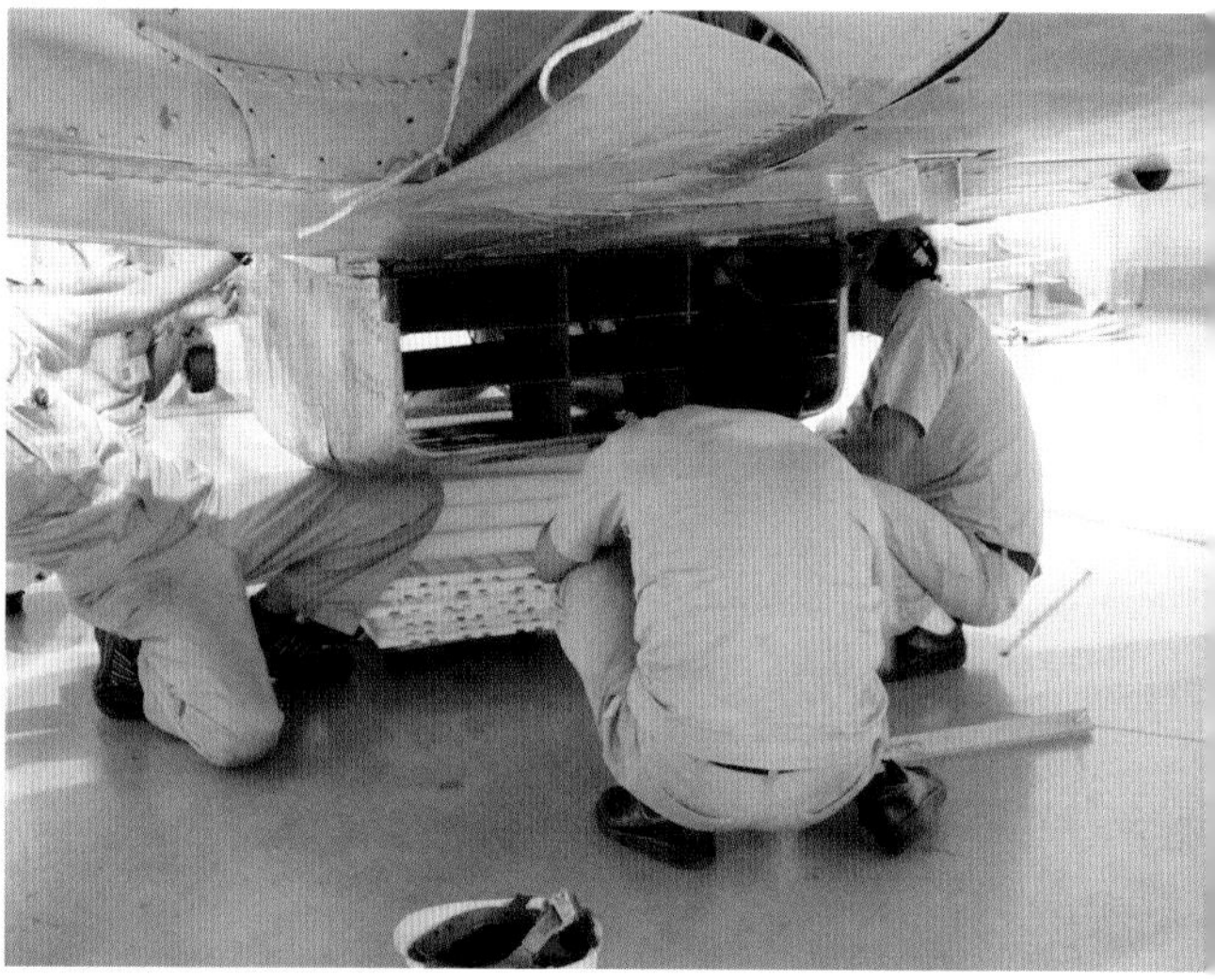

位置決めの出来たラジエーターカバーの様子を正面から見る。ラジエーター本体が未搭載のため正面から後がす抜けとなっているが、もちろんこれは本来の姿ではない。ラジエーターの正面面積はこうしてみると無視できない大きさで、各国の液冷機がその配置に工夫をこらしたのも理解できる

機体に装着するために運ばれるラジエーターカバー。ラジエーター本体も復元されたが図面や写真など正確な寸法・形状を示す資料が発見できなったために、搭載状態での展示は見送られ、カバーのみを取り付けた状態での展示となった

無事に神戸ポートターミナルホールに到着した胴体。小物部品から搬入中のようだ。主尾翼も取り外された胴体は養生されているせいもあって、印象が異なって見える（写真提供 : 川崎重工業株式会社）

やはり神戸での展示に向けて分解され、岐阜工場でトレーラに積まれた胴体の様子。しっかりと養生された状態で架台に載せられている。手前に見えるのは、一緒に輸送されるハ -140 エンジン（写真提供 : 川崎重工業株式会社）

移動のために岐阜工場でトレーラに積まれている主翼。往時の分解輸送時は木枠で保護して運ばれていたが、現在ではこのような輸送方法となる。トレーラのサイズはあつらえたようにぴったりなのが面白い（写真提供 : 川崎重工業株式会社）

ホールに搬入される胴体の機首部分を捉えた一枚。搬入作業の緊張感と共に、機体と人間の大きさの対比にも注目したい（写真提供 : 川崎重工業株式会社）

展示ホールに搬入される主翼。知覧特攻平和会館の扉に比べればはるかに広く、楽々通過できたとは、作業に立ち会った川崎関係者の弁（写真提供 : 川崎重工業株式会社）

展示にむけて神戸ポートターミナルホールでカニクレーンを使用し組み立てを行なっている様子。機体後部を吊っているパイプは、まさにその用途のために設けられている貫通孔を利用しているのが興味深い（写真提供 : 川崎重工業株式会社）

ポートターミナルホールで組み立て作業は進んでゆく。主脚も組み付けられ三点姿勢も取れるようになった。尾翼やラジエーターの取り付けはこれからであるが、だいぶ飛行機らしくなってきた印象（写真提供 : 川崎重工業株式会社）

機体横に展示された三式戦II型の心臓であるハ-140。1000馬力級のハ-40ではややアンダーパワー気味であった三式戦は、1500馬力を発揮するハ-140への換装によって本来の力を発揮するはずであったが、生産遅延などによって十分に真価を発揮できなかった。エンジンの下には鏡が置かれ、底部にある燃料噴射装置なども観察できるようになっているのは素晴らしい展示上の工夫といえるだろう

別アングルから見た組み立て中の飛燕。すでに胴体と主翼は固定されているようだが、主脚や動翼の取り付けはこれから。クラシカルな戦闘機と現用の作業機械という、新旧のメカニクスの対比が面白い一枚（写真提供 : 川崎重工業株式会社）

正確に復元された着陸灯など、主脚付近のアップ。着陸灯は細部の再現度が相当に高い。一方で車輪は米軍機のものを転用したままでトレッドパターンなども全く異なるが、ホイール側にオリジナルの部品が残っている可能性があるためにあえて換装していないとのこと。技術遺産としての保存という意味では、これも一つの考え方ではあるだろう

展示ホール内の三式戦と H2R を回廊上から見下ろしたショット。アスペクト比の高い細長い主翼は、翼幅荷重を重視したもので九七式戦闘機と採用を争ったキ28 などと共通する川崎戦闘機の特徴であり、設計者である土井技師の設計哲学と個性が強く現われるポイント

クローズアップ復元「飛燕」

三式戦闘機「飛燕」

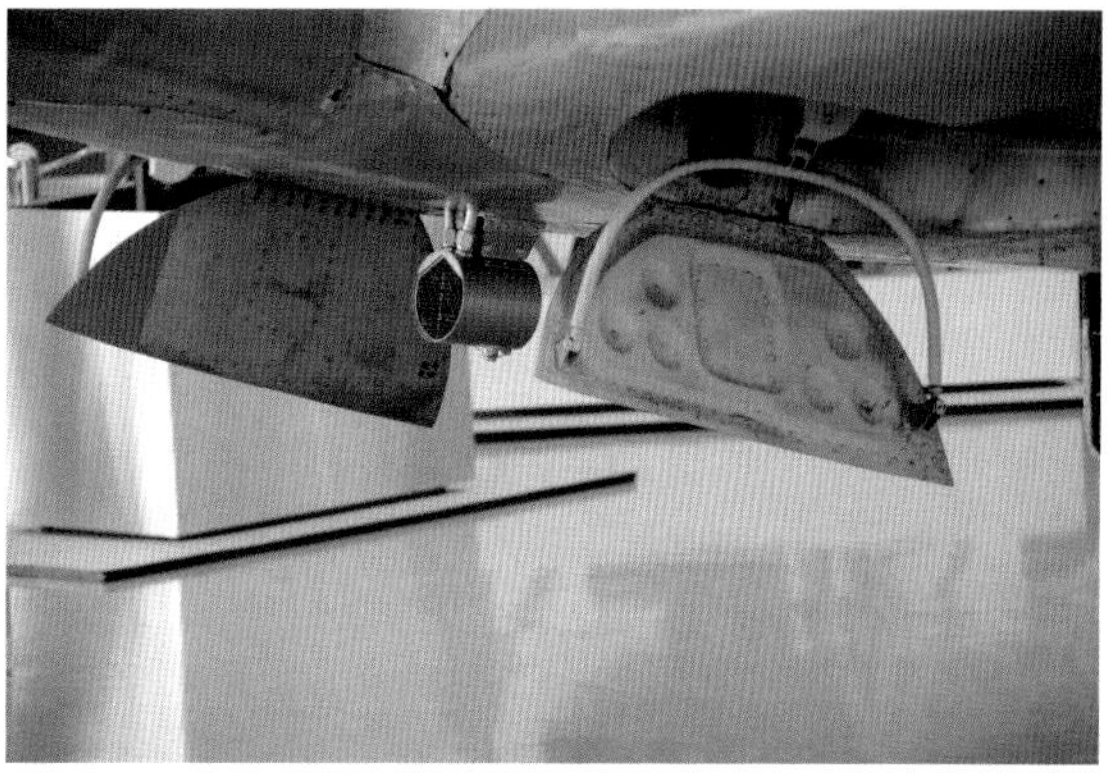

胴体下の小さな冷却器は燃料冷却器。復元品であるが、ラジエター同様に実際に機能するように製造されている。燃料冷却器はガソリンが燃料パイプ内で気化し、気泡が生じることでエンジントラブルが生じることを予防するもの。ちなみにこの現象はパーコレーションと呼ばれるが正しいが、習慣的にベーパーロックとも呼ばれることもある

後部から見た三式戦。シルバードープで仕上げられた動翼の質感などはモデラーの参考になるかもしれない。尾翼のフィレットは意外にゴツイが、このあたりになると機体表面を流れる空気も乱れており、あまり機体表面の平滑に神経質になる必要もないということか

正面から見た三式戦。液冷エンジン機らしく細い胴体が印象的。操縦席付近では矩形の断面である胴体はエンジン部をへて最前部で真円にいたるが、こうして見ると発動機覆のラインは意外に複雑で「色気」を感じさせる

1944年5月に撮影された、ニューギニア・ホランジアに残された三式戦一型。主翼の上で指をさしている人物は、後に38機撃墜で米空軍第2位のエースとなるトーマス・マクガイア少佐（最終）で、胴体をはさんだ向かい側手前の人物は、P-38を使用した431FSの初代司令であるフランクリン・ニコルス少将（最終）といわれる。

カラーフィルムの残されたTONY

写真提供＝Justin Taylan／杉山弘一　解説＝宮崎賢治

ホランジア飛行場を使用した部隊は、第68戦隊、第78戦隊があり、この三式戦もどちらかに所属したものであろう。塗装は、アルミ地肌のうえに濃緑色で迷彩が施されており、スピナー、プロペラは茶色である。期待の新鋭機としてニューギニアに投入された三式戦であるが、P-38ライトニングには苦戦を余儀なくされた。

戦後米国で撮影された三式戦二型。米軍の引き渡し要求リストに三式戦二型も含まれており、伊丹飛行場で４機が準備されていたが、実際に米国に渡った機数は分かっていない。米国では、後に多くの捕獲機が公園などに展示されたが、この機体もどこかで展示されていた様だ。傷みもなく、オリジナル状態が良く分かる写真である。

横田基地に展示されていたころの三式戦二型 17 号機（巻頭カラーと同じ機体）。1953 年の返還より少し前の時期に、撮影されたのではないかと思われる。この機体は、展示中の傷みを米軍が何度か修復しており、写真の時期には補助翼の羽布以外の外観はきれいに整えられている。尾翼の 17 が黒文字となっているが、もともとは赤で記入されていた。

撮影＆文＝戸村裕行／追加解説＝宮崎賢治

海底のレクイエム
ゼロ・ポイントに眠る「飛燕」

胴体部分は、外観の判別が難しいほど崩れており、サンゴなどにも覆われてしまっているが、内部には特徴的な油圧操作箱や潤滑油タンクも残っている

主翼は、胴体に比べると状態は良く、ほぼ原形を保っている。どういった経緯でこの地に眠る事になったのかは不明だが、場所から考えると戦闘による損失ではなく、移動中に故障により不時着したものかもしれない

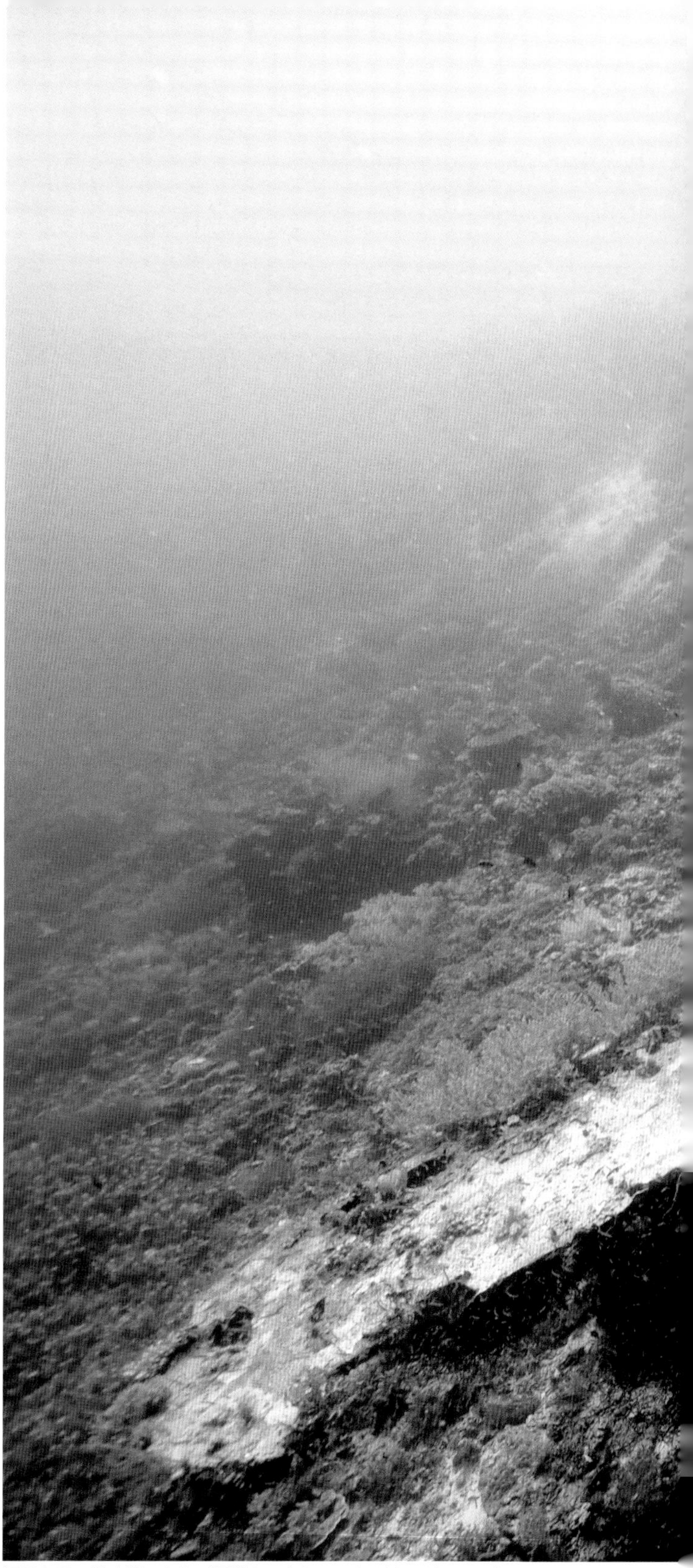

旧日本軍の航空機であれば零戦といわれることが多いが、このゼロ・ポイントのゼロも零戦を意味したものだ。「飛燕」の主翼は、翼幅12m で零戦と同じだが、アスペクト比が 7.2 と高く、より細く長い印象を与える

ニューギニア島西端にあるインドネシア、西パプワ州の州都、マノクワリ。チェンデラワシ湾に面したこの街はかつて日本海軍なども寄港した港街であり、湾内の海底には日本の輸送船「神和丸」なども眠っている。そのマノクワリから南南東に船を走らせ数日、リッポン島のリーフ、水深 8 ～ 12 mがこの「飛燕」の沈んでいる場所だ。このリッポン島の位置は、フィリピン側からラバウル方面に進出する時の中継地だった、バボとホランジアを結ぶ経路上にある。機体の一部は引き上げられたと言われ、現在は操縦席と主翼のみが残る状態だ。また機体は、ダイビングポイントとしても確立されており、現地では「ゼロ・ポイント」と呼ばれている。

取材協力：ダイブドリームインドネシア　http://dive-dream-indonesia.com/

「飛燕」一型甲の帰還と1/1 FRP製機

機体写真提供＝武 浩
写真解説＝清水浩介

胴体後方に置かれた尾部。水平尾翼の昇降舵の一部が残っています

「飛燕」の帰還に尽力した関係者。347号機のコクピットに収まるのは購入者の武浩氏、右から2人目は68戦隊整備将校・足立昌敏大尉ご子息の山根圭介氏、右端は仲介者の筆者（清水浩介）。後ろに写っているのは筆者所蔵の軍装を装着したマネキン

機体とともに帰還した「飛燕」の発動機・川崎ハ40（右）と、ドレミコレクションがKawasakiとコラボレーションして作ったZ900RSカスタムです

ニューギニアで回収された三式戦闘機「飛燕」一型甲が日本に帰ってきました。岡山県倉敷市のドレミコレクション代表・武浩氏が、オーストラリアの航空機コレクターから購入したもので、旧日本軍機の収集をしている筆者（清水）も、仲介等でお手伝いさせていただきました。2017年11月28日に愛媛県今治港に陸揚げされた機体は、現在、倉敷のドレミコレクションで大切に保存されています。この機体は、製造番号から昭和18年製の347号機（右の写真）と177号機（尾翼部分のみ）と判明しており、347号機の尾翼には飛行第68戦隊の戦隊塗装が剥げた跡があります。ウエワクの第68戦隊第2中隊の整備将校だった足立昌敏大尉の戦時中の整備日誌（ご子息・山根圭介氏所蔵）によって、347号機は同戦隊第2中隊機とわかりました。機体を購入した当初、武氏は復元を計画しておりましたが、戦中・戦後の長い歴史が刻まれ、各部にオリジナルの塗装を残すこの機体は、敢えて現状のまま保存するのが最善と判断しました。現在、機体の公開に向け準備を進めています。詳細はいずれ公表しますが、皆さんがびっくりするような展示方法を考えています。

三式戦闘機
飛燕

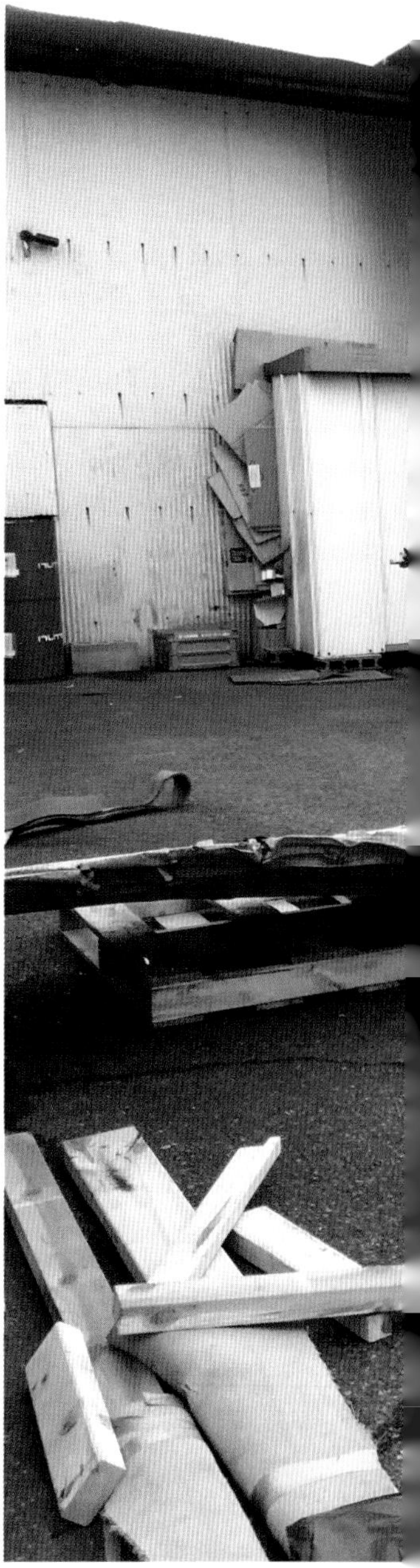

2017年11月、オーストラリアから帰国後に倉敷市の購入者・武浩氏のガレージ前に並べられた三式戦闘機「飛燕」347号機の機体。尾部胴体の切断部に巻かれた白帯塗装は分隊長機を示しています。プロペラが折れ曲がっているので不時着した機体と考えられます

うっすらと飛行第68戦隊の戦隊塗装（本書p.35参照）が剥げた跡が残る347号機の垂直尾翼

引き込み式の尾脚。尾輪はソリッド・タイプのゴム車輪です

ニューギニアのアレクシシャフェン飛行場で発見された当時の「飛燕」347号機。1963年、Charles Dardy氏が撮影

日本に帰還した「飛燕」の機体はニューギニアのマダン州アレクシシャフェンで発見された飛行第68戦隊機です。同戦隊整備将校・足立昌敏大尉の手書きの整備日誌には、機体の整備記録や稼働状況が詳細に書かれています。この記録を読むと、ニューギニア前線基地での「飛燕」の整備作業がいかに大変だったかがわかります。また足立大尉の日誌には、機体の状況だけでなく操縦者に関する記述もあり、当時の戦闘状況を伝えてくれています。

陸軍飛行第68戦隊整備将校・足立昌敏大尉（ご子息・山根圭介氏提供）

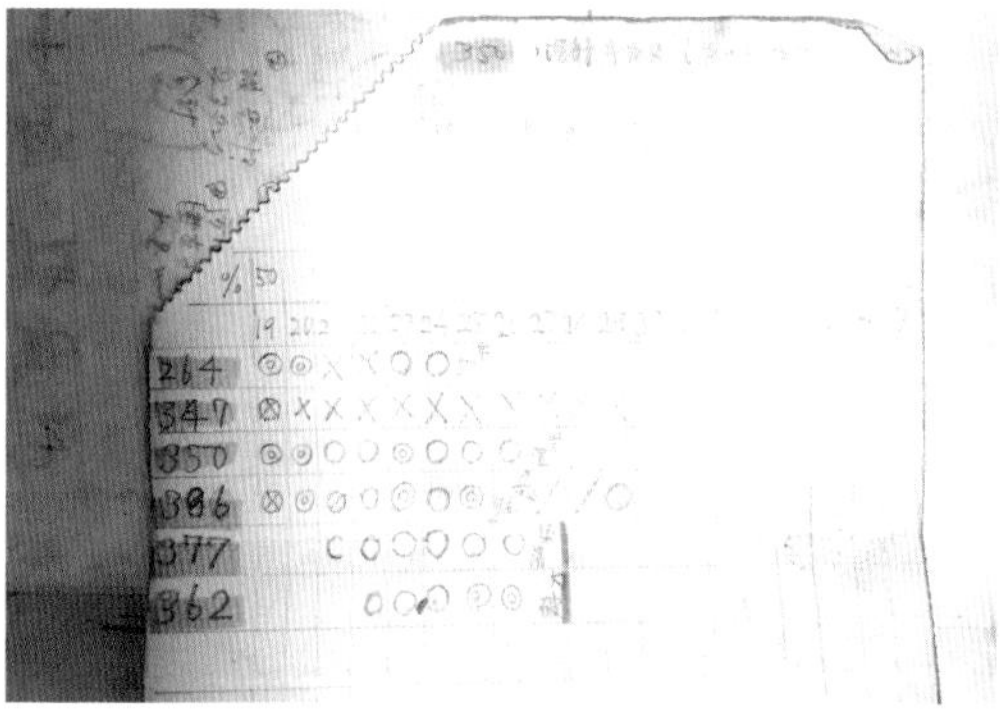

整備将校・足立昌敏大尉の機体稼働記録。昭和18年9月の状況を記録したもので、347号機の欄には×印が並んでいます（ピンクの線は戦後書かれたもの）

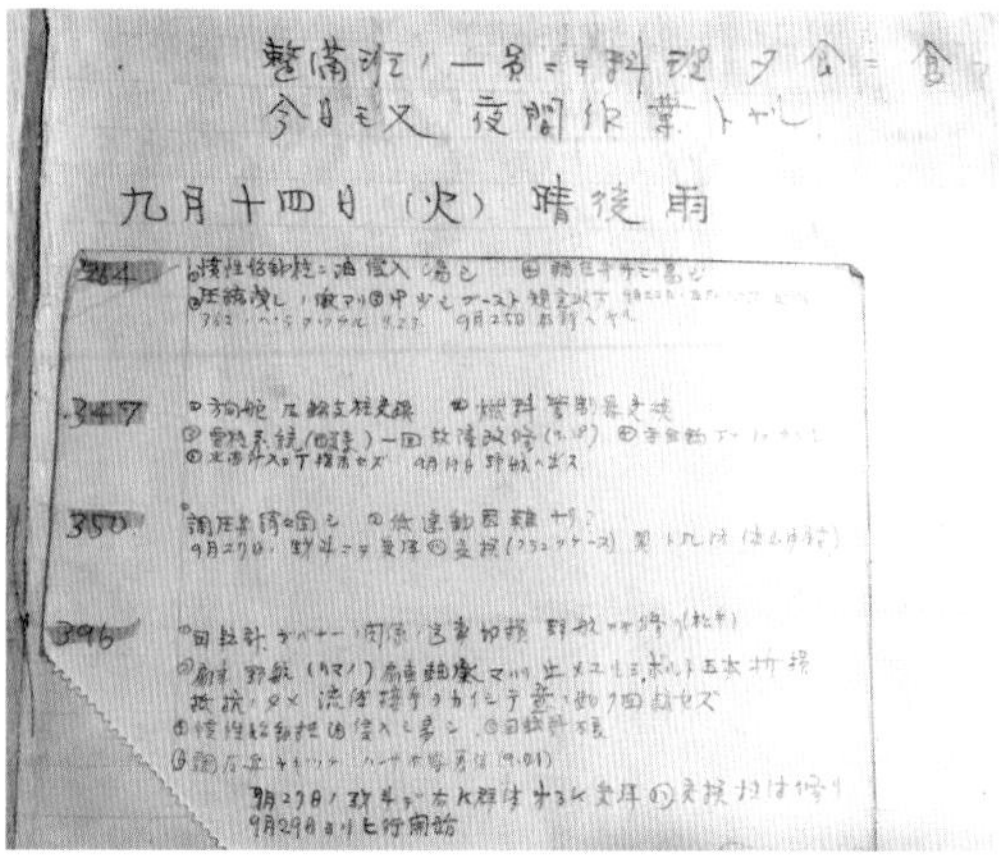

足立大尉による整備記録。347号機ほか各機の整備状況が書き込まれています（ピンクの線は戦後書かれたもの）

1980年ごろにニューギニアでCharles Dardy氏が撮影した「飛燕」347号機

1/1 の FRP 製「飛燕」。東京モーターサイクルショー 2020 に展示のため製作されましたが、コロナ禍でショーは開催中止、展示はかないませんでした。コクピットに立つのは、オーナーの武浩氏

後方から見た FRP「飛燕」。手前には増槽やラジエターカバー等のパーツが置かれています

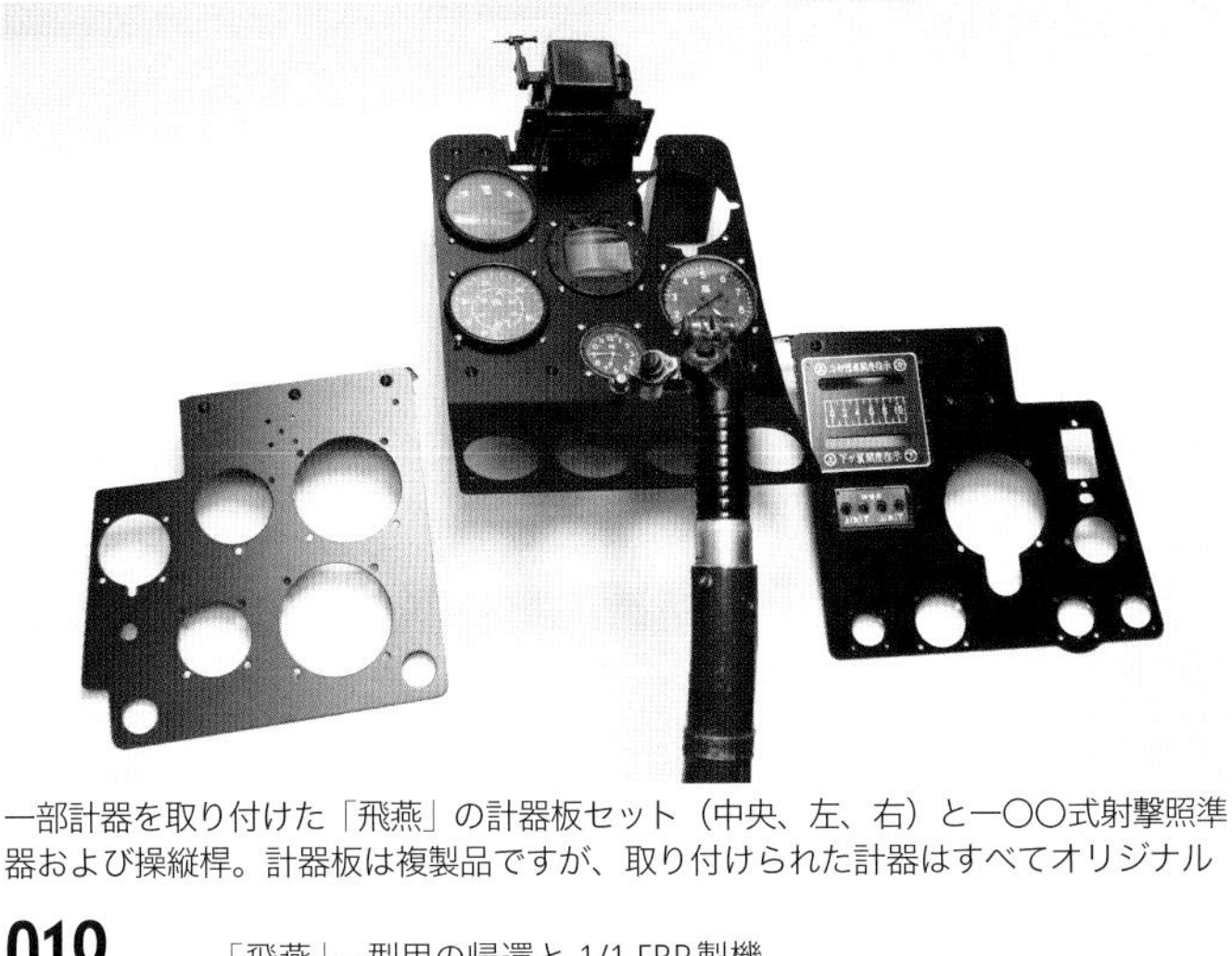

一部計器を取り付けた「飛燕」の計器板セット（中央、左、右）と一〇〇式射撃照準器および操縦桿。計器板は複製品ですが、取り付けられた計器はすべてオリジナル

海外のコレクターから武氏が購入した「飛燕」の操縦桿。実物にはなかなかお目にかかれない貴重なものです

操縦桿の上部（左方が前方）。上端のボタンと、銃の引き金状のレバーが胴体と翼内の機関砲発射装置。操縦桿左のボタンは送話受話切替開閉器

「飛燕」一型でも使用していた一〇〇式射撃照準器。国内のコレクターから武氏が入手したもの

川崎ハ40/140発動機の原型 ダイムラーベンツDB601

撮影・取材＝**藤森 篤**／撮影＝**佐藤雄一**(V.A.E.)
Photo & Text by **Atsushi “Fred” Fujimori** Photo by **Yuichi Sato** (V.A.E.)

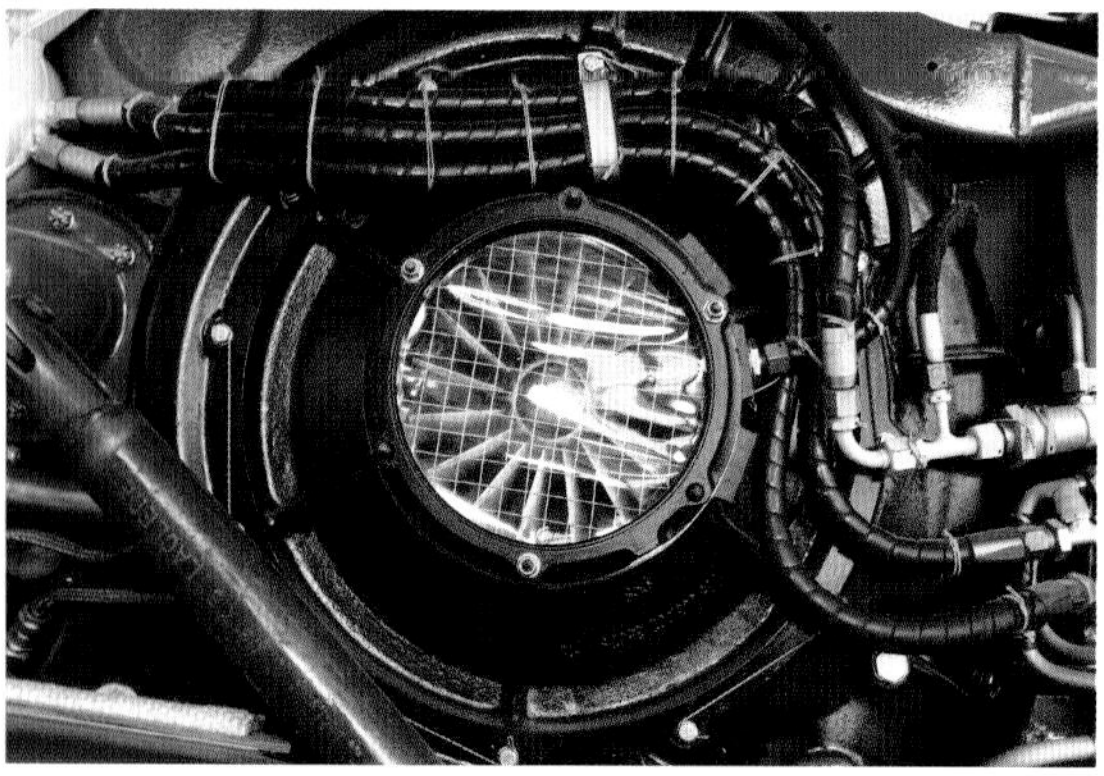

フィルターを取り外すと過給器とその内部にインペラーが覗く。なお透明ビニールは、内部へ埃を侵入させないための保護カバーだ。

機首左側面に設けた過給器の空気取り入れ口。飛行中のBf109に左側から接近すると“キーン”という高周波音がはっきり聞こえる。

DB601で飛行する稀少なBf109E-4。この製造番号3579、“ホワイト14”は、かつて158機を撃墜して“アフリカの星”と讃えられたハンスJ.マルセイユ大尉（戦死時）の愛機だった。

エンジンオイルを冷却するオイルクーラーは、吸入効率の良い機首下面に配置。その前方に見える銀色の円筒は、左右Vバンク間に倒立で装着されたボッシュ製燃料噴射ポンプの一部だ。

三式戦闘機「飛燕」

三式戦闘機飛燕が搭載するハ40発動機（二型は改良型ハ140）は、日本陸軍が独ダイムラーベンツDB601の製造権を買い取り、川崎航空機が国内生産したエンジンである。だが当時の日本には、まだ1000馬力級液冷V型エンジンを、完璧に生産・運用できる技術も経験もなく、さらに加工精度不良、未熟な冶金技術、工作機械の不足など多岐に及ぶ原因から、稼働率が極めて低く飛燕のアキレス腱となった。

それもそのはずで、“モーターカノン”を実装するための倒立V型気筒配列、燃料噴射装置、可変速式過給器、ローラーベアリングの多用など、当時の最先端技術を集約したDB601は、当事国のドイツでさえ生産初期には不良率の高さに悩まされ、補助戦闘機として空冷星型エンジンのフォッケウルフFw190導入に、踏み切らざるを得なかったほどだ。実はBf109とFw190の相関関係は、後に“首なし”飛燕が五式戦闘機に生まれ替わった事情と、「DB601不調」という原因では共通しており、何か因縁を感じさせる。

残念ながら稼働するハ40発動機は現存しないが、その母体となったDB601は、ごく少数ながら再生されてBf109に搭載し、いまも欧米の空を翔けている。そこで、めったにお目にかかれないDB601の内部構造と先鋭的メカニズムを、専門ファクトリーでの再生作業過程から、じっくりご覧に入れよう。

再生作業が完了したDB601は、大型トラックの荷台に設置したテストベッドに架装して、様々な状態で試運転を繰り返す。すべて問題なければ箱詰めされてオーナーの元へ届けられ、別の専門ファクトリーで復元されたBf109に搭載して、再び大空を翔けることになるのだ。

“モーターカノン”を具現した倒立V型

完成に近づいたDB601。作業台へ天地逆に架装されている点に注目。バルブ系統が下側にくる倒立V型は、現場の整備性にやや難があるのだ。

Daimler-Benz DB601A

型式：液冷倒立60度V型12気筒
排気量：33.9ℓ
ボア×ストローク：150 × 160 mm
圧縮比：6.7：1
減速比：1：1.55
全長：1,722mm
全幅：705mm
乾燥重量：610kg
過給器：遠心式1段
（流体カップリングによる可変速）
離昇出力：1,050hp ／ 2,400rpm

→クランクケースを正面から見ると倒立V型の特長が際立つ。上はクランクシャフト穴、下がプロペラ軸穴で、ここを通して20mm機関砲弾を発射する。

←中央の四角い部分が、20mm機関砲の取り付け部、丸穴は弾頭通過経路。ただし振動等の問題で、“モーターカノン”が実装されたのはBf109F型からだった。

シリンダーヘッド／クランクケース

バルブ系パーツを組み込んだシリンダーヘッドとクランクケースの合体作業。当時の治具と専用工具がない現代では、かなり難作業だ。

各気筒の吸排気系は効率が優れた先進の4バルブ、ロッカーアームはローラー方式で、シングルカムにより作動する。なお排気バルブは中空で、冷却用として内部に液体ナトリウムが封入されている。

シリンダーヘッドは一体構造鋳造品で、部品点数は少ないが重量は重くなる。シリンダーライナーがクランクケースと噛み合い、下部に刻まれたネジ山に特殊ナットを締め込んで双方が結合される。

クランクケースを裏返した状態。6個並んだ穴にシリンダーライナーが噛み合って、シリンダーヘッドが固定される。ちなみにシリンダーのはさみ角は60度である。

クランクケースは一体鋳造構造のうえ、内部は非常に高精度な機械加工が要求される。熟練工と工作機械が不足していた大戦末期の日本では、製造がさぞや困難であろう。

まだ何も組み付けられていない素の状態のクランクケースは、意外なほどあっさりした造形。この状態が正立で、上側の縁にはアッパーカバーを固定する無数のスタッドボルトが埋め込まれている。

クランクシャフト／ピストン&コンロッド

三式戦闘機
飛燕

クランクケースに組み込まれたクランクシャフトは、かなり高い位置に配置されており、倒立V型エンジン特有の構造が、明確に理解できるだろう。

V型エンジンのクランクシャフトは、空冷星型エンジンとは比較にならないほど長く、非常に高い剛性が要求される。当時の日本は加工精度と冶金技術が劣っていたため、ハ40では破損が続出した。

クランクシャフトをクランクケースへ固定するメインジャーナルは、各4本ずつのスタッドボルトに加えて、貫通アンカーボルトがケースの変形を抑制して、剛性を高める非常に凝った構造だ。

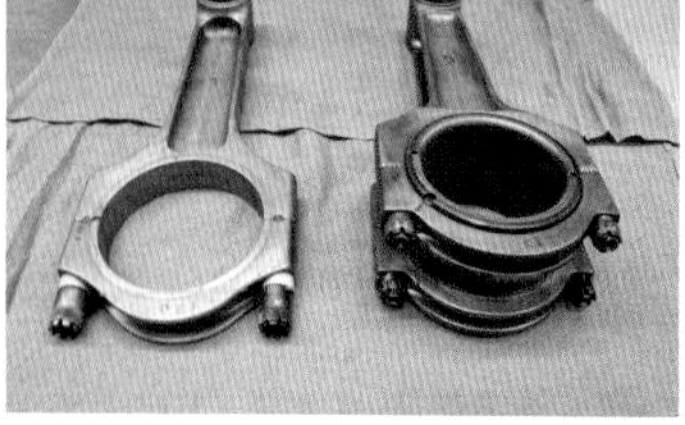

インナーコンロッド(左)とフォークコンロッド(右)が一対となって、左右バンクのピストン上下運動を、クランクシャフトに伝達して円運動へと変換しペラを駆動する。

ピストンはシリコン含有量が多いアルミニウム製で、重量は1個当たり1800g。ボア150mm×ストローク160mmで、12気筒合計の総排気量は33.9ℓとなる。

クランクシャフトの支持には、最先端技術のローラーベアリングを導入。1ヵ所当たり72個のローラーが埋め込まれている。ハ40の物は材質が悪いうえ加工精度も低く、焼き付きや損傷が多発した。

燃料噴射ポンプ

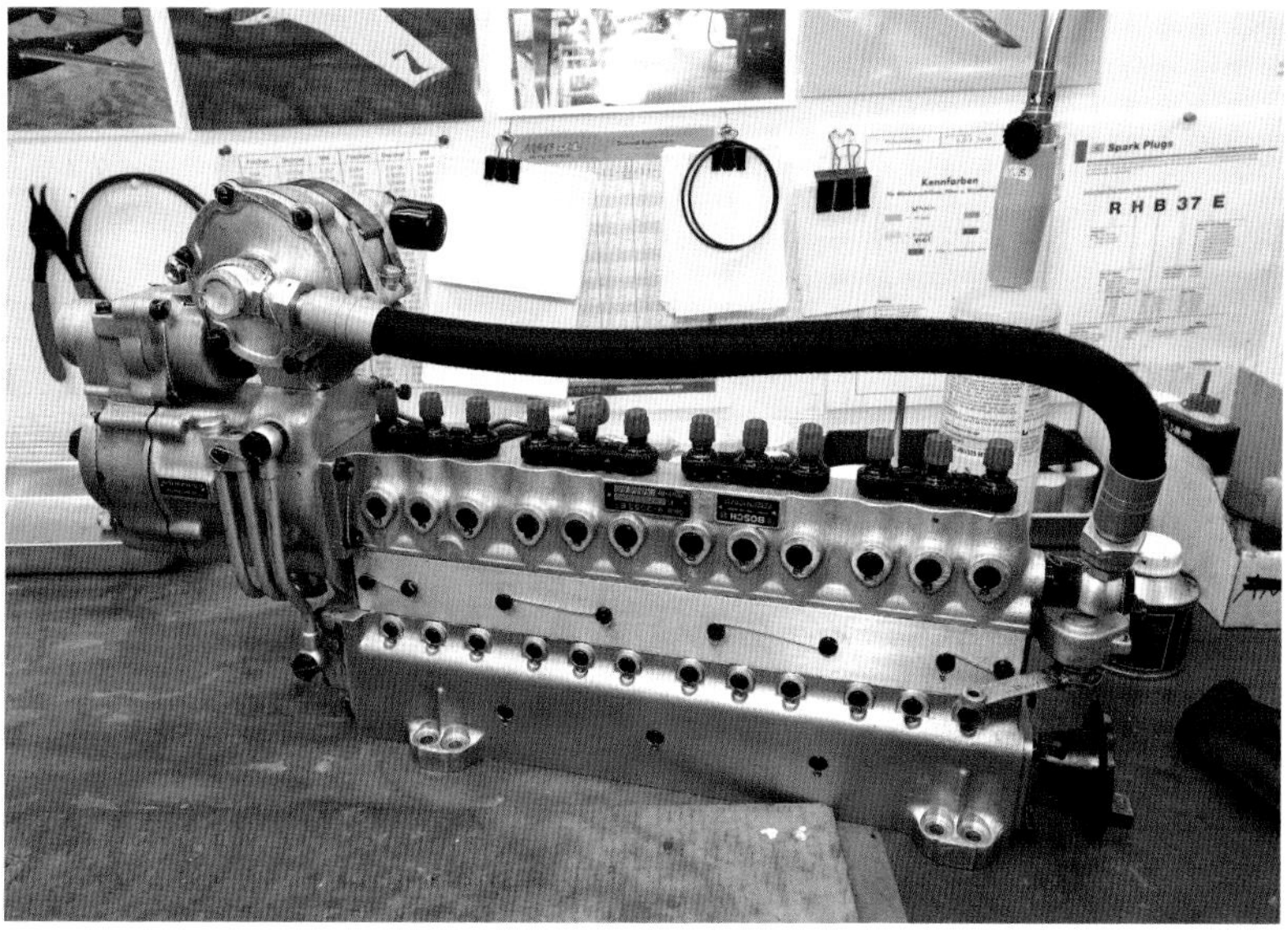

Vバンク間に設置された燃料噴射ポンプ。なおハ40では、ボッシュ社がライセンス生産を拒否したため三菱製を装備した。

マイナスGでもキャブレーター式のように燃料供給が途切れないボッシュ製燃料噴射ポンプは、DB601の強みであった。

過給器（スーパーチャージャー）

エンジン左後部に装着された過給器（スーパーチャージャー）のハウジング。他エンジン過給器のように、機械的な減速比切り替えではなく、流体カップリングを応用した無段階変速が特長であった。

過給器に内蔵されたインペラー（羽根車）は、クラッチと直結して超高速回転することで、取り込んだ空気を圧縮し過給圧を高める。DB601は一段圧縮だったが、可変速機構によって有効に機能した。

無段階変速インペラー＝過給圧無段階可変を可能にした流体カップリング内蔵のクラッチ。現代の自動車オートマチックトランスミッションに近い構造といえるだろう。

過給器クラッチの内部構造。エンジン駆動力で回転するクラッチから放射状に高圧オイルを噴出させ、ハウジングカバーを適正回転させる、先進的かつ非常に高度な構造だ。

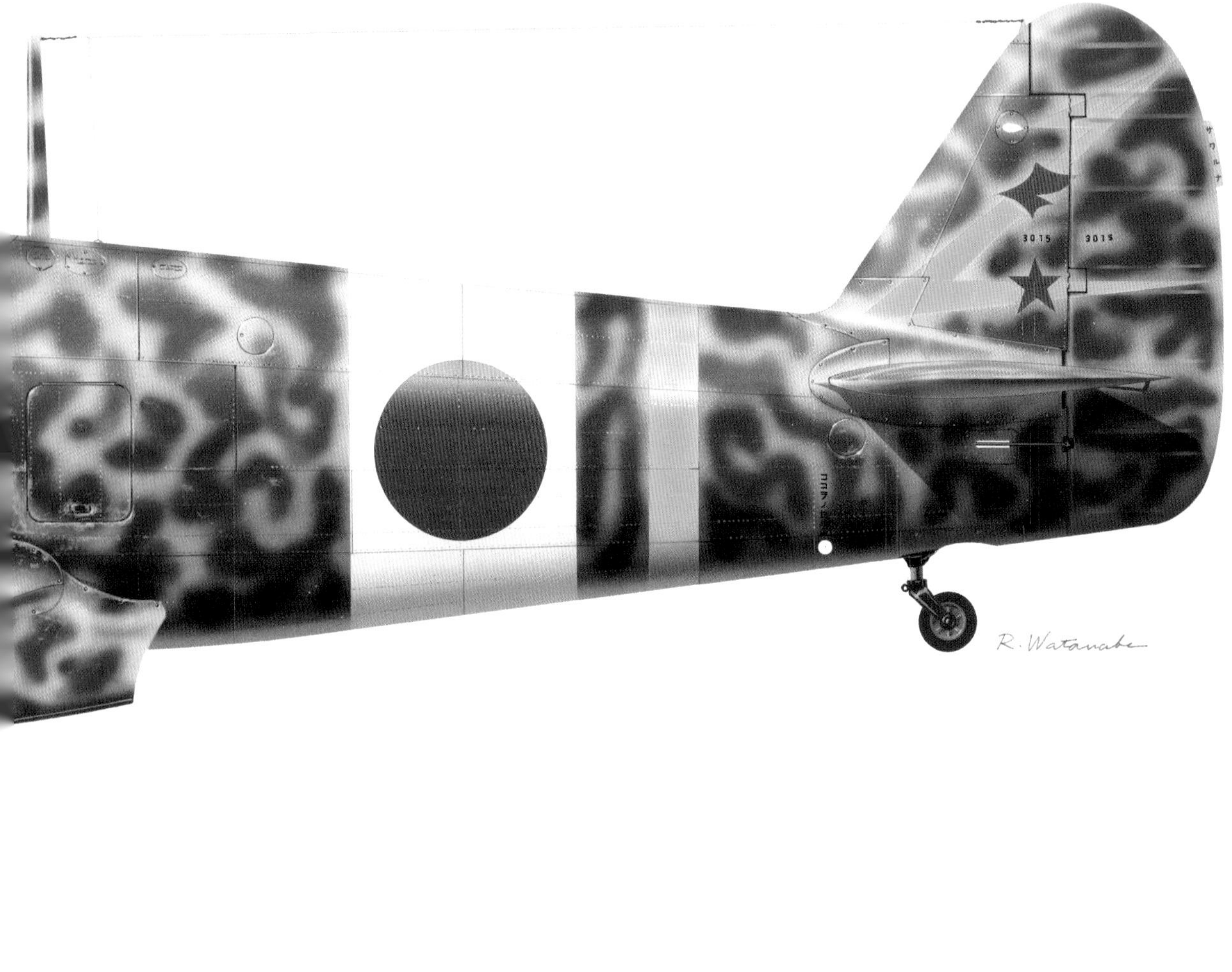

三式戦闘機「飛燕」一型丙 側面図

イラスト＝渡部利久

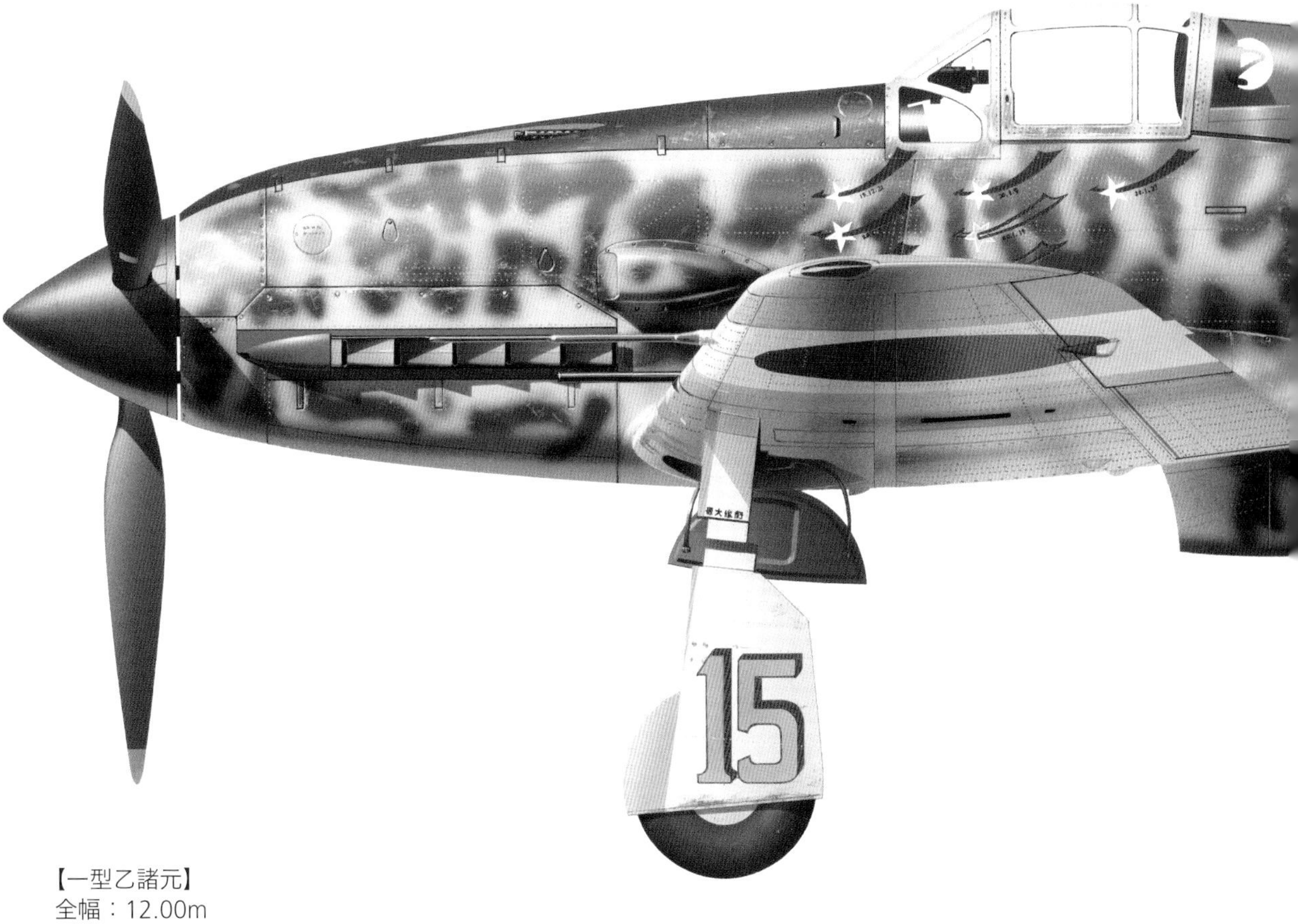

【一型乙諸元】
全幅：12.00m
全長：8.740m
全高：3.700m
主翼面積：20.0㎡
全備重量：3130kg
発動機：川崎ハ40 液冷倒立V型12気筒 1175馬力
最大速度590㎞/h
航続距離：1100㎞
武装：胴体12.7㎜ ×2、主翼12.7㎜ ×2、爆弾100 〜 250kg ×2
（丙型は乙型の主翼武装を20㎜砲×2にしたもの）

「飛燕」一型甲 解剖図

イラスト＝永井淳雄

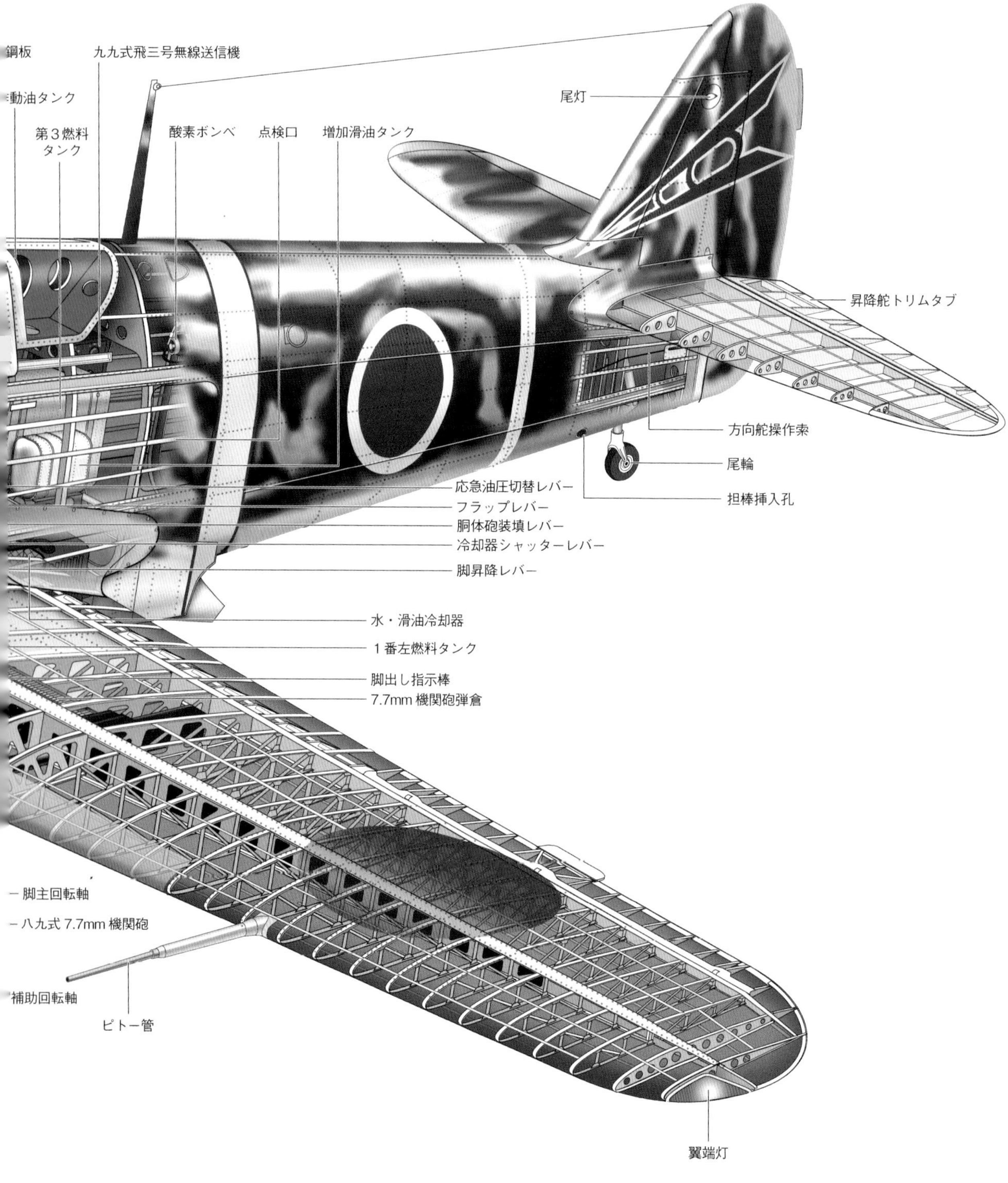

鋼板
九九式飛三号無線送信機
動油タンク
第３燃料
タンク
酸素ボンベ
点検口
増加滑油タンク
尾灯
昇降舵トリムタブ
方向舵操作索
尾輪
担棒挿入孔
応急油圧切替レバー
フラップレバー
胴体砲装填レバー
冷却器シャッターレバー
脚昇降レバー
水・滑油冷却器
１番左燃料タンク
脚出し指示棒
7.7mm 機関砲弾倉
脚主回転軸
八九式 7.7mm 機関砲
補助回転軸
ピトー管
翼端灯

三式戦闘機

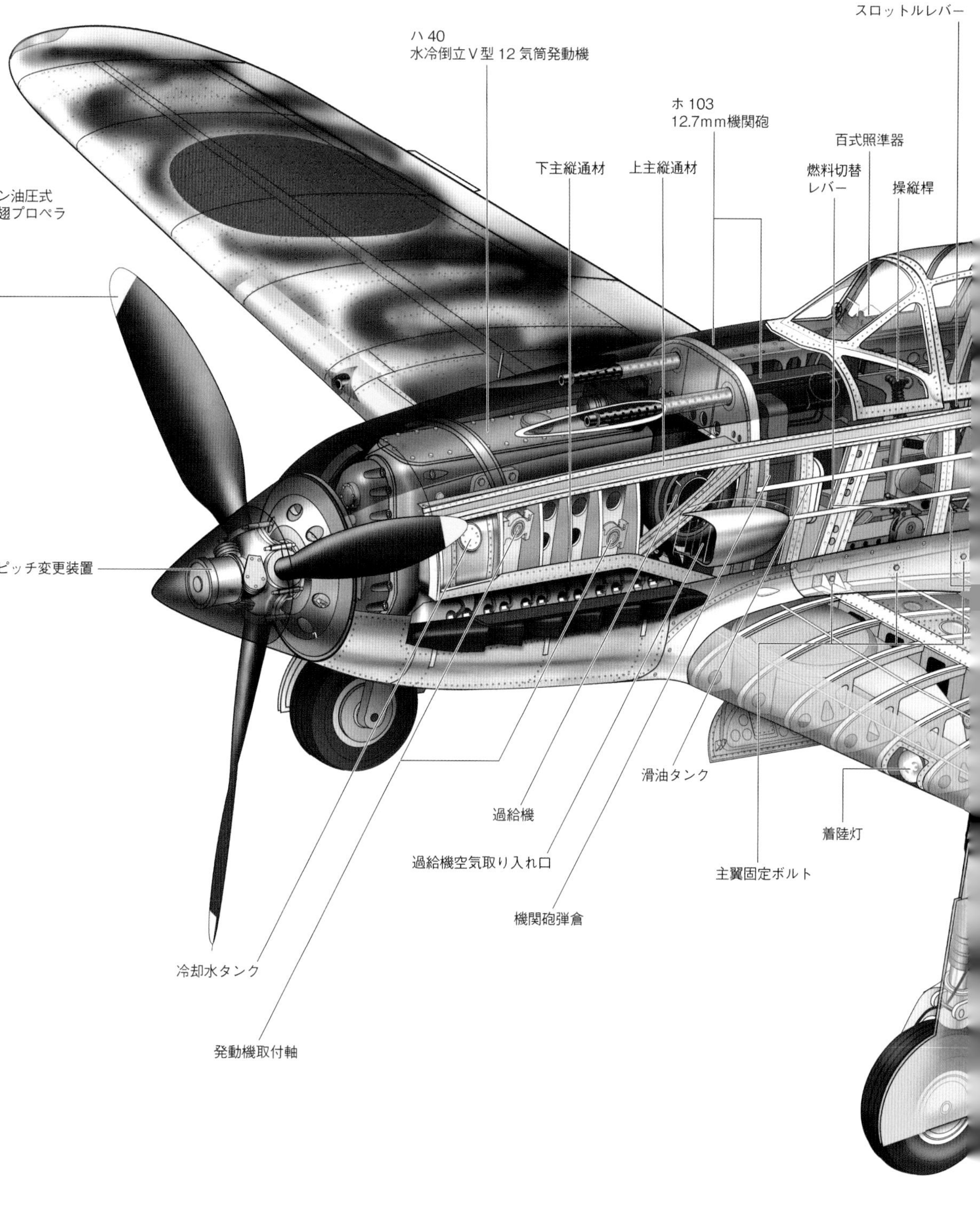
スロットルレバー
ハ40
水冷倒立V型12気筒発動機
ホ103
12.7mm機関砲
百式照準器
下主縦通材
上主縦通材
燃料切替
レバー
操縦桿
ハミルトン油圧式
定回転三翅プロペラ
プロペラピッチ変更装置
滑油タンク
過給機
着陸灯
過給機空気取り入れ口
主翼固定ボルト
機関砲弾倉
冷却水タンク
発動機取付軸

「飛燕」ファミリー各型イラスト

イラスト＝永井淳雄

キ61試作1号機

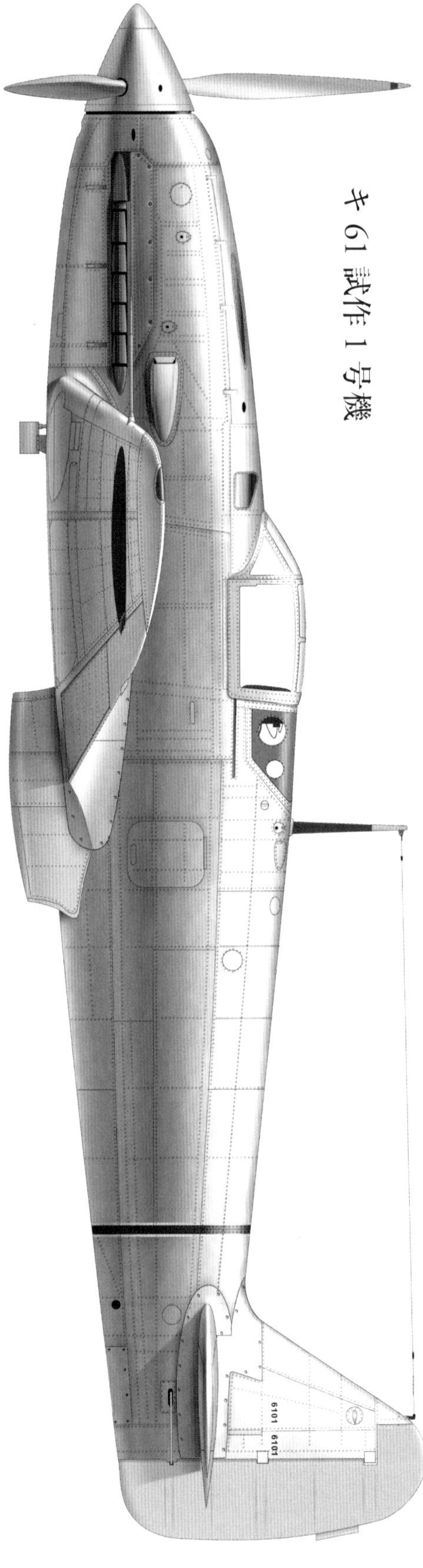

三式戦一型甲（キ61-Ⅰ甲）

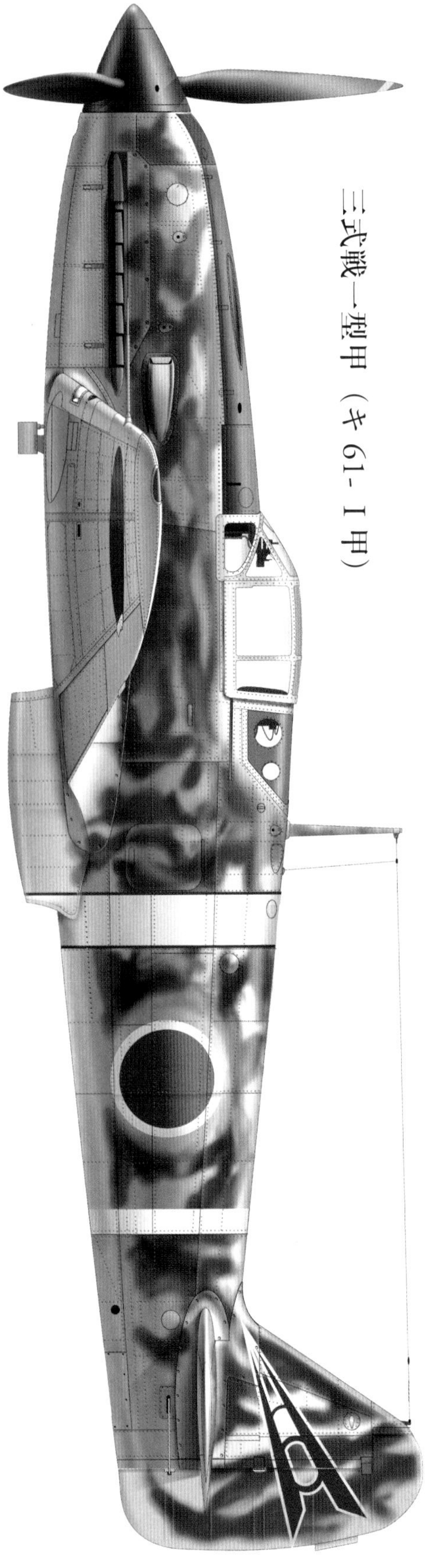

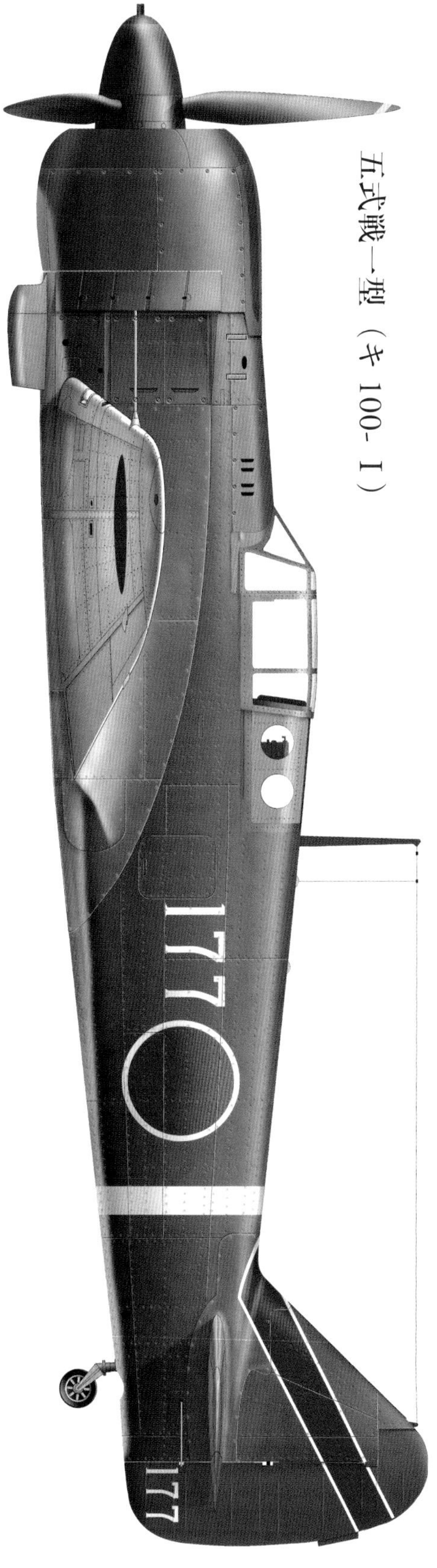

五式戦一型（キ100-Ⅰ）

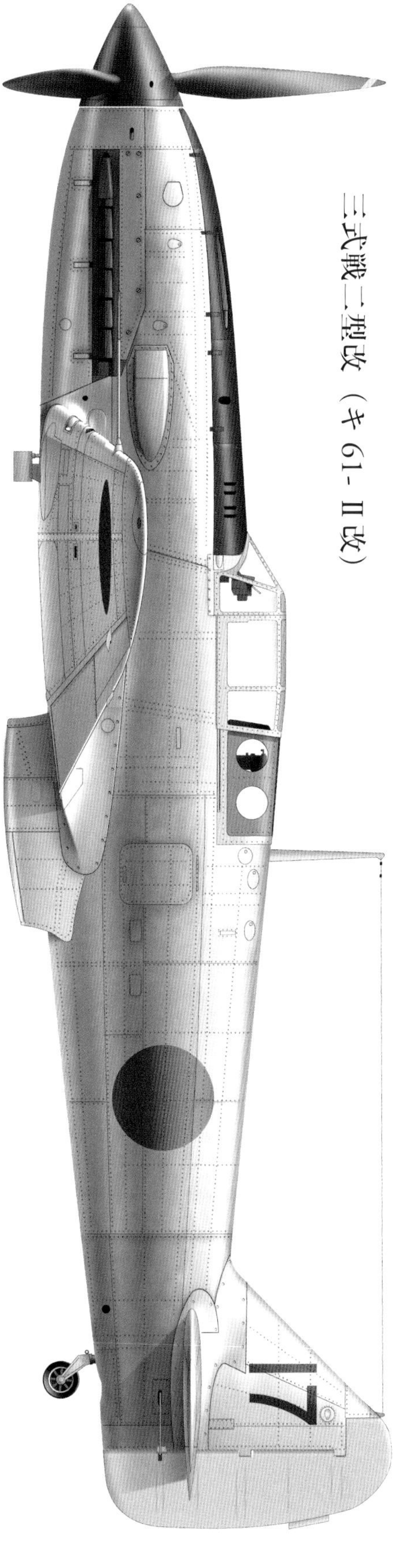

三式戦二型改（キ61-Ⅱ改）

三式戦一型丙（キ 61- Ⅰ丙）

三式戦一型丁（キ 61- Ⅰ丁）

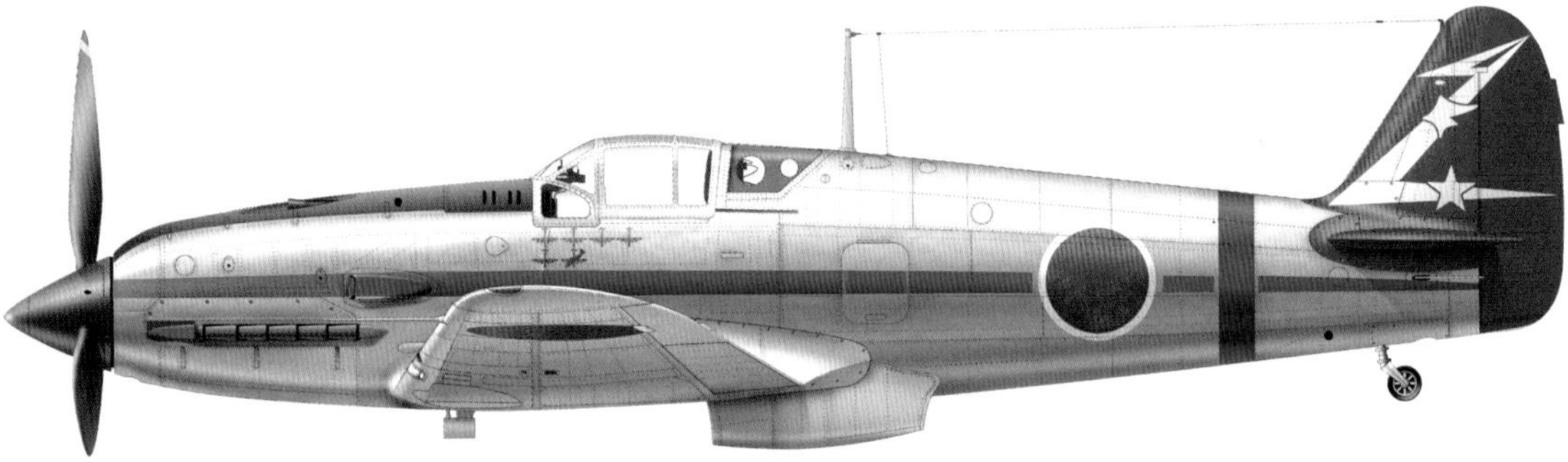

三式戦二型改（キ 61- Ⅱ改） 涙滴風防タイプ

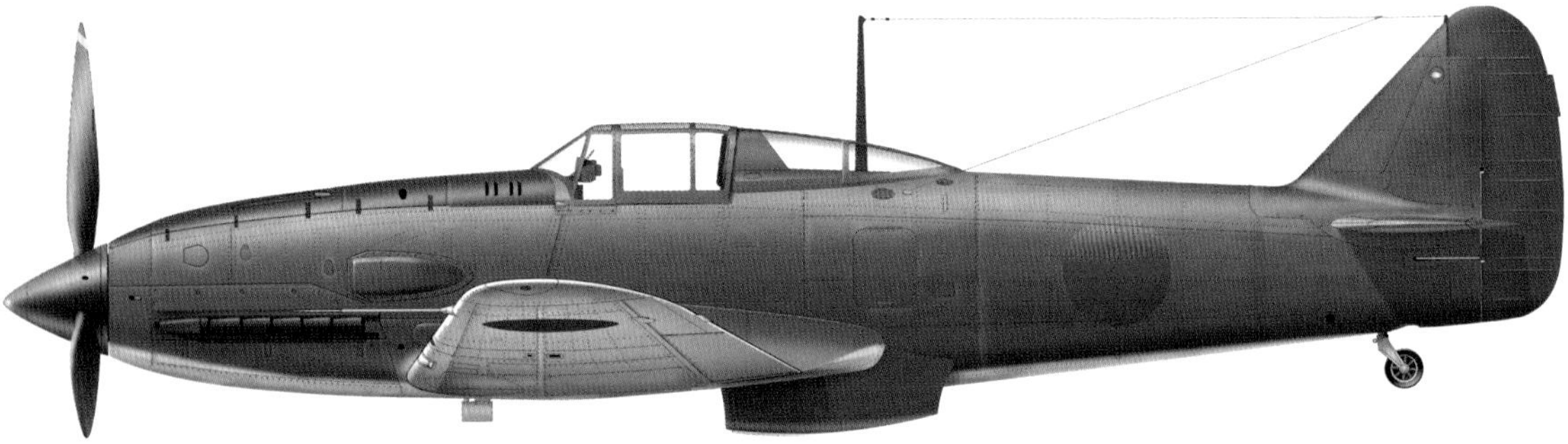

五式戦一型（キ 100- Ⅰ） 涙滴風防タイプ

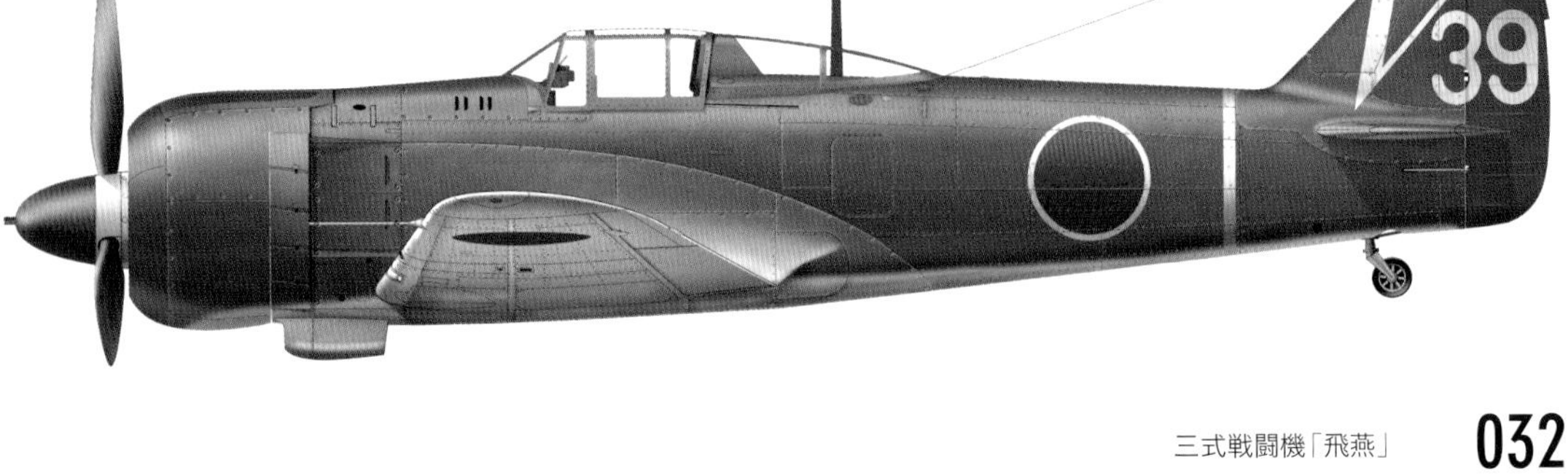

キ 64

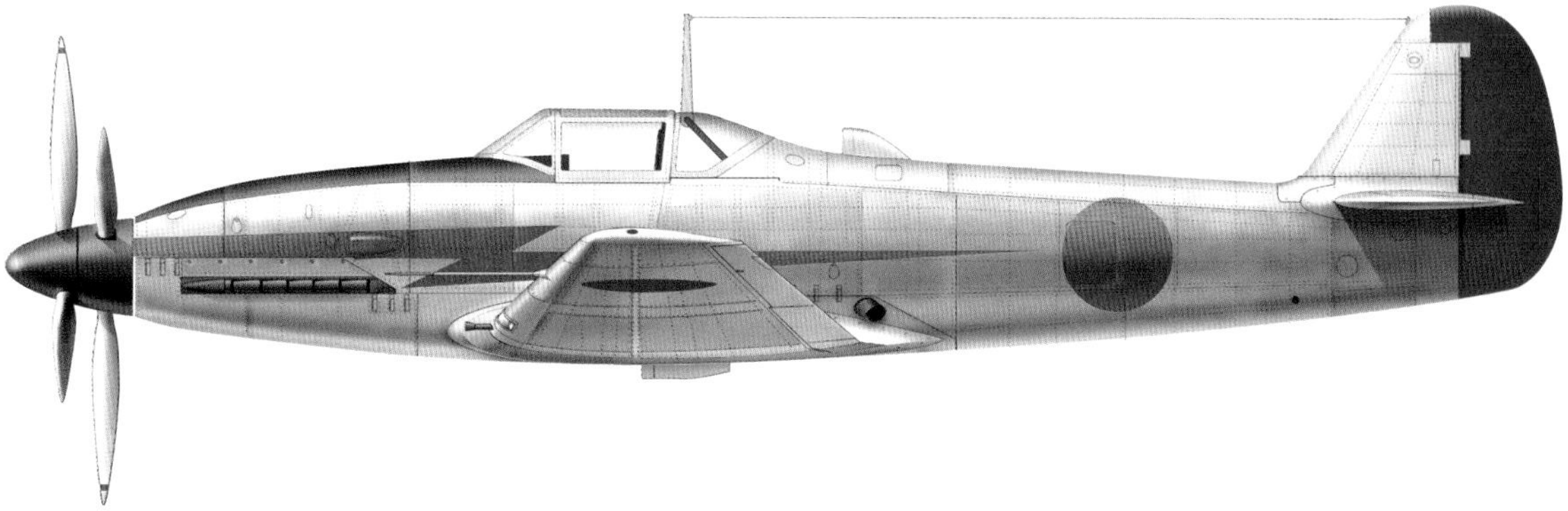

キ 60

三式戦一型（キ 61- Ⅰ） 表面冷却器実験機

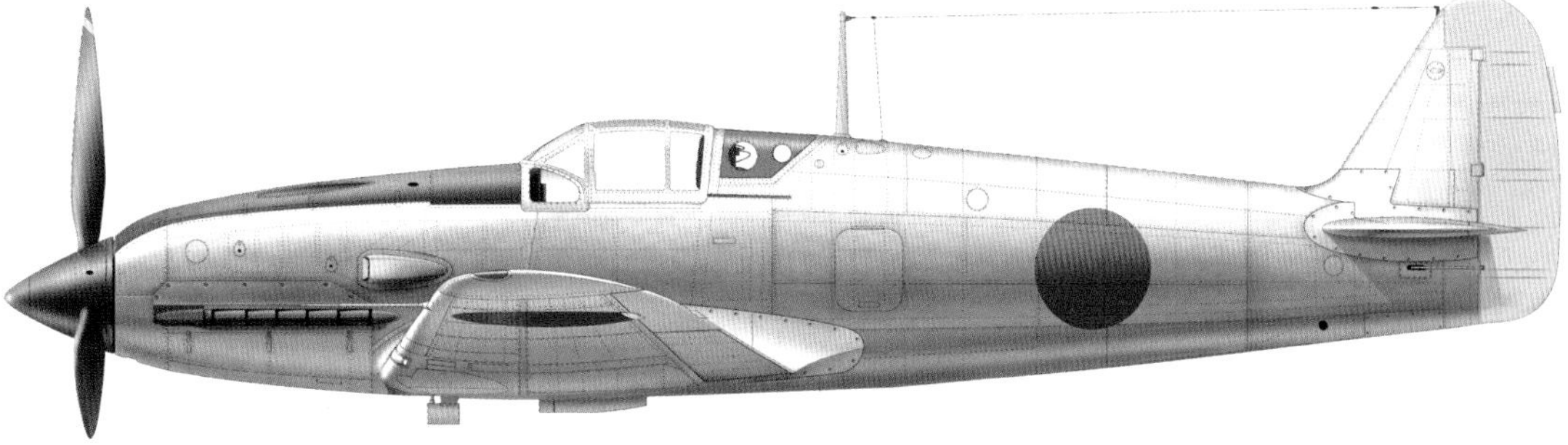

三式戦二型（キ 61- Ⅱ） 翼面積拡大機

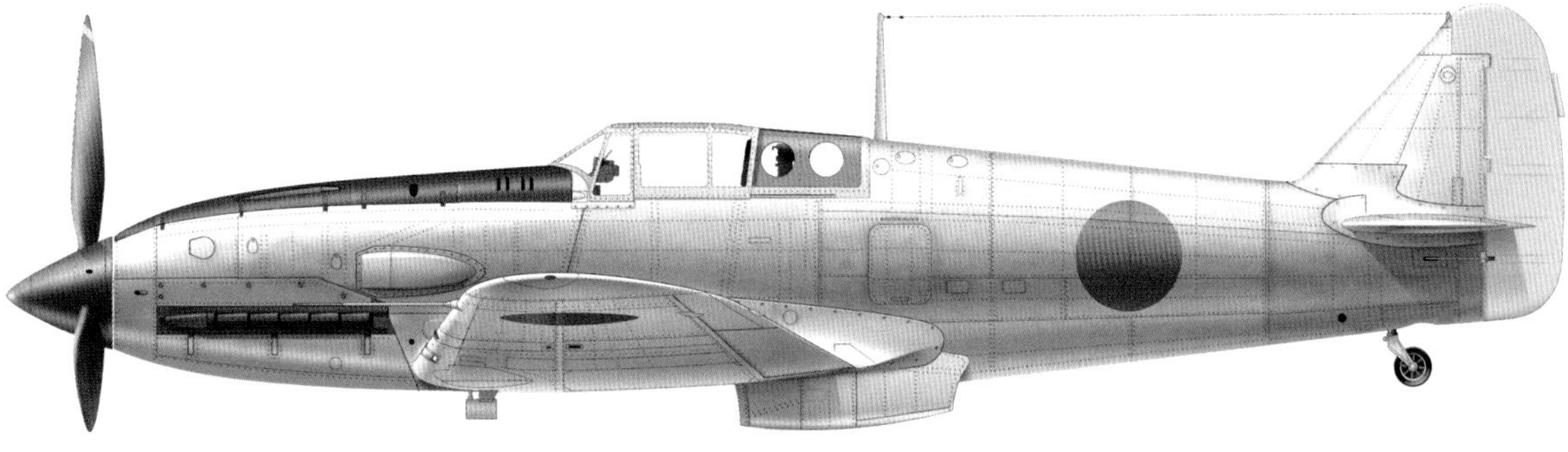

三式戦／五式戦の塗装とマーキング

作図：野原茂

三式戦基本塗装図（全面無塗装仕様）

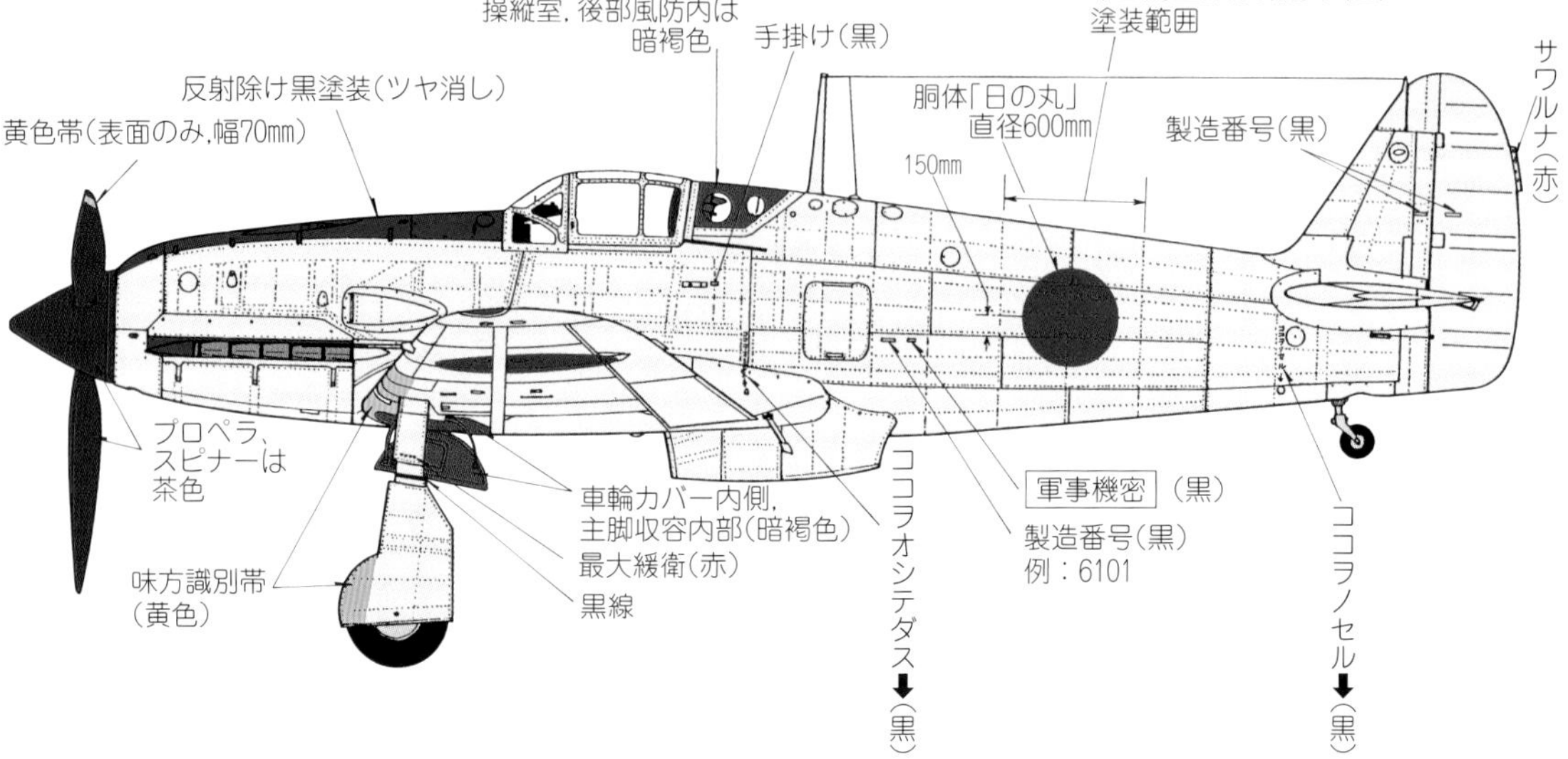

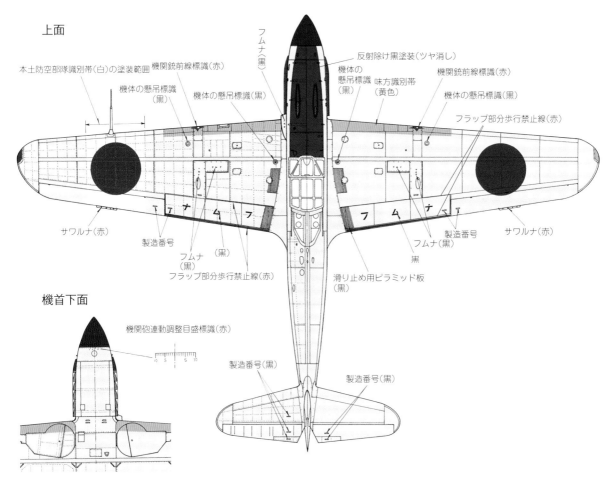

上面

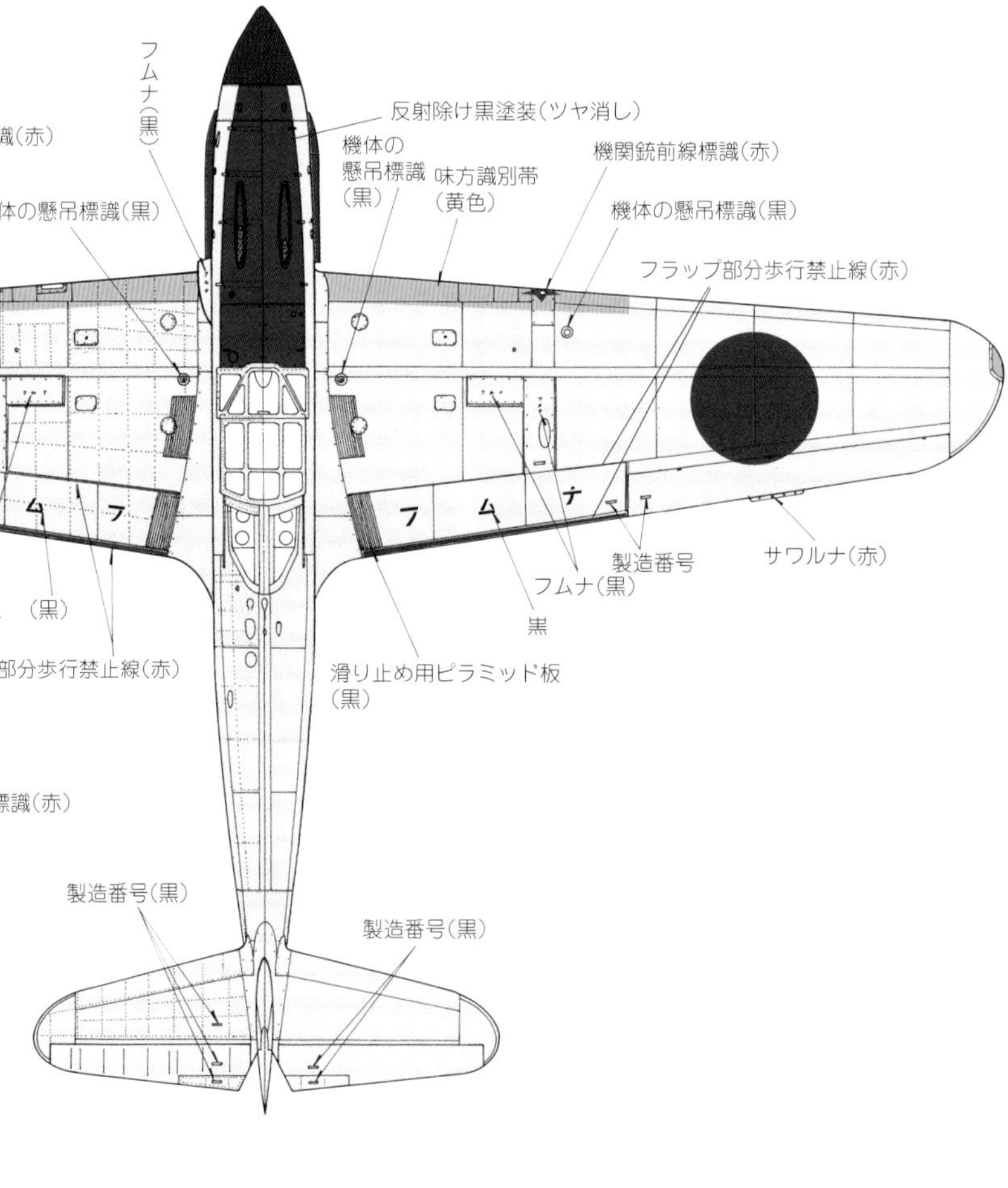

機首下面

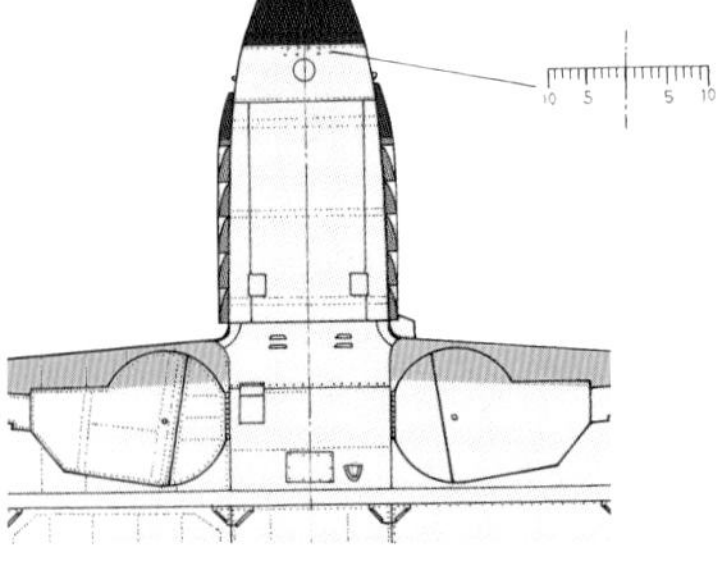

キ61-Ⅰ甲　飛行第六十八戦隊第二中隊　垂井義光中尉乗機
昭和19年4月　ニューギニア島・ホランジア飛行場

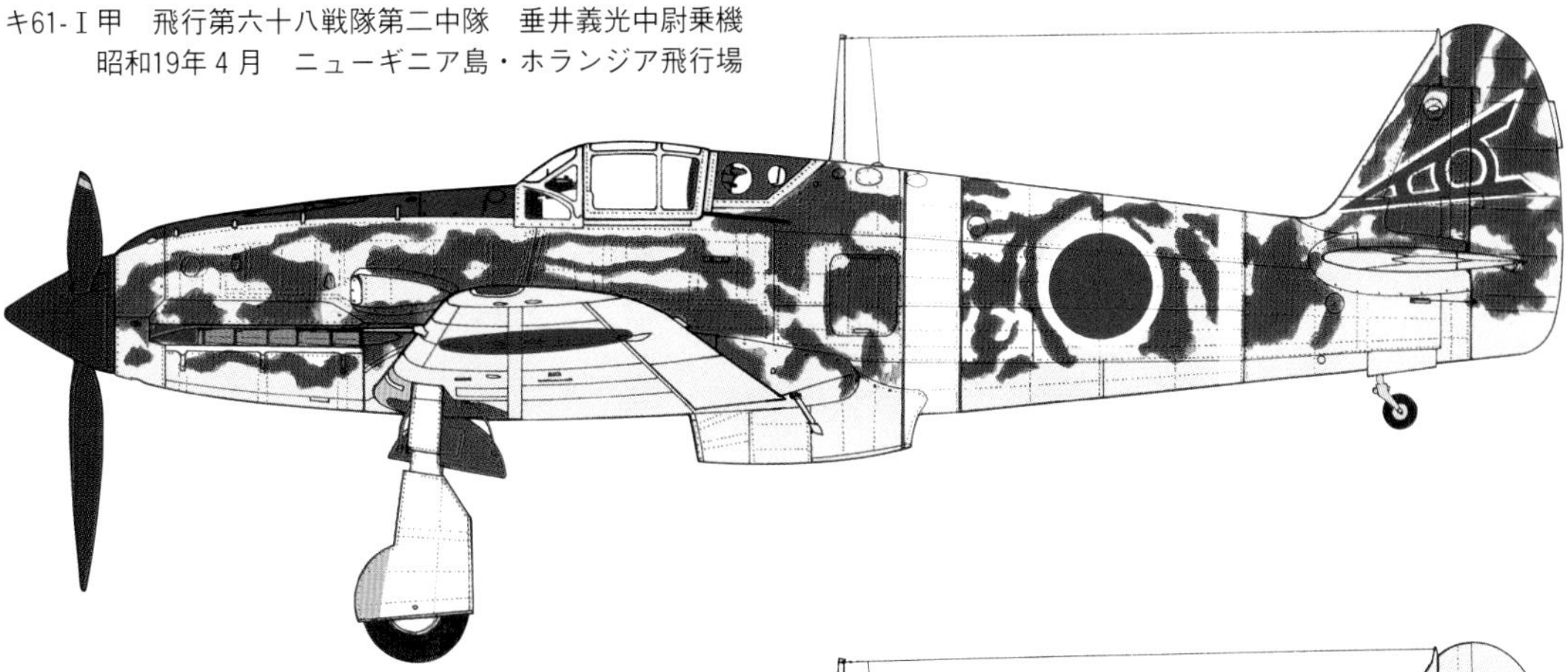

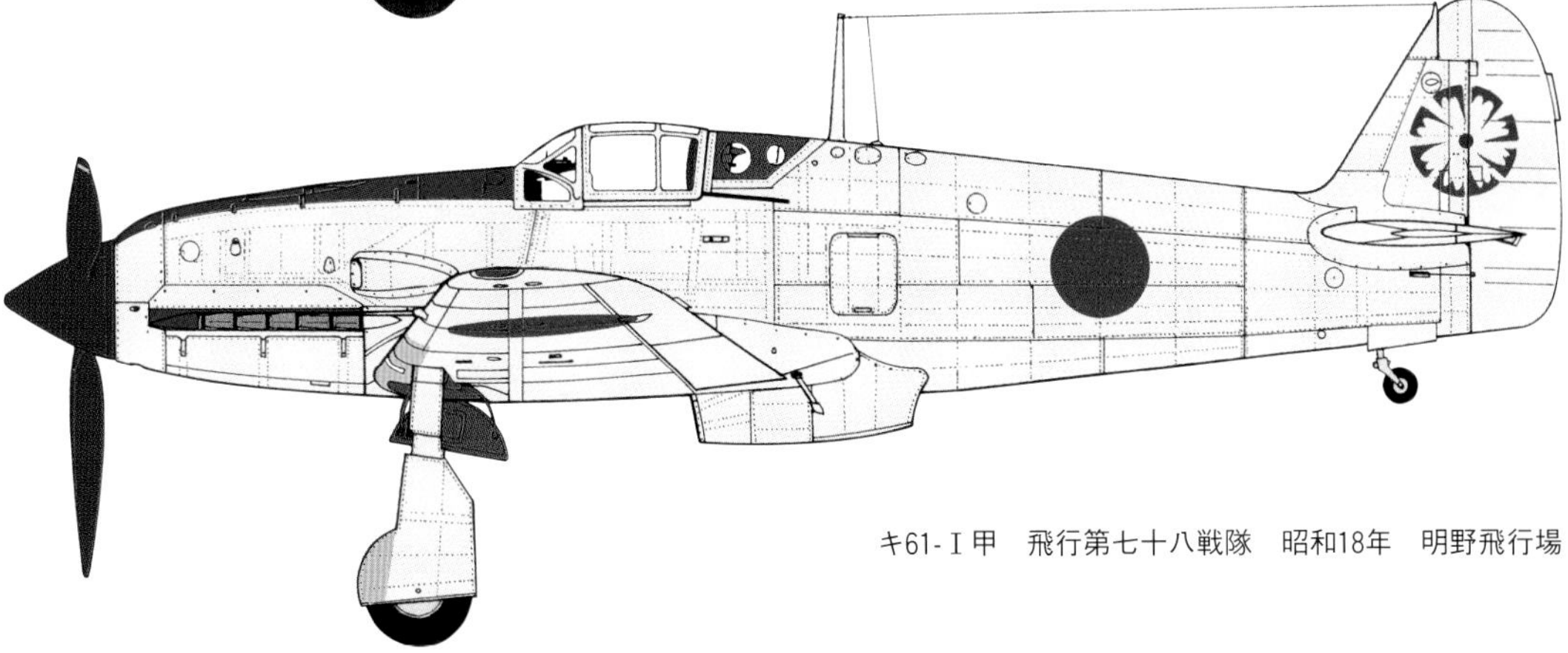

キ61-Ⅰ甲　飛行第七十八戦隊　昭和18年　明野飛行場

キ61-Ⅰ乙　第十四飛行団への補充機
昭和18年　明野飛行場

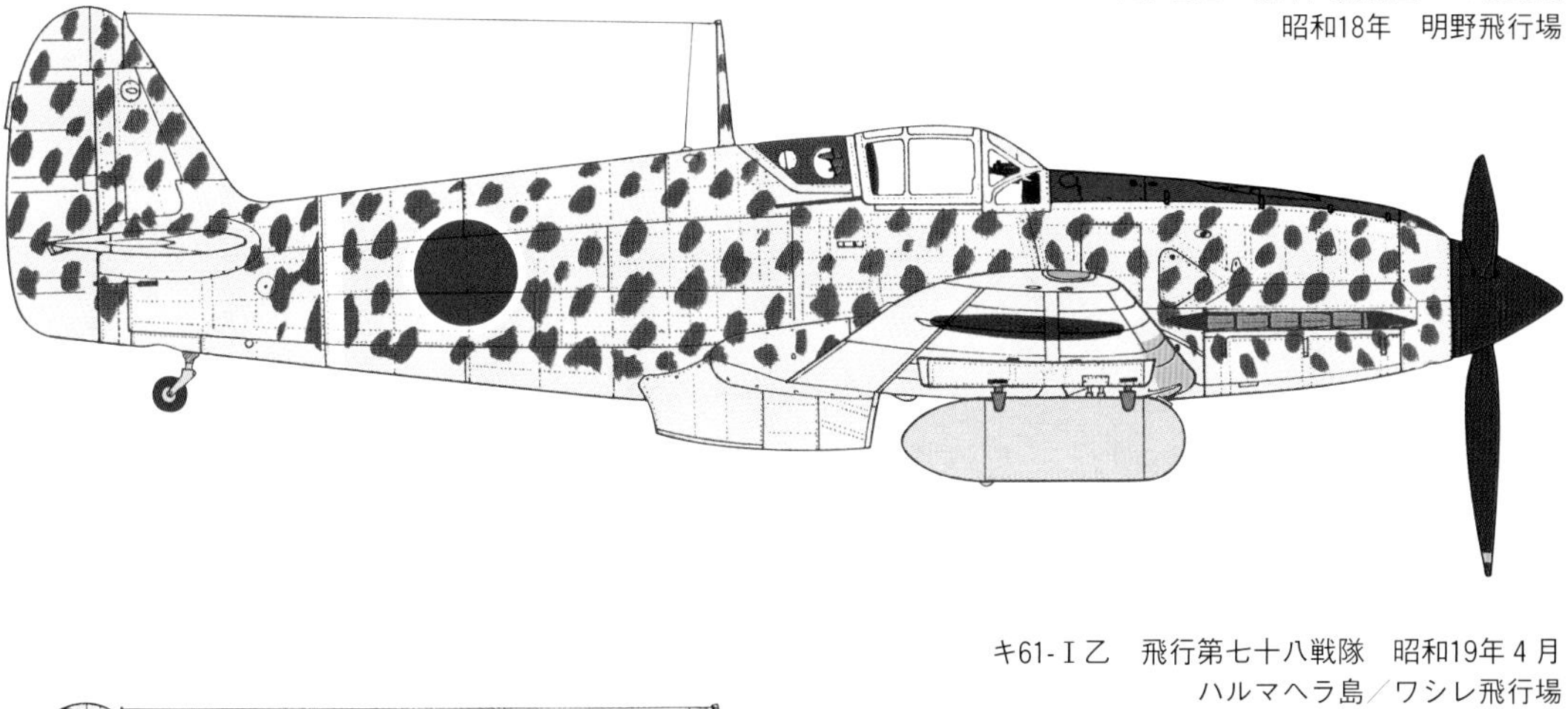

キ61-Ⅰ乙　飛行第七十八戦隊　昭和19年4月
ハルマヘラ島／ワシレ飛行場

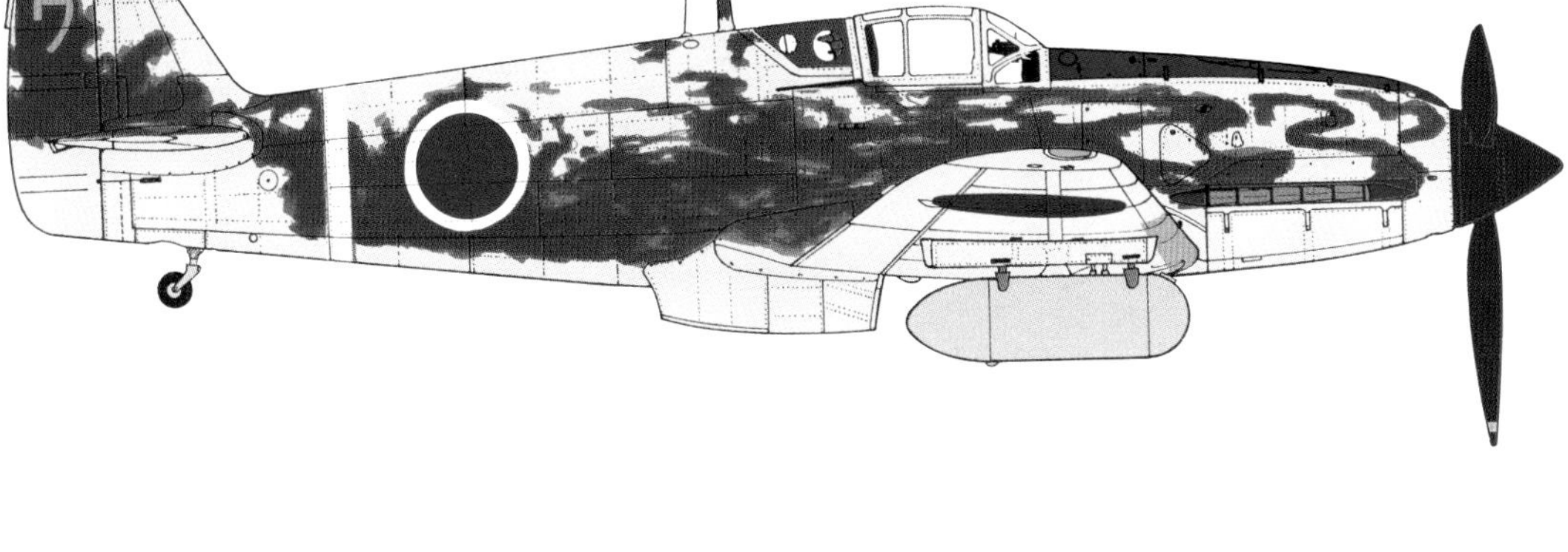

キ61-Ⅰ丁　飛行第十七戦隊　昭和19年10月　レイテ島・ドラッグ飛行場

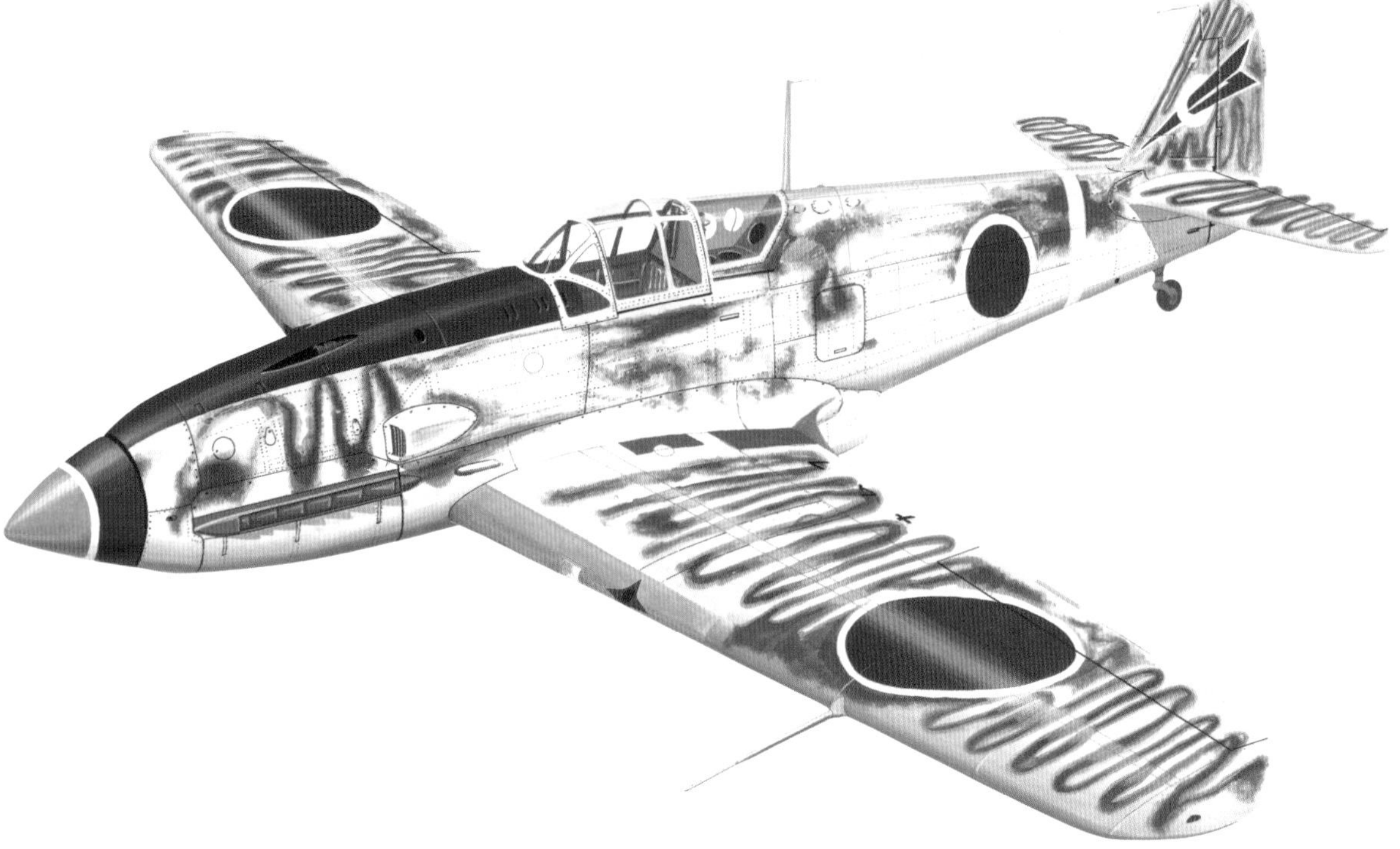

キ61-Ⅰ丙　飛行第十八戦隊第二中隊　昭和19年　柏飛行場

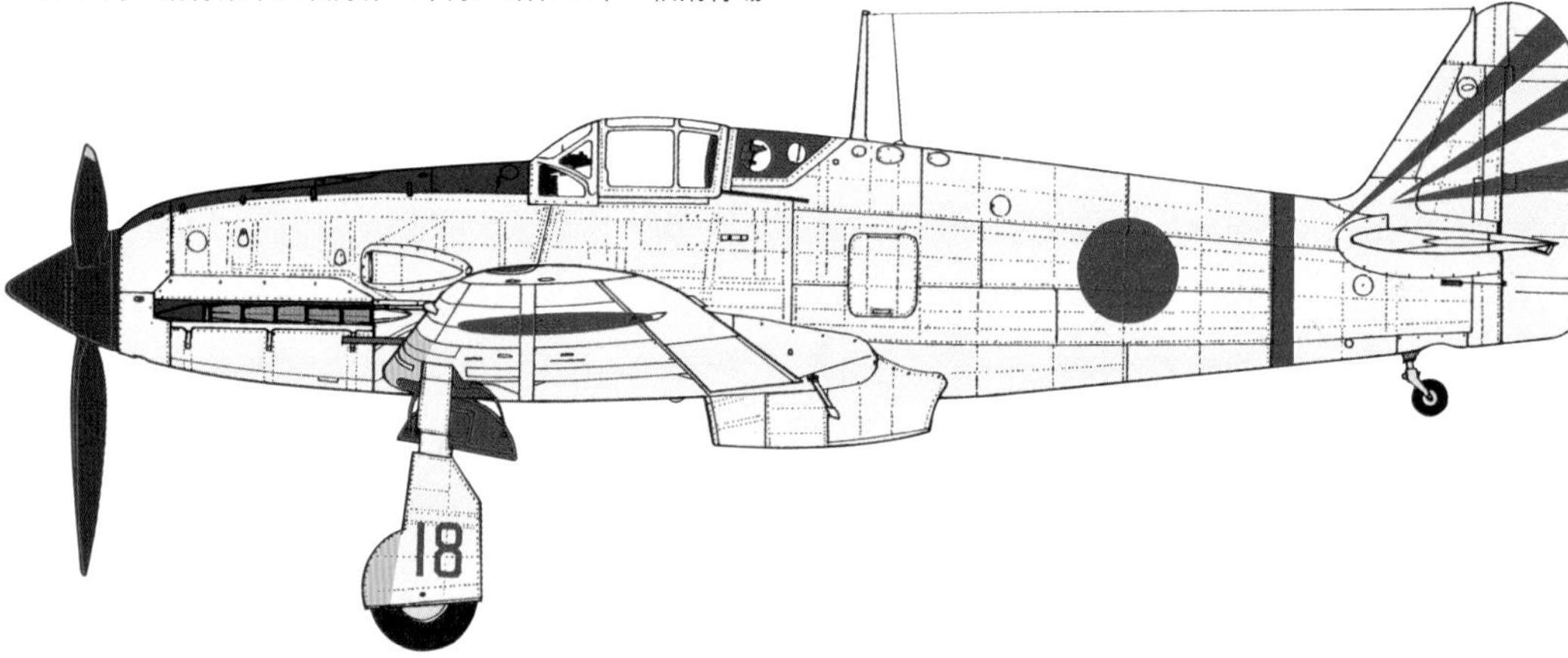

キ61-Ⅰ丁　飛行第十九戦隊第一中隊
昭和19年８月　比島・アンヘレス西飛行場

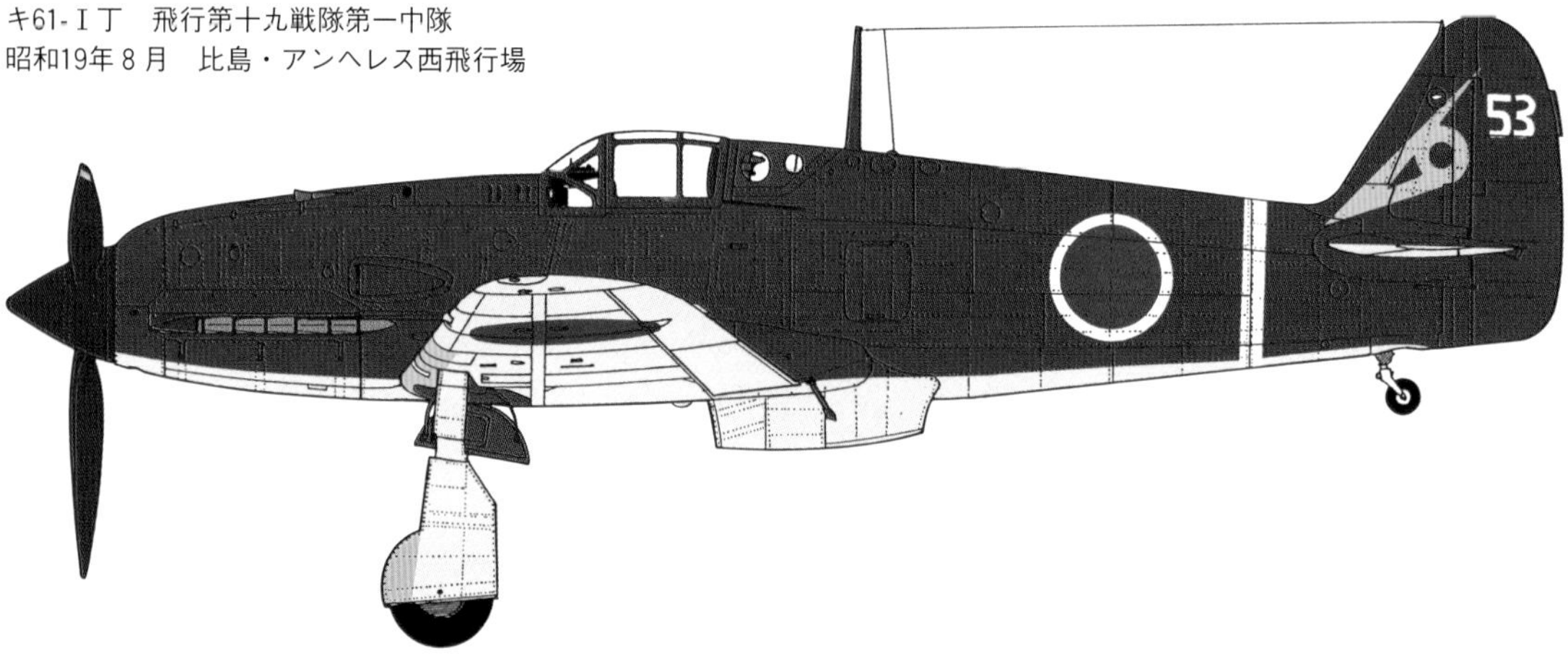

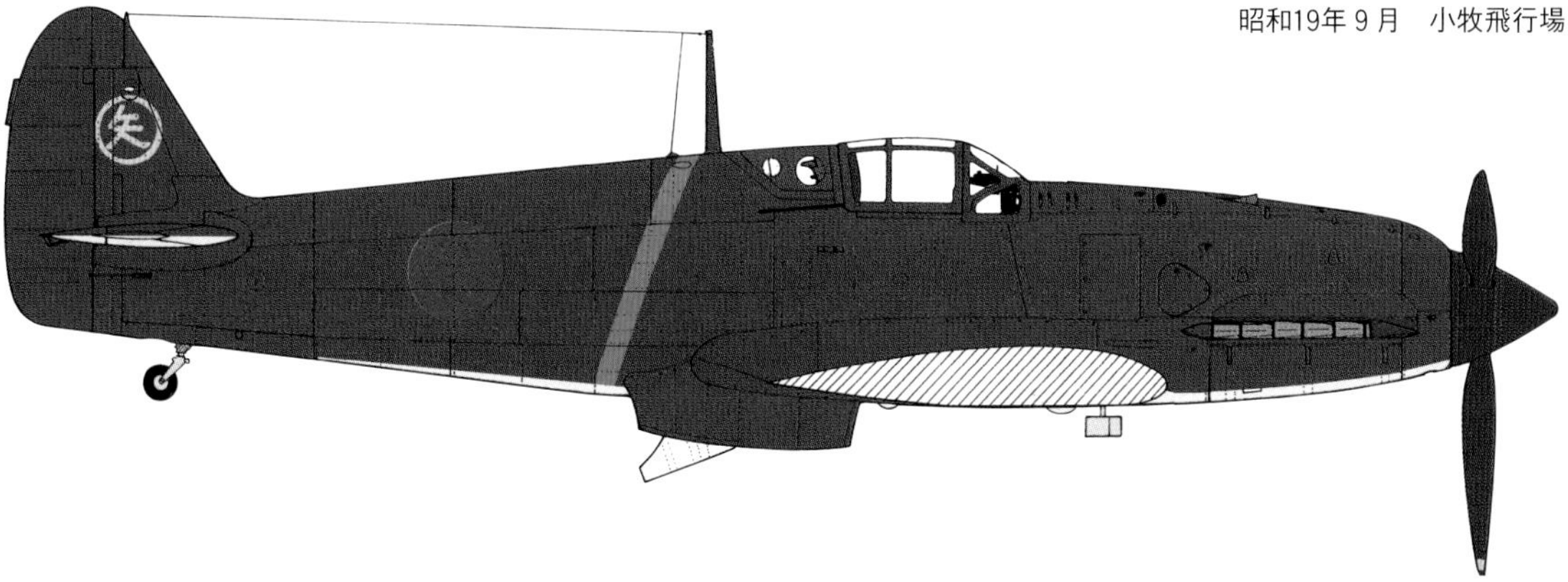

キ61-Ⅰ丁　飛行第五十五戦隊　飛行隊長　矢野武文大尉乗機
昭和19年９月　小牧飛行場

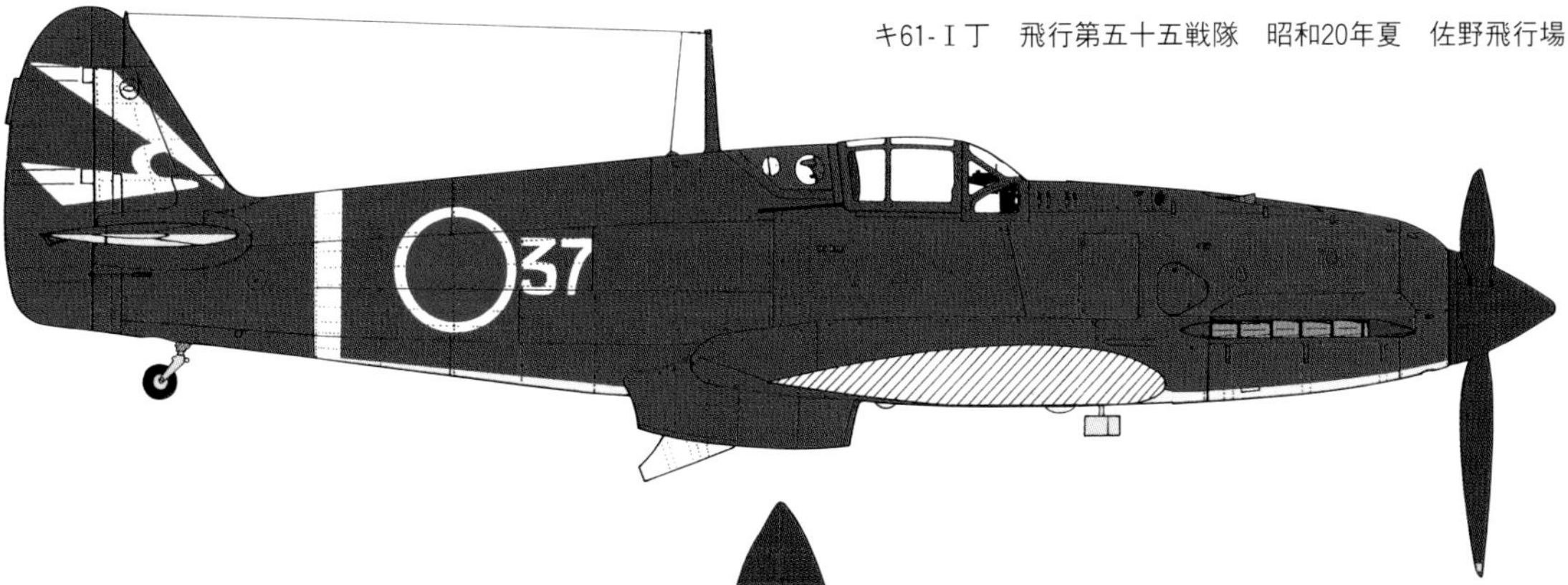

キ61-Ⅰ丁　飛行第五十五戦隊　昭和20年夏　佐野飛行場

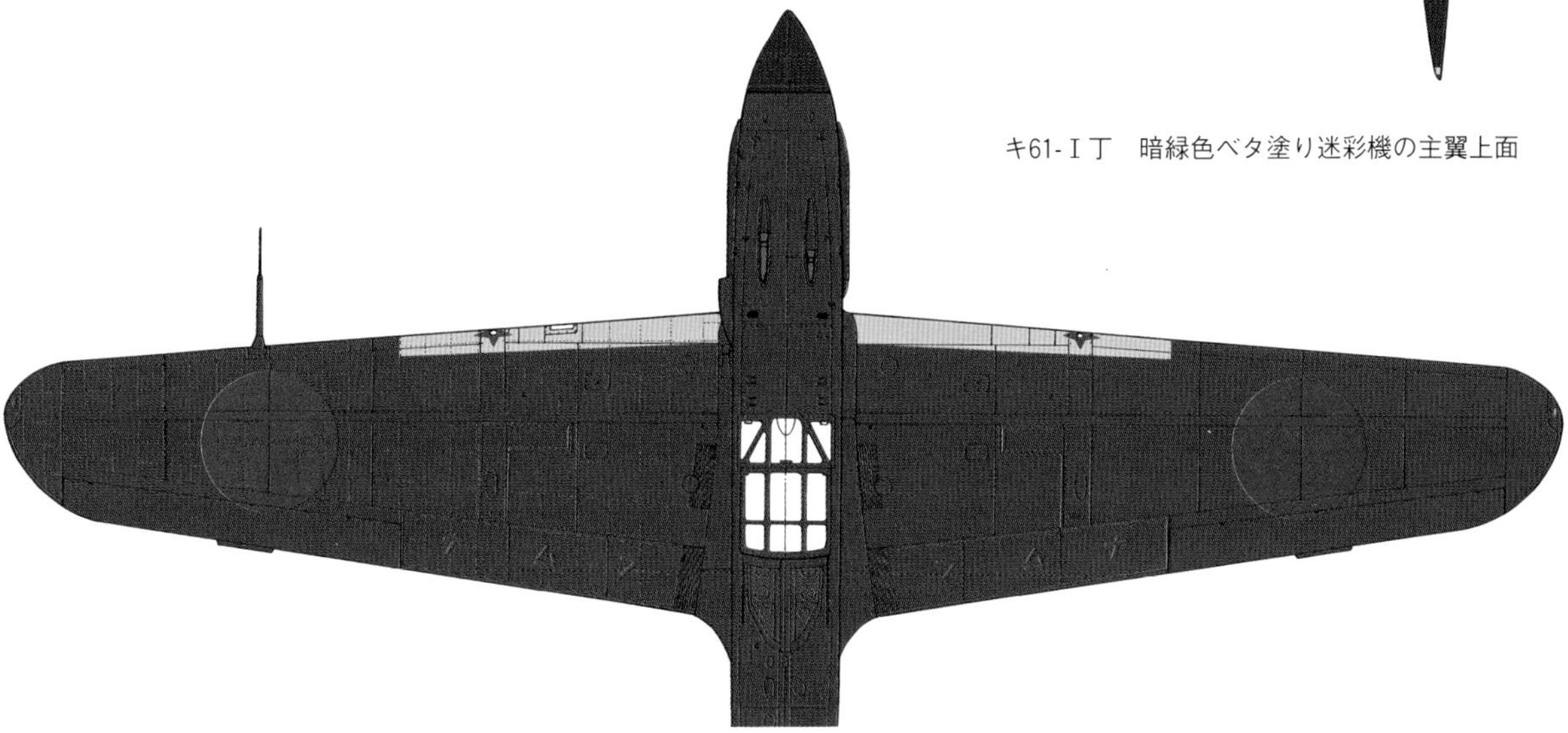

キ61-Ⅰ丁　暗緑色ベタ塗り迷彩機の主翼上面

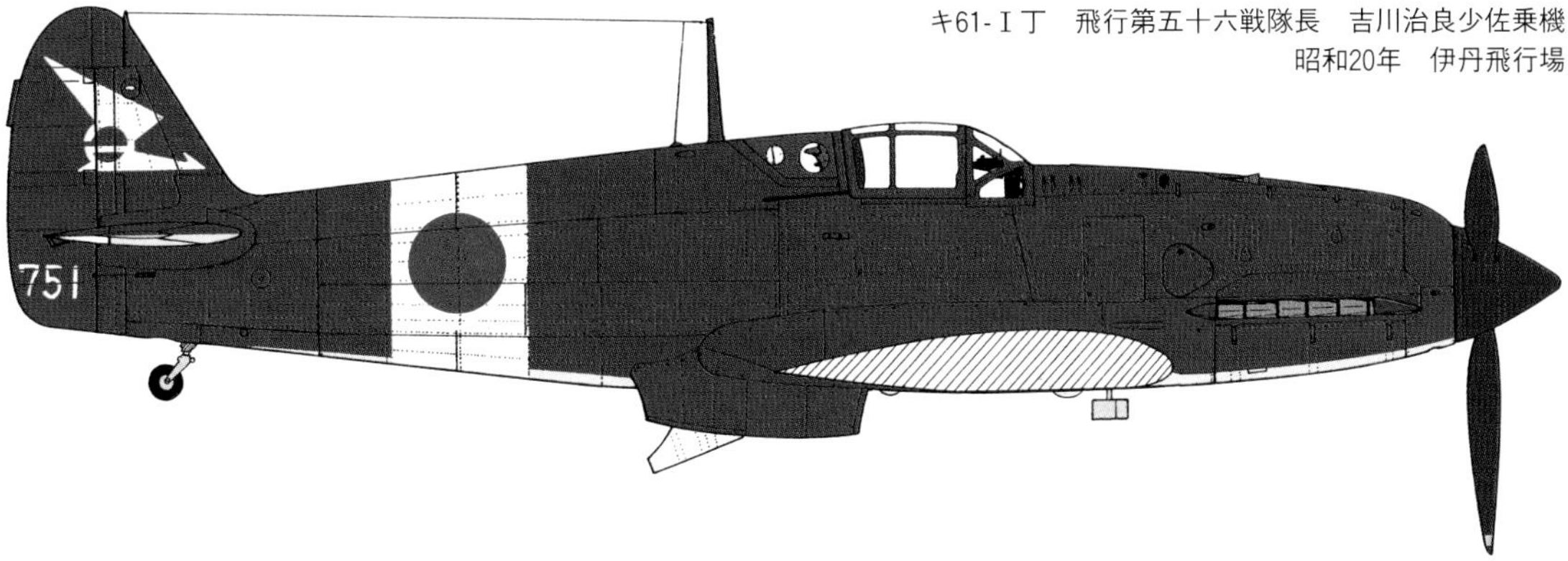

キ61-Ⅰ丁　飛行第五十六戦隊長　吉川治良少佐乗機
昭和20年　伊丹飛行場

キ61-Ⅰ乙　飛行第五十九戦隊第二中隊　昭和19年　芦屋飛行場

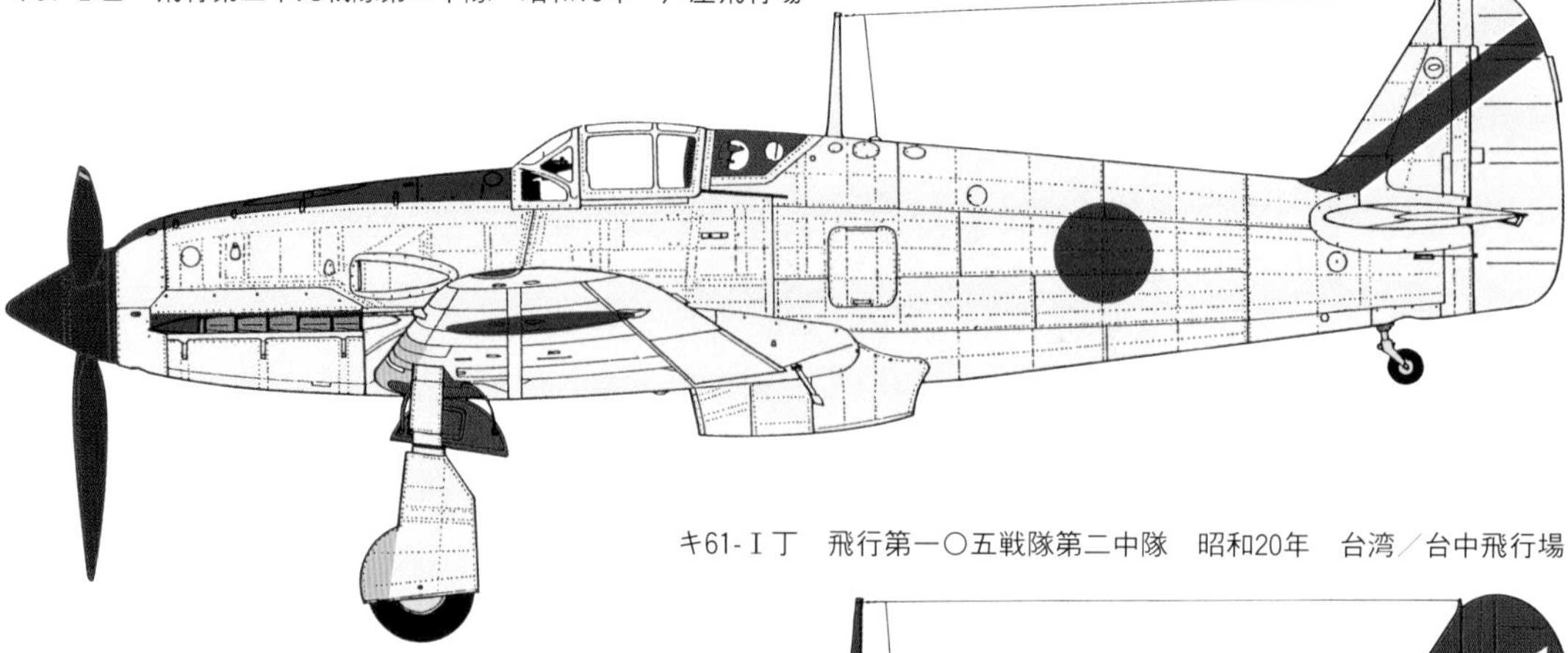

キ61-Ⅰ丁　飛行第一〇五戦隊第二中隊　昭和20年　台湾／台中飛行場

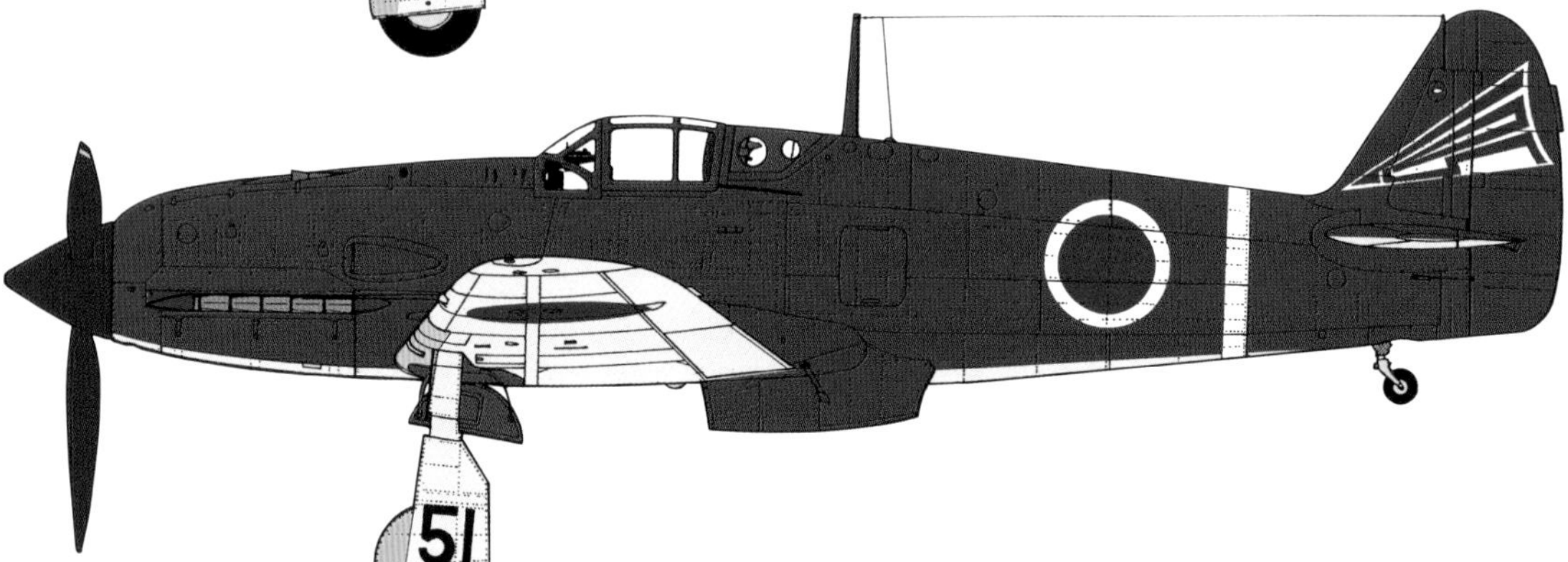

キ61-Ⅰ丙　製造番号3295　飛行第二四四戦隊長 小林照彦少佐乗機
昭和20年１月　調布飛行場

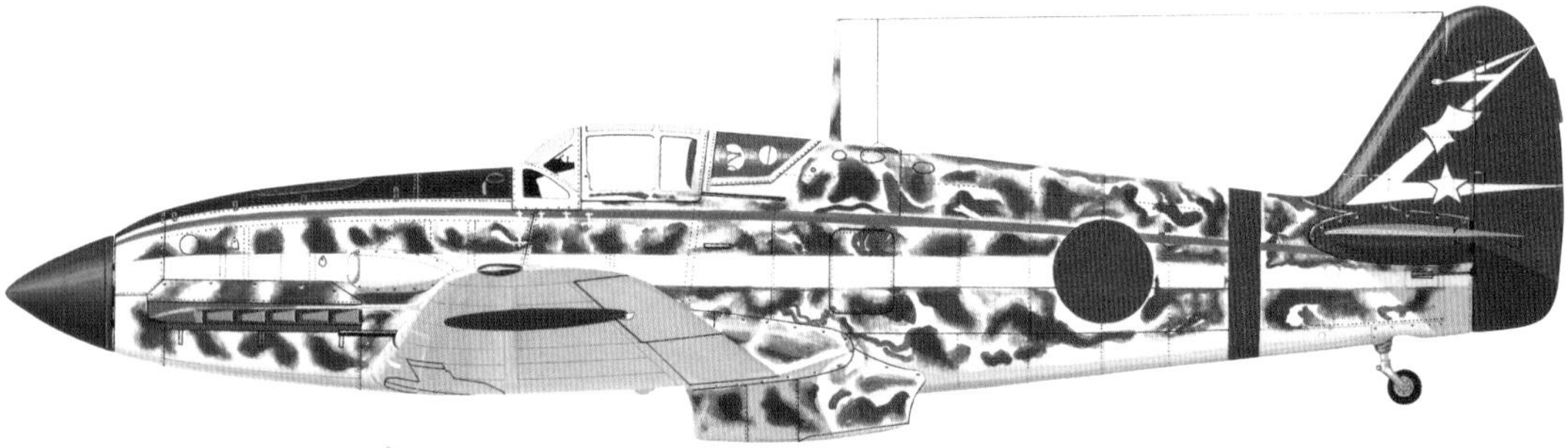

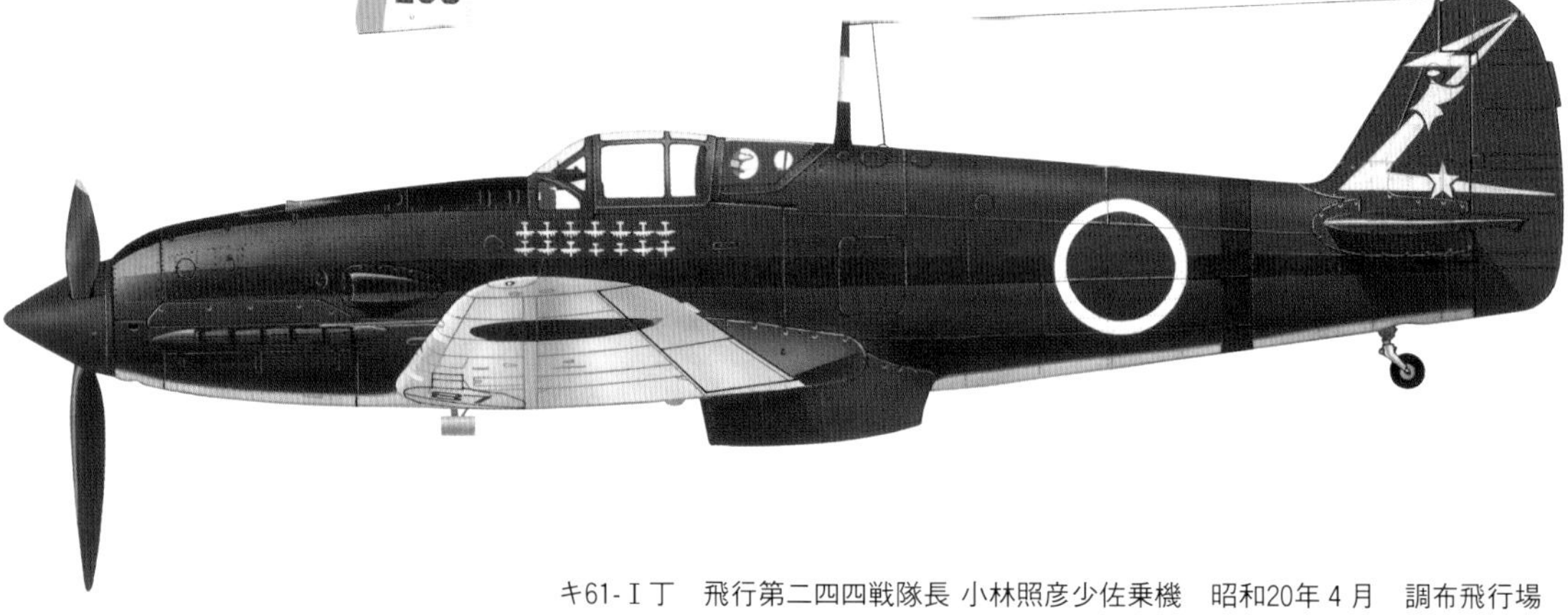

キ61-Ⅰ丁　飛行第二四四戦隊長 小林照彦少佐乗機　昭和20年４月　調布飛行場

キ61-Ⅰ丁　飛行第二四四戦隊第三飛行隊「みかづき」 市川忠一中尉乗機　昭和20年４月
調布飛行場

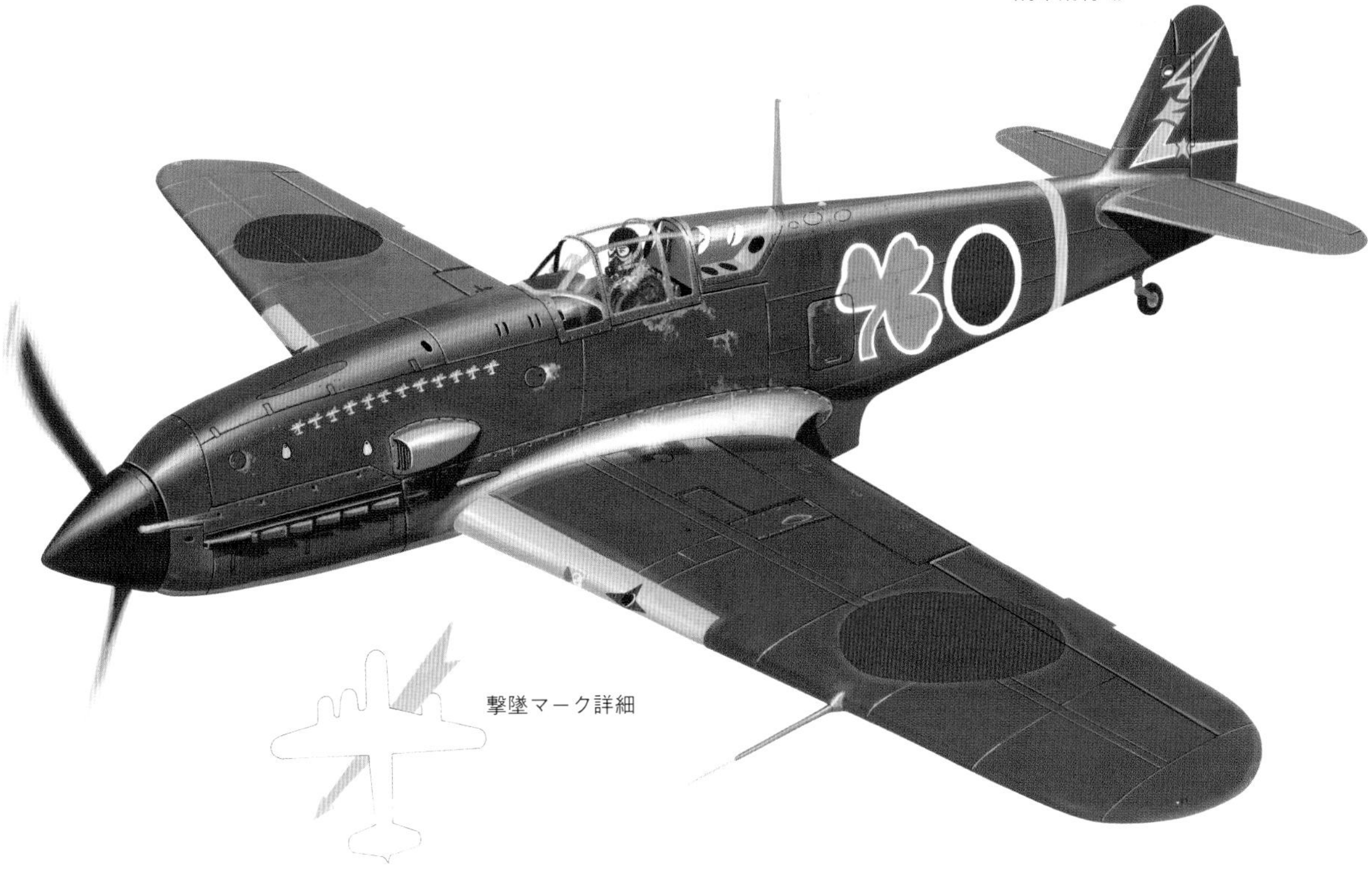

キ61-Ⅰ丁　第五練成飛行隊　特攻隊使用機
昭和20年　九州・知覧飛行場

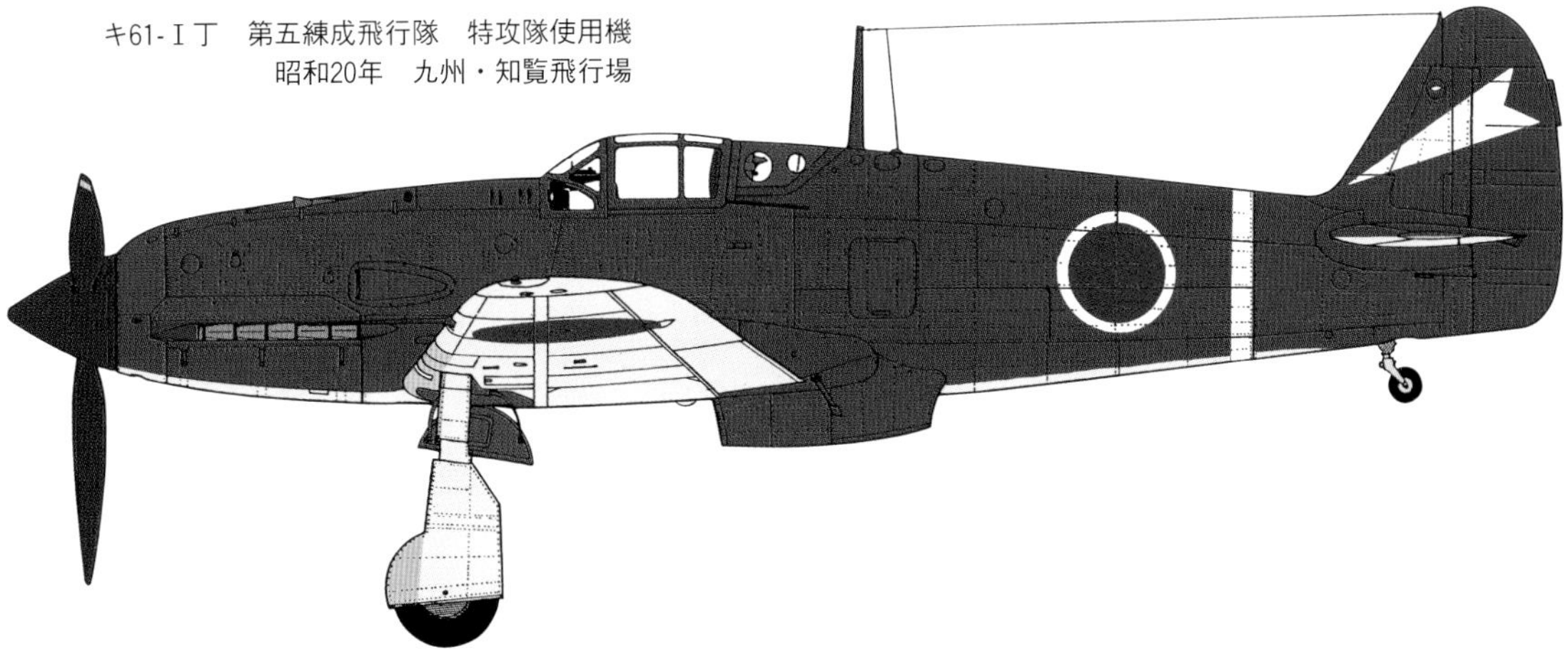

キ61-Ⅰ丁　独立飛行第二十三中隊　昭和20年４月　沖縄

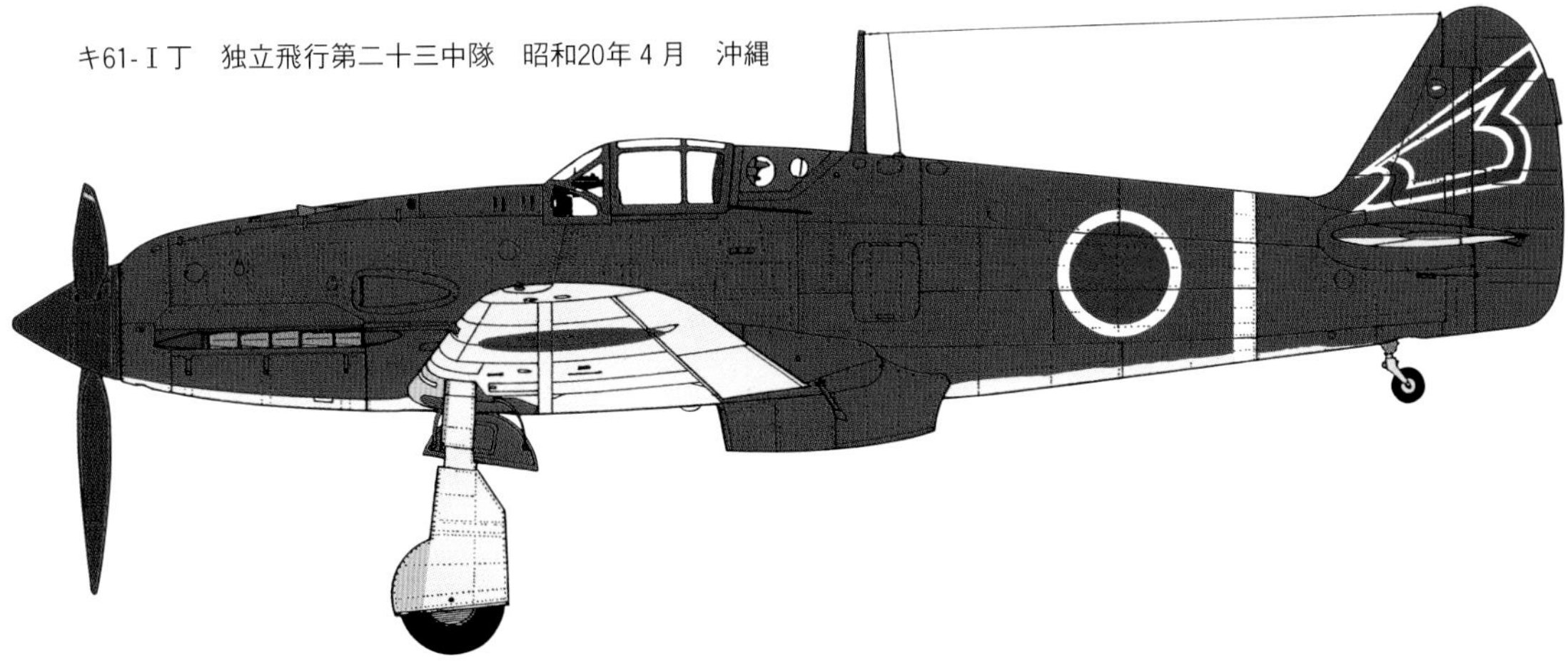

キ61-Ⅰ甲　明野陸軍飛行学校　昭和18年
明野飛行場

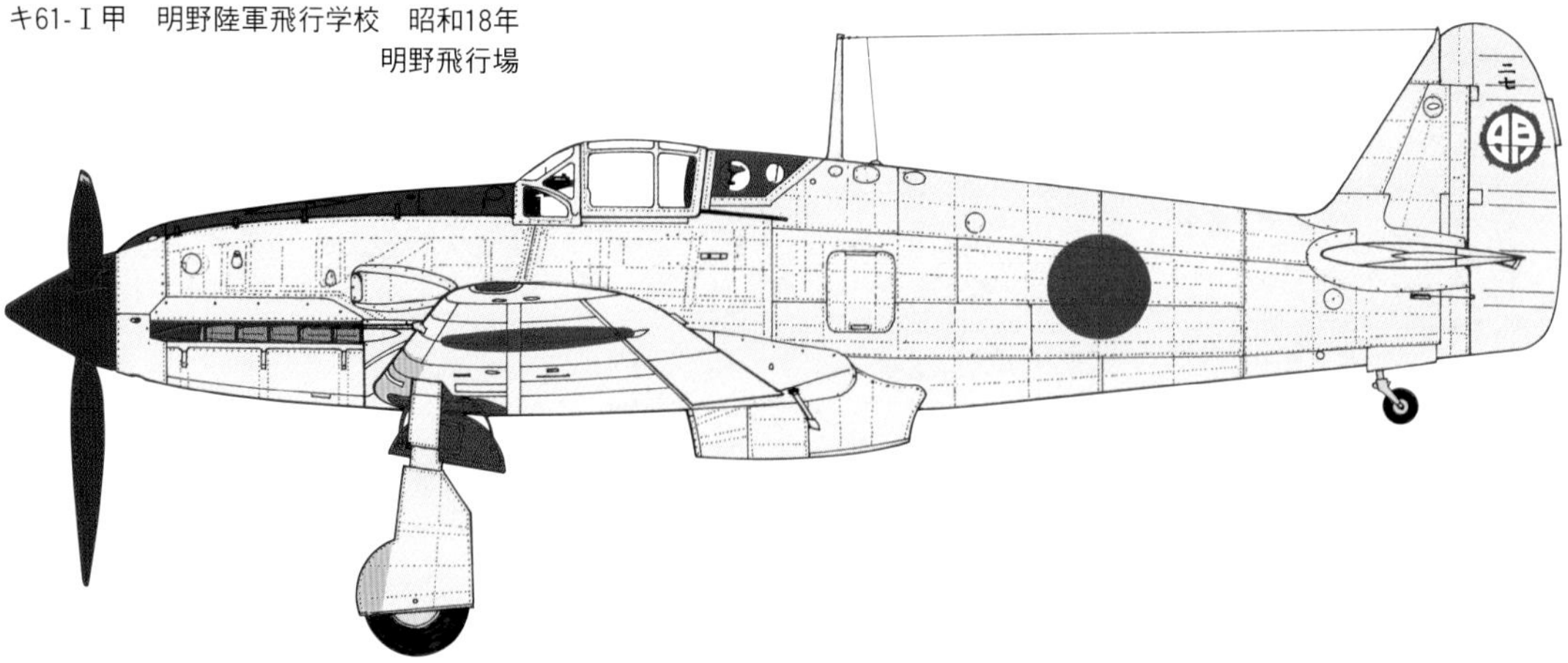

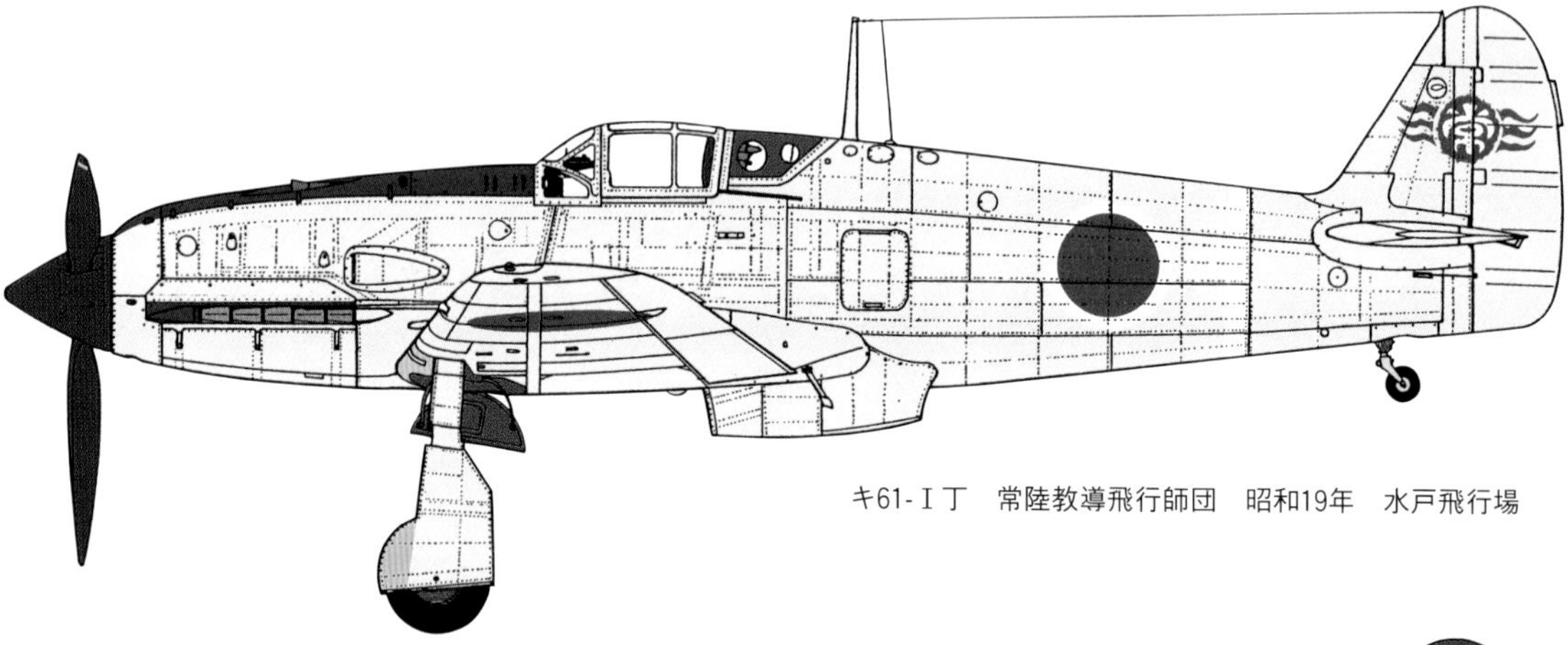

キ61-Ⅰ丁　常陸教導飛行師団　昭和19年　水戸飛行場

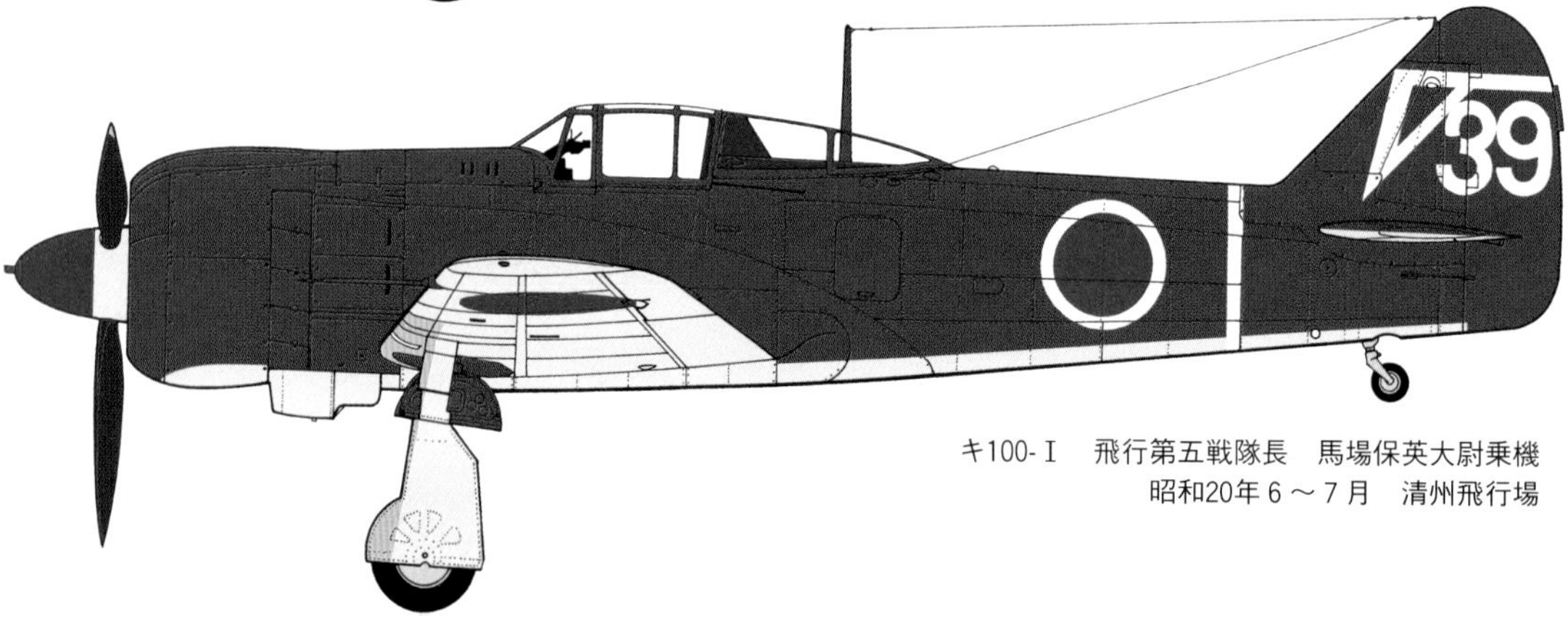

キ100-Ⅰ　飛行第五戦隊長　馬場保英大尉乗機
昭和20年6～7月　清州飛行場

キ100-Ⅰ　飛行第五十九戦隊第二中隊
昭和20年夏　芦屋飛行場

キ100-Ⅰ　飛行第二四四戦隊第三中隊　昭和20年夏
調布飛行場

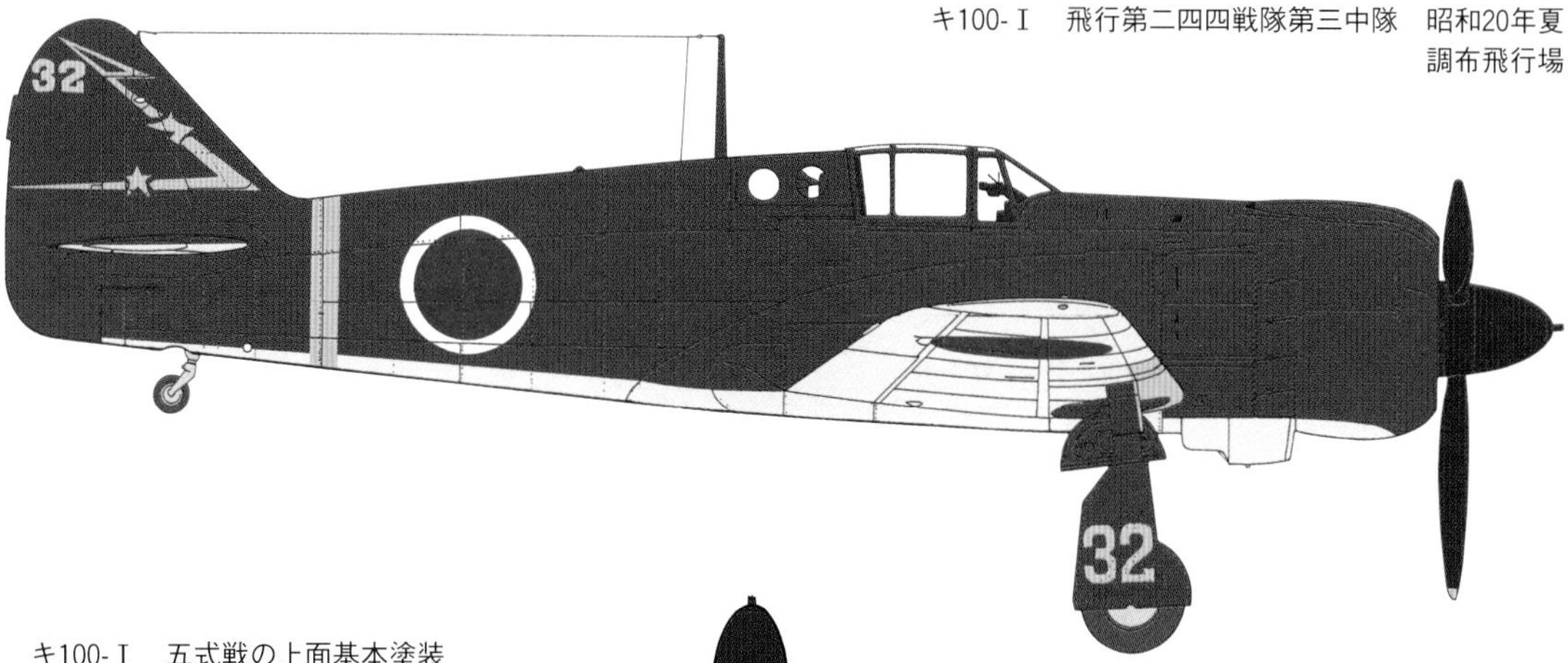

キ100-Ⅰ　五式戦の上面基本塗装

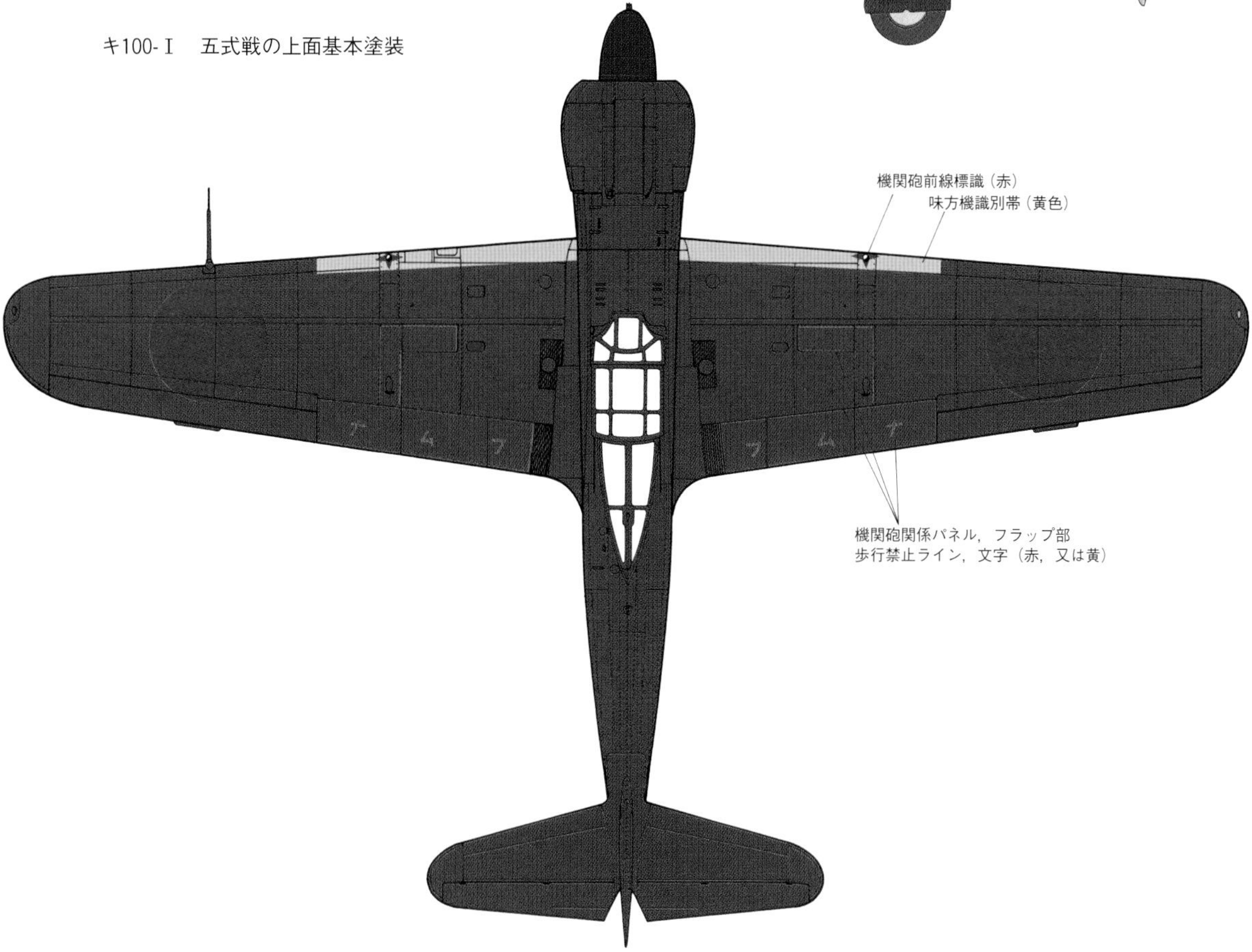

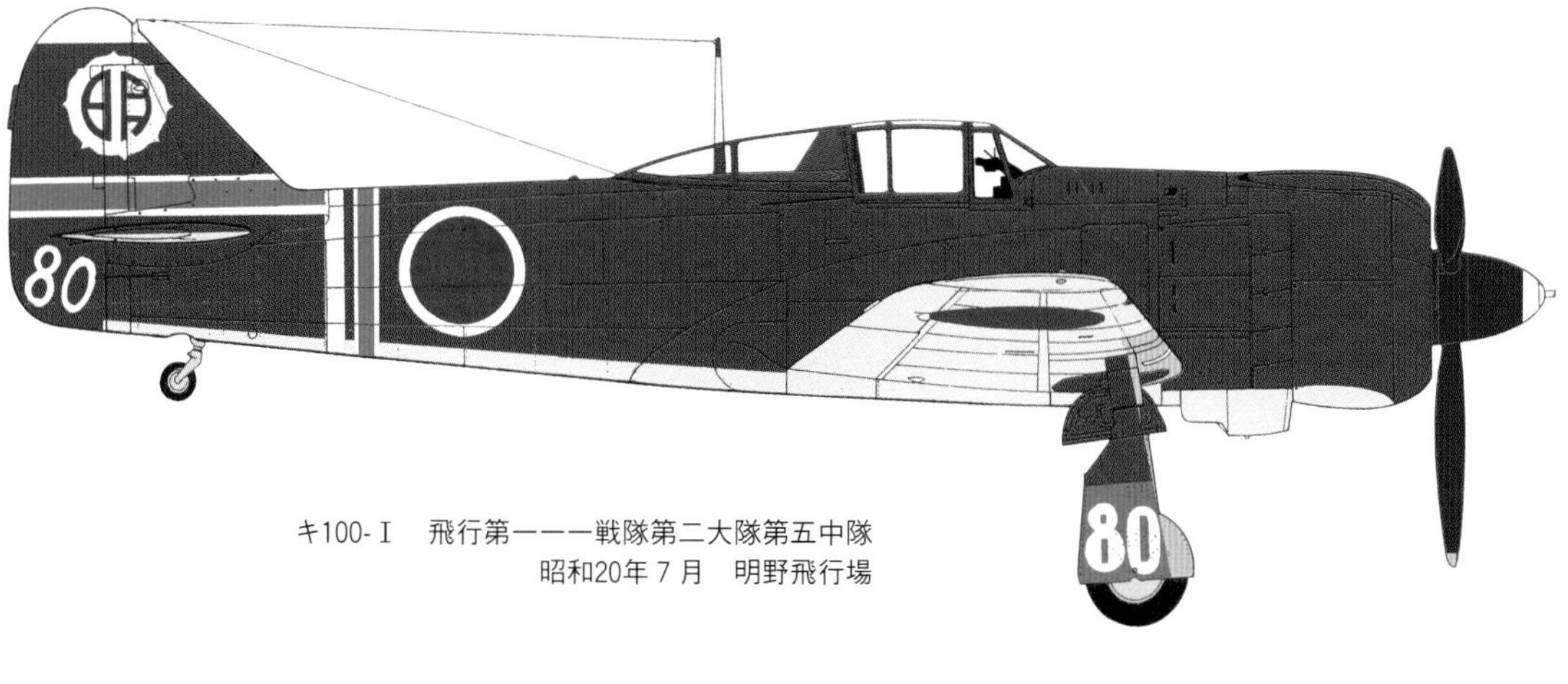

キ100-Ⅰ　飛行第一一一戦隊第二大隊第五中隊
昭和20年７月　明野飛行場

英国RAF博物館の五式戦

©RAF Museum

写真&解説=**宮崎賢治**

マイルストーン・オブ・フライト・ホール（ロンドン）に展示されていた時のキ100。復元にあたり、塗装には十分なリサーチが行なわれ、工場出荷時の姿を再現している。オリジナルと違う点は、本来無塗装の下面を銀色で塗装していることで、これは胴体着陸により傷が入った下面外板表面を保護するために、あえて選択されたものだ。

機体上面は、黄緑7号を再現している。この色は操縦席内部、後部胴体内部、主脚収容部などにも使用されている。各部にある注意書きも、機体に残っていたものや、大戦中の写真をもとに丁寧に再現された。修復自体は、今後も少しずつ続ける予定で、オイルクーラーをオリジナルの形状に戻すことも考えられている。

英国RAF博物館のマイルストーン・オブ・フライト・ホールには、世界で唯一現存するキ100（五式戦）第16336号機が展示されていた。この機体は、昭和20年10月にフランス領インドシナ（現ベトナム）のタンソンニャット飛行場で、ATAIU-South East Asia(SEA)により捕獲されたものである。新型機だったことから、テスト飛行が行なわれることになったが、テスト前の飛行で脚が出なくなり胴体着陸により機体は破損してしまった。しかし幸いなことに廃棄処分とならず、プロペラ、オイルクーラー等を他の機種から流用した修理が行なわれ、英国に送られている。2002年からは、本格的な修復作業が行なわれ、現在はコスフォードで塗装も含めオリジナルに近い姿を見せている。

キ100で最大の特徴となる機首部分。キ61の胴体にハ112IIを上手く搭載してあるが、カウリングや胴体と主翼のフィレットをみると、かなり豪快な処理が行なわれている。カウリング上部は、胴体機関砲の位置が決まっていたため、吸気管まわりの設計に自由度がなく、川崎の設計陣にとっても満足といえない形となってしまった。

主翼直後の胴体後部下面のラインは、途中から曲がっているように見えるが、これはキ 61 の胴体が冷却器後方から直線的に尾部に向かって絞ってあるためである。キ 100 では冷却機が外され、主翼フィレットの後方への延びも短くされたので、この部分が良く見えてしまい不自然さが目立つが、おかげで胴体の処理が良く理解できる。

カウリングはハ112IIの直径ぎりぎりで設計されている。後列シリンダーの位置が一番太く、その位置から前後に絞られていく。また前端部分は、プロペラとのクリアランスがあまりないことが分かる。潤滑油冷却器は、胴体着陸後の修理でカバーも含めて四式戦から移植されており、オリジナルとは異なる形状となっている。

後方からみた水滴風防の高さは、意外と低くまとめられている。面白い点として第三風防の左側一番後ろのガラス部分は、整備のためか外部からネジ止めとなっており、着脱可能である。キ 100 の第三風防は、他の陸軍戦闘機に比べて後方にかなり長く、これがキ 100 の側面形での特徴となっている。

単排気管は、胴体両側にそれぞれ 6 本がまとめて配置されている。片側 6 本のうち、一番下の排気管が 2 気筒をあわせたものとなる。単排気管は、多くの飛行機で速度向上を狙い採用されているが、キ 100 の場合はそれとは違い、カウリング後方のくびれ部分で発生する渦流を吹き飛ばすことを目的としていた。

三式戦闘機「飛燕」

英国RAF博物館の五式戦

胴体のこの部分には、点検孔などが集中している。写真中央、風防近くの赤い蓋が燃料調圧器点検孔、その右斜め上に作動（高圧）油タンク注油孔、その下に作動油残量確認窓がある。写真中央下は、陸軍機に必ずある点検扉で左端は手掛となる。風防内の銀色部分は、水メタノール注入口だが、作業上不便ではないかと思える位置である。

主翼の注意書も正確に再現されている。赤い注意書きは明石工場製、黄色の場合は都城工場製という説もある。主翼の機関砲は 12.7㎜のホ103で弾数は250発である。陸軍は、20㎜級の機関砲開発が遅れたため、ほとんどの戦闘機は主翼に機関砲搭載を前提とする設計となっておらず、キ100でも主翼へのホ5 搭載は出来なかった。

薬莢排出口の蓋は、零戦にもみられる薬莢の重さで開閉する簡単な方式にみえる。陸軍では保弾子は、機外に排出せず後に地上で回収したので海軍機の様な排出口はなく、キ 100 では、薬莢排出口のとなりに四角い取り出し孔がある。主脚の荷重標示は、線と色だけでなく文字も記入されており、より分かり易くなっている。

脚間隔は 4.05m と零戦より広く、強度も十分でトラブルは少なかった。陸軍戦闘機の脚引込機構はキ 43 からキ 100 までほぼ同じであり、特徴として脚引込装置のリンクが脚出し時に主翼下面から突出するが、ここにもリンクがみえている。燃料タンクはセミインテグラル方式で写真左側の主翼下面がタンクの一部を構成している。

主脚は、無塗装が標準だった。オレオ部分には、筒状のサポートが取り付けられているが、もちろん通常はないもので、この部分には防塵カバーが付けられる。ホイールは零戦の後期型でも使用されたリムが取り外せる陸海軍共通タイプで、タイヤも零戦と同じサイズの 600㎜ x175㎜が使用されている。

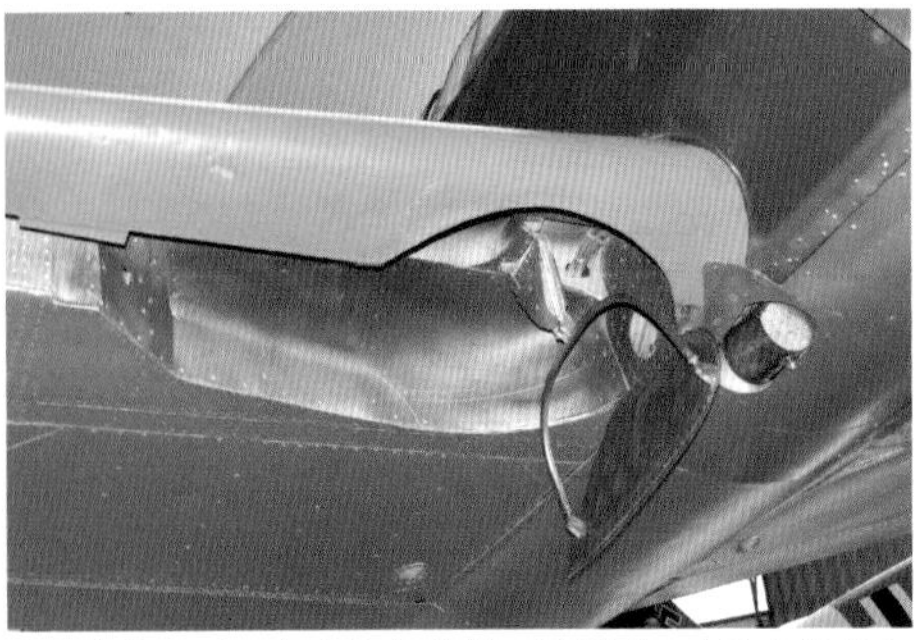

脚収容部には、もともと黄緑 7 号がざっと吹き付けられており、それも再現されている。胴体側の車輪開閉覆は、零戦の様な操作桿で押すのではなく、タイヤで直接押す方式で、タイヤの回転を止めずに脚入れ操作を行なった場合に破損することがあった。胴体下にある円筒状のものは、燃料冷却器である。

燃料落下タンク懸吊架のステンシル類も忠実に再現されている。陸軍は、落下タンクの搭載に懸吊架を取り付ける方式を採用したが、空気抵抗による速度低下が大きく、ここに書かれている通り増槽使用時のみ取り付けることになっていた。

英国RAF博物館の五式戦

胴体は方向舵の位置で垂直尾翼と同じ厚さになるまで絞られている。このような処理は日本機では珍しく、もと水冷エンジン機ならではの形状である。キ 100 は、キ 61 二型とほぼ同馬力ながら、全備重量は 300kg以上軽い 3495kgとなっている。この馬力に見合った機体重量を達成したことが、成功の大きな要因である。

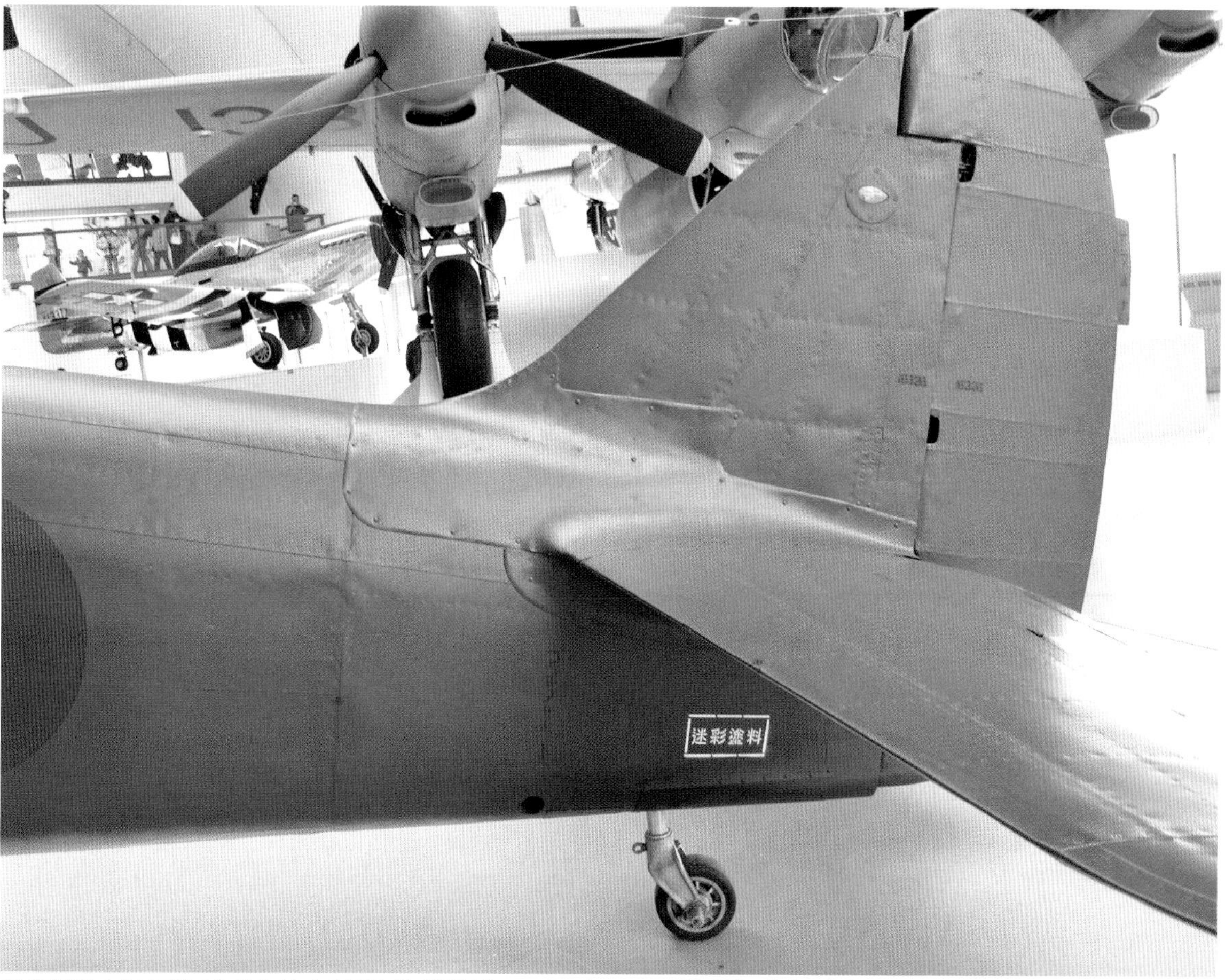

垂直尾翼はキ 61 二型で 0.626㎡から 0.702㎡に増積されている。キ 100 では発動機の換装と水滴風防化に伴った胴体側面の減積があるので、更に増積が必要にも思えるが問題はなかったようだ。尾輪は固定式で、根本の胴体部分には取り外せるカバーが付くが、オリジナルとは形状が違うので、修理の時に作られたものだと思われる。

博物館の「土井武夫技師」コーナーに展示されている土井技師が設計に使用した製図台と設計道具で、この机から数々の名機が誕生した。写真右側ブラシの横は手回し計算機

撮影＝**「丸」写真部**

飛燕アイテム拝見

各務原ミュージアム
土井武夫遺産

岐阜県各務原市に所在する「かかみがはら航空宇宙科学博物館」は、航空宇宙文化遺産の収集並びに航空宇宙技術の発達を後世に伝えるための様々な航空機並びに資料が展示されている。同博物館には川崎航空機(現川崎重工)で日本陸軍の機体を設計した土井武夫技師(1904年～1996年)のプロフィール、業績ならびに設計機がパネルで展示、さらに三式戦闘機「飛燕」にゆかりの貴重なアイテムが展示されている。

※当博物館は2016(平成28)年12月現在リニューアルのため閉館中で、展示物は観れません。また平成30年3月下旬以降に「岐阜かかみがはら航空宇宙博物館」として全館オープンの予定です。

三式戦「飛燕」の尾輪。日本タイヤ株式会社(現株式会社ブリヂストン)製のソリッドタイヤ。シリアルナンバーの異なる物が2点展示されている

五式戦闘機(キ100)の配電盤。原型となった三式戦「飛燕」にも同様の機材が搭載されていた

「ハ40」エンジンの各種部品。手前にはシリンダーブロック、左奥にはローラーベアリング、燃料噴射ポンプなどが置かれている

帝都防空「244戦隊」

●調布基地を拠点に関東地区の防空を担った陸軍飛行第244戦隊。戦隊長・小林照彦大尉の下「近衛飛行隊」の異名をとり、帝都防空戦において有名を馳せた244戦隊の「飛燕」を写真家・菊池俊吉氏が切り取った名ショット！

編隊飛行中の飛行第244戦隊の「飛燕」。先頭の機は主翼に20ミリ・マウザー砲を装備した一型丙で、無塗装銀色の胴体部分に赤い帯と稲妻マークを描いた飛行隊長機。後方の3機は迷彩塗装を施したうえに日の丸が塗りつぶされていることから、体当たり専用機とも考えられる。写真の裏書には〈昭和20年2月8日～20日、東部108部隊〉とあるので、この期間のいずれかの日に撮影されたものだろう。

撮影●菊池俊吉

同じく20年2月、濃緑色のマダラ迷彩に白フチの付いた赤い稲妻マークを描き、スピナー先端が黄色というかなり派手目な迷彩が施された一型丙。機上では胴体の12.7ミリ機関砲の整備中のようで、翼下では整備員たちがくつろいでいる。主翼のマウザー砲が物々しいが、この20ミリ砲の装備で、はじめて飛燕は強力な戦闘機となったといえる。操縦席には防弾板が見える。

雪の見える調布飛行場から発進せんとする一型丙88号機。飛燕のハ40エンジンは直接燃料噴射式のため、キャブレター式の空冷エンジン戦闘機が始動に一苦労する寒い冬の朝でも一発で始動できたという。また、機体の飛行姿勢に関わらず、安定して燃料をシリンダーに送り込めるという利点があった。もちろん日本製の燃料噴射装置が正常に作動した場合の話であるが。

88

機体を濃緑色に塗装した体当たり専門の震天制空隊の14号機。機関砲、無線機、防弾板などを撤去して軽量化を図り、高高度を飛行するB-29に体当たりを敢行する空対空特攻の震天制空隊（はがくれ隊とも呼称）だが、運がよければ体当たり後に生還できる可能性もあった。小林戦隊長自身も20年1月27日、八王子付近でB-29に体当たりを敢行し、落下傘降下で生還している。

編隊飛行中の一型丙。扉ページ先頭機と同じ機体で、主翼下面には増槽懸吊架が装着されている。20年5月、244戦隊は「飛燕」から五式戦に機種改変して沖縄作戦に参加のため、九州に進出した。それに先立ち、244戦隊に対し、杉山第一総軍司令官から部隊感状が授与され、その敵闘が称えられた。それによると、約半年間の戦隊総合戦果は撃墜・撃破計178機とされている。

飛燕＆五式戦型別写真集

写真提供：杉山弘一／ジャスティン・タイラン／野原茂

キ61試作戦闘機

▲昭和16年12月に完成したキ61試作1号機。量産機との違いは、可動風防に縦枠がなく、明かり取り用の三角窓の位置や形状が異なっている。キ61は軽戦として計画されたが、設計主務者の土井技師は、軽戦・重戦の枠にとらわれない、一種の万能戦闘機をねらっていた。

▼真後ろから見たキ61試作1号機。倒立V型エンジンに合わせて細く絞り込まれた胴体と異例の細長い主翼がいかにも高性能戦闘機を思わせる。左右の翼上面にポツンと7.7ミリ機銃装備用の膨らみが見えるが、武装は装備されていない。試作機は3機作られた。

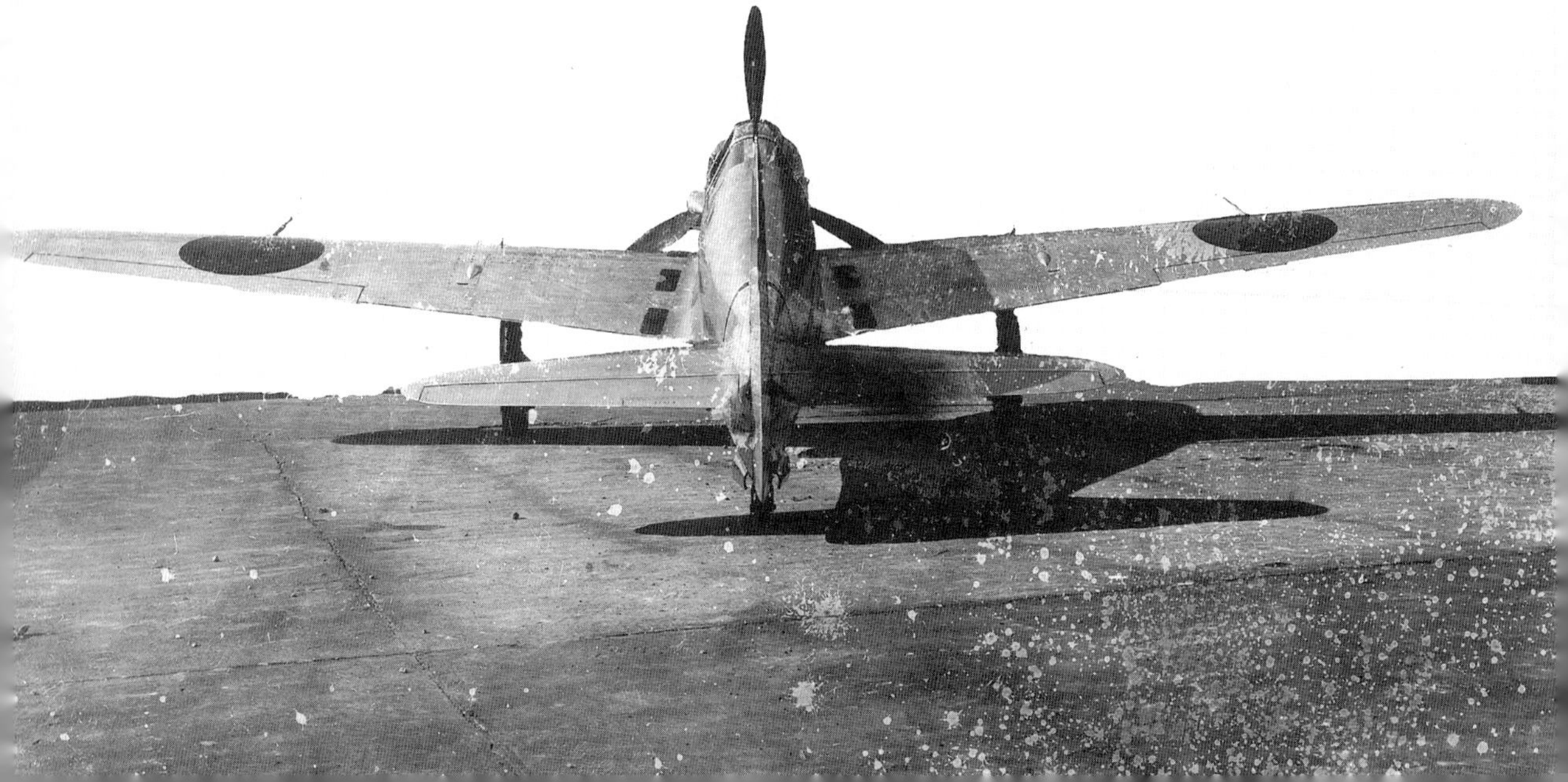

▲各務原飛行場で陸軍航空審査部がテスト中のキ61増加試作機。増加試作機は9機作られた。テストの結果、キ61は最大速度591キロを発揮し、重戦であるキ60の560キロを凌いだ。運動性、操縦性その他も良好で、土井技師自身も予想外の高性能に驚いたという。

▼キ61増加試作機。左側の機体が上写真と同じ機体。尾翼の数字は製造番号の末尾を表わす。11号機の機首上面にホ103 12.7ミリ機関砲の先端部が見える。キ61はホ103を4門装備の予定であったが、ホ103の量産が間に合わず翼内は八九式7.7ミリ機銃で代用した。

三式戦一型甲

▲明野飛行学校に配備された三式戦一型甲。数の上では九七戦が主力の陸軍にとってキ61試作機の高性能は天佑ともいうべきもので、直ちに川崎に対し、量産を指示した。量産1号機の完成は17年8月で、これが一型甲で、武装は試作機同様12.7ミリ×2、7.7ミリ×2である。

▼明野飛行学校所属の三式戦一型甲。当時、機体は陸軍戦闘機の基本である全面無塗装の銀色で、プロペラ、スピナーは茶色、主翼前縁は味方識別の黄橙色で塗装されていた。液冷エンジン機はラジエーターの設置場所が問題になるが、キ61はP-51同様胴体下に持っていった。

▲タキシング中の三式戦一型甲34号機。方向舵に明野飛行学校のマークと三四の数字が描かれている。ラジエーターの調整扉は開いた状態である。三式戦は同じエンジンを装備したメッサーシュミットBf109と比べ左右主脚間の距離が大きいので、地上滑走も安定していた。

▼スピナーに白いラインを描いた三式戦一型甲。機首手前の人物は服装から見て海軍搭乗員のようである。また主翼下面に見える半球状のものは訓練時のみ使用する翼内機銃の薬莢受け。なお、一型甲までの尾輪は引き込み式であるが、乙型以降は全て固定式となっているのが識別点。

ニューギニア・ホランジア（もしくはツルブ）の飛行場で進攻して来た米軍に撮影された飛行第68戦隊の三式戦一型甲。胴体に記された白い帯と赤い戦隊マークから第2中隊長の坂内士郎大尉機といわれていたが、最近の調査ではエースの垂井光義大尉機といわれている。68戦隊は最初に三式戦を実戦配備した部隊として知られる。垂井大尉は難敵P-47サンダーボルトを初めて仕留めるなど、卓越した空戦技術を持っていたが、昭和18年8月18日、地上で米機の機銃掃射を受け戦死した。写真左奥には一式戦「隼」の姿が見える。

米軍に捕獲されテスト飛行を行なう一型甲263号機。本機は昭和18年12月30日にホランジアで鹵獲された元飛行第68戦隊所属機で、上写真の機体の可能性もある。米軍は当初、三式戦をシルエットがよく似ていることからイタリアのマッキMC202のコピー機と考えた（そのためイタリア人男性の名前に多い「アントニー」から三式戦のコードネームを「トニー」とした）が、その後、日本独自の機体であることが判明した。

三式戦一型乙

▲工場からロールアウトしてテスト飛行中の一型乙。乙型は翼内武装を12.7ミリ機関砲に換装したもので、これで三式戦本来の武装である12.7ミリ機関砲4門となった。実戦参加は昭和18年11月のニューギニアの航空戦からで、「一撃でP-38を屠った」との記録がある。

▼明野飛行学校における第14飛行団の一型乙。14飛行団は三式戦装備の68戦隊と78戦隊で構成されており、そのいずれかの所属機ということになる。南東方面進出を前に明野で慣熟訓練を行なったときの撮影と思われる。なお、乙型の途中から尾輪が固定式となり、その他、防弾板の追加、燃料タンクの防弾ゴム強化などが実施された。

▲エンジンを暖機運転中の飛行第244戦隊の一型乙73号機（震天制空隊の板垣政雄軍曹乗機）。日の丸部分には白い防空識別帯を巻き、写真では見えないが尾翼に「イ」の文字を描いている。板垣軍曹はB-29に2回体当たりを行ない、2回とも奇跡的に生還している。

▼九州の芦屋基地で終戦をむかえた第149振武特別攻撃隊所属の一型乙776号機。本機は元56戦隊所属機で本土防空用に使用されていた。翼下には200リッター入りの統一型落下増槽を装備している。尾翼マークは菊水に爆弾をあしらっている。向こうに五式戦の列線が見える。

三式戦一型丙

▲昭和19年1月の川崎航空機岐阜工場における一型丙の組み立てライン。手前の2機にはすでにハ40エンジンが搭載されている。丙はドイツから潜水艦で輸入したMG151／20を主翼に装備した型式である。18年9月から生産ラインに流れ始めたが、現地で改修した機体もあり、19年7月までに388機が改修・生産された。陸軍ではMG151／20を「マウザー20ミリ砲」と呼称していた。

▼岐阜工場から工員たちの手に押されてロールアウトしたばかりの真新しい一型丙。主翼から突き出たMG151／20の長い砲身が精悍な印象を与える。米軍リポートは一型丙を「重武装と良好な防弾装置を備えた素晴らしい機体」と報告している。だが、重量が増した分、最大速度や運動性は多少低下している。

▲ニューギニアに展開する68戦隊、または78戦隊の一型丙。エンジンと胴体砲の整備中のようだが、川崎製ハ40エンジンは高温多湿の悪条件下で故障が頻発して整備員を困らせた。しかし、マウザー20ミリ砲の威力は絶大で、一連射でB-25爆撃機の主翼をへし折ったという。

▼小林照彦244戦隊長乗機の一型丙295号機。一型丁24号機とともに昭和20年1月27日にB-29に体当たりするまでの戦隊長乗機で、風防下に5機のB-29撃墜マークが描かれている。体当たりで本機は失われたが、B-29は墜落し、小林大尉は落下傘降下で一命をとりとめた。

▲三重県の明野飛行学校の三式戦の列線で、手前が一型丙。明野は陸軍戦闘機隊の総本山といわれ、戦闘機パイロットの戦技教育に当たった。昭和19年6月、明野飛行学校は明野教導飛行師団に改編され、教育と並行しながら防空任務に就くようになった。当時の師団兵力は一式戦、二式単戦、三式戦、四式戦の計123機におよんでいた。

▼昭和19年夏、台湾の台中飛行場で撮影された一型丙44号機。本機は教育飛行隊の教官や助教が自らの技量低下を防ぐために乗っていたという。同年10月12日～15日の米機動部隊による台湾空襲時には、第8飛行師団所属の第6、8、20、21、22教育飛行隊の三式戦と一式戦で集成防空第一隊を臨時編成して敵艦上機の邀撃に当たった。

三式戦一型丁

▲昭和19年夏、小牧飛行場における飛行第55戦隊の三式戦一型丁。マウザー砲のほかにも国産のホ5 20ミリ砲を積む計画があり、そのために主翼を拡大した二型が試作されたが、研究の結果、機首を若干延長すればホ5を胴体装備できることがわかった。こうして機首に20ミリ砲2門を装備する一型丁が完成し、1300機余りが生産された。

▼機関砲の弾道調整中の55戦隊の三式戦一型丁。55戦隊は11月中旬にレイテ決戦のため、岩橋重夫戦隊長以下、三式戦38機をもってフィリピンに進出した。24日、タクロバン飛行場攻撃に参加したものの初陣で戦隊長以下6機を失った。その後も味方船団護衛、リンガエン湾の敵上陸船団攻撃などで活躍し、20年1月末内地に帰還した。

▲昭和20年4月、小林照彦244戦隊長乗機の一型丁24号機。三式戦に限らず、高高度飛行の場合、防寒対策に電熱服を使用するが、「電熱服を使うとたちまち電圧が下がって機銃も無線も使用できなくなる」と小林氏は戦後の手記に書いている。当時、電気系統は日本機の共通の弱点であった。

▼昭和20年2月、ルソン島クラーク飛行場で米軍の手に落ちた飛行第19戦隊の一型丁。胴体に見える白と黒の点線は採寸のために米軍が付けたもの。19戦隊は17戦隊とともに第22飛行団を構成し、19年7月にルソン島に進出、防空任務に従事した。なお、クラーク地区では、三式戦を含む多くの日本陸海軍機がほぼ原形のまま米軍に捕獲されている。

三式戦二型改

元来キ61はDB601（ハ40）をベースにした性能向上型ハ140を装備する予定であったが、ハ40でも高速を発揮したため、これを一型として採用した。1500馬力のハ140を装備して20ミリ機関砲装備の拡大型主翼を装着した二型は試作されたものの、胴体に20ミリ機関砲搭載が可能となったため、生産の混乱を招く新型翼への切り替えは行なわず、一型丁の主翼を装着することとした。これが二型改である。二型改はエンジンさえ完調なら最大速度650キロ程度は発揮できたと思われる。写真は昭和39年10月、入間基地で公開された復元・三式戦二型改17号機（カラーグラビアトップの機体）。

▲戦後、米国で展示されていた二型改。米軍は大阪の伊丹飛行場にあった飛行第56戦隊所属機の中から本国送り分4機を抽出した（実際に4機とも運ばれたかは不明）。写真はそのうちの1機で、飛行テストも行なわれずに公園などに展示されていた。二型改の特徴である一型丁よりさらに伸びた機首部分、後方視界改善のために変更され後部風防の形状がわかる。なお、尾翼の「雷」の文字は米側で書き込んだもの。その後、この機体はスクラップ処分されたものと思われる。

▼56戦隊の二型改。後方視界向上のため、後部胴体上を削って、涙滴型風防に改修した後期生産機。ハ140エンジンの不調のためわずか99機の生産で終わった二型改であるが、度重なる改造で性能が低下していた一型（木村昇少佐のメモによれば、最大速度は545キロに低下）にくらべ、600キロの速度を維持できた二型改を56戦隊の乗員たちは好意的に評価していたという。

五式戦一型甲

▲福岡県の芦屋飛行場で終戦をむかえた飛行第59戦隊の五式戦一型甲。三式戦二型改として生産された機体を改修して空冷のハ112-Ⅱエンジンに換装したのが五式戦である。エンジン換装で最大速度こそ580キロに低下したものの故障は激減し、逆に軽量化によって運動性、上昇率は向上し、意外な優秀戦闘機となり、陸軍戦闘機隊の掉尾を飾った。

▼昭和20年6月、愛知県の清州飛行場の五式戦一型乙。乙型は三式戦二型改後期生産機を改修したもので涙滴型風防となった。土井技師は空冷エンジンへの換装を早い時期から考えてはいたが、ハ140の改良に努力している技術者たちのことを思うと言い出せなかったと戦後回想している。だが、五式戦の活躍によって改めて三式戦の優秀性が証明された。

五式戦一型乙

▲戦後、調査のため米国に運ばれた五式戦一型乙。向こうにはメーサーシュミットMe262ジェット戦闘機の姿が見える。米国に運ぶ五式戦を小牧から追浜まで空輸した元飛行第111戦隊の稲山英明大尉によれば、「星のマークを塗り替えられ、戦い疲れた五式戦を5機のP-51に見張られながら追浜まで操縦した」と手記に残している。

▼川崎航空機岐阜工場で終戦をむかえた五式戦二型試作3号機。二型は高高度性能向上のために排気タービン過給器付きのハ112-Ⅱ-ルを搭載したもので、テストの結果、高度1万メートルで最大速度590キロを記録したが、試作機3機が完成したところで終戦になった。この3号機も米国に運ばれたようだが、消息は不明である。

五式戦二型

沖縄で鹵獲された19戦隊の「飛燕」一型丁

写真＆文＝豊の国宇佐市塾　織田祐輔

米軍アーカイブ写真集

米国立公文書館に所蔵されている映像の中には、第二次世界大戦の戦地で撮影された映像が多数ふくまれている。それらの中には、戦地で米軍によって鹵獲された日本軍機を映したものもある。今回紹介する映像は、1945年5月9日に沖縄本島において米第7航空軍所属の戦闘撮影隊によって撮影されたものの一部である。なお、第7航空軍は4月下旬から沖縄への進出を始めており、戦闘撮影隊のような地上勤務部隊は航空部隊の進出前に沖縄へ到着していた。

本稿で紹介する「飛燕」一型丁には、台湾に展開していた飛行第19戦隊所属の戦隊マークが施されており、おそらくは沖縄経由で台湾へ空輸の途上で何らかの原因によって沖縄に放置されたものと思われる。

「飛燕」一型丁の機体後部を撮影した1コマ。垂直尾翼には、台湾に展開していた飛行第19戦隊所属を示す戦隊マークが施されている。その下に塗り潰されて隠れている戦隊マークは、飛行第55戦隊のものに似ているように思われるが、はっきりとは分からない

おそらく沖縄本島の読谷（沖縄北）飛行場と思われる場所の一角に置かれている「飛燕」一型丁。「飛燕」の機首の向こう側には、おそらく海兵戦闘飛行隊所属と思われるF4U戦闘機が主翼を折り畳んだ状態で駐機されているのが分かる

「飛燕」一型丁は胴体砲としてホ５　20㎜固定機関砲を搭載しており、その発射ガスを抜くため砲室の外板に縦長のスリット４つと丸孔１つが設けられた。この写真の機体にもその特徴が認められる

真正面から「飛燕」一型丁を捉えた１コマ。飛行場の周辺で米軍の上陸準備砲撃と空襲を浴びていた割には、主脚のタイヤもパンクしておらず、かなり良好な状態で米軍に鹵獲されたのが分かる

正面左側の計器盤を捉えた1コマであり、右上の計器から左へ順に水温計、ブースト計、点火開閉器、回転計（右）、排気温度計が配置されている

計器盤の下に設置された九九式飛三号無線機受信器。この「飛燕」一型丁は戦場で米軍に鹵獲された割に、米兵によって記念品として計器類が持ち去られておらず、操縦席内部の保存状態がかなり良好であると思われる

操縦席内に座った米軍人が操縦桿を握った状態で撮影した1コマ。操縦桿の向こうに見えている計器は左から順に水温計、油温計、油圧計、燃圧計であり、その右に見える計器は上から順に、冷却器・フラップ開度指示器、脚警灯である

操縦席内で撮影された1コマであり、光像式の百式照準機と胴体砲のホ5は取り外されてしまっているのが確認できる。右上の計器から時計回りに、昇降計、水平儀、速度計、高度計、旋回計、そしてそれらに囲まれる形で中央部に羅針儀が配置されている

「飛燕」一型丁の操縦席付近を捉えた１コマ。一型丁の特徴であるホ５のガス抜き用スリットが明確に確認できる。なお、風防の可動部や機体に確認できる白黒の線状のものは、この機体を鹵獲した米軍が機体を計測するために施したもの

「飛燕」一型丁の右側の昇降舵全体と方向舵の下の部分を捉えた１コマ。空襲や砲撃等によって羽布が所々傷付いてしまっているのが分かる

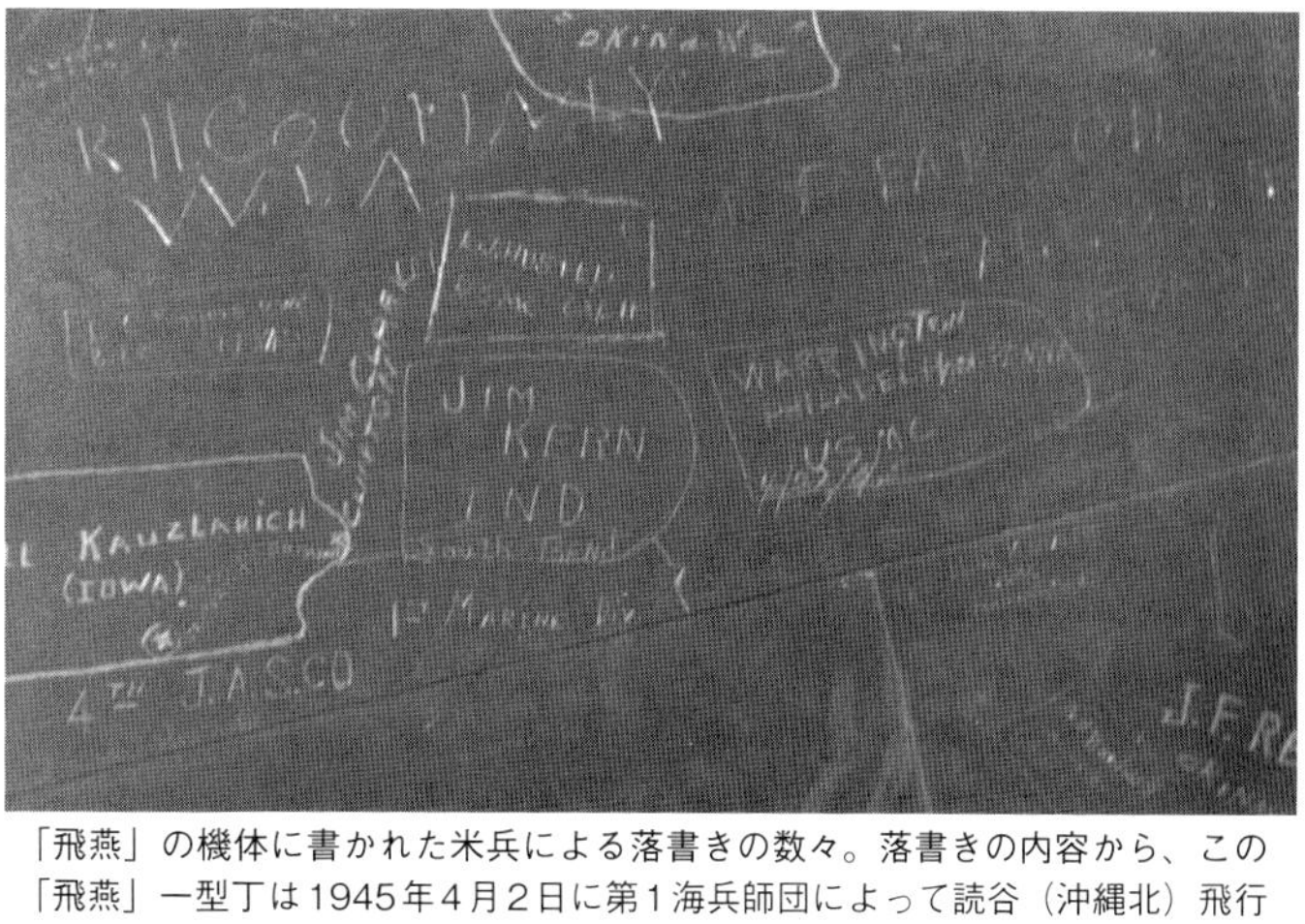

「飛燕」の機体に書かれた米兵による落書きの数々。落書きの内容から、この「飛燕」一型丁は1945年４月２日に第１海兵師団によって読谷（沖縄北）飛行場の周辺で鹵獲されたものと思われる

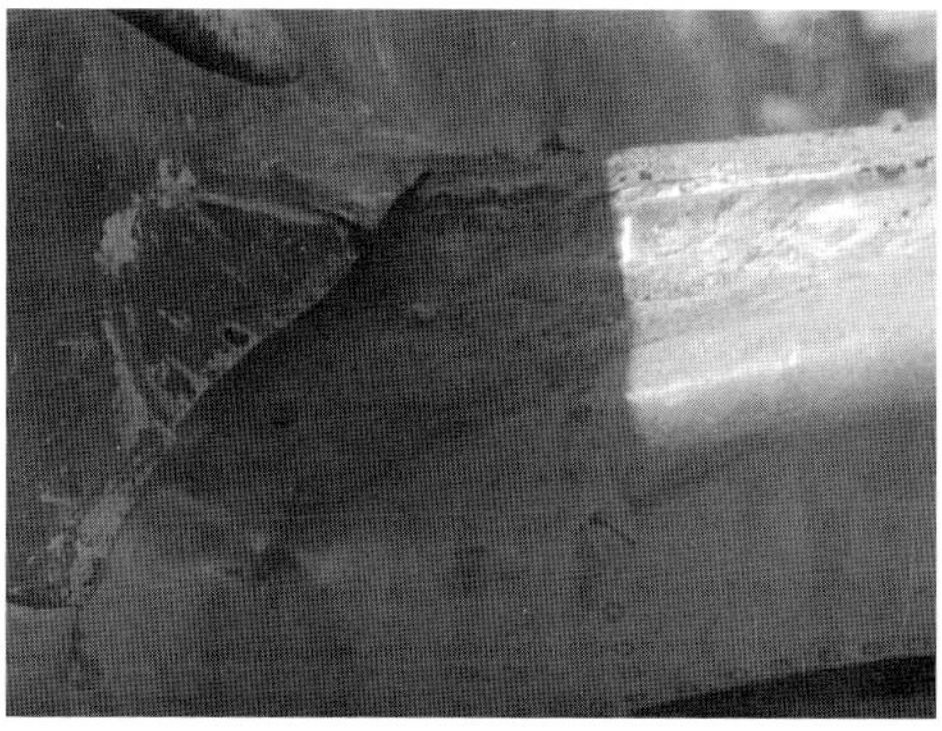

主翼と胴体の付け根部分に生じた凹み。おそらくは駐機されていた際に米軍の砲爆撃によって飛散した物が当たってこの様になってしまったものと思われる

川崎製戦闘機カタログ

KDA-3試作戦闘機　昭和2年、陸軍は甲式四型戦闘機に代わる新型戦闘機の試作を三菱、中島、川崎の3社に命じた。3社ともパラソル型でのぞみ、川崎はフォークト博士がKDA-3を設計した。審査の結果、3機種とも強度不足のため失格となった。【要目】BMW6水冷V型12気筒630HP、最大速度285キロ/時、7.7ミリ機銃×2

九二式戦闘機　フォークト博士が設計した全金属製複葉戦闘機。試作機は日本初の高度1万メートルまでの上昇に成功した。昭和6年9月、九二式戦闘機として制式採用後は主に満洲方面の防空任務に従事した。【要目】BMW6水冷V型12気筒750HP、最大速度320キロ/時、7.7ミリ機銃×2

キ5試作戦闘機　昭和8年、九二式戦闘機に代わるべく土井技師が設計した川崎初の低翼単葉戦闘機。逆ガル式の主翼を採用したが、そのために安定性不足となった。改良を重ねたものの、複葉に比べて運動性の悪さから不採用となった。【要目】川崎ハ9水冷V型12気筒850HP、最大速度360キロ/時、航続距離1000キロ、7.7ミリ機銃×2

九五式戦闘機　キ5の不採用により、土井技師は運動性を重視する陸軍の意向をくみ、再び複葉型式として設計した。昭和10年9月、九五式戦闘機として制式採用された陸軍最後の複葉戦闘機で、日華事変で活躍した。【二型要目】川崎ハ9-Ⅱ甲水冷V型12気筒850HP、最大速度400キロ/時、航続距離1100キロ、7.7ミリ機銃×2

キ28試作戦闘機　昭和11年、陸軍は改めて中島、川崎、三菱の3社に単葉戦闘機の試作を指示、中島、三菱の空冷エンジン機に対し、川崎は得意の水冷エンジン装備のキ28を試作した。審査の結果、キ28が最も高性能を発揮したが、結局は運動性に優れた中島機が九七式戦闘機として採用された。【要目】川崎ハ9-Ⅱ甲水冷V型12気筒850HP、最大速度485キロ/時、航続距離1000キロ、7.7ミリ機銃×2

キ60試作戦闘機　昭和15年、陸軍は川崎にドイツのDB601エンジンを装備した本格的な防空用重戦キ60と軽戦闘機のキ61の試作を指示。キ60は高速化のため主翼面積を抑え機体を小型化、引込み脚など数々の新機軸を盛り込んだ。しかし、模擬空戦審査で競争相手のキ44（鍾馗）に敗れたうえ、キ61が予想外の高性能機となったため、開発は中止された。【要目】DB601液冷倒立V型12気筒1100HP、最大速度560キロ/時、12.7ミリ機銃×2、20ミリ機関砲×2（予定）

二式複座戦闘機「屠龍」　列強の双発多用途戦闘機ブームに乗って陸軍が川崎に開発を命じた双発複座戦闘機。性能的には凡庸であったが、B-29夜間邀撃戦で真価を発揮した。【丙型要目】ハ102空冷星型複列14気筒1050HP、最大速度540キロ/時、航続距離2000キロ、37ミリ砲×1、20ミリ×1、20ミリ×2（上向き砲）、7.9ミリ×1、爆弾250キロ×2

研3試作高速研究機　航研機による周回航続距離世界記録に続いて、高度飛行研究の「研2」、高速飛行研究の「研3」の計画が東大航空研究所で進められた。研3は高速戦闘機の研究に役立つことを予想してキ78の試作番号があたえられた。製作は川崎が担当。徹底的な空気抵抗減少を図り、テストでは日本機最速の699.9キロ/時を記録した。計算では850キロ/時まで出るはずだったが、戦局悪化で開発中止。【要目】DB601改液冷倒立V型12気筒1550HP、最大速度699.9キロ/時、航続距離600キロ

キ88試作局地戦闘機　米のP-39エアラコブラにならって37ミリ機関砲をプロペラ軸から発射させる防空用単発単座戦闘機。しかし、P-39自体の低性能が判明したことや複雑な構造などから軍は完成直前に試作を中止させた。写真はモックアップ。【要目】ハ140特液冷倒立V型12気筒1500HP、最大速度600キロ/時、航続距離1200キロ、37ミリ機関砲×1、20ミリ機関砲×2

キ64試作高速戦闘機　最大速度700キロ/時をめざした画期的な高速戦闘機。エンジンは2基のハ40を前後に組み合わせて、延長軸で二重反転プロペラを回すという方式を採用した。またラジエーターの要らない蒸気表面冷却法を採用し、空気抵抗減少を図った。昭和18年12月、1号機完成。戦局の悪化により5回の飛行でテストは中断し、そのまま終戦となった。【要目】ハ201液冷倒立V型12気筒×2 2350HP、最大速度690キロ/時、航続距離1000キロ、37ミリ機関砲×1、20ミリ機関砲×2～4

キ96試作双発戦闘機　大型爆撃機邀撃のため、陸軍が川崎に開発を命じたスマートな双発単座戦闘機。機首に大口径機関砲を集中装備する。テストの結果は良好だったが、陸軍に明確な定見がなく採用にはいたらなかった。写真は試作3号機。【要目】ハ112-Ⅱ空冷星型複列14気筒 1500HP×2、最大速度600キロ/時、航続距離1600キロ、37ミリ機関砲×1、20ミリ機関砲×2

キ102高高度戦闘機／襲撃機　陸軍はキ96を複座化して排気タービン過給器装備の高高度戦闘機型のキ102甲と、57ミリ砲装備の襲撃機型のキ102乙の開発を命じた。甲は排気タービンの不調で戦力化されなかったが、乙は性能良好で215機生産された。写真は乙型。【乙型要目】ハ112-Ⅱ空冷星型複列14気筒 1500HP×2、最大速度580キロ/時、航続距離2000キロ、57ミリ砲×1、20ミリ機関砲×2、爆弾1000キロ

キ108試作高高度戦闘機　B-29邀撃用にキ102を改造して作られた与圧キャビンを持つ高高度戦闘機。「まゆ型」という気密カプセル式のキャビンはうまく行ったが、排気タービンが不調で、そのまま終戦となった。【要目】ハ112-Ⅱル空冷星型複列14気筒 1500HP×2、最大速度580キロ/時、航続距離2200キロ、37ミリ機関砲×1、20ミリ機関砲×2

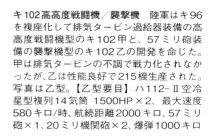

■元川崎航空機試作部長・設計課長
土井武夫

私が設計した液冷戦闘機「飛燕」

〈上〉かつて自らが設計した三式戦「飛燕」二型改（17号機）の翼の上に乗って復元作業を見守る土井武夫氏（中央のメガネの人物）

飛燕の礎となった試作機群

昭和のはじめから終戦にいたるまでに、川崎で設計試作した単発戦闘機は、陸軍のＫＤＡ３、九二式戦、キ５、九五式戦、キ28、キ10性能向上機第三案、キ60、三式戦（飛燕）、キ88、キ64および五式戦（キ100）の一一機種である。

そのうち、制式機として採用されたのは、九二式、九五式、三式および五式の四機種である。これらの試作機が初飛行した時期を年代順にまとめてみれば、左ページ上の表のようになる。

この表に見られるとおり、つぎの制式機として採用されたものの間には、四～五年の期間があり、この間に一～二機種の戦闘機を試作している。

もっとも、制式機として採用されたものの、発動機は実用機で証明されたものが大部分をしめている。まったく新しい発動機（「ハ九」Ⅱ型甲）を装着したのは、九五式戦のみにすぎない。

航空機の設計、とくに戦闘機の設計においては、その搭載発動機をえらぶことが、第一の問題であること

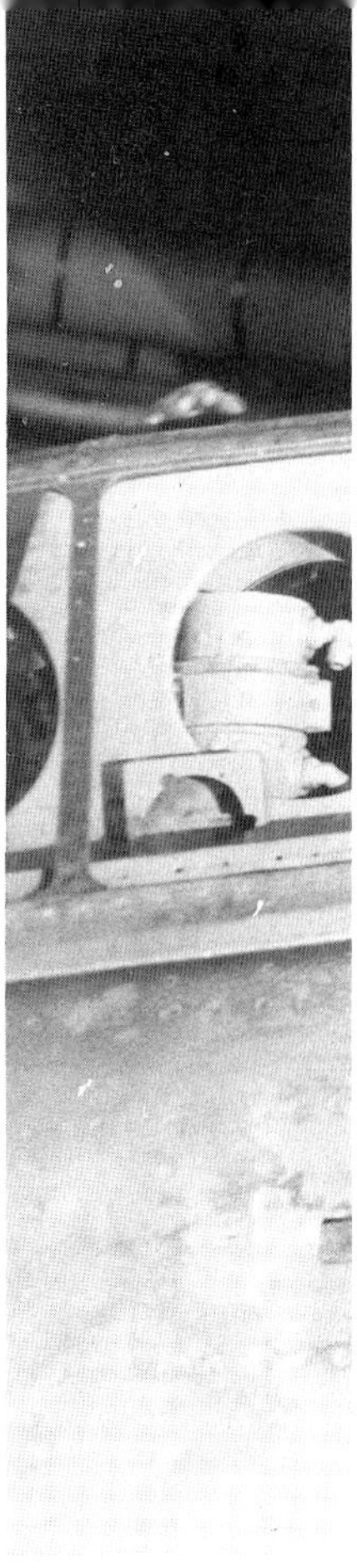

●零戦の堀越技師と東大航空学科の同級生であり、川崎航空機に入社後は数々の液冷式エンジン装備戦闘機の設計にたずさわった筆者が、自らの最高傑作であるキ61開発にいたる道のりや空冷式の五式戦に生まれ変わるまでを回想する

は、筆者のみが痛感していることではあるまい。

筆者の関係した単発戦闘機の空力的効率をあらわす方法として、機体の相当抵抗面積$C_D \cdot S/\eta$（C_Dは抵抗係数、Sは主翼面積、ηはプロペラ効率）を用いれば優劣が比較できる。相当抵抗面積は、技術の進歩をあらわすものといえる。たとえ、不採用になった試作機でも、相当の航空技術の進歩改善のあとをしめしている。これを踏台《ふみだい》にしてつぎの制式機が生まれたのである。

〈表1〉川崎における試作戦闘機（単発）

機種	発動機	型式	試作第1号機 初飛行期日
KDA3	水冷BMW6	高翼パラソル型	昭和３年３月
＊九二式戦	水冷BMW6	複葉張線型	昭和５年７月
「キ5」	水冷 BMW9改	片持式低翼単葉	昭和９年２月
＊九五式戦	水冷「ハ9」２型甲	一葉半型	昭和10年３月
「キ28」	水冷「ハ9」２型甲	低翼単葉型	昭和11年11月
「キ10」性能向上機第3案	水冷「ハ9」２型乙	一葉半型	昭和12年11月
「キ60」	水冷ダイムラーベンツDB601	低翼単葉型	昭和16年２月
＊三式戦	水冷「ハ40」	低翼単葉型	昭和16年12月
「キ88」	水冷「ハ140」甲	低翼単葉型	昭和18年12月 組立直前中止
「キ64」	水冷「ハ201」	低翼単葉型	昭和18年12月
＊五式戦	空冷星型14「ハ112」Ⅱ	低翼単葉型	昭和20年２月

＊印は制式機として採用されたもの

不採用となったキ5

最初の片持式低翼単葉戦闘機は、昭和八年のはじめに、川崎がフォークト博士によって自発的に設計をはじめ、昭和八年四月に陸軍のキ５として試作命令をうけたものである。

発動機は川崎ＢＭＷ９型を性能向上して、八〇〇馬力（高度二五〇〇メートル）としたもので、最大速度は四二〇キロ／時（高度二五〇〇メートル）を出せる計画であった。

ちょうどそのころ、三菱においても堀越技師（堀越君と筆者とは東大航空学科で同級）の設計による海軍の七試艦上戦闘機（ＩＭＦ10）を試作中であった。

キ５は昭和九年二月に完成し、飛行試験の結果は、予期に反して最大速度が三八〇キロ／時にとどまり、かつ低速時における横の安定が不足であった。

原因として第一に考えられるのは、木製プロペラのため、三六〇キロ／時の速度になると、プロペラの翅端がショックストールをおこし、効率が低下する。

つぎに低速時における横の安定の不足は、主翼に大きな逆ガルをあたえたためと、主翼付根の翼弦を切り込んだために起こったものである。風洞試験でじゅうぶんに研究すれば可能なことであったが、当時は川崎に風洞がなかったのでできなかった。

第三、四号機において、逆ガルを一、二号機の半分にへらし、脚は、単支柱式かつ金属プロペラの装着など大手術をして、速度は四一〇キロ／時に向上し、横の安定もあるていど改善することができた。しかし、装着発動機ＢＭＷ９改の振動がとれずに、八年九月、ついに不採用になってしまった。

これよりさき、ヒトラーがドイツにおいてナチス政権を樹立すると、海外で活動していたドイツ人の航空技術者を、本国によびもどすことになり、フォークト博士も、キ５の完成を待たずに、昭和八年九月には川崎を去ったのであった。

彼は大正十四年すえ、ドイツのドルニエ社から川崎にまねかれたもので、その後、一〇年間にわたり、川崎における主任設計者として各種飛行機の設計にあたり、筆者などの若い技術者を指導してくれたのであった。

彼はドイツにもどるとともに、ハ

〈表2〉キ28、キ27、キ33の審査成績（昭和12年3月）

機名		キ27	キ28	キ33
重量kg 出力／高度 馬力荷重 kg/PS		1336 680PS/3500m 1.97	1776 800PS/3500m 22.2	1494 680PS/3500m 2.20
水平速度	高度m　0	420	410	412
	1,000	437	432	433
	2,000	445	454	454
	3,000	467	476	474
	4,000	468	485	468
	5,000	467	483	461
	6,000	463	481	454
上昇速度／上昇時間	高度m　0	14.2m/S/0	14.4/0	10.7/0
	1,000	17.5/(1′03″)	17.1/(1′05″)	15.2/(1′16″)
	2,000	17.0/(2′00″)	18.8/(1′59″)	18.1/(2′25″)
	3,000	14.9/(3′02″)	16.9/(2′54″)	15.0/(3′16″)
	4,000	13.0/(4′14″)	14.9/(3′57″)	12.6/(4′29″)
	5,000	11.1/(5′38″)	12.7/(5′10″)	10.4/(5′56″)
	6,000	9.3/(7′17″)	10.5/(6′36″)	8.5/(7′42″)
高度五〇〇mの場合	旋回半径 m	右　86.3	111.3	97.5
		左　78.9	110.2	91.9
	旋回時間	右　8.1	9.5	9.8
	Sec	左　8.9	9.5	9.5

ンブルクにあるブローム・ウント・フォス造船所航空機工場の主任技師となり、左右非対称型の偵察機、大型水上機など、変わった型のものをいろいろと設計しているし、また戦後はアメリカにわたり、カーチスライト社で米陸軍のために、フライングジープの設計をしている。

キ5が前述のように不採用になったので、陸軍では川崎にキ10、中島にキ11を競争試作させることにして、昭和九年九月に、両社に試作命令を出した。

川崎はキ5の失敗にこりて、重量軽減に重点をおいた、複葉戦闘機に逆もどりして、一葉半型式を採用した。

これが翌十年三月には完成し、さらに沈頭鋲を使用した第三、第四号機は、中島キ11との激烈な競争審査に合格して、十年九月に九五式戦闘機として正式に採用されたわけである。

この九五式戦が、日支事変の最初に活躍したことは、読者がすでにご承知のことと思う。

液冷で通した川崎陣

九五式戦の採用決定直後の昭和十年末、つづいて陸軍から三菱、中島、川崎の三社に「九五式戦と同程度の操縦性をもつ快速戦闘機（最大速度四六〇キロ／時以上）という競争設計試作命令が出された。これが中島のキ27、川崎のキ28、三菱のキ33である。

発動機としては、空冷または液冷いずれでもよいのであるが、川崎としては従来どおり液冷で進むことにし、九五式戦に装着した「ハ9」Ⅱ型甲を搭載することにした。

ちょうどそのころ、三菱の堀越二郎技師の設計による、海軍の九試単座戦闘機が、十年二月に完成し、その後の各務ヶ原における試験飛行で、四五〇キロ／時の速度を出し、大いに評判になっていたときであった。

三菱のキ33は、試作につづいて制式採用されることにきまった海軍の九六艦戦をモデファイしたものである。

陸軍の要求は、最大速度四六〇キロ／時以上である。川崎のキ28が九五式戦の発動機「ハ9」Ⅱ型甲を装着して、この四六〇キロ／時以上の速度を達成するためには、キ28の抵抗面積を九五式戦の（400／460）^{3}＝0.66以下にせねばならない。このように抵抗を減少することは、複葉型ではほとんど不可能なので、低翼単葉型式を採用することにした。

ふたたびキ5の型式にもどり、脚は単支柱式として、相手三菱のキ33と同等にできたとしても、冷却器をふくめた胴体の抵抗を三菱のキ33以下にしなければならない。

それでいろいろと研究のうえ、冷却器の位置をキ5にくらべて後方に移し、かつ引上式とすることにした。

また主翼根本の逆ガルを廃止して、反対に中央翼には一・五度の、さらに外翼には七・五度の上反角をあたえた。また空戦性能、ことに上昇旋回をよくするために、主翼幅をできるだけ大きくして一二メートルとし、七・六という大きなアスペクト比をあたえることにした。

主翼構造は単桁式で、第一号機は（昭和十一年十月完成）翼端にねじり下げをつけなかったが、飛行試験において空中戦闘中の垂直旋回時に、失速の傾向があるのをみて、治具上にあった第二号機の主翼端に二・五度のねじり下げをほどこした。

その結果、十二月に完成した第二号機では、急旋回時の性能を大いに改善することができた。

キ28は、九五式戦のときの結果とは逆に、速度上昇性能ではだんぜん他機をしのぎながら、旋回性能におとるということで、中島のキ27が採用されることにきまった。

　しかし、五年後のキ61設計の基礎になったという点で、筆者の戦闘機設計試作生活において、もっとも思い出深い機体である。

　三機の比較審査は、昭和十一年秋から十二年春にかけて行なわれたが、その結果については十二年三月、陸軍から発表された数値を右ページの表にしめすことにしよう。

　この表で一目でわかるように、馬力荷重ではキ27が最小、キ28およびキ33がほとんど同等で、速度および上昇力ではキ28が他を圧している。

　ことに五〇〇〇メートル以上においては、速度で二〇キロ／時以上、上昇力ではキ27およびキ33のそれよりもそれぞれ一・六および二・三メートル／秒大きい。また急降下中のすわり（射撃命中率）はキ28が一番すぐれていた。

　水冷式であるため、胴体の幅を八〇〇ミリという小さい値（胴体幅／主翼幅＝〇・〇六七）にすることができ、全体の有効アスペクト比を大きくできたため、このような高性能を得られたものである。

　旋回半径は高度五〇〇〇メートルにおける値で、キ28の方がキ27、キ33よりも大きかった。速度が速いため、一旋回に要する時間は大差なく、また五〇〇〇メートル以上の高空における旋回時間は、キ28がいちばん小さかったものと思う。

　高空において余裕のある空戦をおこなえる点では、キ28はもっとも優れていた。陸軍がこの当時から、高速一撃離脱の近代戦闘に着目していたら、キ28はさらに面白い結果が得られたに違いない。

　じっさいのところ、当時の川崎は、九五式戦の量産、キ32の試作などで、工場は満腹であったため、キ28についてはあまりムキにはならなかった。

DB601のライセンス生産

　このようにして十二年の三月末、陸軍の制式機は中島のキ27、すなわち九七戦と決定したのであるが、筆者にはキ28の戦闘機としての技術上の欠陥は考えられなかった。

　それでキ28が不採用となった直後、いつわらざるところ、それならという気持ちで自発的設計により、複葉戦闘機の極限に近いものをつくり、九七戦に一あわ吹かせてやろうという考えのもとに、キ10性能向上機の第三案、二機を試作した。

　これは主翼面積二三平方メートルの一葉半で、発動機は「ハ9」Ⅱ型乙（九五〇馬力、高度三五〇〇メートル）を搭載し、覆式風防、片持脚、冷却器の改良、支柱、張線などの取付部の干渉抵抗の減少など、あらゆる努力をはらった結果、十二年十一月に完成した。

　同機は最大速度四四五キロ／時を出し、上昇時間はキ28と同程度、旋回半径は、九五式戦と同程度という性能を発揮した。

　しかし、強度上からは四〇〇キロ／時近くの速度で急横転をすると、補助翼の振動をおこす現象があった。複葉戦闘機としては、高速時における主翼の捩《ねじ》れ剛性が不足したためであろう。

　これが、複葉戦闘機として試作されたものの最後になったわけである。

　川崎の試作機は最初から例外なく、液冷発動機を装着して計画されたが、九八式単軽爆に装着した発動機「ハ9」Ⅱ型乙が曲軸の振動などのために、じゅうぶんな稼働ができないために、陸軍では液冷発動機の将来に一応見切りをつけ、主力を空冷二重星型の大馬力の発動機に進むようになった。

　それでその後、設計試作したキ45（双発戦闘機）およびキ48（双発軽爆撃機）は、いずれも、空冷式発動機を装着することになった。

　しかし、川崎としては、長いあいだ手がけて来た液冷式をまったくあきらめるには、まことにしのびないものがあった。

　そこで、液冷が空冷にくらべて前面投影面積あたりの出力がすぐれている利点をさらに倍加（二台の発動機を縦に連結する）した戦闘機（キ64の前身）についての基礎研究を進めると同時に、冷却器およびその装着法に関しては、風洞を利用しての研究をつづけていた。

　陸軍はいったん前述のように、大馬力発動機は空冷で進むことにきめたが、当時、英米独ソが液冷発動機を棄てず、かつ友好関係にあったドイツのダイムラーベンツDB601（倒立V型液冷）が、メッサーシュミット戦闘機Ｍｅ109（単発）、Ｍｅ110（双発）に装着されて好成績をしめしているのに魅力を感じて、これを昭和十四年に製造権を導入して、川崎で製作させることになった。

　このダイムラーベンツＤＢ601は、ちょうどそのころ、海軍でもライセンスを導入して製作することになっていたのであるが、陸軍の分として、あらためて川崎が製作権をゆずり受けたもので、この金額が当時の金で五〇万円というから、陸海軍あわせると一〇〇万円になる。

　日本政府として購入すれば半額ですむものをと、ヒトラーは当時、日本陸海軍の仲の悪いことを笑っていたという。これは筆者が川崎航空機の鋳谷社長から、直接うかがった話である。

　ダイムラーベンツＤＢ601の第一の特長は、普通の気化器のかわりに燃料直接噴射ポンプを使用していることである。

　最初に製造に着手した海軍のＤＢ601は、噴射ポンプが間にあわず、気化器を使用しているが、その調整には手をやいていたようである。この噴射ポンプの入手については私自身が体験した次のような秘話がある。

噴射ポンプにまつわる苦心談

「余はこの場からただちに第一線に出動する。余もし戦死せば、ヘスが余にかわれ、ヘスたおれればゲーリングこれに続け……」

　と絶叫するヒトラーの歴史的宣戦布告を、私たち川崎派遣者がベルリン郊外にあるベンツ工場で聞いたのは、昭和十四年九月一日のことであった。

　私たちはすぐさま工場を引きあげ、山崎団長を中心に善後策を協議した。その結果、とにかく噴射ポンプだけは、私と田中（英夫）君がどんな苦難にたえても川崎に持ち帰るよう任務があたえられた。

　最悪の場合も覚悟して、私たちは小さい軽いトランクを手に入れたが、ポンプと説明書をつめ込むのがやっとのことであった。

　このポンプは実用段階に入ったものとしては、当時、世界でただ一つのひじょうに貴重なもので、ドイツ軍の機密品であるから、税関でシールしてもらうまでにひどく骨が折れた。

　開戦と同時に、われわれがもっていたビザと外貨信用状は、失効してしまった。偶然、ナポリに寄港する「箱根丸」に乗船させてもらうため、ベルリンに残留する川崎の僚友の手持ち外貨全部をかき集め、ナポリまでの旅費を友情にたすけられてやっと調達できた。

　また苦心のすえ、大島駐独大使からイタリアのドイツ大使にあてた「箱根丸」乗船依頼状を手にした私たち二人が、戦時色にぬりつぶされたベルリンを発ったのは九月七日の夜であった。

　さて、日本船に乗れたので安心だと思っていたら、マルセイユに寄港のとき、フランス官憲の厳重な臨検にあった。とくにドイツ出国者の荷物検査は峻烈《しゅんれつ》をきわめた。

「ポンプを没収されるようなことになっては……」

　と薄氷をふむ思いで気が気でなかった。

　ポンプの安全を期することが至難になったので、事情をくわしく話して船長室に保管をたのみこんだが、

「そんな重要なものは責任が持てない。万一の場合は国際問題になる」

　といって承諾してくれない。せっぱつまった私たちは、大角（岑生《みねお》）海軍大将の一行が同船していることを知ったので、その副官に泣きついたところ、「閣下のベッドの下に入れる。どんな事態がおこっても、外国人に手出しはさせない」とキッパリといい切ってくれるのを聞いたときは、地獄にホトケとはこのことか、と嬉しくて涙が自然ににじみ出てきた。

　大角大将のベッド下にかくまわれ、約八〇日間の長い航海の末、日本に安着した噴射ポンプ第一号は、その後、精度の高いダイムラーベンツの一一〇〇馬力発動機の国産化への貴い基礎となり、航空機製作の発展にきわめて大きい貢献をしてくれた（川崎重工株式会社社史より）。

　以上のような事情で、川崎のつぎの単発戦闘機を設計試作するまでは、約四年の空白がある。この間に爆撃機の速度は五〇〇キロ／時クラスに躍進し、戦闘機の速度も、さらにこれを上まわる値となった。その武装も威力の大きな一三ミリまたは二〇ミリの機関砲が装着されるようになってきた。

　また、用兵上より編隊戦闘の研究がさかんになり、戦闘機の戦法として、それまでのような旋回戦闘一本ヤリではなく、速度ならびに武器の威力を利用した、高速一撃離脱の戦闘法が論ぜられるようになってきた。

　戦闘機の任務は、一言でいえば結局、制空権の獲得にある。敵のあらゆる種類の飛行機を容易に補捉して、これを撃ちおとす能力をそなえ

ていなければならない。

すなわち速度、火力および運動性がともにすぐれていなければならないが、実用機としてはさらにこのほかに離着陸性能、航続時間、整備の難易など、あらゆるファクターが関係しているのはいうまでもない。

ちょうど、スペイン動乱におけるドイツ、ソ連両戦闘機の実戦結果によって、一撃離脱の戦法が証明され、その代表としてドイツのメッサーシュミットMe109が注目されていたときであった。

Me109と同等の性能を発揮したものの採用されなかったキ60

液冷発動機の利点とは

昭和十六年の中ごろには、国産のDB601ができあがることになったので、昭和十五年二月、陸軍は川崎に戦闘機キ60およびキ61の設計試作指示をあたえた。

キ60は、主として速度性能および火力に重点をおいた重戦闘機（武装は胴体に七・七ミリ×二、主翼に二○ミリ砲×二）、キ61は速度ならびに運動性能に重点をおいた、いわゆる軽戦闘機（武装は胴体に一三ミリ×二と主翼に七・七ミリ×二）としてであった。

当時、筆者が試作部長で、キ60の設計副主任として清田技師を、キ61の設計の副主任としては、大和田技師をそれぞれえらんで、さっそくその計画を開始した。

空冷発動機にくらべて、液冷発動機の利点は、その前面投影面積が小さいことにある。

単発戦闘機における操縦席の部分の胴体幅は、最小八○○ミリまでは筆者も採用したことがあるが、これではちょっとせますぎるので、八四○ミリを実用上の最小幅ときめていた。この八四○ミリにおさまるエンジンであるならば、抵抗のうえからきわめてつごうがよい。

また胴体幅と主翼幅との関係は、その比が小さいほど、主翼の有効アスペクト比がよくなる。

このことは見逃されがちであるが、運動性を考慮する場合には、よく留意すべきことである。また戦闘機としての総合価値の判断には、航続距離、すなわち燃料容積もきわめて重要である。

英国の戦闘機スピットファイアが、自分の基地上空においてはその性能を誇ることができたが、ドイツ本土には進攻できなかったのは、航続力がなかったためである。

戦後、鍾馗（二式単戦）の性能を云々《うんぬん》しているが、局地戦闘機としてはそうであろう。スピットファイアとおなじく、進攻戦闘はできない局地戦闘機である。

戦闘機のようにあらゆる点で、ギリギリに設計されている場合には、はじめから燃料搭載容積についても考えて、大きさをきめなければならない。

燃料容積を増加したなら、鍾馗は別な戦闘機になっていたにちがいない。この点からいえば、海軍の零戦は空冷エンジン装着機として、当時としては世界一の戦闘機といってもよい。

キ60は制式ならず

キ60の主翼は、全幅九・七八メートル、アスペクト比五・九五という小さなもので、発動機はドイツから輸入したダイムラーベンツDB601（高度四○○○メートルで一一○○馬力）を装備し、両翼の二○ミリ砲の間隔をせばめるために脚支柱に短縮式のオレオを使用して、車輪を胴体下面に収容した。しかし、あとから考えると、冷却器の装着位置についてはもっと研究すべきであった。燃料容積として五○○リットルがギリギリであった。

一号機は十六年三月に完成し、最大速度は五六○キロ／時を発揮し、ちょうどドイツから輸入テストしていたMe109と、まったく同等の性能をしめした。

しかし、あいついで試作されたキ61が、意外な性能を発揮したので、キ60は惜しくも制式機にならず、試作三機のみで終わった。

主なデータは、全幅九・七メートル、全長八・四〇メートル、主翼面積一六・二平方メートル、空虚重量二二五〇キロ、総重量二七五〇キロ、最大速度五六〇キロ／時（高度四五〇〇メートル）、上昇時間五〇〇〇メートルまで六分、実用上昇限度一万メートル、武装七・七ミリ×二、二〇ミリ×二、燃料容積五〇〇リットルであった。

理想の戦闘機キ61

キ60と同時に設計をはじめたキ61は、発動機にDB601を国産化した「ハ四〇」を装備することになったので、試作完成はキ60より、六ヵ月ほどおくれる予定であった。

実際のところ、重戦、軽戦の考えかたは、筆者にピッタリこなかったので、キ61をまとめるのに、キ60の結果をみたうえでという考えがあったといってもよい。

陸軍はキ61を軽戦として要求したのであるが、筆者としてはいままでのキ10、キ28の教訓によって、キ61は軽戦といわれようが、重戦と名づけられようが、とにかく、いままでの経験を総合した、自分の理想とする戦闘機にまとめてみるつもりであった。

キ61の基本設計の一つの大きな特徴は、キ28におけると同様の思想のもとに、空戦における旋回上昇率を重視し、主翼面積二〇平方メートルにたいして全幅一二メートル、アスペクト比七・二という比較的高い値をとったことである。

発動機を同一とした場合、翼面荷重よりも翼幅荷重が問題となるからである。

翼幅を大きくしたため、脚は主翼内に収容でき、胴体下面は燃料タンクと冷却器の装備に好都合に利用できるようになった。

燃料タンクの容積は、要求された以上にできるかぎり大きくとることにした。

モケイを手に往時を回想する土井武夫氏（左）とエンジン担当の林貞助氏

キ61の性能については、筆者の予想では、最大速度はすくなくともキ60とおなじ五六〇キロ／時、旋回上昇率においては、メッサーシュミットMe109をだんぜんひき離すつもりであった。昭和十六年十二月、太平洋戦争開戦直後に進空したキ61の第一号機は、各務ヶ原での飛行試験で、当時としては驚異的な五九〇キロ／時を出した。

その後、軍の審査においても、優秀な成績をしめしたので、十七年八月には、はやくも三式戦闘機「飛燕」として、量産の第一号機が完成した。試作機の諸元はつぎのとおりであった。

翼幅：一二メートル、翼面積：二〇平方メートル、アスペクト比七・二

発動機：「ハ四〇」、一一〇〇馬力（四二〇〇メートル）

自重：二二三八キログラム、総重量：二九五〇キログラム

武装：胴体に一三ミリ砲二、翼内に一三ミリ砲二、合計四門を装備した。（最初の試作機数機のみ七・七ミリ二）

審査部でのテストの結果、発表された成績はつぎのようである。

最大速度：五九一キロ／時（六〇〇〇メートルで）、五二三キロ／時（一万メートル）

上昇時間：一万メートルまで一七分一四秒

実用上昇限度：一万一六〇〇メートル

着陸速度：一二六キロ／時（着陸状態）

操縦性：良好

安定性：良好

総合成績：優秀

上昇率、旋回性において、予想どおりMe109をはるかにひき離したが、速度においてもキ60およびMe109を、三〇キロ／時も追いこしてしまったのは、まったく予想外であった。

原因ははっきりしないが、胴体の高さをキ60より一〇〇ミリ低くして、冷却器の位置を主翼後方に装着したのが、抵抗減少に効果があったようだ。

昭和二十八年ごろ、川崎で米軍戦闘機のオーバーホールをすることになったが、このとき、そのオーバーホールに当たったのが、大戦の終わりごろ、米軍が最優秀機として誇りにしたP51戦闘機であった。そしてこれの冷却器の装備が飛燕とそっくりなのをみて、筆者としては感慨無量であった。

昭和十七年十月にキ61設計にたいして毎日航空賞が、また十八年十二月には陸軍技術有功賞が、筆者ならびに大和田副技師にあたえられた。そのとき、賞として陸軍大臣よりもらった賞金の処置については、いろいろと苦心した。

筆者が副賞金一万五〇〇〇円を鋳谷社長にもって行ったところ、おまえの勝手にせよといわれ、大和田君と相談したが、妙案のないままカバンに入れて二ヵ月間、会社と家の間を往復した。

ようやく一五〇枚の一〇〇円券の国債とし、当時、岐阜工場における課長全部と、筆者の部下として直接キ61の設計試作にたずさわった係長以上に対して、それぞれ国債を分配し、のこりの試作部の連中にたいしては、三日間にわたり会合をひらいて大いに飲んでもらった。

零戦より頑丈な機体

キ61の主翼は、左右一体とした単桁構造で、燃料タンクの容積をできるだけ大きくしたので、主翼のみで五五五リットル、さらに胴体に二〇〇リットル、合計七五五リットルとすることができた。

さらに落下タンク四〇〇リットルをくわえれば、一一五〇リットルとなる。

巡航速度四〇〇キロ／時で五時間、落下タンク装備状態で、七・〇五時間の航続時間（航続距離約三〇〇〇キロ）をもつことができた。

このことは、いままであまり述べられていないが、零戦の五二〇～六〇〇リットルにくらべればあきらかであろう。航続距離の大きいことは、十八年四月以降のニューギニア、ウエワクの戦闘において証明されている。

また強度については、急降下制限速度は八五〇キロ／時（四六〇ノット）としていたが、いかなる急降下速度においても、空中分解をおこしたことは一度もなかった。

これは零戦の急降下制限速度の六七〇キロ／時（三六〇ノット）に比較すれば、おわかりになることと思う。しかし、これにいたるまでには問題があった。

増加試作機の三号であったと思うが、立川においてMe109と急降下の速度競争をおこなった。このとき、キ61を操縦したのは川崎の片岡飛行士で、高度六〇〇〇メートルからキ61、Me109の両者が同時に垂直降下にはいったのであるが、キ61の方が、Me109よりすこし早かった。

一〇〇〇メートル付近に達したとき、キ61の補助翼がフラッターをおこして、左側補助翼の外側半分がちぎれて飛散した。しかし、さいわい半分が残っていたので、ぶじに着陸することができた。

補助翼にはそのヒンジ周りに全体として完全なマスバランスをつけていたが、バランスマスを内側部のみにつけたので、補助翼の各セクションにおいては、バランスがとれていないために、補助翼のねじれ振動をおこしたのである。

さっそく、バランスマスを補助翼の全長にわたり分布して、バランスをとったところ、補助翼のフラッターは完全にとまった。速度計の最大指度は七〇〇キロ／時であるので、敵機と戦闘中はしばしば速度計の指針が七〇〇キロ／時のストッパーにとまってしまうことがあったと報告されている。

これよりさき、試作機の審査飛行中、パイロットが計器速度が六二〇キロ／時になると、補助翼の内側部の後縁が上下二〇ミリぐらい白く見えるといったのを聞いてはいたが、完全なマスバランスをしてあるので、筆者としてはあまり気にもとめていなかった。

そして、片岡機の事故となったのである。

この場合、さいわいにして空中分解の大事故にならなかったが、テストパイロットの報告はこれをよく分析理解して、事前に対策をせねばならないことを身にしみて感じた。

数次におよんだ改善改修

キ61においては試作型から最終生産型まで、その間の改善改修は数次におよび、終戦までに生産した数量は、一型、二型合計して三一五九機である。

最初の改造は、ドイツから輸入したマウザー二〇ミリ砲を主翼に装着することであった。

マウザー砲の輸入は八〇〇門のため、三八八機に装備したにすぎなかったが、昭和十八年後半からのニューギニアの戦闘において威力を発揮した。

また、実戦の経験をいかして機体の取り扱いを容易にし、さらに胴体の武装一三ミリ砲を二〇ミリ砲に強化するため、大改造をほどこして完成したキ61Ⅰ型改は、十九年一月に完成した。

これは二十年一月まで生産され、けっきょく三式戦一型の総生産数は二七五〇機にのぼった。

一方、昭和十七年四月には、キ61Ⅰ型の性能向上機として、Ⅱ型の設計がはじめられ、速度向上、武装強化、機能の確実化、整備の容易化を目標に開発がすすめられた。

すなわち発動機は、「ハ四〇」を向上した「ハ一四〇」（五七〇〇メートルにて一二五〇馬力）に換装され、最大速度は六四〇キロ／時を狙い、主翼面積は二二平方メートル（全幅は一二メートルでⅠ型とおなじ）とした。

キ61Ⅱ型の第一号機は、昭和十八年八月に飛行したが、「ハ一四〇」の完成がおくれたために、十九年一月までに八機が完成したにとどまった。

同年二月にいたって、主翼面積をⅠ型とおなじとすることになり、機体に大改修を実施して、同年四月に改修第一号機（九号機）が完成した。これがキ61Ⅱ型改とよばれるものである。

生産を急ぐために、Ⅱ型改の増加試作と平行して、この型への量産の転換を実施したが、発動機に故障が続出し、その生産も遅延する有様で、川崎岐阜工場の外には、首なし飛燕がえんえんと並ぶという状態を呈した。

このころ、B29による本土空襲もしだいに激化し、戦局はこのような遅延をゆるさぬ状態となった。そこで、十九年八月にいたり軍需省の命により、Ⅱ型改の生産を大削減するとともに、十月にいたり、軍需省はついに首無し機に空冷発動機を装着して、キ100として製作することを命じてきた。

結局、キ61Ⅱ型としては、終戦までに三七四機が生産されたが、そのうち二七五機はキ100に改修され、二型としては九九機が生産されただけである。

それもB29の岐阜工場爆撃によって、その三分の一は破壊され、軍に納入されたものはわずかに約六〇機であった。残存機も実戦部隊においてB29の邀撃に出動しただけであった。

こうして三式戦二型改は不幸な終末をとげたが、性能はなかなかよく、高度六〇〇〇メートルで六一〇キロ／時を出し、高度一万メートルでも編隊飛行が容易にできた。この余裕ある上昇力とその大きな急降下速度は、連合軍爆撃機にとって一つの脅威であった。

かくて五式戦が誕生した

三式戦二型改は、発動機生産のおくれのため、首なし機の滞留をきたす結果になり、その「ハ一四〇」には〝質的に不完全〟という判定が下された。

飛燕を育てた人びと

零戦の設計者を、三菱の堀越二郎技師とすれば「飛燕」の設計者は、川崎の土井武夫技師をもってその代表者とすることができる。しかし、指揮者だけでは、名曲の演奏はできない。有能な多数の技術者が、それぞれ得意な部所を担任して、全員一丸となって一つのメロディに調和し、はじめて傑作機「飛燕」が誕生したわけである。

名曲「飛燕」を完成させたオーケストラ「キ-61技術陣」のおもな顔ぶれを紹介すると

〔計画指導と総指揮〕土井武夫技師。

〔実験研究〕空力関係：山下八郎、阿部三郎、紅村正、森、各技師。機能および強度関係：高村桂、小林一郎、高田孝信、中川律雄、各技師。電気および機砲連動関係：二宮香次郎技師。材料関係：吉村五郎技師。

〔設計〕全般：大和田信、松井辰弥、各技師。主翼と尾翼：関口裕技師。胴体：松田博技師。前部胴体と発動機艤装関係：小口富夫技師。降着装置と油圧装置：根本毅、波田、坪井、各技師。燃料滑油および冷却装置：竜頭留造技師。装備関係：巽次郎、小野、各技師。武装関係：巽次郎、鍵本、各技師。プロペラ関係：北野純技師。

〔試作関係〕永瀬浪速、松本九郎、新井、各技師。

〔試験飛行関係〕テストパイロット：片岡載三郎、太刀掛、金原各技師。同上陸軍関係者：荒蒔、木村、土屋、坂井、各操縦士。

〔整備関係〕高木、水口、藤原、西門、各技師。

〔生産部門〕量産化：山本洸、吉沢正秋、各技師。大量生産の実行：永野喜美代、長久正雄、小見山巌、各技師。

〔量産機の検査〕田中勘兵衛、高柴伊喜雄、平野、各技師。

〔部品および材料の手配調達〕土崎英利、上野誠、仙波正、中島、岩田、各技師。

〔発動機の研究および量産〕川崎航空機

そして、昭和十九年十月一日に、軍需省から発動機を「ハ一一二－Ⅱ」（三菱製空冷星型一四気筒、第二速公称出力一二五〇馬力／五八〇〇メートル、海軍名「金星」六二型）に換装することを命ぜられた。

二型が最初に飛行してから一年二ヵ月である。その間、筆者としても空冷換装を考えないこともなかったが、「ハ一四〇」の改善に涙ぐましい努力をしている明石工場のことを考えると、言い出す勇気がなかった。いまから考えると、人情におぼれたというものであろうか。

前にのべたとおり、三式戦は液冷式発動機の特長を生かして設計されたので、その胴体幅は八四〇ミリである。これに直径一二二〇ミリの空冷発動機を取りつけるのであるから、頭部の直径は最小としても一二八〇ミリとなる。

この両者をマッチさせるには、その設計になみなみならぬ苦心がはらわれた。しかし天佑といおうか、補機の位置を変更することなく、「ハ一一二－Ⅱ」の発動機架が、Ⅱ型改の胴体の四隅の縦通材に結合することができた。

これができれば、残りは頭部と胴体のフェアリングの問題だけである。これは単排気管を採用することによって、容易に解決できた。

設計員の泊りこみ作業により、発動機換装設計は十二月末に終わり、翌二十年二月一日に初飛行が行なわれた。

この結果はきわめて良く、ただちに生産に入り、三月には二六機、四月には八九機、五月には一一一機と生産が増大し、月産二〇〇機の目標の下に努力がつづけられた。

しかし、六月二十二、二十六日の岐阜工場空襲のため、生産は急に低下、さらに七月二十八日の一宮工場の全焼によって、生産はほとんど停止するにいたった。

この五式戦と名づけられたキ100は、三式戦二型にくらべて速度は約三〇キロ／時ほど低下し、高度六〇〇〇メートルで五八〇キロ／時となった。しかし、重量は約三〇〇キロ軽くなったので、上昇率はよくなり、軽快な運動性と整備の簡易化とあいまって、意外な優秀戦闘機となった。

特に内地防空戦には大いに活躍し、終戦直前の七月には、陸軍大臣から感謝状をもらっている。

またB29に対抗するため、排気タービン過給器をそなえた高々度戦闘機キ100Ⅱ型も二十年五月に完成した。

重量は五式戦より一五〇キロ増加したが、高空性能は断然改善され、速度は一万メートルで五六五キロ／時、上昇時間は一万メートルまで一八分と向上した。

これならば、実用に供し得るとのことで、ただちに生産準備に着手し、九月には量産機が配属される予定であった。しかし、終戦のため試作機三機のみに終わった。

海軍の零戦に「金星」を装着した零戦五四型丙が、二十年四月に飛んでいるが、この両者を比較すると、面白い結果がみられる。

すなわち、発動機は両者おなじく「ハ一一二－Ⅱ」である。総重量は零戦にくらべて五式戦が三五〇キロていど大きいが、最大速度は五式戦の方が、約一〇キロ／時大きく、かつ実用上昇限度も大きい。

また、急降下制限速度は、五式戦の八五〇キロ／時にくらべて零戦は六七〇キロ／時である。

飛行機の空力効率においては、五式戦のすぐれていることをしめすものといってもよい。堀越君のいうように、零戦は一二〇〇馬力級の発動機を装着すべき戦闘機ではなかったのかも知れない。

いずれの分野における発明発見でも、突然生まれたものではなく、そのまえにかならずよって来たる道順があり、飛燕も筆者が関係した戦闘機の第七番目のものである。

あえて関係したというのは、航空機の設計製作は、高度の総合工業技術の土台のうえに立つものであるから、ただ単に一人の設計者がこれをなしとげたということはあてはまらない。

いかに設計主任が優秀であっても、その細部を担当している図工の一人一人の間違いのない図面がなくては、よい設計にはならない。それはまた、製作の面でもおなじことがいえる。

川崎の設計グループという組織の頂上に立っていた筆者が、主任設計者ということになったわけで、はじめにのべたように、戦闘機の設計試作においては、四～五年ごとに、制式採用機が出ている。

筆者がちょうどそのとき、責任者になっていたのは、幸運というほかはない。

（昭和三十六年八月　岐阜にて）

（「丸」昭和三十六年十月号）

高速戦闘機 キ61開発物語

600㎞／hにせまる快速を記録したキ61

●造船業から航空機製造事業に進出した川崎が生んだ数々の航空機の頂点に立つのがキ61三式戦闘機「飛燕」――液冷戦闘機「飛燕」開発をめぐる7つのキーワードを解説！

古峰文三

1 三式戦の製造元「川崎航空機製造株式会社」

第一次世界大戦末期の大正七（一九一八）年、川崎造船所は松方社長の発案によって軍用自動車製造への進出を決定した。

第一次世界大戦で好景気に沸く造船業界だったが、欧州の戦争で自動車が大量に活用される様子を見聞した松方社長は本業の造船を支える新事業として自動車製造を選んだ。戦争の行方も見えて造船需要の縮減も予想し得ることから、事業の多角化を狙った経営判断だった。

自動車事業への進出に一歩遅れて、川崎造船所は飛行機の製造にも乗り出す。大正四年に川崎造船所兵庫工場内に飛行機科が設けられ、造機設計部自動車掛は自動車科と部署名を変更した。これも松方社長の発案である。

大正七年末、欧州外遊中の松方社長はフランスのサルムソンAZ－9発動機と2A－2偵察機の製造権購入交渉をまとめ、完成発動機と完成機体、部品類の購入も行なった。これらが日本に到着したのは翌年八月になっていたが、機材到着前の七月に日本陸軍は川崎造船所に対してサルムソン2A－2の製造を命じている。自動車製造への進出と同じく、飛行機製造への進出にも陸軍の後押しがあった。

川崎造船所の航空機製造事業はフランスのサルムソンとの繋がりで始まったが、当時注目されていた新技術はドイツで発達した全金属製機体の製造法だった。

このため川崎造船所はドルニエ社からワール飛行艇などの製造権を購入し、全金属製機体の製造技術を吸収しようと試みている。ワール飛行艇はその見本として日本海軍への強力な売り込みが掛けられたが、日本海軍はロールバッハ飛行艇の採用に傾き、川崎造船所が海軍飛行艇メーカーとして発展する道は閉ざされてしまった。

こうして陸軍からの受注にたよるしかなくなった川崎の経営は不安定だったが、昭和十二年七月に支那事変が勃発すると陸軍は各航空機製造会社に対して大幅な設備拡大と増産を命じた。事変は短期収束の見通しもあり、事変解決後の需要減退を恐れる各社は思い切った設備拡張に二の足を踏んでいたが、この要求に最も素直に応じたのは川崎だった。

明野飛行学校所属の三式戦一型甲（キ61-Ⅰ甲）。武装は機首に12.7㎜×2、主翼に7.7㎜×2

もともと手狭な神戸工場の設備は問題視されており、昭和十一年には各務原への工場移転計画が持ち上がっていた。陸軍の設備拡大要求があってこの動きを強力に後押しした形となり、従来稼動していた神戸工場に代わる近代的な大規模量産工場として岐阜県の各務原に工場を新設し、機体の大量生産体制を整えると同時に、明石に機体及び発動機工場を移転新設して設備の一新を図った。

各務原移転時の従業員は作業者約一〇〇〇人と管理者二〇〇人という規模だった。平時の航空機製造会社は川崎のような大手であってもこの程度の規模だったのである。

新しい体制が作り上げられる中で、航空機事業はついに母体である川崎造船所から独立を果たし、支那事変下の昭和十二年十一月に川崎航空機工業株式会社が設立された。

各務原工場は人口一四万人の小都市だった岐阜近郊に建設されたため経験のある作業者の雇用が見込めず、未経験者に対する独自の技術養成コースが設けられたほか、福利厚生施設も整備され、当時の日本工業界では画期的な近代的大工場となった。

そしてロ式輸送機（ロッキード14）の転換生産用に二〇〇〇トンプレス機を導入し、組立て式冶具を導入するなど工作機械、工作法の近代化も行なわれた。ロ式輸送機の川崎での生産は順調ではなく短期間で終了し、事業としては失敗だったが、この時に導入された設備と工作法は無駄にはならず、川崎航空機の生産能力を一気に押し上げて戦時下での大量生産に役立てられた。

こうした努力の中で川崎航空機は支那事変初期に陸軍の主力戦闘機となった九五式戦闘機の後継機として意欲的な全金属製低翼単葉機であるキ二八を次期戦闘機の競争試作の場に提出したが、中島飛行機の提出したキ二七（九七式戦闘機）に受注を奪われてしまった。

九五戦の生産は終了しつつあり、単座戦闘機受注の途絶えた川崎航空機の機体と発動機生産設備は九八式軽爆撃機の受注だけでは遊休化が避けられない。特に他に用途の無いBMW6系液冷発動機を製造していた発動機部門は経営的危機に陥った。

このような状況下で陸軍から研究指示が下ったのがキ六〇、キ六一、キ六四となるダイムラーベンツDB601系発動機を装備する液冷戦闘機シリーズの試作計画だった。

2 全金属製機の設計者「土井武夫」

三式戦の機体設計のリーダーとして知られる土井武夫技師とはどんな人物だったのだろうか。

土井武夫は東京帝国大学工学部航空学科第五期生で同期に木村秀政、堀越二郎を持つ日本航空界の将来を担うエリートとして昭和二年に川崎造船所に入社している。川崎造船所の土井武夫への期待は明確で、ドイツ流の全金属製機体の設計技術の習得により将来に川崎独自設計の機体を造り上げることだった。

川崎は技術習得に熱心な社風があり、設計部門だけでなく製造部門の技術者も頻繁に欧州視察に送り出しているが、さすがに土井武夫の処遇は特別だった。

一般の技術者が幹部の引率でグループを組んで技術習得に向かう中で、土井武夫は引率する幹部もなく若手でありながら単身で渡欧している。三菱の堀越二郎への待遇とよく似ているが、東京帝大航空学科卒業生に対する期待の大きさが窺える扱いだった。

ドルニエ社との提携、フォークト博士の招聘、そして土井武夫の育成と川崎の技術導入方針はドイツ流の全金属製機体の設計技術の習得と発展だったが、サルムソン以来のフランスとの繋がりも長く残されていた。

東大航空学科の五期生。右から４人目が木村秀政氏、５人目が土井武夫氏、左から２人目が堀越二郎氏。日本航空史に偉業を残したそうそうたる若人たちである

三式戦についても陸軍航空技術研究所からの研究指示段階から合理的な発想で提案を行ない、軽戦闘機としては九五戦の発展型となる複葉形態、重戦闘機としてはキ二八を発展させた引込脚の低翼単葉機、そして高速の特殊戦闘機として発動機を串型配置としたキ六四と、それまで培った技術リソースを巧みに組み合わせて新しい世代の機体をまとめ上げて行くことになる。

土井技師の機体設計はドルニエ流の堅実なもので、極端な重量軽減に走るより生産性、合理性を重視していた。すなわち頑丈な設計だったが重い機体となる傾向があったのも事実である。

3 土井技師が回想する「中戦闘機」の概念

土井武夫技師は格闘戦を重視する軽戦闘機でもなく、強力な武装と速度、上昇力を重視する重戦闘機でもなく、両者の特徴を兼ね備えた「中戦闘機」の発想で三式戦の設計をまとめたと回想している。

この「中戦闘機」という概念は土井武夫技師ひとりの発想ではない。

陸軍機の機種と要求性能は「航空兵器研究方針」によって決められている。三式戦試作の基礎となった昭和十五年改正「航空兵器研究方針」でも軽戦闘機と重戦闘機の区分は明確に設けられており、「中戦闘機」という新しい概念は「航空兵器研究方針」には存在しない。

だが、昭和十五年改正のための検討が進む中で、陸軍航空隊は昭和十四年夏のノモンハン事件に伴う対ソ航空戦で多数の機体と貴重な空中勤務者を失った。中でも次期飛行団長候補、次期戦隊長候補となる幹部一七人の戦死傷という重大な打撃を受け、将来の戦闘機開発の転換を迫られることとなった。

九七戦はソ連戦闘機に対して優秀な対戦成績を残したものの、防弾装備の欠如による損害の累積は無視することができず、そして胴体銃二挺という控え目な武装ではソ連爆撃機に止めを刺すことができない。

こうした戦訓から対戦闘機専門の格闘戦用戦闘機である軽戦闘機にも機関砲装備が求められるようになり、重戦闘機と軽戦闘機を区別する

大きな違いだった武装に実質的な違いが無くなってしまった。

　武装に差が無いのであれば重戦闘機と軽戦闘機は速度重視か格闘戦性能重視かといった飛行性能の違いだけである。もともと重戦闘機と軽戦闘機の分類は昭和十二年の改正時に機関銃装備の戦闘機と機関砲装備の戦闘機という武装の違いから発したものだった。

　しかも武装強化は必然的に重量増加を伴うので軽量で敏捷な軽戦闘機という機種には辛い要素である。

　軍用機の試作計画にあたる陸軍航空技術研究所内ではノモンハン事件の戦訓を検討しつつ従来の戦闘機分類である重戦闘機、軽戦闘機という概念を存続させる価値があるのか、といった疑念が生じており、その中間的な機体が理想ではないかとの意見が大勢を占めつつあった。

　昭和十五年の改正以降、「航空兵器研究方針」の改正は昭和十八年の「近距離戦闘機」への一本化まで途絶えることになるが、重戦闘機と軽戦闘機の違いは主に速度六〇〇km／hを超えるか、超えないか、といった点に絞られることになる。

　土井武夫技師が回想する「中戦闘機」とはこのような背景で出現した発想なのである。

4 三式戦の原型「重戦中間機キ六〇」

三式戦の代用名称（キ番号）はキ六一であることはよく知られている。だが、川崎に試作指示が下されたキ六一とは格闘戦性能を重視した軽戦闘機で、土井技師は陸軍に対する説明の場で、キ六一は九五戦を改良した複葉形式の機体とすると説明している。

　この複葉案のキ六一は試作機の製作には入らなかった。その理由は発動機にある。当時、ドイツから輸入できた発動機の優先順位は画期的な高速戦闘機となるはずだったキ六四が第一、次いで欧米並みの重戦闘機となるキ六〇、さらに東大航空研究所が進める超高速実験機である「研三」の計画が存在したために軽戦闘機キ六一は第四位の位置にあり、試作用の発動機が回って来なかった。

　代用案としてキ六一には三菱が試作中だったイスパノスイザ系液冷発動機「ハ二一」の装備が検討されたが、昭和十五年六月のフランス降伏に伴う混乱でイスパノスイザ社は崩壊状態に陥り、技術資料の入手が途絶えたために試作計画そのものが頓挫しつつあった。

　このため実機の製作はキ六〇のみとなり、試作機三機が造られている。

　当初の計画では重戦闘機として審査を進めるはずだったが、ノモンハン事件に続いて勃発した第二次世界大戦で最大水平速度五七〇km／hを超えると伝えられる英軍戦闘機スピットファイアの情報がもたらされると五六〇km／hを目標に試作されていたキ六〇の要目は一気に陳腐化してしまった。

　将来の重戦闘機は六〇〇km／h以上の速度が必要との基準がこの時に生まれたが、キ六〇はDB601A（ハ四〇）の性能向上型の完成見込が立たない限り六〇〇km／hを超える機体にはなり得なかった。そこでキ六〇は「重戦中間機」との位置づけで審査が続けられ、現状のままで実用に供せられるよう、陸軍航空本部から改良が命じられた。

　五六〇km／hの戦闘機であっても、予定される南方作戦で強敵スピットファイアと戦うには現有装備の九七戦では苦戦が目に見えていたからである。同じように中島飛行機の重戦闘機キ四四も、発動機を「ハ四一」のまま六〇〇km／hに満たない状態（二式戦闘機一型）で量産が強行された。

　キ六〇の試作機が完成して間もない昭和十六年六月五日、軽戦闘機キ六一の木型審査が行なわれた。この

南方戦線で会敵が予想された英空軍の強敵スピットファイア戦闘機

時のキ六一は当初の九五戦性能向上型ではなく、発動機架や冷却器周りの設計に問題が指摘されていたキ六○の改良型として翼面積二○㎡、翼面荷重一三○kg／㎡から一三五kg／㎡のまさに「中戦闘機」的な機体となっていた。

そして昭和十二年十二月十日には「キ六一をキ六○として性能向上のこと」との指示が下される。

軽戦闘機キ六一を発動機換装により性能向上すれば六○○km／h以上の重戦闘機がこの機体ベースで実現するので重戦闘機計画の番号であるキ六○に番号を振り直せとの指示だったが、結局、代用名称の変更は実施されなかった。キ六一は「重戦になれる可能性を持つ軽戦」としての可能性に期待された。

現状のキ六一試作機そのものはキ六○よりも翼面積の大きい軽戦闘機のため、当時試作中だった一式戦闘機二型程度の飛行性能となるはずだったが、試作機が飛行を始めると誰も予想しなかった重戦闘機の基準である六○○km／hにせまる五九○km／hの快速を発揮した。

この結果はキ六一の運命を変えた。性能向上型ではなくDB601Aをそのまま国産化した「ハ四○」の量産命令が下り、「ハ四○」二○○基が発注された。こうしてほとんど重戦闘機に近い性能を持つ軽戦闘機として制式制定に向けて審査と量産準備が加速された。

キ六一は昭和十八年十月九日に三式戦闘機として「陸密三六三七号」で制式制定されたが、試作機の完成から実戦配備までは意外に時間が掛かっている。それはこのような予想外の展開によって量産予定の無いキ六一が急遽実用機となったという事情による。

5 戦闘機改良の両輪「性能向上と武装強化」

予想外の高性能を発揮したキ六一だったが、その飛行性能発揮以前の段階で、既に性能向上型の検討が開始されていた。DB601A（「ハ四○」、後の二式一一○○馬力発動機）を川崎航空機で独自に改良した「ハ一四○」（離昇一四○○馬力を予定）に換装する計画だ。

発動機の換装による性能向上はキ六一試作機が五九○km／hの高速を発揮する前に高度三七○○mで水平最大速度五五○km／h、高度六○○○mで六一○km／hと推算された。

この推算値六一○km／hは戦後の出版物の中で三式戦闘機二型の水平最大速度として独り歩きを始めるが、実際にはキ六一の機体設計がその実力を発揮する前段階に計算した値でしかない。

キ六一Ⅱとなる性能向上機の計画は昭和十六年十一月に開始され「ハ一四○」の換装による性能推算値は昭和十七年一月二十一日の陸軍航空技術研究所に向けての川崎航空機、土井技師の説明によれば「最大速度は六四○km／hは十分である」とされ、キ六一試作機よりも五○km／hの向上が見込めるとしている。このとき機内燃料を現状の五五○リットルに加え一五○リットルの機内増加タンクの装備と落下タンク二○○リットル二本による航続距離の延伸も決定された。

キ六一Ⅱは試作機三機、増加試作機五機が製作される計画となった。審査完了予定は昭和十九年二月とされた。

そして昭和十七年十月を迎えるとキ六一の性能向上は「ハ一四○」換装の第一次性能向上機に加えて第二次性能向上機として高高度性能を向上した「ハ二四○」を装備するキ六一Ⅲの計画が加わった。高度六○○○mで一四○○馬力を発揮する予定の「ハ一四○」に対して「ハ二四○」は高度八○○○mで一五○○馬力を発揮する高高度戦闘機用の発動機だった。試作機の完成予定はキ六一Ⅱが昭和十七年十二月、キ六一Ⅲが昭和十八年三月とされた。

陸軍戦闘機の改良は「性向」（性能向上）と「武強」（武装強化）との両輪で計画されるもので、キ六一も例外ではない。

キ六一は木型審査当初は胴体に「ホ一○三」（一式固定機関砲）二門、翼内に機関銃二挺装備だったが、昭和十七年一月十四日にホ一○三 四門へと強化されることが決定した。

当初計画の武装を搭載した機体は三式戦闘機一型甲と呼ばれ、一部の文書で「制式武装」と呼ばれる「ホ一○三」四門装備の機体は三式戦闘機一型乙と呼ばれた。

さらにキ六一Ⅱの計画が進捗する中で、「ホ五」（二式軽量機関砲）の搭載が検討されたが、ここで問題が発生した。

昭和十七年六月五日の陸軍航空技術研究所と川崎航空機との連絡会で土井技師は現状のキ六一主翼では機関部の大きい「ホ五」が装備できな

いことを告げ、「二〇㎜MCは今の翼では装着不可、設計変更を要する。MCのところで高さ一〇〇㎜、翼面積二一・五㎡になる」と説明した。

　陸軍戦闘機は翼内に一二・七㎜の「ホ一〇三」の搭載までは考えていたが、二〇㎜機関砲については考慮していなかったのである。二式戦闘機の主翼も最後まで二〇㎜機関砲を搭載することができず、四式戦闘機も試作一号機の一九㎡の主翼では「ホ五」の搭載ができないため試作二号機から主翼面積を拡大している。

予想外の高性能を発揮したため急きょ量産が決定したキ61試作機（写真は2号機）

　キ六一Ⅱの主翼には二〇㎜機関砲を搭載するために全幅はそのままで翼舷を増して翼面積を二二㎡とした武装強化用の新主翼が採用されることとなり、新主翼の設計は昭和十七年十二月を目標に進められ、このため試作機完成予定は昭和十八年三月に延期された。

　翼面積を拡大した新主翼は一般に言われるような高高度性能向上目的で導入されたものではなく「ホ五」の機関部を収納するために拡大されたものだった。

　そしてキ六一は一式戦や海軍の零戦と異なり、胴体と主翼が独立した構造で取り付け位置の変更も可能だったため「ホ五」用の新主翼はキ六一Ⅱだけでなく、キ六一Ⅰにも取り付けることができる。

　このためにキ六一Ⅰへの「ホ五」導入が計画された際に、最初に検討されたのが新主翼への換装だった。

　しかし、キ六一の胴体を延長することで胴体に搭載する「ホ一〇三」を「ホ五」に換装できることが判明し、キ六一Ⅰへの「ホ五」搭載は胴体機関砲の換装で実施されることとなった。この機体は三式戦闘機一型丁と呼ばれる。

　理屈で考えれば胴体が「ホ五」に換装できるなら、同時に新主翼へ換装すれば「ホ五」四門の強力な武装が実現する。当時もそうした発想があり「ホ五」四門への武装強化はキ六一Ⅰ、キ六一Ⅱともに計画されていた。

　しかし、この武装強化案は実現しなかった。「ホ五」の生産は三式戦闘機に四門ずつ装備するには全く不足で、「ホ五」のために主翼面積を拡大したキ八四（四式戦闘機）にも「ホ五」の四門装備は実施できず、四式戦闘機乙型として四門装備が実現するのは終戦直前となってしまった。「ホ五」用主翼は当面、用無しとなってしまったのである。また、新主翼には三〇㎜機関砲「ホ一五五」の搭載も検討されているが、これも実現していない。

　「ホ五」の生産不足を補ったのはドイツから輸入された「マウザー砲」ことMG151／20だった。MG151／20は砲身が翼前縁から大きく突出するものの、機関部はキ六一の主翼に収まることから、改造は最小限で済み、日本に届いた八〇〇門を利用した臨時の武装強化機が並行生産され、三式戦闘機一型丙と呼ばれた。

　そして武装強化案は二〇㎜機関砲搭載だけではなかった。

　昭和十七年十一月、対アメリカ軍重爆撃機邀撃用に三七㎜機関砲の搭載が検討され始めた。開戦まもなく遭遇したボーイングB－17は一式戦の武装では撃破できず、鹵獲された機体からは日本側の想像を超える装甲と燃料タンクの防弾装備が確認されたからである。

　搭載する武装は「ホ二〇四」とされ、計画名は「キ六一Ⅱ武強」と呼ばれた。

　当初の構想はプロペラ軸内から「ホ二〇四」を発射するモーターカ

ノン式の搭載法が検討され、「キ六一Ⅱ武強」は胴体に三七㎜機関砲一門と「ホ五」二〇㎜機関砲二門を搭載する重武装戦闘機となる予定だった。

しかし、機関部と弾倉の装備容積を稼ぐためには単純な改造では済まないことが間もなく判明し、胴体の完全新設計が行なわれることとなり、昭和十八年二月三日、「航密一一四四号」によって航空本部から川崎航空機にキ八八としての新たな試作指示が下された。

この計画で胴体への「ホ五」搭載は昭和十七年十一月当時にはまだ具体的な方法が定まっておらず、不可能であれば一二・七㎜の「ホ一〇三」で行くつもりであることが昭和十七年十一月三十日の航空技術研究所、斉藤少佐の連絡内容として記録されている。

このような経緯があるため、後に三式戦闘機一型丁で実施される胴体への「ホ五」搭載は本来、キ八八のために考案されたものではないかと考えられる。

キ八八はアメリカ陸軍のベルP-39エアコブラを参考に発動機を操縦席後方に配置して延長軸でプロペラを駆動する方式となり木型審査も行なわれた。延長軸を装備する「ハ一四〇甲」も昭和十八年八月二日に「航密九七三一号」により試作指示が下された。

だがモーターカノン式に「ホ二〇四」を搭載するためにはプロペラ軸内を中空とする新プロペラが必要であり、現状のハミルトン式プロペラでは軸内をピッチ変更用の作動油が通るため使用できないなどの問題があり、計画は木型審査以上には進展せずに中断した。キ八八試作は三式戦闘機一型丁以降が胴体に搭載した「ホ五」にのみ痕跡を留めている。

6 三式戦二型と「首無し機伝説」

キ六一性能向上計画はいわば本命の計画だった。

五九〇㎞／hの高性能を発揮して六〇〇㎞／hを超える重戦闘機まで紙一重の状態に迫ったキ六一試作機を本物の重戦に導くためには「ハ一四〇」への換装が必須だったからだ。

キ六一Ⅱの生産計画は昭和十七年十二月二十二日付の資料では昭和十八年十二月に一号機完成、一月に二号機と三号機が完成、二月に四号機が完成し、昭和十九年七月には全ての生産がキ六一Ⅱへと切替えられる予定となっている。

昭和十八年五月の川崎航空機から航空本部への報告では性能推算値が変化しており、全備重量三三〇〇kg、高度六〇〇〇mで最大速度六五〇km、高度四〇〇〇mでの巡航速度四〇〇km／hで行動半径六五〇km（余裕一時間）となった。

もしこの性能が実現できていれば、三式戦闘機二型は終戦まで第一級の戦闘機として活躍できたことだろうが、そう簡単には行かなかった。

問題は「ハ一四〇」の深刻な不具合だった。

昭和十九年二月には陸海軍の航空機生産を掌る軍需省から昭和十九年七月の全面的な生産切替えを催促されていたが、キ六一Ⅱ試作機は不具合続きで各務原の川崎航空機岐阜工場から陸軍への引渡しもままならない状態にあり、昭和十九年五月十二日の土井技師による報告では七号機、八号機が川崎社内で飛行試験中であり、九号機、一〇号機には発動機が装備されておらず、十一月にはまとまる予定で今月中に目途をつける、とある。

要するに発動機問題が解決せず完

主翼に20㎜マウザー砲を装備した三式戦一型丙の組み立てライン

成機が出せない状態にあるというのだ。

こんな混乱状態では七月からの全面的な生産切替えは望むべくもない。翌月になって九号機、一〇号機に発動機が取り付けられて飛行試験が開始されたが、前月飛行試験中だった七号機、八号機もまだ飛行試験中という状況でキ六一Ⅱの試作は危機的状態に陥ってしまった。

また、土井技師の回想によれば八号機までは「ホ五」用の新主翼を装着した機体で、性能不良のため九号機以降は一型と同様の主翼に置き換えて川崎社内でキ六一Ⅱ改と呼んだとされるが、二型試作機全てがこんな状態であるため、八号機までのまともな性能計測などできる訳がなかった。

キ六一Ⅱからキ六一Ⅱ改への設計変更は土井技師の回想の通り、決戦体制下で緊急に行なわれた苦しい作業だったと考えられるものの、二型の完成機は全て一型と同様の主翼で完成していた可能性が高い。この間の試作進捗を細かく書き残した木村昇少佐のメモにもキ六一Ⅱとキ六一Ⅱ改の比較試験といった記述は見当たらない。また陸軍の名称は主翼の違いを反映したものは存在せず、キ六一Ⅱ、三式戦闘機二型のみである。

この混乱の中で陸軍飛行実験部の後身である陸軍航空審査部は昭和十九年七月十八日、キ六一Ⅱに対して次のように述べている。

「航審としては未だ自信が無い。八月末を目途として審査を促進せんとす。生産移行は過早である」

量産するのは不適当だと言い切っているのだ。

そして問題点として、油圧の低下、振動、黒煙、点火栓の汚損、圧縮漏れ、油漏れ、マグネットギア折損、工作不良、組立不良による故障と、あらゆる点を挙げた。

次いで航空審査部の意見として「信頼性は一型と大差なからん」と述べていることも注目に値する。三式戦は一型も二型試作機も同じ位に不具合が山をなす戦闘機だと航空審査部が言っているからだ。

さらに「七月から整備機（量産機のこと）として出すが増加試作機扱いとする」として仮制式制定にも反対しているのである。このため二型は延々と増加試作機を製作することになった。

「ハ一四〇」の改修も次々に試みられ一七号機（これも増加試作機扱い）で改修型の「ハ一四〇」が初めて装備されこの一七号機が量産機の見本となった。一一号機、一二号機、一三号機、一四号機、一五号機は未改修の発動機を装備したままで、一六号機は「半改修」の発動機を装備したとある。またこれらの増加試作機は冷却器が大型化されている。

量産機見本となった一七号機は終戦時、福生でアメリカ軍に鹵獲された後、先ごろ川崎重工によって修復されて現存している機体だ。

さらに機体への要求として水漏れ、油漏れへの対策とともに「後方視界をキ八四の如くせよ」と水滴型風防への改造を求めている。

二型の後期生産機が水滴風防に改造されているのは航空審査部からの要求だったとわかる。

また飛行性能は「ハ一四〇」の現状が高度六〇〇〇mで一三〇〇馬力程度であり、最大速度は五九五km／hから六〇〇km／hという状態だとしている。この性能は終戦までさほど改善しなかったのではないだろうか。

そして二型では避けて通れないのが「首無し機」の問題だ。

三七四機の機体が製造されたにも

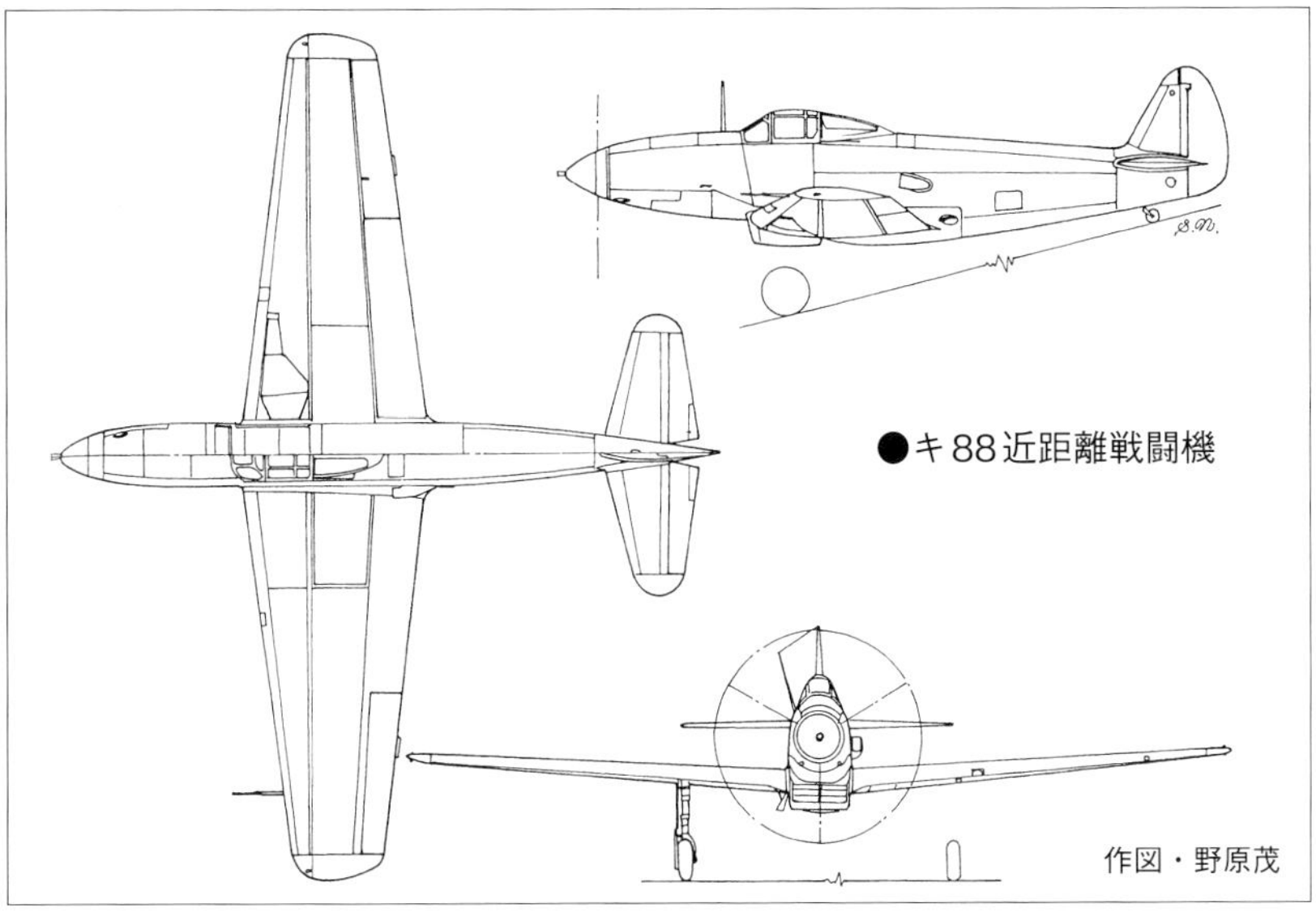

●キ88近距離戦闘機

作図・野原茂

●三式戦二型「首無し」機発生状況（「航空機製造沿革」による）

月度	機体完成	機体累計	「首無し機」現状	「首無し機」と機体累計との差異	キ一〇〇完成数
昭和19年8月	1	1	1	0	
9月	26	27	27	0	
10月	41	68	68	0	
11月	71	139	139	0	
12月	70	209	208	1	
昭和20年1月	68	277	230	47	
2月	57	334	192	142	1
3月	14	348	60	288	36
4月	19	367	42	325	89
5月	7	374	49	325	136（5）
6月	0	374	49	325	92（4）
7月	0	374	不明		31（8）
8月	0	374	不明		10

1．括弧内はキ一〇〇都城工場製造分の新造機
2．この他に二型試作機と増加試作機36機が存在する。
3．キ一〇〇の新規製造は合計275機とされている。

かかわらず発動機の不足から最大で二三〇機の滞留機を発生し、そのうち二七五機は空冷のハ一一二（「金星」）に換装されてキ一〇〇として完成している。

昭和十九年度の大規模な増産計画の中で二〇〇機程度の滞留機が発生すること自体はそれほど珍しくない。四式戦でも零戦でもこれに近い「首無し機」は一時的に発生しているのだ。

だが付表の状況を見ればその異常さが理解できるだろう。累積する「首無し機」は二型の新規生産数とほぼ同数で昭和十九年十二月まで量産機の完成は一機しかないことになる。

また二型機体完成機合計三七四機のうちキ一〇〇への改造で二七五機が転用されたので二型の完成機数は終戦までに九九機というのが通説なのだが、昭和二十年に入ってからの「首無し機」減少はキ一〇〇への転用開始とキ一〇〇への改造工事終了までのリードタイムがあることを考えれば納得できる数字であり、二型の供給は絶望的なペースであったことが推定される。

そして昭和二十年四月以降は二型の完成機は出なかったのではないだろうか。四月度の「首無し機」四二機に対して五月度の機体生産七機分がそのまま増えて同月の「首無し機」が四九機に増えているからだ。この四九機の「首無し機」は六月以降の空襲での焼失したのではないだろうか。

そうすると二型の生産数は五〇機となるが、この数字は試作機三機と増加試作機三三機を数えていない。さらに都城工場でも二型の完成機が数機存在した可能性があることを川崎航空機株式会社「航空機製造沿革」は示唆しているが、二型の完成数は恐らく八六機程度ではないかと思われる。軍需省航空兵器総局作成の資料や陸軍航空本部の補給計画などからは二型の量産が進んでいたような印象を受けるものの、実際にはこれらの機体が「ハ一四〇」の仕上がりに合わせて細々と陸軍に引き渡されていたのが昭和二十年度の三式戦闘機二型供給状況ではないだろうか。

7 キ一〇〇「五式戦」

不調に苦しむ三式戦闘機の発動機を空冷星型に換装する計画は昭和十八年秋ごろには既に存在していたといわれる。キ一〇〇の代用名称（キ番号）は昭和十八年七月九日「航密八四七六号」で試作指示されたキ九九近距離戦闘機と、同じく昭和十八年七月九日に「航密八四五一号」で試作指示されたキ一〇一夜間戦闘機との間に挟まれているので、遅くとも八月ごろには計画されていなければならない番号だ。

だが昭和十九年一月一日陸軍航空本部作成の一覧表にはキ九九の隣にあるのはキ一〇一で、キ一〇〇は飛ばされている。キ一からキ一一〇までを網羅した一覧表から欠け落ちているのはこの時点でキ一〇〇が欠番だったからではないかと考えることもできる。

発動機換装が成功し、キ六一の空冷改造機の評価が高まった段階で、それまで欠番だったキ一〇〇を充てたのかもしれないが、詳細を示す史料は発見されていない。

またキ一〇〇の「五式戦闘機」の名称で制式制定されたことを示す文書も見つかっていない。

陸軍兵器は試作段階から仮制式制定を経た時点で「〇〇式」との年式冠称の名称を使用するようになる。文書上でも試作名称は原則として使用が禁じられるため、一式戦闘機などは制式制定文書が失われているにもかかわらず文書上の呼称の変化か

ら昭和十六年六月前後に仮制式制定されたことが推定される（制式制定は昭和十七年一月）。「五式戦」にはそのような文書上の変化が見られないので「五式戦」とは通称と考えることができる。

　逆に戦後に「キ一〇二」として知られている機体を「五式双襲（五式双発襲撃機）」と通称している文書が存在するものの、戦後の出版物がこの名称を取り上げなかったために「五式双襲」の名は一般に広まらなかった。

　三式戦の液冷発動機を生産容易で信頼性の高い空冷星型発動機に換装すべきとの意見は三式戦の制式制定直後から存在していた。

　昭和十九年度の航空機大増産体制に製作と整備の困難な液冷発動機は不向きであるとの考えは根拠のあるものだった。だが空冷換装計画が実行に移されたのは昭和十九年秋、三式戦二型の不調がどうにもならない状況に追い込まれてからのことだった。

フォッケウルフFw190を参考にした五式戦の機首まわり

　最大で幅八四〇㎜の三式戦の胴体に直径一二二〇㎜の「ハ一一二」を装備するには左右に生じる大きなギャップをどう処理するかが問題となったが、昭和十八年に日本に輸入されたフォッケウルフFw190A－5の機首まわりの処理を参考に推力排気管を側面にまとめて排気により乱流を吹き飛ばす策が採用された。もう一つの懸念材料だった発動機架も「ハ一四〇」の発動機架から支障なく変更できることが判明し、試作は順調に進展した。

　空冷発動機への換装による前面投影面積の増大による性能低下は三式戦二型から大幅に低下すると考えられたが、三式戦一型丁量産機の平均的な最大速度五四五㎞／hを超えることができれば空冷化には十分な価値があった。

　昭和二十年一月に完成した試作一号機は飛行性能に空冷化による悪影響は見られず、最大速度は五八〇㎞／hと実用的な範囲におさまり、重い冷却器を撤去したことから三式戦の欠点であった重量過大の傾向が薄れ、上昇力が向上し旋回性能までもが改善された。

　当時、内地の防空戦隊に配備されていた三式戦は昭和二十年二月、三月の米空母部隊の関東地区空襲、西日本地区空襲によって大損害を受けており、対戦闘機戦に自信喪失気味だった操縦者たちにとって、三式戦より上昇力に優れ、格闘戦にも強いキ一〇〇は頼れる存在となった。

　キ一〇〇は主に三式戦装備部隊の機種改変用として広範囲に供給されたため、生産機数は少ないものの、各地にその姿が見られた。昭和二十年度の陸軍戦闘機隊にとって四式戦とキ一〇〇は敵戦闘機に何とか対抗できる数少ない単座戦闘機となっていた。

　そしてキ一〇〇IIとして排気タービンを装備した高高度戦闘機型の試作も行なわれ、三機が製作されている。一〇〇式司令部偵察機四型の経験をもとに中間冷却器を省略した簡素な排気タービン艤装が施され、気密室も持たない簡易高高度戦闘機だったが、高度八〇〇〇mで五八〇㎞／hの最大速度を発揮する、当時最も有望な対B－29用防空戦闘機として期待されている。

　ただし昭和二十年六月から七月にかけてB－29による航空機工場空襲は中島、三菱の大手工場から広範囲の航空機製造会社へと目標が拡大され、川崎航空機岐阜工場は壊滅的な打撃を蒙り、キ一〇〇の生産もほぼ停止した状態で終戦を迎えることとなった。

四面図

作図・渡部利久

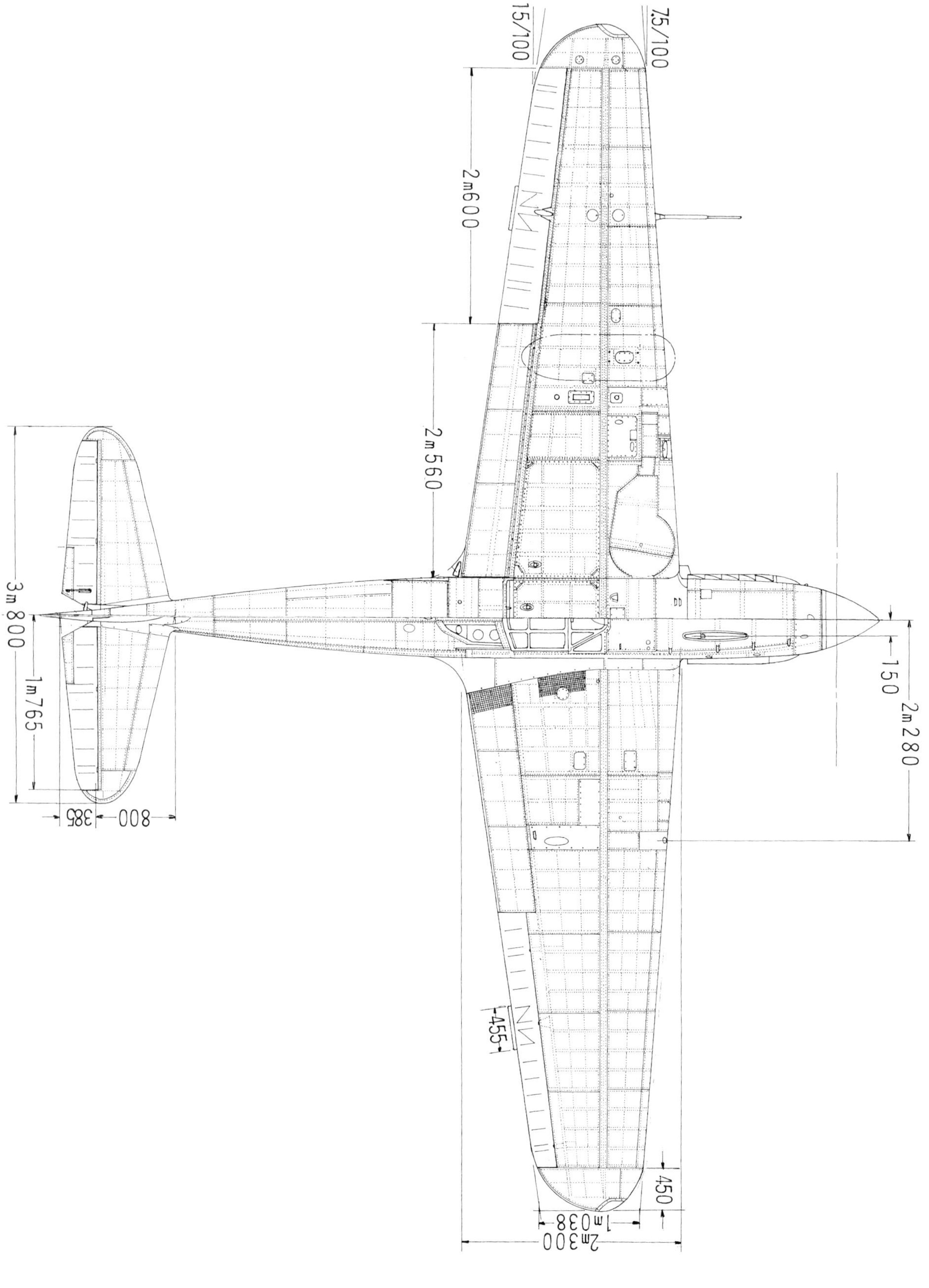
15/100
7.5/100
2m600
2m560
3m800
1m765
385
800
150
2m280
455
450
1m038
2m300

三式戦闘機一型甲(キ 61- I 甲)

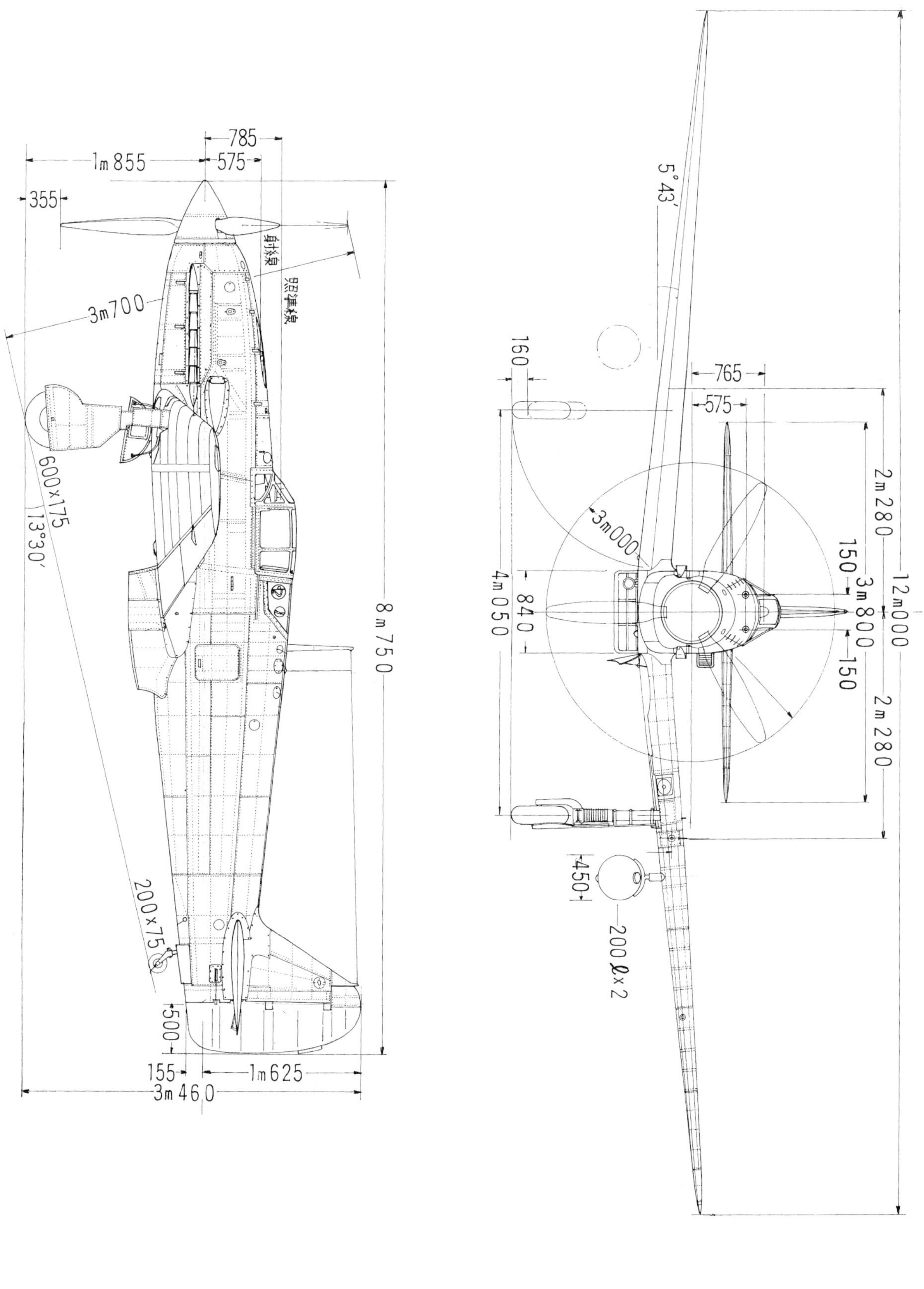

川崎が育てたダイムラーベンツの血統

古峰 文三

●日本陸海軍の航空発動機開発史の真っただ中に存在する空白の三年間はなぜ生まれたのか、海軍の「アツタ」との統合はできなかったのか——液冷エンジン「ハ四〇」にまつわる苦闘！

日本の航空発動機開発に存在するギャップ

三式戦闘機の特徴であると同時に最大の弱点ともみなされる液冷倒立V型一二気筒発動機「ハ四〇」と「ハ一四〇」は度重なる不具合と故障によって知られている。

原型となったダイムラーベンツDB601Aは日本の航空発動機製造技術では工作に無理のある複雑精緻な機構だったとも言われ、そもそもDB601A自体に本質的な機構的問題があったとも言われる。

しかし、この発動機を使用する三式戦闘機は戦時中に一式戦、四式戦に次ぐ大量生産が行なわれ、昭和十八年後半から昭和十九年前半にかけて日本陸軍戦闘機隊の主力をなしていたことは間違いない。

ではなぜ簡素で生産容易な機器に集中すべき戦時下に戦闘機用液冷発動機を大量生産しなければならなかったのか。「ハ四五」「ハ二一一」「ハ二一九」といった二〇〇〇馬力級発動機はどうして間に合わなかったのだろうか。

戦時中でこそ液冷発動機装備の戦闘機は三式戦ただ一機種のみだったが、日本陸軍の戦闘機の歴史を通して眺めれば液冷発動機を装備したものは珍しくない。川崎造船所／川崎航空機はBMW系液冷発動機を自社で生産して九二式戦闘機に積み、その後継機であり一時期の主力戦闘機となっていた九五式戦闘機も同じくBMW系発動機を装備していた。それ以前にも主力戦闘機として甲式四型（ニューポール・ドラージュ29のライセンス生産）が長く使われており、黎明期から空冷発動機を装備した戦闘機は九一式戦闘機と九七式戦闘機程度でしかない。

当時、戦闘機用の空冷発動機で実用性のあるものはライセンス生産だったジュピターに加えて中島製の空冷単列九気筒の「寿」くらいのもので、この「寿」に減速装置を大変な試行錯誤の後に組み込んだものが海軍の「寿」四〇シリーズとして完成し、陸軍は同じものを「ハ一」として採用し九七式戦闘機に装備した。

六〇〇馬力から七〇〇馬力級の発動機は昭和十一年に減速器付の「寿」系の完成で安定した性能のものが造られるようになったが、続いて一〇〇〇馬力級発動機の開発が始まる。

海軍は昭和十年に中島飛行機に対して十試空冷六〇〇馬力発動機の試作を命じ、これが昭和十三年に耐久試験に合格、「栄」発動機となった。同じ頃、三菱では「金星」四型（三型までとは別の発動機で新設計）のショートストローク型として「瑞星」を開発し、中島の「栄」よりも一歩先に実用化を果たしている。

これらを陸軍も採用して「栄」を「ハ一五」（陸軍の制式名称は九九式九五〇馬力発動機）、「瑞星」を「ハ二六」（陸軍の制式名称は九九式九〇〇馬力発動機）として採用し、一式戦闘機や九七式司令部偵察機などに装備した。日本での一〇〇〇馬力級までの発動機開発は比較的順調に進んでいたといえるだろう。

だがその次世代の発動機はどうだ

ろうか。一四気筒の「栄」を一八気筒化するコンセプトの「誉」（陸軍の制式名称は四式一九五〇馬力発動機）」は昭和十八年後半にようやく量産が開始され、本格的な供給は昭和十九年度からとなった。三菱が「金星」のボア×ストロークを受け継いで自主開発した「ハ二一一」は不具合多発のまま実用できる状態にまで持ち込めずに終戦を迎えている。

こうした状況が生まれた理由として日本航空工業の技術水準の低さ、機械加工能力の不足などを挙げることは簡単だが、それだけではどうしても説明できない部分がある。

それは陸海軍両者の発動機開発を眺めたときに歴然と現われる新発動機不在時代のことだ。

中島が「寿」に減速装置を組み込もうと悪戦苦闘し始めたのが昭和九年、海軍が「栄」の試作を命じたのが昭和十年と、矢継ぎ早に戦闘機用新発動機の試作が発注される流れが、昭和十三年春の「栄」の耐久審査合格後にさっぱり途絶えてしまう。

次世代の「誉」が十五試ル号発動機として試作発注されるのが昭和十五年、耐久審査は昭和十六年六月と、日本の戦闘機用発動機は、量産に向けて動き出す最初の関門である耐久審査に合格するものが、昭和十三年度から昭和十五年度一杯、一つも無いのだ。

ここでいきなり技術の壁に突き当たったとは考え難い。また航空技術の躍進期であるこの時代に開発の必要性が薄れたとはとても言えない。

世界情勢が緊迫化する中でこの停滞はなぜ生まれたのだろうか。

ダイムラーベンツDB601エンジンの前面（上）と後面（下）。
プロペラ軸部に機関砲搭載用の穴が開いているのがわかる

空白の三年間を生み出した モーターカノンブーム

一九三〇年代はイスパノスイザ社が主導したモーターカノン（米国内ではエンジンガンの名称で営業活動）の時代だった。木製羽布張りの旧式構造から全金属製機への移行期にあった当時、複葉機時代をひきずる脆弱な構造の主翼に武装を収めることが困難な場合が多かったため、そうした機体にもプロペラ軸内を貫通して射撃するモーターカノン方式を採用すれば既製の戦闘機の発動機をイスパノスイザ製に換装するだけで従来の胴体機関銃二挺の武装と同じ重量で破壊力の大きい二〇㎜機関砲を搭載できるという着想だった。

この影響を強く受けた各国はプロペラ軸内からの機関砲発射を様々な方法で試みるようになる。

川崎が試作した空冷倒立Ｖ型12気筒エンジン「ハ19」

欧米の航空先進国に追いつくことを喫緊の課題として技術習得を急いでいた当時の日本航空工業界と陸海軍はこの新発想に魅了されてしまった。

そこで、日本の代表的な航空発動機製造会社である三菱重工と中島飛行機に対してモーターカノン用発動機の試作が海軍によって命じられた。

それはドイツのダイムラーベンツＤＢ600に影響された倒立Ｖ型発動機四種の試作発注だった。

◎三菱十一試液冷七○○馬力発動機（略符号ＭＥ１Ａ）
地上最大　八六○馬力
全開　八○○馬力／高度四六○○ｍ

◎中島十一試液冷七○○馬力発動機（略符号ＮＥ１Ａ）
地上最大　九九○馬力
全開　一○○○馬力／高度四○○○ｍ

そしてこれらと同じく倒立Ｖ型ながら重量の嵩む液冷方式を捨てて空冷としたものがそれぞれ発注された。列型発動機でも空冷化すれば重量面でも空力面でもメリットが大きいからである。

◎三菱十一試七○○馬力発動機（略符号ＭＫ３Ａ）
地上最大　八○○馬力　全開　九○○馬力／高度四○○○ｍ

◎中島十一試七○○馬力発動機（略符号ＮＫ４Ａ）
地上最大　八○○馬力　全開　九○○馬力／高度四○○○ｍ

さらに輸入発動機のライセンス生産として愛知航空機ではオリジナルのダイムラーベンツＤＢ600系発動機が量産準備中だった。

◎ＡＣ一六型Ｇ（略符号ＡＥ２Ａ　ダイムラーベンツＤＢ600Ｇのラインセンス生産）
地上最大　九五○馬力　全開　九○○馬力／高度四○○○ｍ

◎十三試ホ号発動機（略符号ＡＥ１Ａ　ダイムラーベンツＤＢ601Ａのライセンス生産）
地上最大　一二○○馬力　全開　一○○○馬力／高度五○○○ｍ

ダイムラーベンツＤＢ601Ａは陸軍も川崎航空機に対してハ四○としてライセンス生産準備が進められていたが、三菱と中島で試作するモーターカノン用倒立Ｖ型発動機が完成すればそれぞれ陸軍向けの供給も可能だった。

試作発注とともに各社は設計と実機の製作に入り、一般にはあまりなじみのない十一試の倒立Ｖ型発動機が三菱と中島で四種も試作されることとなった。

ＤＢ600という見本が存在したとはいえ、新規の液冷列型発動機の試作は簡単には進みそうもない。まして空冷の列型発動機開発は単純に考えても冷却問題が立ちはだかる。案の定、その審査結果は惨憺たるもので、昭和十四年十月の海軍航空本部作成「既注文（内示）試製発動機整理に関する件覚」によれば、十一試の液冷発動機については中島製のものは「見込ナシ」とされ三菱のみがかろうじて「有望」とされた。

なんとも奇矯な発想の空冷列型発動機では三菱製、中島製ともに試作機が完成したものの審査に向けての予備運転にも到達していなかった。その理由は「シリンダーcoolingが白熱、コレガ解決セバ可ナルベシ」とされたものの、冷却問題解決の目途が立たなかったことで、その扱いは「研究発動機トス」と実用目的での試作契約は解除されてしまった。

またモーターカノン構想は固定ピッチ式プロペラの時代であれば比較的容易に実現できたが、プロペラが可変ピッチへと進み、定速可変ピッチプロペラへと進化する段階で、ピッチ可変機構が軸内発射を難しくしていた。日本陸海軍に供給されていた可変ピッチプロペラは住友製のハミルトン式プロペラだったが、この機構は軸内をピッチ可変機構の作動油が通るためにモーターカノンには向かない。全く新規のプロペラピッチ可変機構を導入しなければモーターカノンは実現できなかったのである。

こうした結果を現在の視点からあれこれ論評しても始まらないが、見逃せない点がある。三菱と中島の発動機試作リソースのかなりの部分が四種の十一試発動機の試作に空費されたことだ。

この試作発注が行なわれなければ、三菱、中島両社とも空冷星型発動機の性能向上、多気筒化、大馬力化へと昭和十二年から十四年の間に進んでいたかもしれない。実機の製作まで進んでいた十一試倒立V型発動機群の試作計画が耐久審査にも及ばない段階で放棄された直後、中島は「栄」の一八気筒化に取り組み始め、三菱も爆撃機用一八気筒発動機に続いて「金星」の一八気筒化へと歩を進めることになる。

昭和十五年度、十六年度に開始された新発動機の実用化が昭和十八年度、十九年度になるのは当たり前のことだった。

この空白の三年間に浪費されたリソースは取り返しがつかない程に大きなものだったが、その中で完成品のライセンス生産研究のみで済んだダイムラーベンツオリジナルのDB601発動機だけが生残った。

これが海軍の「アツタ」であり、陸軍の「ハ四〇」だった。

ライセンス問題はどうなっていたのか?

ダイムラーベンツDB600系発動機について回るのが製造ライセンス問題だ。海軍は愛知時計電機を通じてライセンスを購入し、陸軍は川崎航空機を通じてライセンスを購入していることから、陸海軍間の対立による愚かな二重契約という批判がなされることがある。

このような批判は当時においても現代においても正しくない。

日本陸海軍がダイムラーベンツの新鋭発動機であるDB600に注目したのは昭和十年のことだった。海軍は愛知を前に立て、陸軍は川崎を立ててダイムラーベンツ社との交渉を行なう予定だったが、陸軍の交渉を事前に察知した海軍は陸軍側と打合せて、海軍と愛知との交渉に一本化してライセンス購入をダイムラーベンツ社と話し合うこととなった。

陸軍へのDB600の供給が必要となった場合には愛知を通じて行なうという合意が成立していたのである。

しかし、ダイムラーベンツ社の態度は冷たく、ライセンス契約料はつり上げられて日本側の希望額とはまったく折り合わない。

ダイムラーベンツ社は日本海軍がハインケル社製の急降下爆撃機He118を購入した際、ハインケル社の好意でDB600発動機を機体とともに入手していたことに重大な不信を感じていたからだった。

交渉は難航したが、ドイツ航空省(すなわちドイツ空軍=ナチスドイツ政府)の仲介によってライセンス契約はようやく成立し、愛知は東アジアでの製造権、販売権をともに獲得した。

再軍備を開始したばかりのドイツ政府は手持ちの外貨を急速に取り崩しつつあったため、日本への発動機ライセンス売却は何としても成立させたい商談の一つだったのである。

しかし、日本側はDB600とその発展型のライセンスまでも包括した購入を求めていたが、ダイムラーベンツ社はこれを認めず、DB600の発展型であるDB601の製造ライセンスはこの契約外にあるとされた。

そして日本陸海軍も支那事変勃発後の航空軍備拡大で軍用機の調達規模が急速に拡大し、愛知一社の生産能力で陸海軍の需要を賄い切れないという問題が生じていた。

昭和十四年に新たに結ばれたDB601Aの製造ライセンス契約は、海軍が愛知、陸軍が川崎という別個の契約が結ばれることとなった。

別の企業が製造する以上、ライセンス契約が別途必要となるのは当然で、それだけDB601を使用する新型機の生産計画が大きかったのである。特にメッサーシュミットBf109の機体製造ライセンスの購入をも検討していた陸軍にとって、海軍経由での発動機供給は大きな不安材料でもあった。

日本陸軍は第一次大戦後に外国機の無断製造が露見して国際問題となりかけた経験もあり、ライセンス契約については常識に従って誠実に動いたといえる。

「ハ四〇」系発動機が目指していたもの

陸軍はDB601Aをそのまま製造するばかりでなく、自力で改良し性能向上型を製造する計画だった。当初はDB601Aを串型に連結した二〇〇〇馬力級発動機とした「ハ二〇一」を計画し、これを装備した高速戦闘機キ六四を実用化する予定だったが、DB601A単体の性能向上計画も進められ、単体で全開一五〇〇馬力の性能を目標として研究が開始された。

　これが「ハ一四〇」で、全開高度を六〇〇〇mから八〇〇〇mに上げた高高度用の「ハ二四〇」と一緒に昭和十七年四月十四日「航技秘七七三号」によって試作指示がなされ、それぞれ計画中のキ六一Ⅱとキ六一Ⅲの発動機となった。

　さらに翌年の昭和十八年六月二十四日には「ハ二四〇」に三速過給器を装着した「ハ三四〇」の試作指示も行なわれ、これが「ハ四〇」系の最終計画となる。

　他にはプロペラ軸内から「ホ二〇四」三七㎜機関砲を発射するキ八八用に延長軸用に改造された「ハ一四〇甲」と、同じく「ハ二四〇」に同様の改造を施した「ハ四四〇」が計画されたがどちらも実用には至らなかった。

　このような計画状況から陸軍は一〇〇〇馬力空冷星型発動機の後を継ぐ戦闘機用発動機としては前面投影面積が小さく高速機向きのダイムラーベンツ系発動機を一五〇〇馬力程度にまで性能向上したものを製造しようと試みていたことがわかる。一〇〇〇馬力の次は二〇〇〇馬力ではなく、一五〇〇馬力の倒立V型発動機を求めていたのである。

「ハ四〇」の量産

　このようにDB601系発動機ライセンス生産計画には将来の性能向上型完成というあるべき姿が存在していた。

　いかに前面投影面積が小さく高速機に適するとはいえ、離昇一一七五馬力に過ぎないDB601Aをそのまま量産したところで欧米の新鋭戦闘機を凌駕する高性能戦闘機が実現できないことはライセンス契約直後の昭和十五年頃には明白だった。このためDB601Aの原型に近い「ハ四〇」には大量生産に向けた具体的な準備がなされていなかった。試作機による実験を続けつつ性能向上型の完成を待って量産に移行する計画で進んでいたところに椿事が発生した。

　それはキ六一試作機が発揮した水平最大速度五九〇㎞／hという意外な高性能だった。

　陸軍航空本部はただちに「ハ四〇」二〇〇基の発注を行ない、昭和十七年一月、川崎航空機明石工場では急遽「ハ四〇」の量産準備が開始された。

　この予想外のフライングスタートは「ハ四〇」にとって不幸な出来事といえた。

　発動機本体の製造準備すら整っておらず、材料から部品まで緊急に発注する必要があったうえに国産化によって生じた原型との違いもこれから調整しなければならない状態だったからである。

　例えばDB601のライセンスには補機類は含まれておらず、ボッシュ式の燃料噴射装置は別途調達する必要があった。その他の補機類にもオリジナルと性能、仕様の異なるものがあり、それらが一つ一つの壁となって立ち塞がっていた。冷却器にしても冷却液漏れによる設計変更が幾度となく行なわれ、初期の三式戦一型量産機には各機ばらばらの型式の冷却器が装着されているという状況だった。水の漏らない冷却器というごく当たり前の製品が間に合っていなかった。

　早くからDB600系のライセンス購入によってダイムラーベンツ発動機の実機を入手して研究を重ね、DB601Aを「アツタ」二一型として量産に移した愛知とは量産準備に許された期間が違っていた。これが艦上爆撃機「彗星」一一型と三式戦一型との可動率の違いとなって現われてしまった。

「アツタ」三二型と「ハ一四〇」の融合計画

　昭和十八年秋、不調が明らかとなりつつある「ハ一四〇」とこちらはほぼ同等のDB601A性能向上型でありながらある程度は安定している愛知の「アツタ」三二型とを統合して陸海軍統一発動機とする検討が行なわれた。

　この背景には陸海軍の航空機生産を集中的に管理する軍需省の設立がある。発動機生産を統一すればどちらかの需要が増減しても調整が容易で補給上も生産計画上も望ましい。

　しかし、この構想は進展しなかった。

　スタート地点は同じDB601Aだったが、それぞれに性能向上のための改造が加えられた結果、両者は事実上別の発動機となっていたからである。
昭和十八年十二月二十三日、二四日、「ハ一四〇」と「アツタ」三二型の統一研究会は川崎社内と愛知社内で連続して行なわれた。

両者の相違点は数多く、そのままでは互換性が無かった。

1　プロペラ取付位置
2　減速器の位置
3　排気管の位置
4　重心位置（「ハ一四〇」の方が前にある）
5　過給器の大きさ（「ハ一四〇」の方が大きい）
6　水メタノール噴射装置の有無（「アツタ」には無い）
7　混合気調整装置（「アツタには無い」）
8　推奨燃料（「ハ一四〇」は九二オクタン＋水10%アルコール90%、「アツタ」は九五オクタンを推奨）

このような違いから「ハ一四〇」を「彗星」に装備すると過給器の扇車筐が発動機架に干渉してしまうほか、三式戦に「アツタ」を装備するには陸軍の混合気調整装置を装着できず、減速器の位置が合わないなど簡単には行かない問題が生じた。

「彗星」艦爆が搭載した「アツタ」三二型。三式戦には搭載できなかった

そこで機体側も改造するが、発動機も「ハ一四〇」と「アツタ」を統一したものを製造し、三式戦と「彗星」の両者に装備できる「標準型」とすべきであるとの結論が下された。

しかし、研究会の結論に従って水メタノール噴射装置、プロペラ軸位置、過給器を「ハ一四〇」仕様とした「アツタ」を「標準型」とした場合、昭和十九年度に計画された決戦用の大量生産計画にはとても間に合わない。

改造を重ねるうちに両者の互換性が既に失われていることが確認された時点でこの研究会の結論は出ていたとも言える。この後、三式戦も「彗星」も最終的に空冷発動機への換装へと向かうことになる。

「ハ四〇」「ハ一四〇」の最終的な状況

「アツタ」との統一計画は、実質的に三式戦に対してより調子の良い「アツタ」三二型を装備する検討だった。この計画が頓挫して以降も「ハ四〇」「ハ一四〇」の多発する不具合が改善した訳ではなく、「アッタ」に頼らない問題解決のための努力が継続された。

そして昭和十九年八月十日、三式戦一型に装備する「ハ四〇」については改善対策の徹底実施のため前線への供給を必要最低限に絞って対策に当たることが決められた。そして不足する補用部品もこの発動機生産の一時的な縮小を機会に増産されることとなった。

そして三式戦二型については現状九九時間から一四〇時間で破損してしまう状況を打開すべく、調子の良いものを限定して組み立てることとなり、もしその目途が立たない場合は生産中止、あるいは空冷換装が検討された。

このような意図的な発動機生産縮小の結果として生じたのが三式戦の「首無し機」である。

「ハ四〇」に関しては対策がある程度功を奏して一時期は大量に存在した首無し機は昭和二十年を迎えると一掃されたが、「ハ一四〇」を待つ三式戦二型にはこうした改善が見られず、二型の「首無し機」はキ一〇〇への改造に流用されることとなる。

三式戦に装備されたダイムラーベンツ系液冷発動機は戦時中の戦闘機用発動機として異色の存在ではあるものの、日本がある時期に世界の趨勢に追従しながらその一歩先に踏み出そうとした努力の名残だった。それは日本の戦闘機用発動機開発の中で一〇〇〇馬力級の実用化から二〇〇〇馬力級登場までの間に大きく開いたギャップを埋める試作発動機群から生み出された唯一の実用機だった。

和製DB601のトラブル原因をさぐる

■工学博士
鈴木 孝

●トラブルの原因は何なのか？　とかく評判の悪いハ40エンジンのウィークポイントを自動車エンジン界の泰斗が現物を使って調査してみた！

首なし飛行機のウワサ

昭和二十年春、中学生だった私は勤労動員先の工場で、「川崎のエンジン工場がB29に爆撃され、首なし飛行機が工場に並んでいるそうだ」という暗いウワサを聞いた。戦後になって、真相はB29に爆撃されてエンジンができなくなったわけではなく、主としてクランクシャフトの軸受（ベアリング）部が損傷してしまって生産ができなくなったということを知った。

では、なぜベアリング部がやられたのか？　ということについては、疑問に思いながらも知る機会がなく過ぎていった。だが、たまたま富塚清教授の内燃機関に対するころがり軸受（ローラーベアリング）否定論を目にすることとなった。教授はABC（All British Engine Company）星型空冷エンジンと、ダイムラーベンツDB600系エンジンを実例としてあげ、共に失敗した原因はローラーベアリングが適切に使われなかったため、と指摘された。

しかし、当時私は、ローラーベアリングにひそかな憧憬を抱いていた。それは日野コンテッサ900のエンジンを設計していた際に接したフランスの乗用車ディナ・パナールの斬新な設計思想と、そのエンジンに採用された素晴らしいアイディアのローラーベアリングの強烈な印象が脳裏に焼き付いて離れなかったからである。

パナールはわずか八五〇ccのエンジンで六〇馬力。当時、トヨペットは一五〇〇ccで六二馬力であったから、いかにディナ・パナールのエンジン構造が進んでいたかがわかる。八五〇ccから六〇馬力を引き出す一つの秘訣は独特なローラーベアリングの設計にあった。軸が回ってベアリングのローラーが回るのであるが、隣同士のローラーが摩擦なく回りやすくするため、ローラーとローラーの間にさらに小さなローラーをはめ込んでいたのである。

私は自動車技術会の動力性能研究委員会でディナ・パナールの購入を押したが、トヨタの梅原半次氏に「ああいう特異なものは購入すべきではない」と反対され購入は流れた。のちに私は氏の技術的洞察力に敬意を表することになる。

それでは、DB601のクランク軸のベアリング設計は特異であったのか？　失敗であったのか？

鈴木氏近影

（すずき　たかし）1928年生まれ、1952年東北大学工学部卒業、日野自動車工業（現日野自動車）入社。エンジンの設計、開発に従事し、コンテッサ900、1300などのガソリンエンジン、日野レンジャーなどのディーゼルエンジンの設計主任を歴任。1991年日野自動車副社長を務め、1999年同社退社。自動車エンジン関係の数々の賞を受賞、1995年紫綬褒章（科学技術）授章、2011年日本自動車殿堂入り。自動車用のみならず航空用レシプロエンジンにも造詣が深い。主な著書に、『20世紀のエンジン史』、『エンジンのロマン』（ともに三樹書房）がある。

ドイツ人技術者の証言

一九六九年、私は会社の命を受けヨーロッパに飛んだ。直接噴射式エンジンの勉強のためであったが、その折、私はかねがね疑問に思っていたDB601のローラーベアリングの問題を二人の技術者に尋ねた。

　一人はKHD社のローゲンドルフ氏で、彼はダイムラーベンツ社でDB600型から最終モデルのDB610型までの開発にたずさわっていた人である。彼はローラーベアリングは確かに初期にはトラブルを起こしたが、その硬度管理を改めた後は何の問題も生じなかった、といった。そして、DB603型以降、高出力化後に問題になったのはシリンダーライナー(シリンダーの筒)の歪《ひずみ》で、このため

ハ40エンジンのクランク軸剥離状況調査書にある4号基の剥離状況写真

ちょっとしたことで、ピストンの焼き付きが起こったとのことだった。

　ただしこれについて彼は「はっきりしたことはわからないが、当時は敵国系の捕虜を大勢動員して作業に当たらせたため、よくエンジンの中に砂などが入れられ、トラブルを起こしたことも多い」と補足した。一五〇ミリのシリンダー内径を出力向上のため増加させたが、このためシリンダーライナーの厚さは二・七ミリとなり、これに過給圧力一・四二kg/㎠を与えての高出力に対しては、実用上ギリギリの線であった、とのことであった。

　さらに後日、オーストリアのAVL研究所のシャイターライン博士にも見解を求めた。博士は、ローラーベアリングを使ったせいではなかろう。大体、排気量当たりの馬力を二八馬力/ℓから五七馬力/ℓまで引き上げたこと自体が無理で、一般的に信頼性が低下したのは仕方のないことだろう、との見解であった。

　いずれの見解も、ローラーベアリング自体がトラブルを起こしたとはいわなかった。

　一方、ローラーベアリング不適切を裏付ける一つの情報として、戦争中ベアリング焼損で困り果てていたころ、ドイツから届いた設計書類の中にローラーベアリングからプレーンベアリング(平軸受、ローラーまたはボールを使わない平面ベアリング)への変更処置があった、ということがある。この理由については、次のことが影響したのではなかろうかと、私は思った。

　すなわち、ドイツのシュバインフルトのベアリング工場が米空軍に三度にわたって爆撃され、これによりローラーベアリングの供給が逼迫したのでないか。このためプレーンベアリングへの設計変更が行なわれたのではないか？　ということである。しかし、これは邪推にすぎず、後日ホフマン氏からの手紙で、真因は爆撃の被害ではなく、単にローラーベアリング用の軽合金製ケージの生産がベンツ社の生産設備では間に合わなくなったため、と知った。

　一方、ドイツの代表的戦闘機フォッケウルフFw190は、性能向上のため空冷エンジンをこのDB603型エンジンに換装し戦線に投入していた(DB603型のほか、同じく液冷倒立V型のユンカース・ユモエンジンも搭載され、シリーズ名称で区別した)。

　日本では生産不能のDB601をドイツではさらにパワーアップし、DB603として量産していたのである。かくしてDB600系エンジンは終戦までに総計七万二〇〇〇台以上も生産され、戦闘機のほか、あらゆる機種に採用され、危機に瀕した第三帝国のため最後まで奮戦して絶えた。

　さて、こうなると、果たしてローラーベアリングの設計が本当に信頼性不足の原因であったのか？　という疑念はますます強くなる。

　では、日本におけるDB601(川崎航空機製はハ四〇およびハ一四〇型、愛知航空機製はアツタ一一型および二一型と呼ばれた)のトラブルは、何であったのか？　私は、ひそかにベアリングの精度が原因ではないかと想像していた。一九七八年一二月、私は魚住順三氏(後、愛三工業会長)に会うことができた。戦時中、愛知航空機でアツタエンジンをずっと手がけた方である。

　魚住氏によると、ローラーベアリングの精度は当然重視し、すべてのローラーの真円度は〇・〇〇二～〇・〇〇三ミリの範囲に選別して使ったとのことであった。(注：しか

し、これは油膜厚さが測れる今日から見れば、〇・〇〇一ミリ以下でなければならなかった。実際ドイツのものはそうなっていた）

氏の記憶によれば「クランク軸の滲炭硬度が出ず、このためうまくいかなかった。そのうちプレーンベアリングに設計変更となり、この変更処置に手間どって、ついに空冷星型エンジンに換装してしまった」とのことであった。

一九八一年四月、富塚清教授が主催される特殊内燃機関研究懇談会で、高月龍男教授と曽田範宗教授の講演があり、共にこのＤＢ601エンジンに言及された。特に曽田教授は、当時の川崎航空機における報告書を保管されており、私はその貴重な報告書を拝借してくわしく読んだ。両先生の話、報告書の内容、さらにローゲンドルフ氏、魚住会長、さらに富塚教授の話、これに私の経験などを並べ、推測を加えてみると、ＤＢ601のトラブルの全貌がかなりはっきりしてくる。要約すると次のようになる。

主なトラブルはクランク軸

主要トラブルは、クランクシャフトのクランクピン（コネクティングロッドにつながる部分）外周の表面が運転中剥離することであった。

その一つの原因は、外周部の熱処理不良で、鋼の硬さが不足であったことである。家庭の包丁でもナイフでも、鋼をそのまま形にしただけでは、刃はすぐに丸まって切れなくなってしまう。焼入れといって、一度加熱し急冷させて硬くしてやらなければいけない。いい包丁が切れ味がいいのは、この技術がいいからである。クランク軸も同じであるが、この場合は包丁よりもいささか高級な滲炭焼入れといって軸表面の炭素濃度を高め表面の硬度を特に高くする方法をとるが、この技術が不十分であった。

第二の原因は、ローラーベアリングの形状が適切でなかったのではないかと思われる。ローラーは受ける荷重分布を平滑化するため、ただの円柱ではなく端部をわずかに細くしてやる必要がある。そうしないと剥離を起こしてしまうが、逆にこれを細くしすぎると今度はスキューイングといってローラーが跛行しながら動き出す。こうなってもまた、剥離焼き付きを発生する。この形状の選択はかなり経験的なもので、一朝一夕には求まらない。これが不足していたのであろう。

第三の原因は、クランクシャフト自体が真円に加工されていなかったのではないかと思われることである。軸部は本来、丸いものであり、肉眼ではきれいに仕上げられているように見える軸も、精密に調べてみるとオムスビ型であったり、花びら型であったりする。このことは、現在でも非常に重要で、この凹凸は三ミクロン（一〇〇〇分の三ミリ）以内に抑えないと耐久性が悪くなる。精密に仕上げるためには優秀な工作機械と加工技術が必要となるが、これらが不足していたと推定される。

●ハ40のベアリングの精度（真円度）の悪い例

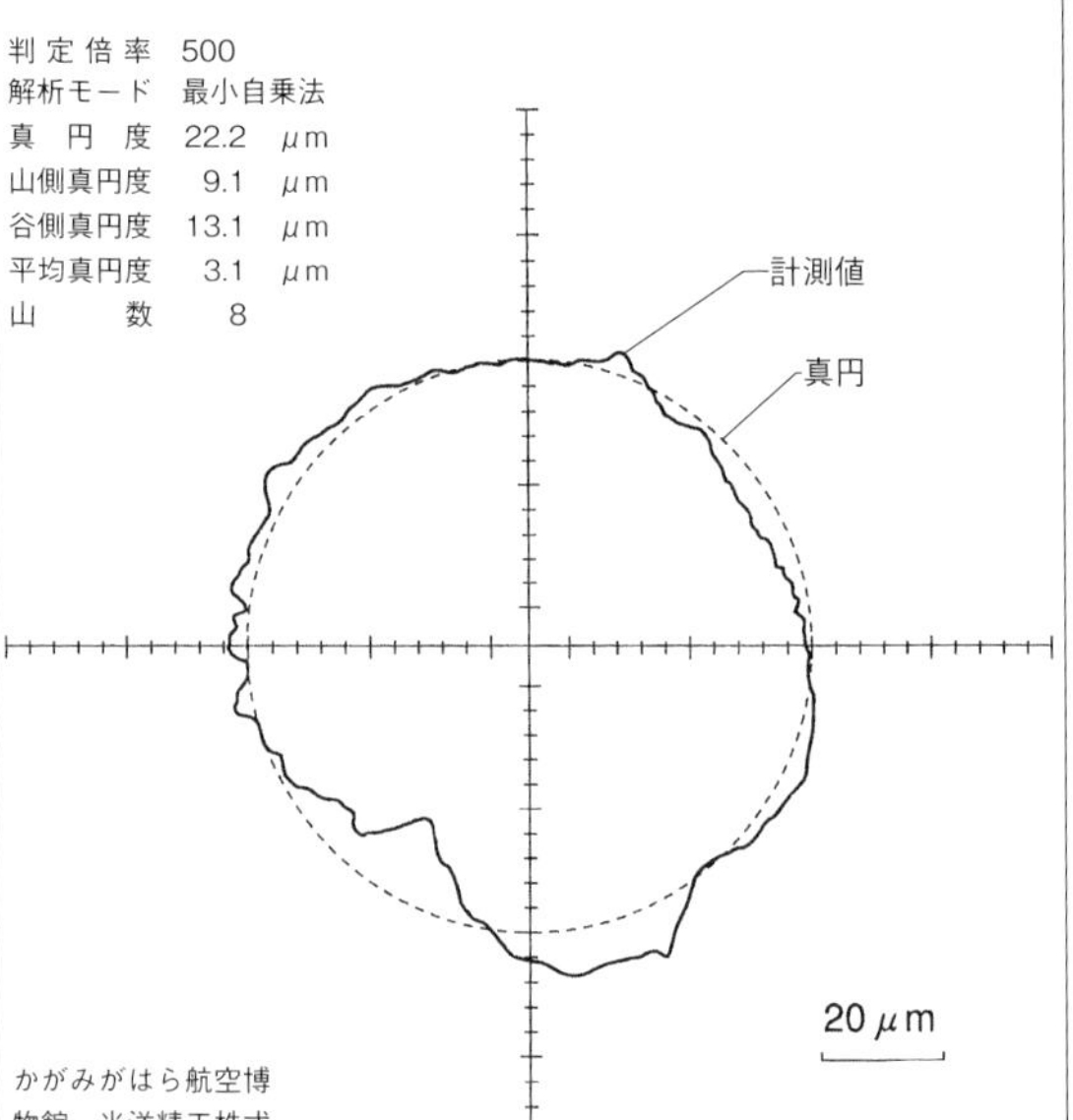

かがみがはら航空博物館、光洋精工株式会社のご厚意による

第四の原因としては、ローラーベアリングのローラー自体および、ケージといってローラーを支える部品の精度の問題である。魚住氏によると、ローラーについては既述のように全数選別したそうであり、生産技術力不足を人力でカバーしたと見ることができる。しかし、当時の勤労動員学生主体の技能とおそらく桁違いの不良精度から、果たしてどこまで適切に選別されたかは大いに疑問が残る点である。

ベアリングの精度について、重要な話がある。歯車の世界的権威である東北帝大の成瀬政男博士が、戦前に記した著書の中で、日本の歯車とベアリングの精度について言及している。それによると、日本のボールベアリング（ボールベアリングも同じ）の球表面のデコボコは二〇ミクロン（〇・〇二ミリ）もあるのに対し、スウェーデンＳＫＦ社のものは一ミクロン以下である。

一ミクロン以下でなくてはいけない理由は、ベアリング表面の油膜にある。油膜の厚さが一ミクロンであるので、これよりも少ない値でないと金属同士が接触してイカれてしまうということである。これでは戦争にならない。

各務原の航空博物館にハ四〇のコンロッドが一本残っていた。おそらくハ四〇の設計者・林貞助氏がくやしくて残したのではないかと私は思う。私はこれを博物館にお願いして借り受け、ベアリングの精度を光洋精工（現ジェイテクト社）に頼んで測定してもらった。結果は、成瀬博士のいうとおり、デコボコしており、最悪のものは〇・〇二ミリも真円から逸脱していた。これでは齧《かじ》らない方がおかしい。たまたま齧らないエンジンを積んだ飛燕が活躍できたのであろう。林貞助氏の心中はいかばりかであったろうか。

オリジナルのDB601のコネクティングロッドのベアリング部。ローラーベアリングとそのゲージが見える（ドイツ博物館）

ところで、川崎が同じ水冷のＢＭＷエンジンをライセンス生産した際は原型のローラーベアリングをプレーンベアリングに変更し、航研機などに搭載して成功しているのに、なぜＤＢ601の時はそのまま生産化したのか、という疑問は残る。

さらにいえば、ＤＢ601と重量・出力ともに変わりのないユンカースユモ211型エンジン（一二〇〇馬力）を選んでいれば……と。ユモ211はプレーンベアリングだったので、こちらを選んでいれば、少なくともクランクシャフトの焼付き問題はなかったと推定される。

燃料噴射ポンプのトラブル

さて、これらの技術が克服されていれば、ハ四〇のトラブルは防げたのだろうか？　私見ではあるが、少なくともクランクシャフトまわりのトラブルは防げたと思われる。しかし、このエンジンは電気系、燃料系のトラブルも多かったとのことで、特に燃料噴射ポンプの材質はおそらく充分に完成した状況ではなかったかと思われる。

現在のディーゼルエンジンでも、燃料噴射ポンプは開発中に最も苦労し時間を要する部位である。

ガソリン直接噴射式というのは、ディーゼルエンジンと同じようにガソリンをシリンダー内に直接噴射する方式で、その噴射ポンプ自体の構造は基本的に同じである。ディーゼルエンジンの場合、燃料の軽油は自己潤滑性といって潤滑油としての性質も持っているが、ガソリンはそれがないので、ガソリン噴射ポンプの潤滑方法はディーゼルに比べ一段とむずかしくなる。

日本において、本格的なディーゼルエンジン用のポンプが本家のロバートボッシュ社との提携によって生産され始めたのが一九四二年であり、しかも戦争によってドイツからの工作機械等が入手不能になったため、噴射ノズルなどは精度が出ず、その合格率は五パーセントという信じられないような惨憺たる状況であった。このような背景でガソリン直接噴射の導入は、無茶というほかはない。噴射ポンプのプランジャー（ピストン）とバレル（シリンダー）は研磨仕上げで行なうが、結局、日本では最後（終戦）までうまくいかなかった。そのため、一〇〇気圧という高い圧力が必要な燃料噴射がうまく行かず、エンジン不調につながったものと思われる。

またその他のトラブルの一つに、点火プラグの汚染にも悩まされたという。これは当然ながら倒立エンジンのせいである。潤滑油の制御、オイル消費の制御はエンジンの基本的問題で、いわば永遠の課題である。なるほど星型エンジンでも、シリンダーの何分の一かはさかさまであるが、全部をさかさまにした倒立V型エンジンの潤滑油制御の困難さは容易に想像ができ、とても手の下せる代物ではない。

結論として、ＤＢ600系エンジンの導入は、当時の日本の技術力としては無理があったといえるのではないだろうか。

（協力・三樹書房編集部）

独逸よりもたらされた二〇粍マウザー

●七・七ミリが主流であった戦闘機の搭載機関銃の大口径化を目指していた日本陸軍は、高性能であった「MG151／20＝マウザー砲」の導入を実施、実戦で威力を発揮し陸軍戦闘機重武装化の布石となった！

■砲熕兵器研究家
国本康文

陸軍戦闘機の武装強化

「飛燕」に搭載された機関銃と機関砲は六種類にもおよび、ホ三を除く当時の固定機関銃／砲のほとんど全てであった。以下口径順に解説する。

●最初の機関銃

「飛燕」の最初の生産型である一型甲が搭載した武装は、翼内に八九式固定機関銃（七・七ミリ）二梃、胴体にホ一〇三が二門であった。八九式固定機関銃は、イギリスの七・七ミリ機関銃のビッカース・クラスEのライセンス国産版である。陸軍は元々このビッカース・クラスEを毘式E型機関銃と称して戦闘機に使用していたが、ライセンス国産する事になり、昭和二年頃ライセンス権を購入、昭和四年に制式化したものであった。

元々のビッカース・クラスEの弾薬はイギリスの代表的弾薬である通称303（〇・三〇三インチの意味）ブリテッシュ系で、薬莢底の外側にリムが大きく出ているリムドタイプである。しかし陸軍は国産するに当たり、薬莢をセミリムドに変更して、八九式固定機関銃用の弾薬としている。リムド薬莢はリムの分だけ、弾薬の収容に広いスペースが必要であり、世界的にセミリムドかリムレスになりつつあったから、一つの流れであった。

生産開始当初は、既存の毘式E型機関銃を改修して製造された。改修した機関銃も八九式固定機関銃と呼称し、わかっているだけでも飛行第一連隊、飛行第三連隊、飛行第四連隊独立飛行第一〇中隊などに毘式E型から改修された機関銃が甲型、乙型各二八梃、計五六梃が交付されており、かなりの規模で改修された事がわかる。

使用弾薬は八九式旋回・八九式固定機関銃弾薬普通実包、同鋼心実包、焼夷実包が昭和五年に仮制式化された。制式制定後も細かい部分の改良が進められ、太平洋戦争勃発時にはほぼ無故障の機関銃であり、「飛燕」他ほぼ全戦闘機に搭載されて活躍した。

話は横道に逸れるが、日本海軍は同じビッカース・クラスE機関銃を毘式七粍七固定機銃（後の九七式七粍七固定機銃）として国産化し、弾薬はイギリスの303ブリテッシュを採用したので、陸軍の八九式固定機関銃と海軍の毘式七粍七固定機銃には弾薬の互換性が無かった。

●「飛燕」各タイプ搭載機関砲一覧

	機首（胴体）	翼内	
木型審査時	13㎜機関砲（ホ一〇三）×2	7.9㎜機関銃（九八式固定）×2	昭和16年6月
一型甲	13㎜機関砲（ホ一〇三）×2	7.7㎜機関銃（八九式固定）×2	
一型乙	13㎜機関砲（ホ一〇三）×2	13㎜機関砲（ホ一〇三）×2	
一型丙	13㎜機関砲（ホ一〇三）×2	マウザー20㎜機関砲	
一型丁	20㎜機関砲（ホ五）×2	13㎜機関砲（ホ一〇三）×2	
二型	20㎜機関砲（ホ五）×2	13㎜機関砲（ホ一〇三）×2	

●九八式固定機関銃（計画時）

昭和十二年五月「イリス商会」からドイツのラインメタル社製の旋回機関銃と固定機関銃の提出を受け、陸軍は両機関銃の試験を実施し、良好であったので、昭和十三年八月仮制式が稟申され、九八式固定機関銃と九八式旋回機関銃として昭和十四年に仮制式化された。しかしこの機関銃に使用できる優良なバネの国内調達の見込みがたたず、国内生産は諦められている。

昭和十六年六月にキ六一の木型審査が行なわれた時、川崎側から陸軍に提示された要目の武装欄には、「一三ミリ機関砲、胴体二門、七・九ミリ機関銃二梃」とあり。この七・九ミリ機関銃が当時「ラインメタル機関銃」として知られていた「九八式固定機関銃」である。木型審査が行なわれた時、陸軍はすでに九八式固定機関銃の量産を諦めていたから、木型審査後七・九ミリ機関銃は七・七ミリ機関銃に改められた。

●ホ一〇三（一式固定機関砲）

七・九ミリ機関銃の国産化の努力

〈上〉「飛燕」一型丙の主翼に搭載されたマウザー20㎜砲。昭和17年末頃よりドイツより供給が始まった本銃の国産化はなされず、弾薬と共に輸入品が使用された

中、昭和十二年の日華事変の勃発を契機としてイ式重爆（フィアットＢＲ20）が輸入されると、その二〇ミリ一門、一二・七ミリ二門の強力な武装に目が付けられ、中国で捕獲したコマルツキー式十三粍や米国から参考輸入されたブローニング式機関銃と比較検討し、有望と見られた三種類が昭和十五年から十六年にかけて試作・試験が行なわれた。日本の得意なガス—反動利用式のホ一〇一、ブレダの国産版のホ一〇二、ブローニングの国産版のホ一〇三である。試作の結果ホ一〇一はあまり成績が良くなく、短期間に改善できる望みも無かった。ブレダの国産版のホ一〇二は好成績であったものの重量過大であった。

この様な経緯でホ一〇三が採用されるが、ホ一〇三の開発は、運用者側の「七・七ミリクラスで充分足りるのに、なぜ重い一二・七ミリや二〇ミリ機関砲を搭載しなければならないのか？」という現場の強い意見に押しこまれ、むしろより小口径の七・九ミリ機関銃の審査や国産準備に力が入れられ、機関砲の開発やそれに続くべき量産準備も海軍に較べて大幅に遅れてしまっていた。

ホ一〇三が実戦配備された時、初期故障が多く部隊から「戦争遂行上支障を及ぼすこと甚大なり」と電報が山積みにされた程であった。立川審査部武器部長野田大佐は部下を率いて陸軍航空部隊進駐地に急行し、片端から修理および部品の交換を行なうと同時に、内地の各造兵廠に要請し、弱点の強化をはかった。爾後逐次不良品は良品と交換配備され、ホ一〇三が無故障と賞賛を得るようになったのは、昭和十九年末である。

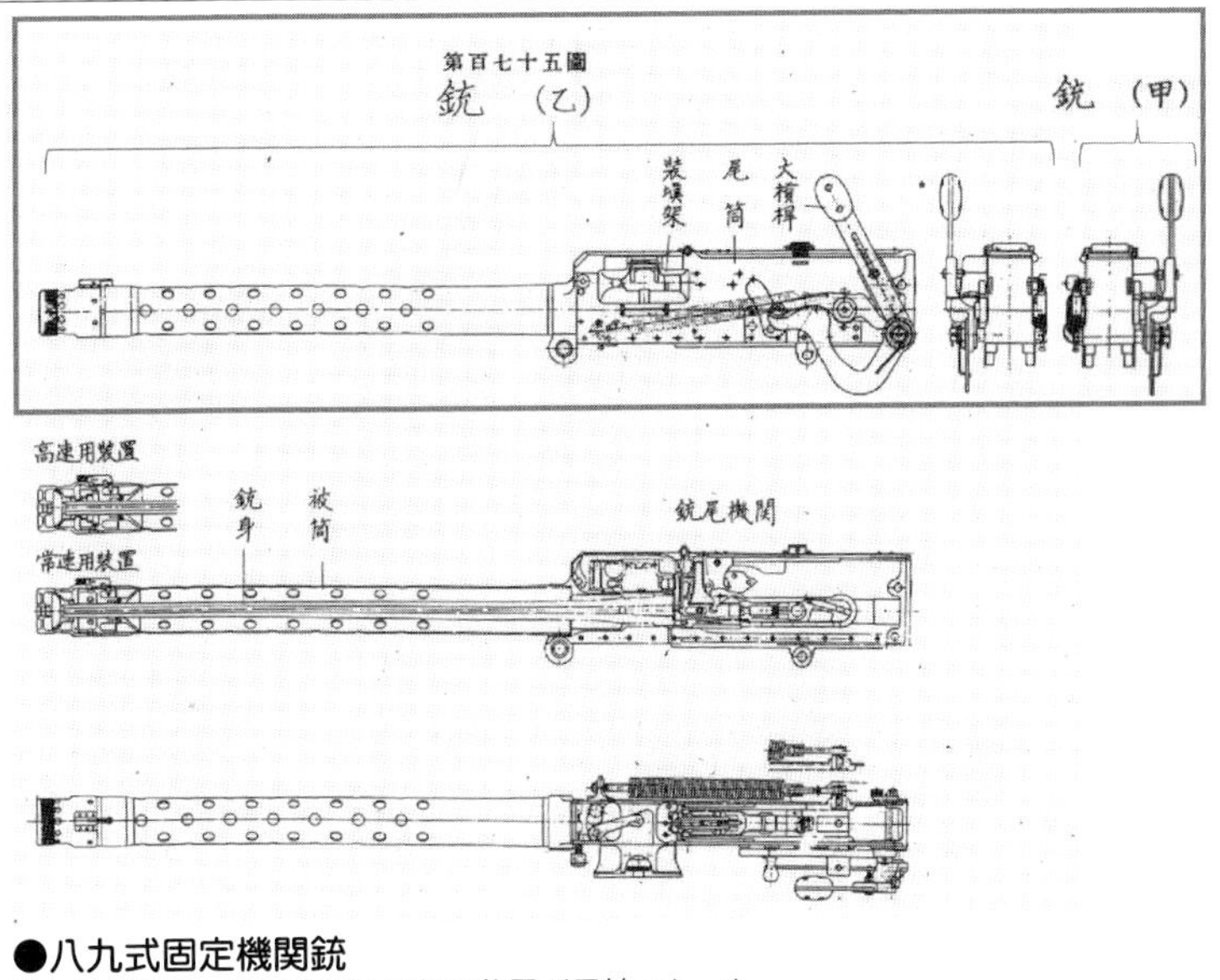

●八九式固定機関銃
甲と乙があり、装填方向と槓桿の位置が反対であった

堅固＆故障の少ない銃

ブローニングの一二・七ミリ機銃は、海軍も同じ機銃をデッドコピーして三式十二粍七固定機銃として採用したし、現在でも日本の自衛隊や米国で使われている傑作機関銃である。陸軍

では「砲身後座反動利用式」、海軍では「銃身退却式」と呼ばれる衝撃吸収・装填方式であり、発射の際に生ずる反動を砲身と砲尾機関の後退運動にて吸収し、併せて砲尾機関の後座にともない弾薬筒を保弾子から抽出するとともに、打殻を排出し、復座バネと砲身復座バネの張力によって砲身および砲尾機関を復座し、同時に装填・閉鎖を行なって発射する方式で、弾薬は保弾子によって弾帯にされて用いられる。初期の製造のまずさに起因する故障が無くなれば、堅牢で故障の少ない機関銃であった。

　採用名称は「一式十二粍七機関砲」である。この名称は制式になっていないのでは？　という疑問があり、はっきり何年何月に採用されたとする記録は無い。今後の研究課題である。

互換の無い弾薬

　米国から参考購入された原形のブローニング機銃は、一二・七×九九（口径×薬きょうの長さ）のリムレスであったが、陸軍は発射速度を向上させるために、弾薬をイ式重爆に搭載して使用実績のあったイタリアの一二・七×八一SR（セミリムド）に変更している。発射速度を上げるために三六・五グラムと三〇％も軽量な弾薬を用いたとされているが、弾丸重量は重ければ重い程弾丸の直進性は良く、弾丸の直進性の良さがブローニング機銃の大きな利点の一つでもあるから、腑に落ちない面もあり、弾薬の量産を早期に開始するため、やむをえず既に製造実績のある弾薬を使った可能性もある。

　一方海軍も艦艇搭載の九三式十三粍機銃と弾の共通化をはかり、一三・二×九九のリムレスに変更しており、陸軍のホ一〇三と海軍の三式十三粍固定機銃には弾の互換性は全く無かった。持てる国米国が、陸海軍で同一機銃を使っていたのに、日本は陸海軍で七・七ミリ機関銃に引き続きまたも弾丸の互換性が無かったのである。

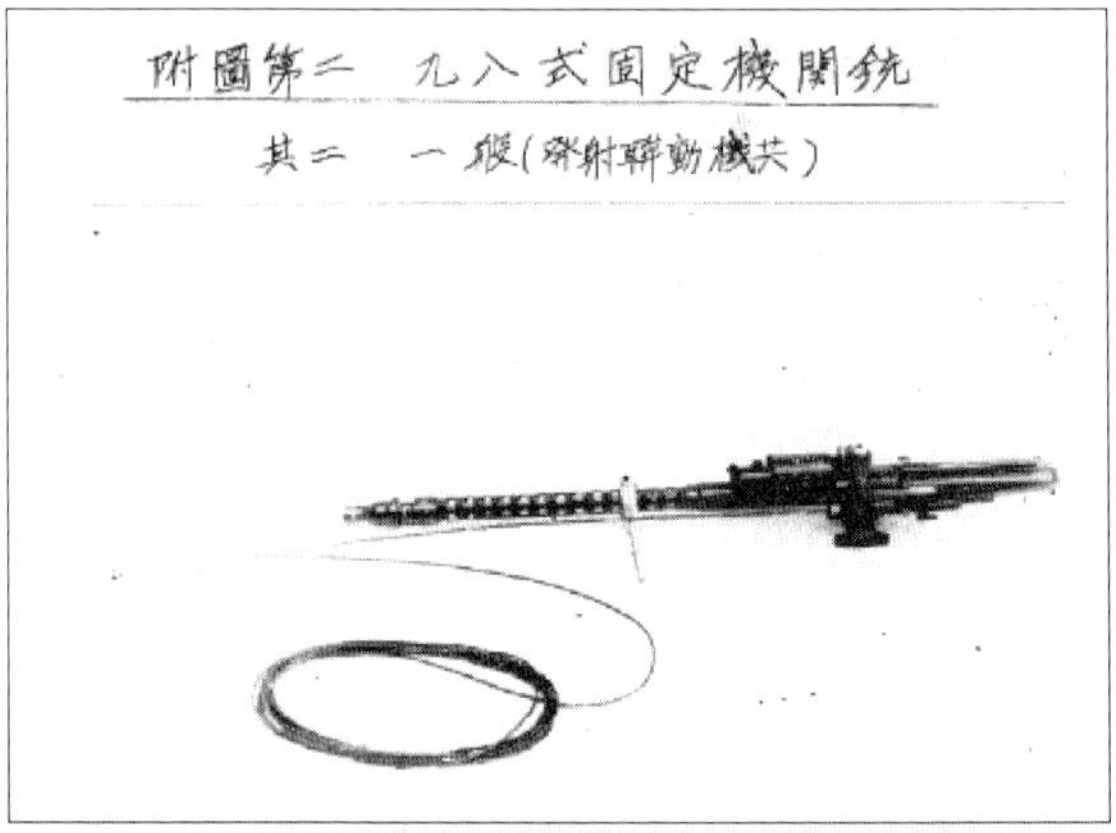

●九八式固定機関銃
（右）ドイツ・ラインメタル社、口径7.9㎜のMG17国産版である
（下）日本で試験中の九八式固定機関銃

●マ一〇二とマ一〇三

　ホ一〇三用の弾薬には、大きな特徴が有った。従来一二・七ミリ機関砲弾には弾が小さく信管が付けられないため、当たったら炸裂する弾丸は使用できなかった。陸軍は小型の瞬発信管の開発に成功し、一二・七ミリ機関砲にも炸裂弾を用いる事ができるようになり、マ一〇三と名付けられた。

　またほぼ同時に無信管弾薬としてマ一〇二が開発された。主として燃料タンクに対する焼夷効果を持つ弾薬で、弾丸内部に炸薬と発火剤が充填してあり、弾丸表面の被甲の肉厚を特に薄肉にして、命中の衝撃によって炸裂し、同時に発火剤に点火し焼夷効力を発揮するようにした弾である。大戦中機関砲弾丸の隘路は信管製造だったから、この弾薬の開発成功は陸軍を大いに助けた。

総計五万の大量製造

　ホ一〇三は中央工業で試作され、昭和十五年度中に一〇〇門、翌昭和十六年度には四三九門製造したとされている。しかし、中央工業自身が連合国に報告した生産数は、昭和十五年一〇門、昭和十六年二九〇門、十七年一〇八一門、十八年三〇〇八門、十九年六一六〇門、二〇年四二八八門であり、中央工業の生産数としては、この値の信憑性が最も高い。名古屋陸軍造兵廠がホ一〇三の量産を開始したのは昭和十七年十月からで、終戦までに約三万四〇〇〇門製造した。一方、小倉陸軍造兵廠は昭和十八年四月からホ五の生産をすでに開始していたためか、昭和十八年六月から昭和十九年三月までに三〇〇〇門製造し、十九年四月以降は製造していない。中央工業製造分をふくめ総計五万門程度製造された事になる。完成したホ一〇三は「飛燕」一型甲に二門、一型乙に四門、一型丙に二門搭載されたが、実は「飛燕」の制式武装はホ一〇三胴体二門、翼二門の計四門であり、翼内に八九式固定機関銃（七・七ミリ）二梃を装備した「飛燕」一型甲の状態は、機関砲の不足でやむを得ず採用した仮の状態として認識されていたのである。

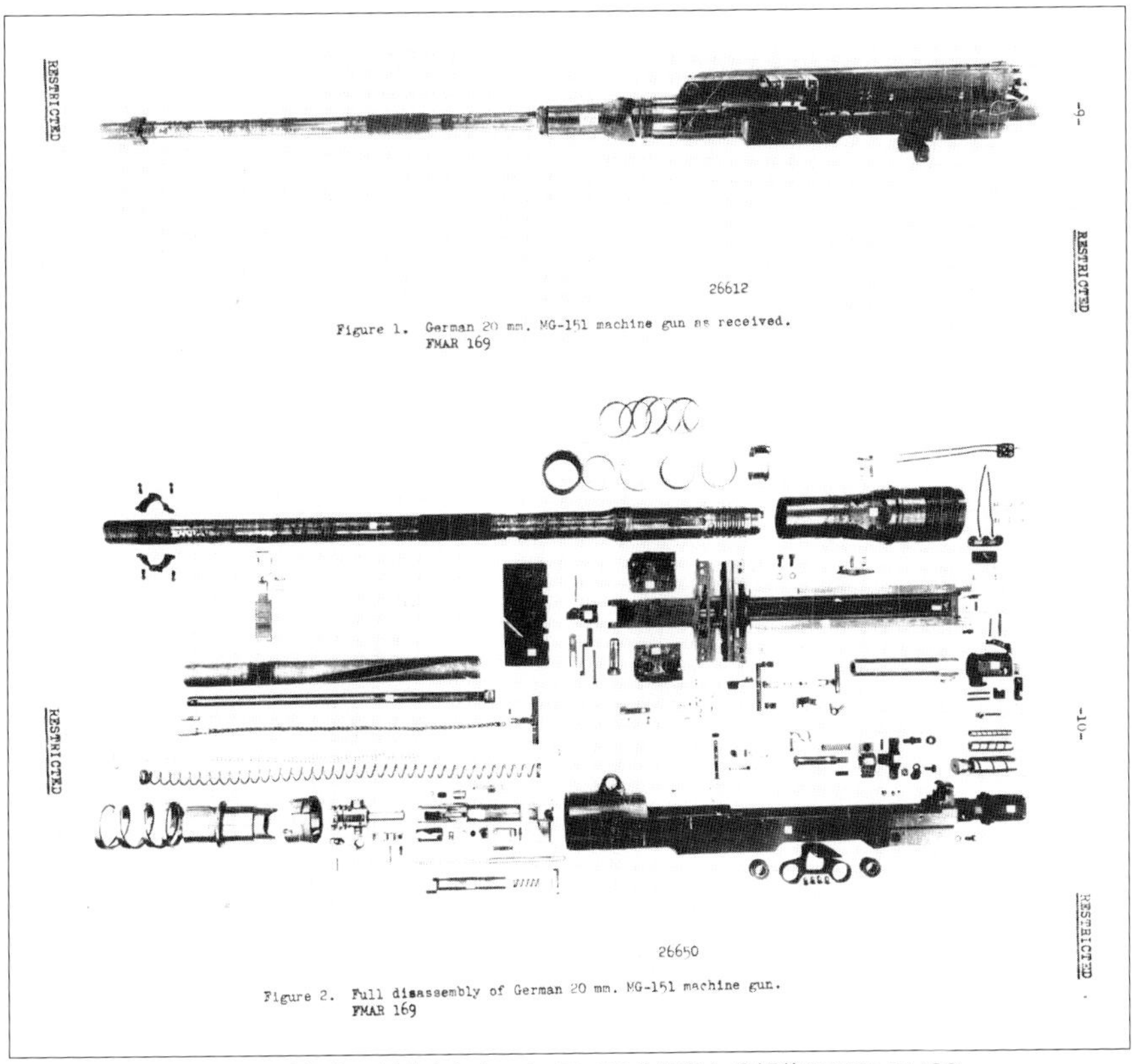

米軍の調査報告に添付されたMG151/20分解前と分解後のMG151/20

●MG151／20

言わずと知れたドイツの機関銃の中でも最も有名なマウザーの二〇ミリ機関砲MG151／20である。「飛燕」の武装強化として昭和十七年七月頃ドイツ側に打診され、同月にドイツ側から担当者案として示されたのは、マウザー二〇ミリ機関砲を毎月四〇〇門、五ヵ月間供給するというもので、弾薬は各砲五〇発として百万発付属可能というものだった。しかしドイツ空軍参謀本部は日本への譲渡よりドイツ機用の機関砲の整備が先であるとして本件に対し反対し、二度に渡って譲渡が否決された。紆余曲折の後、ミルヒ元帥以下ドイツ航空省当局の「日本の戦力の増すはすなわち、ドイツ軍の戦力を増す所以なり」とする大局的観点からゲーリング元帥の決裁が得られたとされている。（アジ歴C１０００９０５９０陸亜密大日記第60号1／3参照）

昭和十七年十一月二十八日ドイツ航空省から正式供給の回答があり、その内容は「マウザーの二十粍機関砲（予備品等一式）二千挺は十一月以降毎月三百挺、同弾薬百万発は十一月以降毎月十五万発供給（挺は当時の原文まま、本来は門であるべき）」との内容だった。この機関砲は潜水艦で八〇〇門運ばれたとする説や輸送船で運ばれたとする説があるが、遣独潜水艦で日本まで到着した唯一の例の伊八が日本に到着したのは、昭和十八年十二月二十一日であり、マウザー機関砲の「飛燕」への搭載は遅くとも昭和十八年九月に始められているので、時期的に合わない。伊八で海軍用のエリコン二〇ミリ機銃一二〇梃が運ばれたのでそれとの混同があるのではないかと考えられ、実際の運搬は、ドイツからの封鎖突破輸送船（Blockadebrecher）である柳船によるものと推定している。

昭和十八年四月、陸軍は武装強化の打ち合わせの際に川崎側から胴体にホ五を搭載する試作機が十八年七月上旬に完成予定、翼内にホ五を搭載する改造翼も八月上旬に量産可能と報告され、合わせてドイツから輸入されたマウザー二〇ミリ機関砲を装備する計画も同時に進められることが決まった。昭和十八年九月から３００１－３４００号機に搭載されて「飛燕」一型丙と呼称されたが、製造元の川崎内部では「キ六一マ式」と呼んでいたらしい。

ドイツは二〇ミリ機関砲のＭＧＦＦが、六〇発弾倉でも大き過ぎる位で搭載弾薬数が限られることや、作動の不具合等も有り、口径一三ミリのＭＧ131や口径一五ミリのＭＧ151を開発したが、マウザー社はＭＧ151が重量の大きい割には威力が無いとの評価を下し、銃身をボアアップして二〇ミリとしたＭＧ151／20を開発した。本機関砲は発射速度毎分七八〇発で、重量四二・五kg、イギリスで用いたヒスパノスイザは毎分六五〇発で、重量四九・九kgもあり、やっと性能的に他に優れる機関砲を得て大戦中にドイツのありとあらゆる戦闘機に搭載された。当初弾丸重量一一三グラム、初速七〇五ｍ／ｓ、炸薬量二・三グラムの榴弾を用いていたが、後に各々九五グラム、初速八〇五ｍ／ｓ、炸薬量一八・六グラムと炸薬量約九倍の薄肉榴弾（ｍｉｎｅｇｅ schosspatrone：薄殻榴弾と訳される場合もあり）を開発した。薄肉榴弾は日本にも秘密弾薬という名称で百万発が譲渡された。この弾薬を見た日本の技術者は弾殻が成形そのままの肌で、機械削りをしないで弾丸に使える精度で成形されているのを見て、ドイツの弾殻の成形精度の優秀さに舌を巻いたと伝えられる。

日本では結局この弾薬の国産化は出来ず、流石のアメリカも諦めたと伝えられる。このような経緯からMG151／20についても機関砲も弾薬も国産化されず、輸入であった。大戦中にアメリカに捕獲された機関砲と弾薬は全てドイツ製であることがわざわざ報告されている。技術のドイツだからこそ生産できた優秀な機関砲であった。

ブローニングを範とする

戦前から開発が進められていたブローニング系の機関砲には、ホ一〇三の口径を一回り大きくした二〇ミリ機関砲のホ五があり、ホ一〇三の開発開始に遅れること約一年、昭和十五年から研究に着手されている。開発時には「二〇粍翼内機関砲」と呼ばれており、昭和十八年七月に陸軍航空本部が作った仮取説が残っているが、開発が終了すると「二式軽量二十粍機関砲」と呼称が変更になったらしく、昭和十九年十月の陸軍兵器行政本部の公式文書や戦後の小倉陸軍造兵廠（ホ五の主力生産造兵廠）の報告にこの名が出てくる。本稿では原文の名称の解説の他は、最終の取説名称に従って「二十」に書き方を統一している。

日本陸軍にはホ三というホッチキス系のガス駆動方式の航空機用二〇ミリ固定機関砲もあったが、対戦車砲の九七式自動砲から発達した関係で、弾の威力は大きいものの、機関砲は大きくかつ発射速度がわずかに毎分四〇〇発だったこと、弾倉式で搭載弾数が少ない等の問題があり、「屠龍」の胴体内に装備したものの後継機種の出現が期待された。このためブローニングの一二・七ミリ機関砲を範にして二〇ミリに拡大した機関砲を開発することになったのである。ドイツのMG151／20が発射速度毎分七八〇発で、重量四二・五kg、イギリスで用いたヒスパノスイザも毎分六五〇発で、重量四九・九kgもあるのに、ホ五の発射速度は毎分七五〇発にもかかわらず重量はわずかに三七kg、これは優秀と言わねばならない。この軽さはブローニングの銃身後座反動利用という方法で実現させたのだが、口径が大きくなると、強い発射反動を短い駐退距離で吸収するショートリコイル方式では限界があり、本家のブローニング社でさえ一二・七ミリ以上の機銃にはショートリコイルを使用せず、P－39に搭載した三七ミリ機関砲はロングリコイル方式にしているのである。米軍は、日本陸軍はブローニング式のショートリコイルで二〇ミリ、三〇ミリ、三七ミリの機関砲を実現したと絶賛している。

ホ五の量産の苦悩

ホ五の量産準備もまた大変であった。一二・七ミリのホ一〇三の時でさえ開発当初「七・七ミリクラスで充分足りるのに、なぜ重い一二・七ミリや二〇ミリ機関砲を搭載しなければならないのか？」との操縦者サイドからの強烈な意見と議論があり、苦労しているのに、二〇ミリ機関砲ではなおさら強い運用サイドの抵抗が予想された。

かつ名古屋陸軍造兵廠は昭和十五年にやっとホ一〇三の量産準備に入っており、ホ一〇三の量産も開始していないのに、次のホ五の準備かと言われそうで、陸軍造兵廠サイドの抵抗が目に見えていて話がなかなか進められなかった。

このためホ五の試作は、まだ陸軍の管理工場に指定されていなかった国分寺の中央工業株式会社研究所で進められた。この研究所は一年前からホ一〇三の試作を担当し、かつ量産も名古屋造兵廠千種製造所とともに担当する予定であったから格好の相手であった。開戦後、ニューギニア方面に出動した部隊から、「B－17はホ一〇三でさえ撃墜困難、二〇ミリ以上の口径の搭載機関砲が必要」と熱望してきたことから、開発中のホ五は一躍期待の星となった。弾丸威力の面では、徹甲弾の弾丸がホ一〇三の三六・五グラムからホ五の一二三グラムに増加したことにより、ホ一〇三は距離三〇〇メートルで一二ミリ、距離七〇〇メートルで一〇ミリの防弾鋼板を打ち抜いたのに対して、ホ五は一〇〇メートルで二〇ミリの板を貫徹でき、威力の差は明白であった。

ホ五の量産は小倉造兵廠が担当し、昭和十八年四月に二〇門製造したのを手始めに、同年中に一六一〇門、昭和

●陸軍戦闘機搭載機関銃＆機関砲一覧

	八九式固定機関銃	九八式固定機関銃	一式十二粍七機関砲（ホ一〇三）	二式軽量二十粍機関砲（ホ五）	MG151/20
型式	ガス・反動	銃身後座反動利用旋回門子式	砲身後座反動利用	砲身後座反動利用	反動利用
口径（mm）	7.7	7.92	12.7	20	20
全長（mm）	1035	1180	1267	1450	1760
砲身長（mm）	732	600	800	900	？
砲重量（kg）	12.7	10.1	23	37	42
初速（m/s）	820	750	780	750	700～785
発射速度（発/分）	900	1000	800	750	680～740
全備弾薬筒量（g）	24.4	26.5	86	200	？
弾丸重量（g）	10.5	12.8	36.5	84	？
保弾子重量（g）	8	？	16	？	？

十九年と二十年には各々八〇〇〇門以上を製造した。主力となったのは大分県日田市の小倉造兵廠第二製造所で、大分県日田市の春日製造所、大分県宇佐郡の糸口山製造所も製造を開始し、昭和二十年には第二製造所と春日製造所が月産七〇〇門、糸口山製造所でも月産五〇〇門を製造可能となっていた。

五式戦闘機の胴体に搭載されたホ五20㎜機関砲（矢印）

昭和二〇年にはホ一〇三の製造が一段落した名古屋造兵廠も製造を開始し、終戦までに二九二二門を製造、この他に民間では沼津兵器製作所、日立兵器製作所が製造し、各々一五〇〇門程度製造したものと推定される。

●ホ五の図面不統一問題と故障の続出

この頃陸軍機関砲関係の技術陣は、量産を焦るあまり大きな失敗を犯してしまった。試作工場と陸軍審査部の手不足のため統一した細部の制式図面制定がなかなか進まないのに業を煮やして、各工場個々に試作図面に必要な修正を加えさせて量産をスタートさせたのである。このため製作工場毎に部品の互換性が無く、修理部品手配が不可能となり、部品破損の解析に混乱を来し、新たな消炎器の付け方も統一出来ない等、図面不統一に起因する大混乱が発生した。これらの不具合は終戦まで根絶することができず、ホ五を支給された各隊から難詰電報が山積にされていたという。この問題にようやく先が見えてきた頃、今度は使用鋼材の粗悪化や製造の疎漏によって主要部品の活塞筒に亀裂・折損を招来してこの対策に追われ、同時に腔発問題も噴出した。

この腔発は初期には信管の製造上の不具合、後期の原因は発火部品の製造上の不具合であり、東京補給廠寄居出張所格納庫のホ五用弾薬を調査した結果、その二五%が不良弾であることを発見し、兵器行政本部と東京第一造兵廠に抗議するという一幕もあった。運用サイドからの抵抗にあって太平洋戦争開始までに一三ミリから二〇ミリクラスの機関砲の量産に本格的に着手できていなかったのが響き、熟練度の低下もさることながら、ホ五は最後まで時間の無さに起因する初期故障に悩まされたのであった。

●三〇ミリ機関砲

昭和十八年四月、陸軍は武装強化の打ち合わせの際に「飛燕」二型の主翼に三〇ミリ機関砲のホ一五五の搭載を要求し、実際に「飛燕」一型丁の少数機に実験的に搭載されたと伝えられるが、量産機に搭載されることは無く、実戦の参加も伝えられていない。

この「飛燕」一型丁に実験的に搭載された三〇ミリ機関砲と「疾風」の内型に装備が計画されたのは三〇ミリ機関砲のホ一〇五だとする記事が散見されるが、ホ一〇五という機銃が計画もしくは生産されたという裏付け資料を私は見たことがなく、単にホ一五五をホ一〇五と書き間違えている可能性が高い。

この様に「飛燕」には陸軍が開発した単座戦闘機用の固定機関銃は全て搭載された。大口径固定機関銃の開発が海軍より三年強遅れ、開戦後に泥縄式に大口径機関砲を開発し、開発・試作に腰をすえて実施する時間的余裕が無いときに発生する典型的初期故障に悩まされた。その点海軍は昭和十二年には二〇ミリ機銃の量産を開始し、中国戦線で零戦に搭載して実戦の洗礼を受けていた。海軍も故障が多発したものの、太平洋戦争開戦時には不具合は出尽くしており、開戦後には陸軍ほど混乱しなかったというのが実状であるが、その差は大きかった。悲しいかな陸軍航空界には山本五十六や和田操のような将来を見据えた実力者は居なかった。

しかしなんとか一三ミリ固定機関砲から二〇ミリ固定機関砲まで開発し、量産にこぎ着け、三〇ミリ固定機関砲も試作は終了、量産がスタートしたところで終戦を迎えた。その他に双発戦闘機用の三七ミリ固定機関砲や五七ミリ固定機関砲や旋回銃砲座まで開発した中での開発だから、技本をふくむ陸軍技術陣の努力には頭が下がるものがある。

陸軍ファイターの眼「三式射撃照準器」

■兵器研究家
高橋　昇

●高速で飛翔する航空機に対して機関銃弾を命中させる照準器――日本陸軍期待の新鋭機の装備として白羽の矢が立ったのが、欧州方面で連合軍と交戦していたドイツ戦闘機の装備・〝レビ〟であった！

戦闘機の照準器

陸軍の三式戦闘機の兵装の一つとして装備された航空機関銃の照準器が「三式照準器」である。そのため航空機銃と照準器とは切っても切れない関係にある。戦闘機に装備された射撃照準器はどの様なものか、一般的な照準器から説明して行こう。

戦闘機の射撃用照準器の種類は次のものがある。㈠環型照準器、㈡眼鏡式照準器、㈢光像式照準器の三種である。

戦闘機の照準器として最初に採用されたのは環型照準器である。飛行機の速度もおそく、その動きもゆるやかであった第一次世界大戦の西部戦線の空では、戦闘機の機銃照準はすべて肉眼で敵機をとらえ、これに機体を向けて直視しこれに機銃の引き金を引くという、直視的照準が一般的な射撃方法であった。

当時、飛行機に装備した機銃は地上用の機関銃を改造して取りつけた程度であった。そのため銃についている照星と照門とを目標に合わせ、同軸にして発射すればよかった。つまり空中戦そのものが接近戦闘で目の前を飛行する敵機の姿や影を追って射撃すればよく、特に精密な照準器が必要ではなかったのである。

しかし飛行機の速度が早くなり運動性も増してくると、敵機をとらえる射距離が長くなる。するとその弾道、弾速、風向き、風速などの各要素がからみ合って命中誤差が大きくなる。そのため空の風による影響が飛行機自体に偏流を生ずることが大きな要素となり、搭載する機銃独自の照準器が要求されるようになった。こうして環型式照準器から一足進んだ眼鏡式照準器が採用されることになる。

眼鏡式照準器

戦闘機の機首に装着した筒型の望遠鏡式照準器で、内部に対物鏡と対眼鏡レンズを組み合わせ、十字線と環型線を描き入れたもので、一種の望遠鏡であった。レンズに倍率があると目標がよくみえるが、眼鏡内に敵機を補捉することが難かしくなるため一～二倍のレンズを使用しているものが多い。

これは戦闘機の風防ガラスの前方に設置してあり、操縦手はこれをのぞくだけでよい。照準操作は簡便となって精度も高くなった半面、射手は目をこらして目標をとらえなければならず、視野がせまく目がつかれやすいということもあった。

また高々度からの急降下や夜の戦闘では見えにくい、空気抵抗によって速度低下がある、対物レンズのくもり、油などの汚れで手入ができない、さらに敵機の速度が増加してくると眼鏡式の視界の狭さは致命的となり、その欠点を補う目的で光像式が生み出された。

光像式照準器

光像式照準器はOPL照準器とも呼ばれ、第二次世界大戦では各国がこの照準器を開発、戦闘機に装備したものである。戦闘機のコックピット計器盤の上方に設置し、敵機を補捉するには格好の照準器であった。

その構造は簡単に言えば次のようなものである。十字線を刻んだ標板の下から電灯をあてて、映し出た像をコリメーター用のレンズを通して、パイロット眼前の反射鏡にあてて光像を作り出す。

像は環状の場合もあり、それを見る場合、視力がそこなわれないようにフィルターを用いる。通常はスイッチを切り、戦闘直前にスイッチを入れ電灯を灯すというもので、ドイツ空軍では早くからこの照準器の開発に成功していた。

大きな特徴は、光線が目標と同程度に遠く写し出されるので狙いやすく、眼の位置が少しぐらい移動しても精度に大きな狂いがないこと。また高速の目標に対しても、目標の補捉時間が長く、射撃時間に余裕があることなどである。

一方、光像式は製造に手がかかる。電灯使用のため、例えば電球が破損すると使えない。夜間戦闘では光力調節が必要、ガラス反射板に他の光が入れば照準がやりにくくなるなどの欠点も生じた。

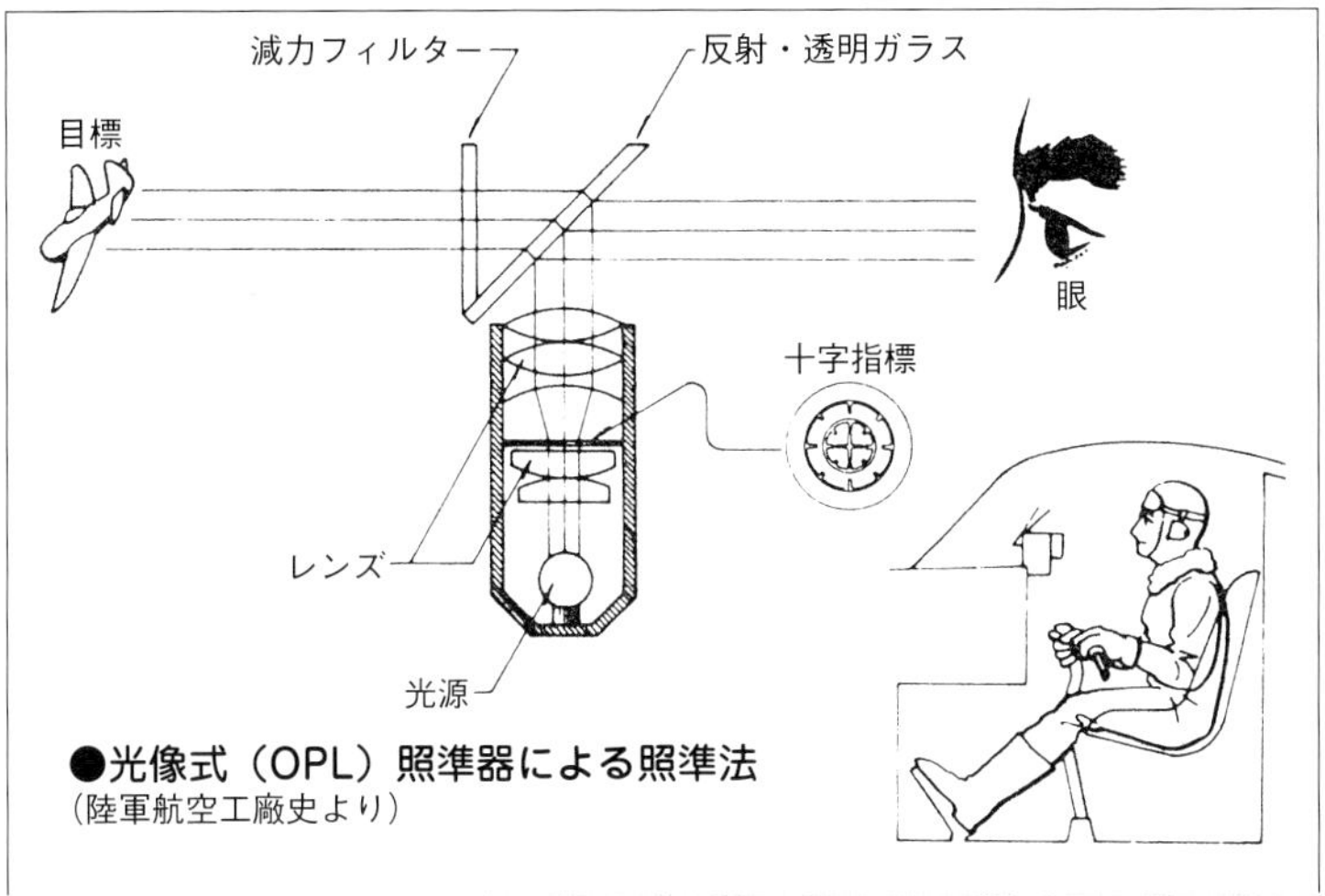

●光像式（OPL）照準器による照準法
（陸軍航空工廠史より）

←ドイツ戦闘機に搭載されている〝レビ〟を参考に作られた三式射撃照準器。↑同照準器のレチクル（照準環）

三式戦の照準器

三式戦「飛燕」に採用されたのは光像式のもので「三式射撃照準器」と呼ばれていた。もともとドイツのメッサーシュミットBf109戦闘機に装備されていたもので「レビ」と呼ばれていた。

陸軍航空では早くから光像式照準器に目をつけ、昭和十四（一九三九）年頃から陸軍航空技術研究所で計画し、富岡光学に命じその試作を行なっていたものである。

日本では旭ガラスがフィルター用のネオファンガラスが完成した段階で光像式照準器を製作できるようになったのである。同社がこの原理をもとに数回試作を行ない、開発したのが「三式射撃照準器」であった。

原理的にはドイツの「レビ」と同じで、レンズとフィルターおよび照準ランプで構成され、ランプが点灯されると、この光で上方斜めになったガラス面に光源の直上にあるレンズにクロスや環型の指標が写され、操縦手（射手）は斜ガラス上のパターンと照星にあたる前方円型照準とに目標を合せて照準、射撃を行なう方式であった。

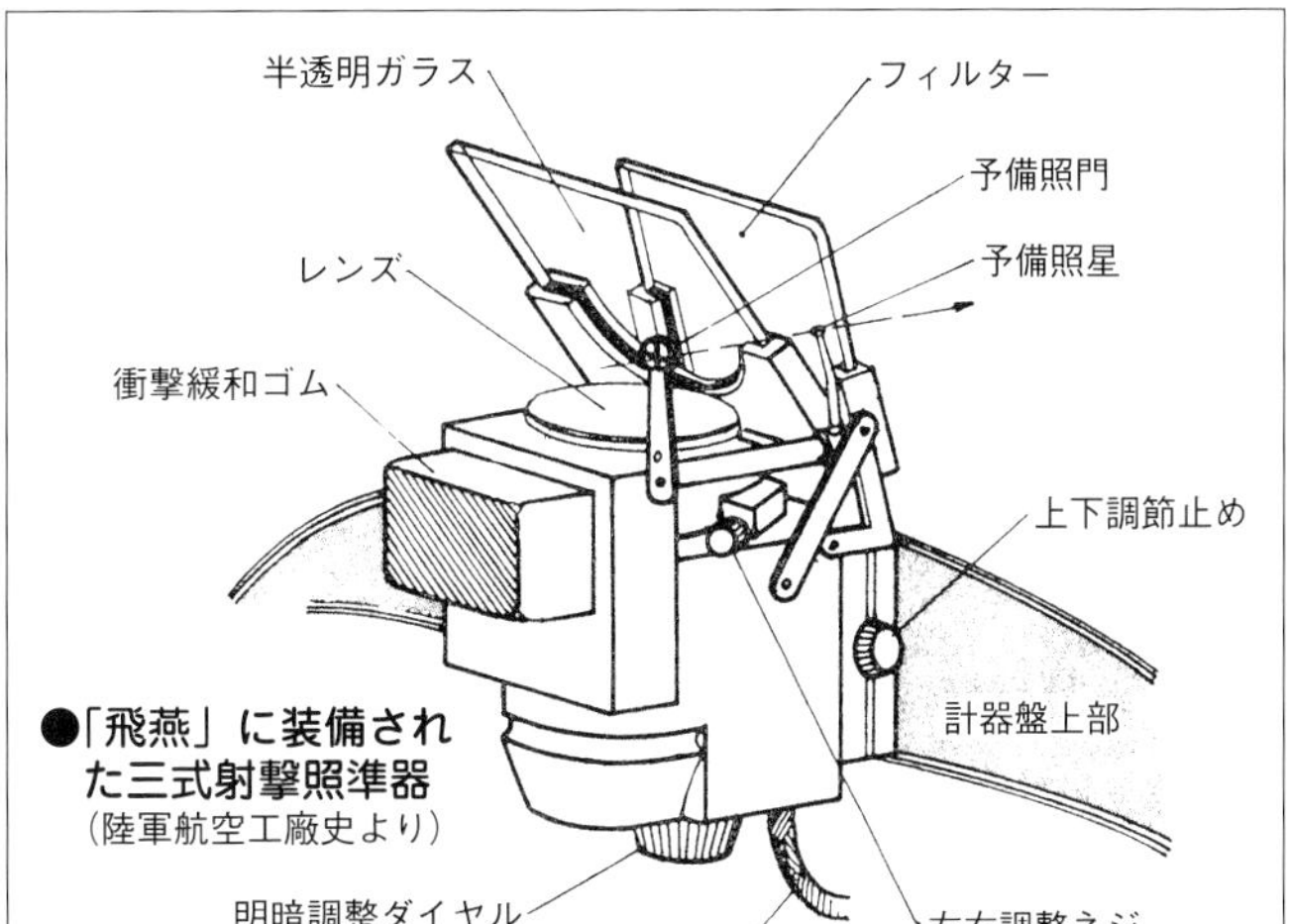

●「飛燕」に装備された三式射撃照準器
（陸軍航空工廠史より）

恐るべき武装の生まれるまで

■当時川崎航空機岐阜工場　試作部付・兵装担当

二宮香次郎

●翼内のマウザー機関砲とともに、傑作戦闘機飛燕に真の威力をあたえたのは、ホ五と名づけられた純国産の20ミリ砲であった——とかく不名誉にも数字と高精度機械に弱いといわれた日本人が苦心惨憺ついに生みだした脅威の機関砲誕生秘話！

〈上〉「飛燕」一型丙で大口径の20ミリ砲搭載が実現、米軍の大型機に対して威力を発揮した

もちだされた難問題

昭和十七年から十八年にかけて、とうじの川崎航空機岐阜工場は、三式戦闘機の試作から量産への過程にあって、その技術陣営を大動員してとりくんでいた。

戦雲はまさに急を告げ、陸軍はその打開策として、唯一の水冷式倒立V型エンジンを装備する新鋭三式戦闘機〝飛燕〟に大きな期待をかけていた。

そしてその「飛燕」に、より一そうの強力な火力、すなわちホ五－二〇ミリ機関砲二門の武装をプロペラ圏内にとりつけることそれもすみやかに解決するようにと要求してきたのであった。

そのころの常識では、このような単座戦闘機に要求される武装は、せいぜい胴体内同調機関砲一三ミリ二門、翼内機関砲左右各一門あてであって、それも胴体内同調機関砲、つまりプロペラ回転圏内を通して発射される機関砲にいたっては、ようやく一三ミリ機関砲に安定性がましつつあったていどであった。ところがそれを二門も胴体内におさめろというのであるから、いささか面倒なものであった。

そもそも機関砲を翼内ではなしに、胴体内に装備することは、砲自身はもちろん、弾道が機体の軸と同一直線上に位置することになるのであるから、命中率の点では翼内砲にくらべ、はるかにすぐれているのは明らかであった。

しかし、これまで二〇ミリ砲が翼内に装備され、一三ミリ砲が胴体内

プロペラ圏内に装備されていたというのも、それなりに大きな理由があった。それはプロペラ貫通の暴発事故が多発することがあっても関係者に正しく対処する自信が、とうじまだなかったからである。

なにしろ大口径の機関砲をプロペラ圏内にとりつけるのであるから、ほんのわずかな時間的なくるいが生じても、プロペラを吹っ飛ばしてしまう危険がある。

たとえ一部破損の場合でも、それ以上の飛行は困難であり、一三ミリ弾ではかろうじて不時着が可能であったのも、中に炸薬を仕込んだ二〇ミリでは、それもできずたちまちのうちに墜落ということになってしまう。

この点に不安を感じた海軍側では、ついに最後まで二〇ミリ砲の胴体内装備を採用せずにおわった。

これはたしかに急速に解決されねばならない大問題であったが、その主因が何であるのかわからないまま、発射連動機の原動器を担当する陸軍第二技術研究所（発動機関係）と機関砲を担当する陸軍第三研究所（武器一般、所長今川一策少将）との技術的意見対立のままに年月をすごし、ついに陸軍第一技術研究所（飛行機性能）が艤装装備の立場から、この問題の解決を急がなければならない窮地にたちいたったのである。ところが軍にはその余力がなかった。そこでいきおい民間会社である川崎航空機にもちこまれ、みずからこの問題の解決に当面しなければならなくなった。

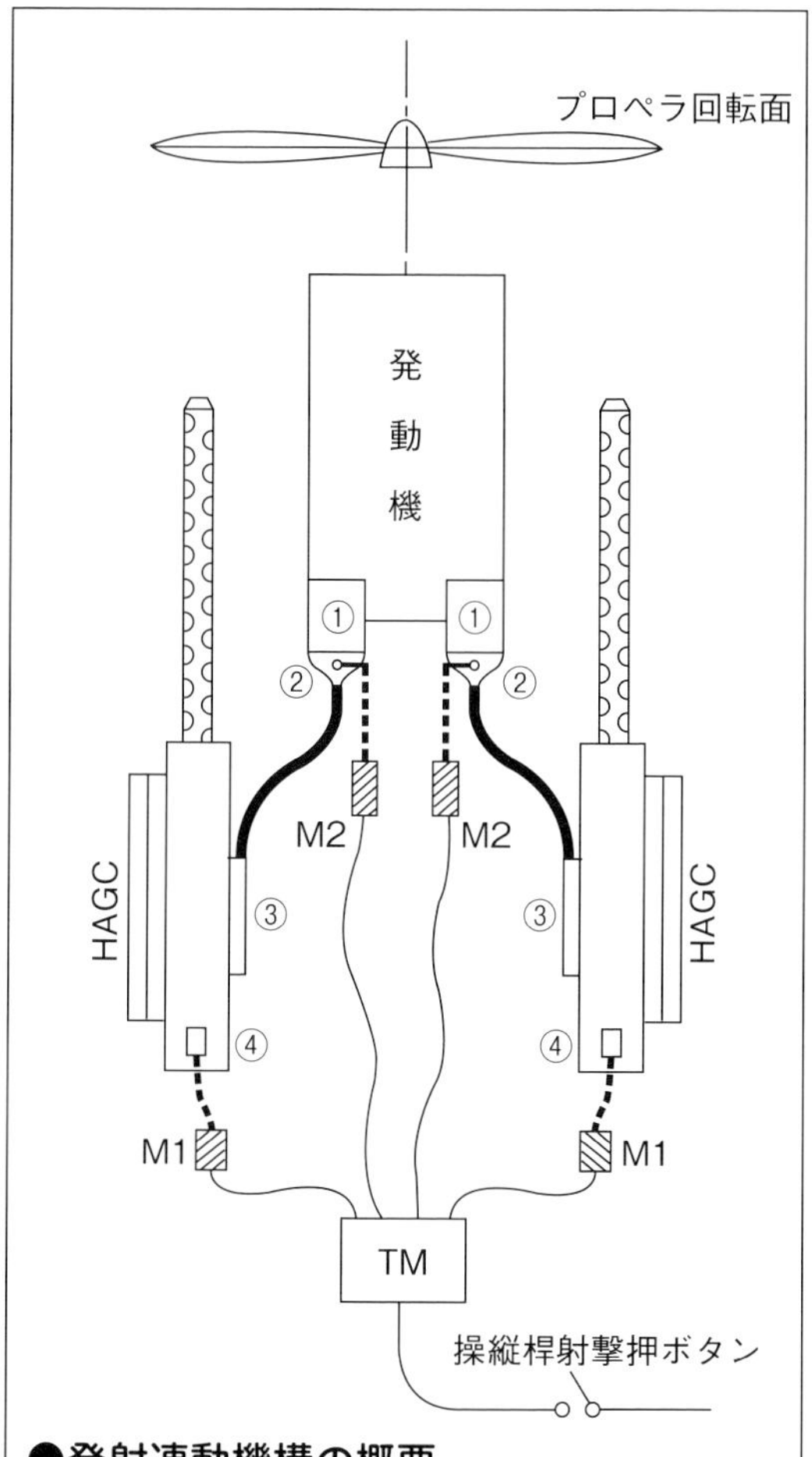

●発射連動機構の概要

- 連動管
- ボーテン索
- 電線
- M1 逆鈎起動電磁器
- M2 原動機起動器電磁石
- TM 時限制御継電器
- HAGC 電気油圧自動装填装置
- ①同調用原動機
- ②同じく起動器
- ③撃鉄器
- ④逆鈎起動器

トレース＝佐藤輝宣

ふみだした第一歩

そのころ、ドイツよりメッサーシユミットMe109が陸軍の手を介して川崎航空機に搬入された。この新鋭戦闘機は、二〇ミリ機関砲をエンジンの駆動を利用する同調機関砲として胴体内におさめ、その制御を回転電磁石型の時限装置によって行なっているのをたまたま見学したさいに発見した。

そこで私は、さっそく検討した結果、同調機関砲の問題点は発射連動機起動器と機関砲逆鈎制御の時間的関係にあるにちがいないとの確信をつよめたので、問題解決のため、まず一三ミリ機関砲の同調装置の研究を主眼として、実験研究にうつして行くことにふみきったのである。

昭和十七年春、陸軍技術本部（安田中将）の要請にもとづいて、第一技術研究所（当時安藤大佐、阿部少佐）より研究用として、約一〇門のヴィッカース型一三ミリ機関砲が貸与された。

そこでまず第一歩として一三ミリ砲について、主として同調装置に重点をおきながら、あらゆる角度から検討をはじめた。そしてつぎの段階で、その成果を二〇ミリ砲に応用する順序であった。

ここで一言つけくわえておきたいのは、三式戦「飛燕」に装備されたプロペラ圏内、つまり胴体内機関砲はマウザー砲なりとする、まちがいについてである。

なるほどエンジンは、メッサーシユミットに装備されたダイムラーベンツというドイツの絶品を国情に合わせて応用した倒立V型のハ四〇である（それだけに「飛燕」の機体は似ている

三式戦／五式戦の機体構造＆メカニズム

図版、写真、解説／野原茂

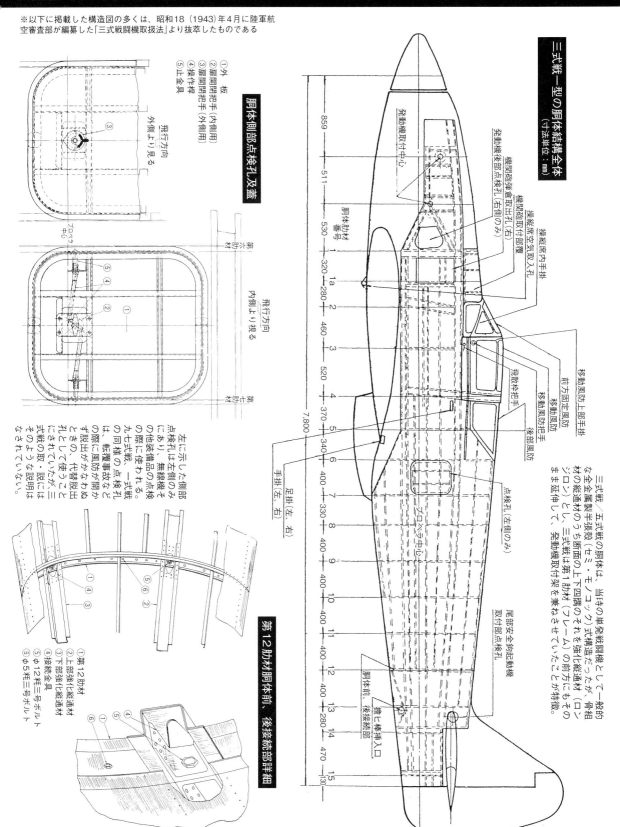

※以下に掲載した構造図の多くは、昭和18（1943）年4月に陸軍航空審査部が編纂した「三式戦闘機取扱法」より抜萃したものである

胴体側部点検孔及蓋

①外　板
②扉開閉把手（内側用）
③扉開閉把手（外側用）
④操作桿
⑤止金具

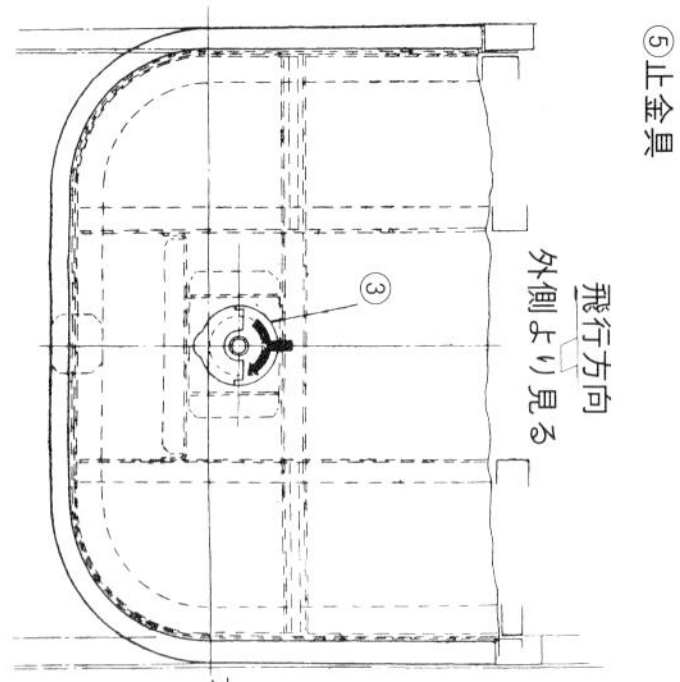

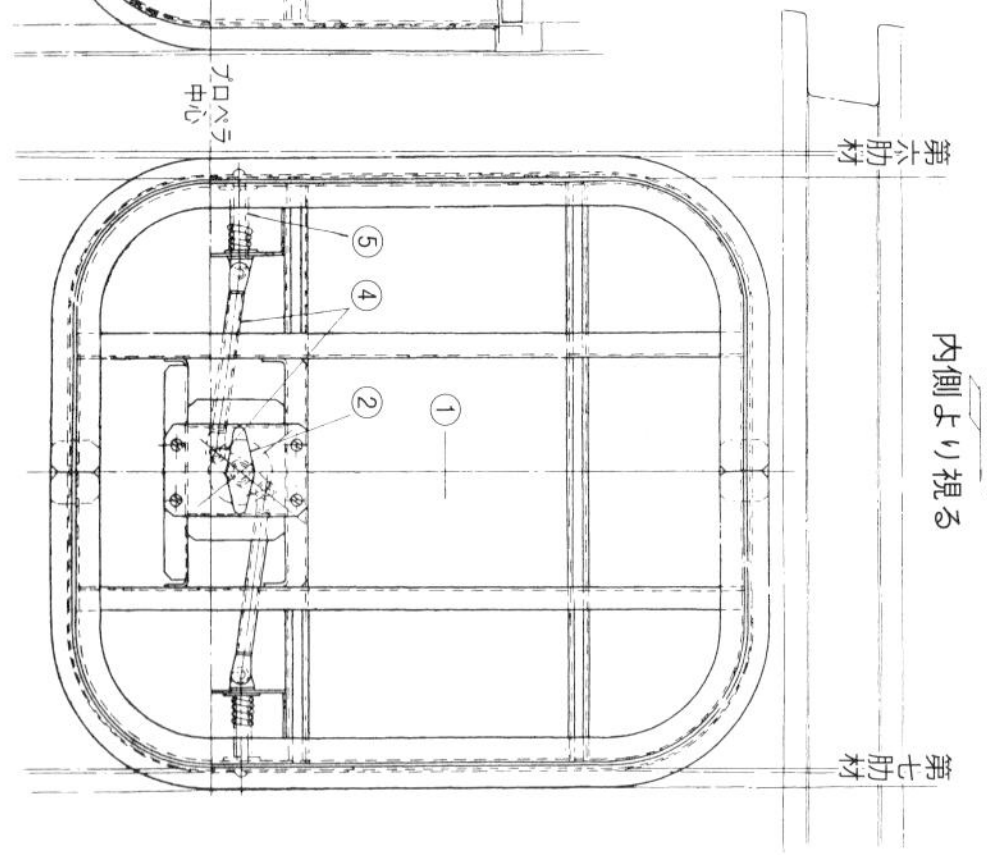

左に示した側部点検孔は左側のみにあり、無線機その他装備品の点検の際に使われる。九七式戦、一式戦の同様の点検孔は、転覆事故などの際に風防が開かず脱出がかなわぬときの、代替脱出孔として使うことにされていたが、三式戦の取・説にはそのような説明はなされていない。

第12肋材胴体前、後接続部詳細

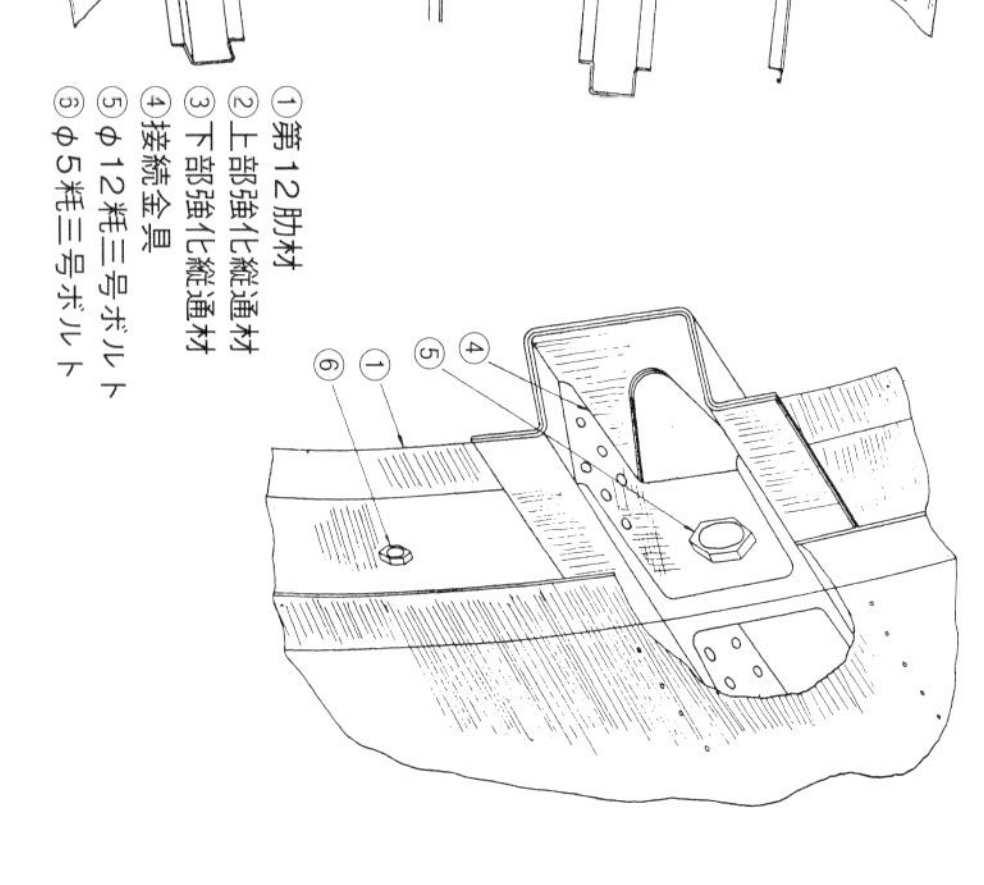

①第12肋材
②上部強化縦通材
③下部強化縦通材
④接続金具
⑤φ12粍三号ボルト
⑥φ5粍三号ボルト

三式戦一型の胴体結構全体
（寸法単位：mm）

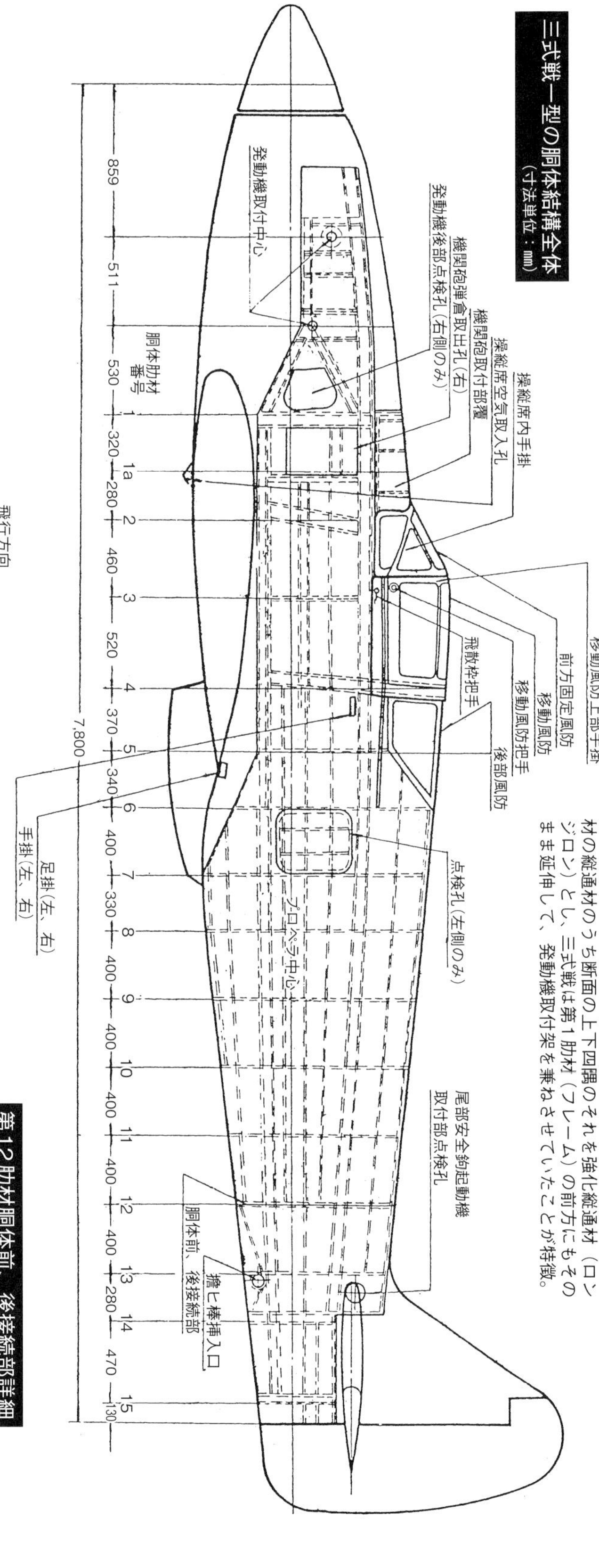

三式戦／五式戦の胴体は、当時の単発戦闘機として一般的な全金属製半張殻（セミ・モノコック）式構造だったが、骨組材の縦通材のうち断面の上下四隅のそれを強化縦通材（ロンジロン）とし、三式戦は第1肋材（フレーム）の前方にもそのまま延伸して、発動機取付架を兼ねさせていたことが特徴。

三式戦二型改の胴体内部配置図

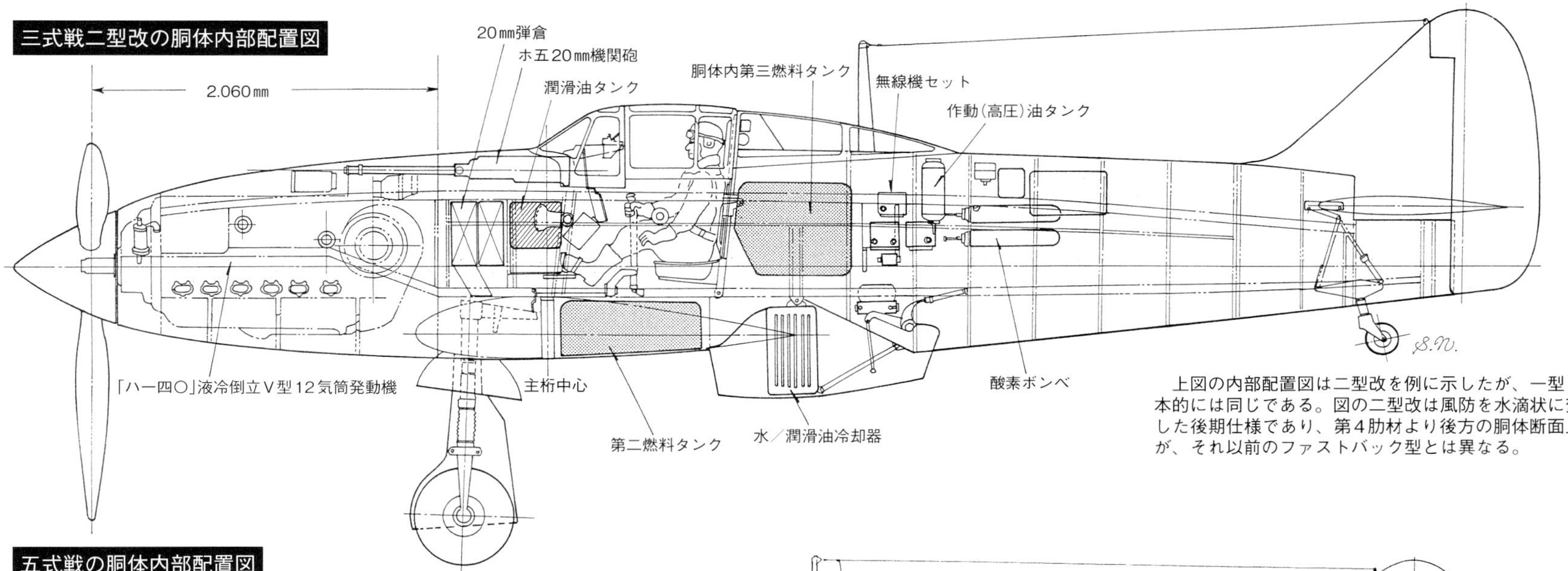

上図の内部配置図は二型改を例に示したが、一型も基本的には同じである。図の二型改は風防を水滴状に変更した後期仕様であり、第4肋材より後方の胴体断面上方が、それ以前のファストバック型とは異なる。

五式戦の胴体内部配置図

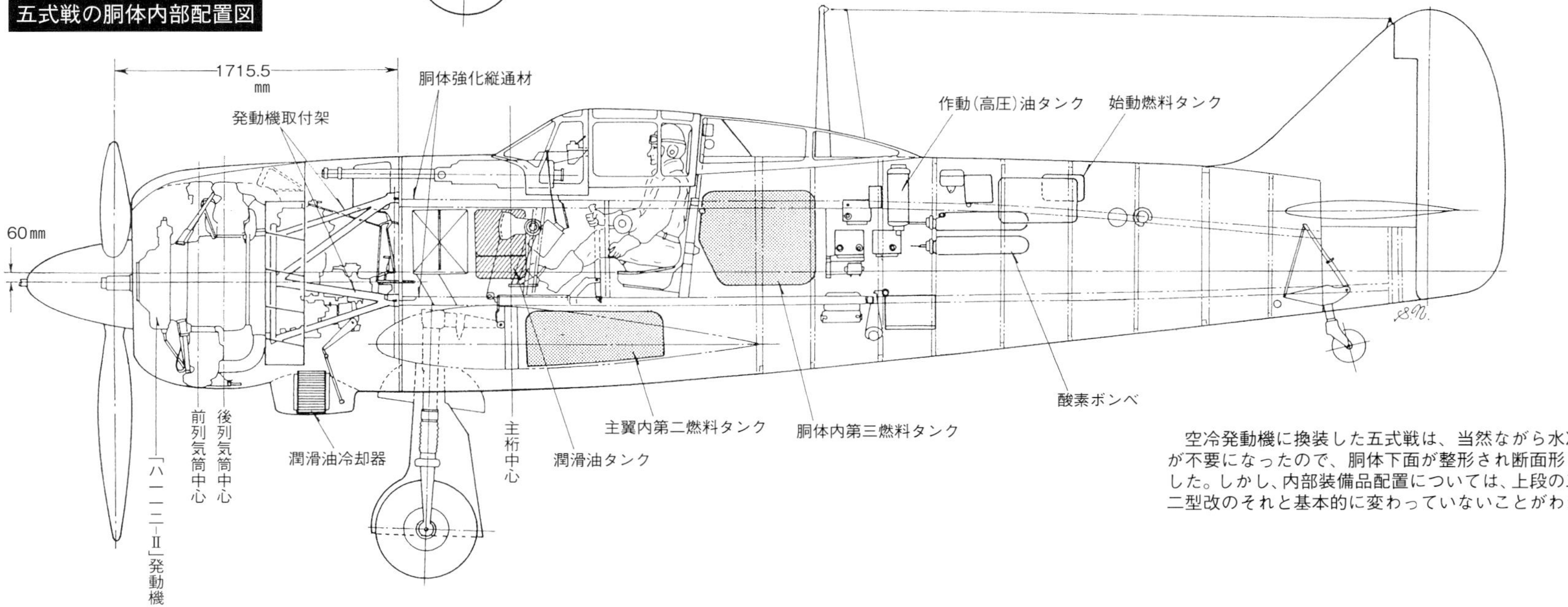

空冷発動機に換装した五式戦は、当然ながら水冷却器が不要になったので、胴体下面が整形され断面形も変化した。しかし、内部装備品配置については、上段の三式戦二型改のそれと基本的に変わっていないことがわかる。

発動機架

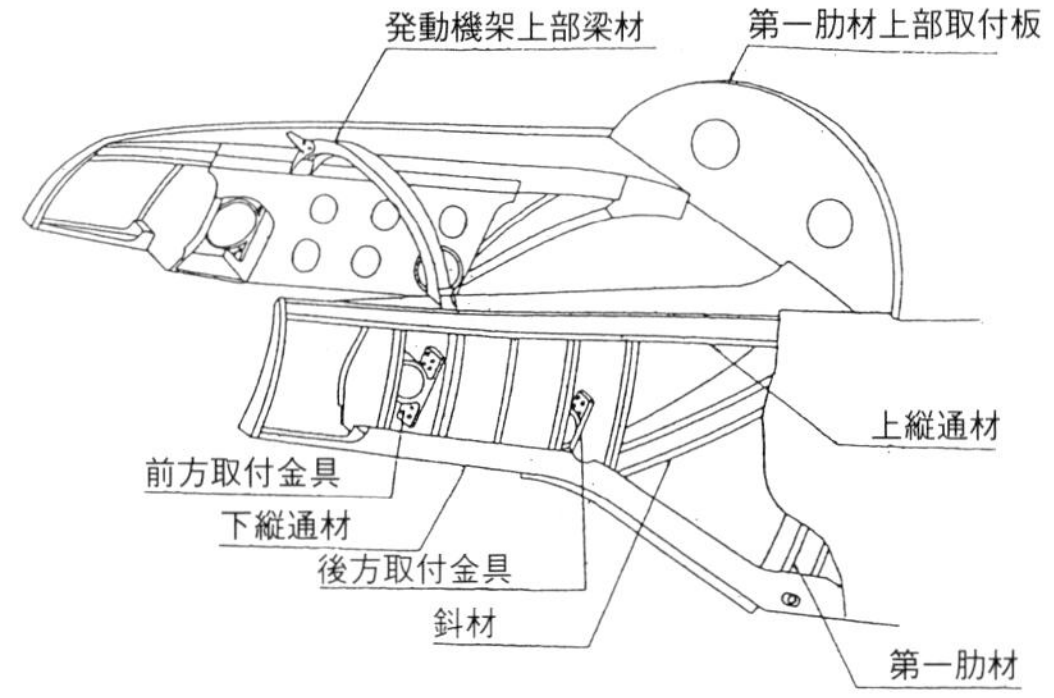

機首まわり一般図

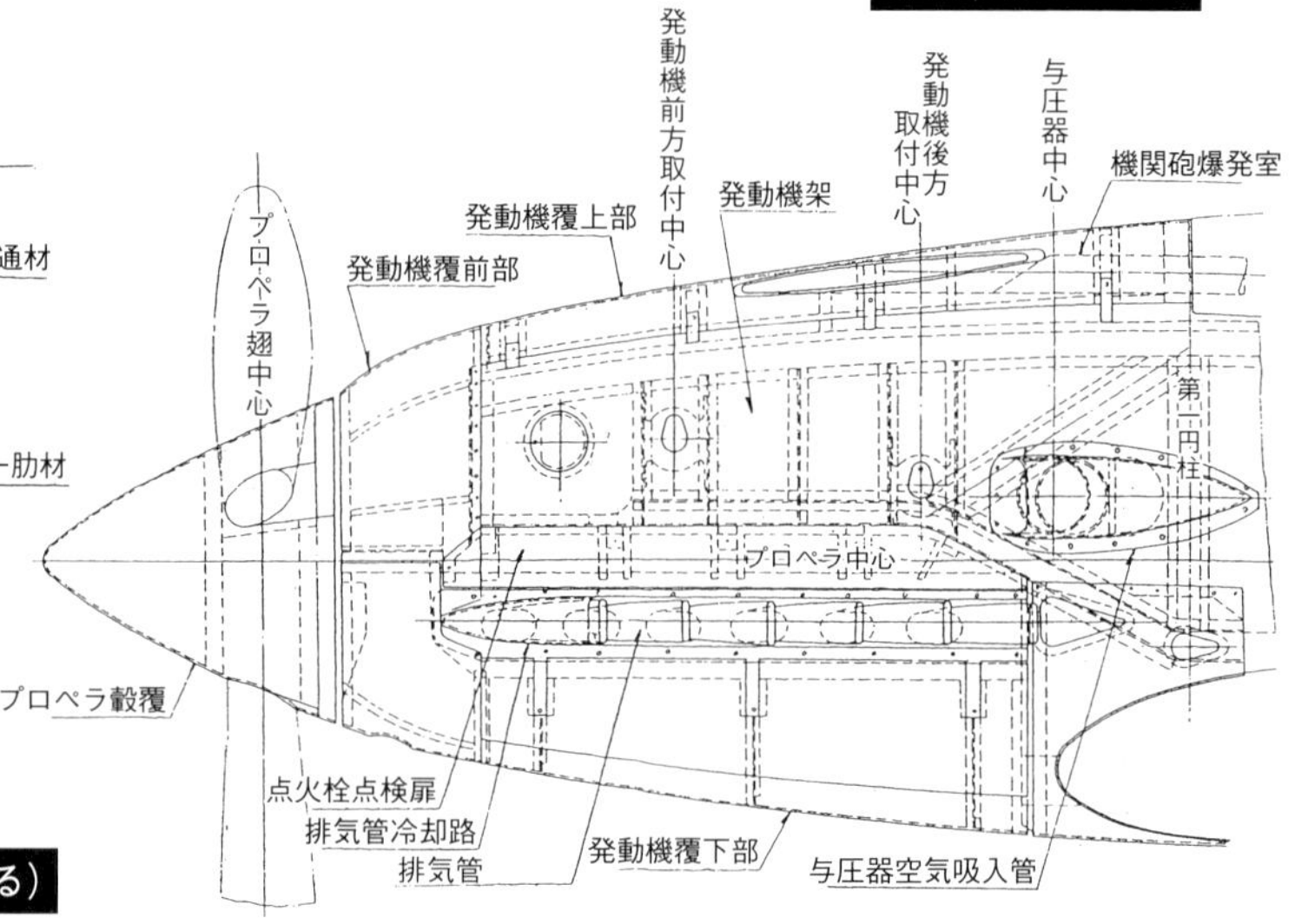

発動機覆(右下より視る)

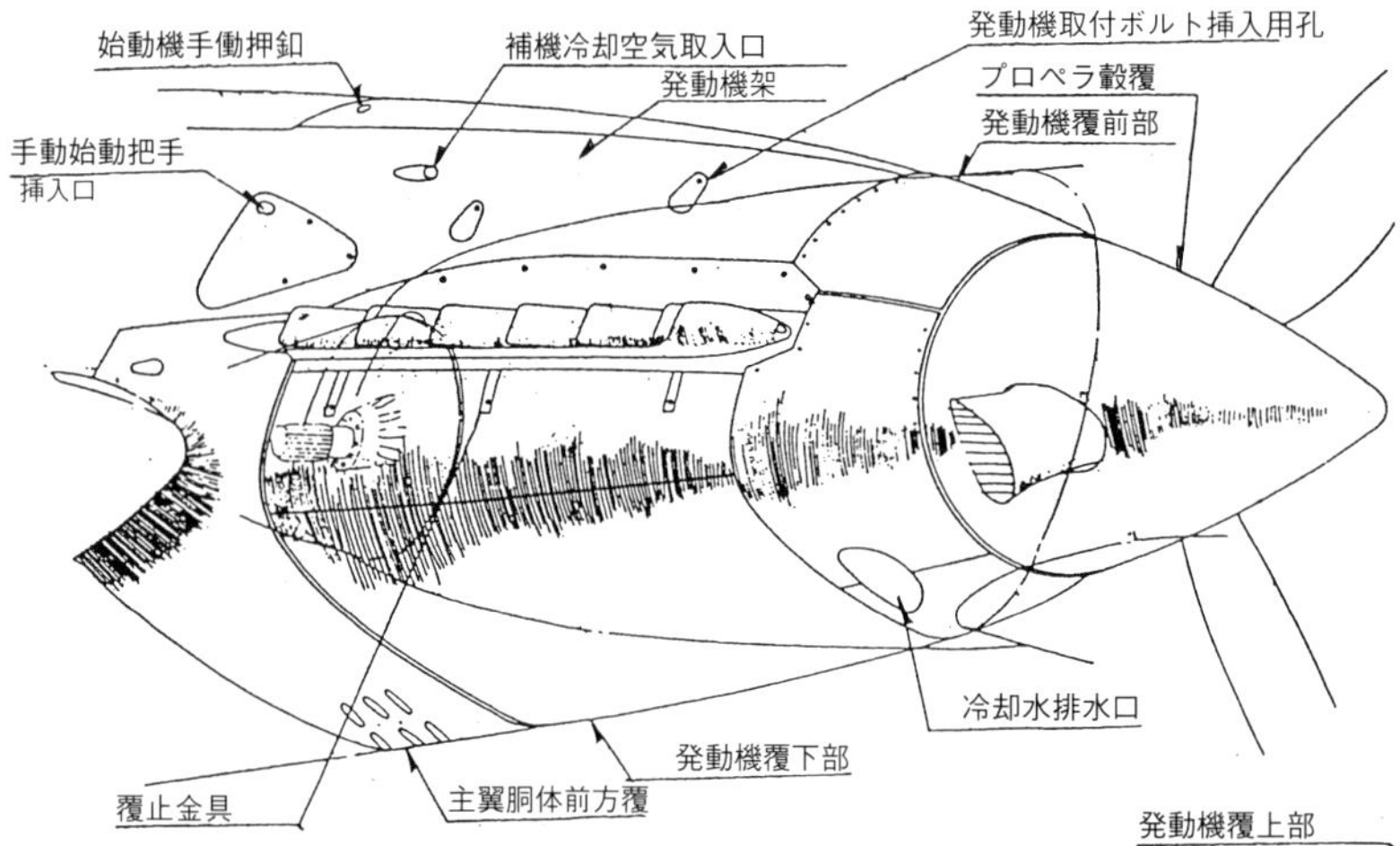

胴体の強化縦通材をそのまま前方に延伸した形の発動機架も、応力外皮構造となっていて、外鈑は相応の負荷に耐えられるよう、厚さ2㎜の高力アルミニウム合金鈑製にして、剛性を高めてある。第一肋材の前方下部縦通材がＹ字状になっているのは、その部分の左側に過給器空気取入口、右側に点検孔を設けるため。左、右2ヵ所ずつ発動機の側面で固定する取付ボルト挿入孔が開いている。

発動機を覆うカウリング・パネルは上下左右4枚、前部上下2枚から成り、前者は上方左右の4ヵ所、下方左右の3ヵ所の止金具により着脱できる。

発動機覆(左上より視る)

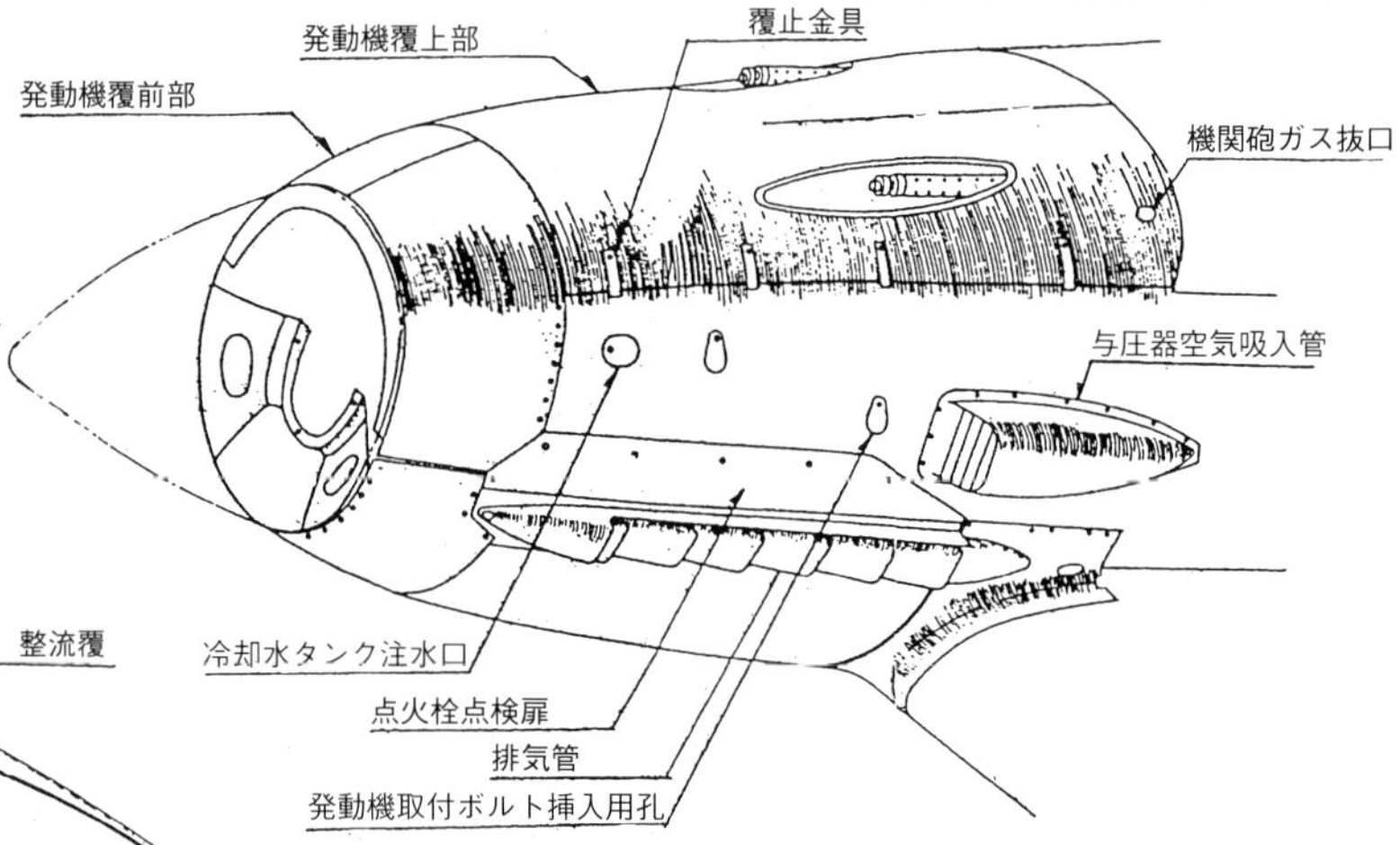

与圧器空気吸入管
(過給器)

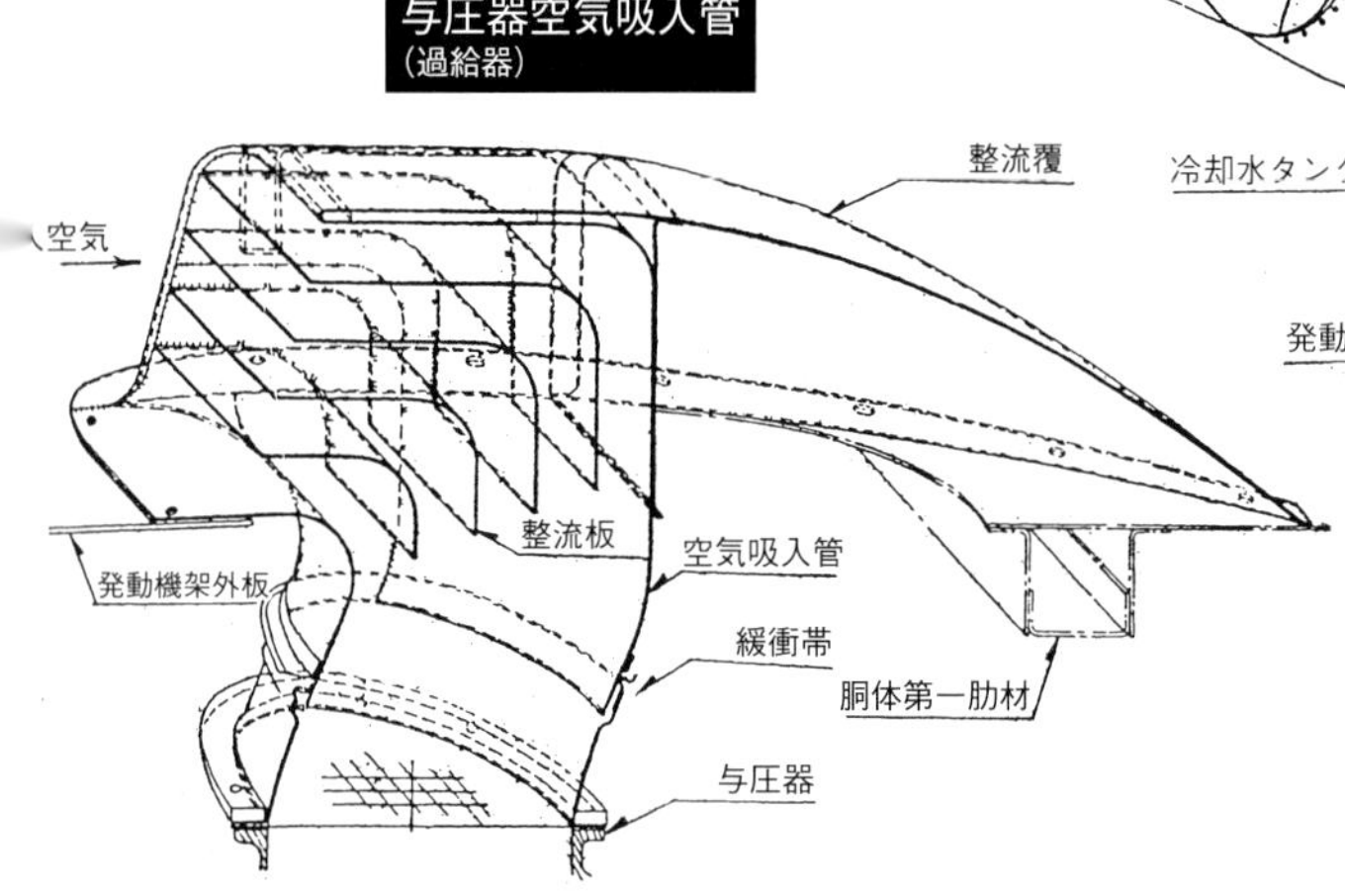

左図に示した、取・説で言うところの与圧器空気吸入管とは、過給器空気取入口のことで、当然のことながら「ハ四〇」発動機の原型である、ドイツのDB601Aエンジンを搭載したBf109E戦闘機のそれに似ている。取入口内部には空気が均等に入るよう、4枚の仕切り板が付いている。

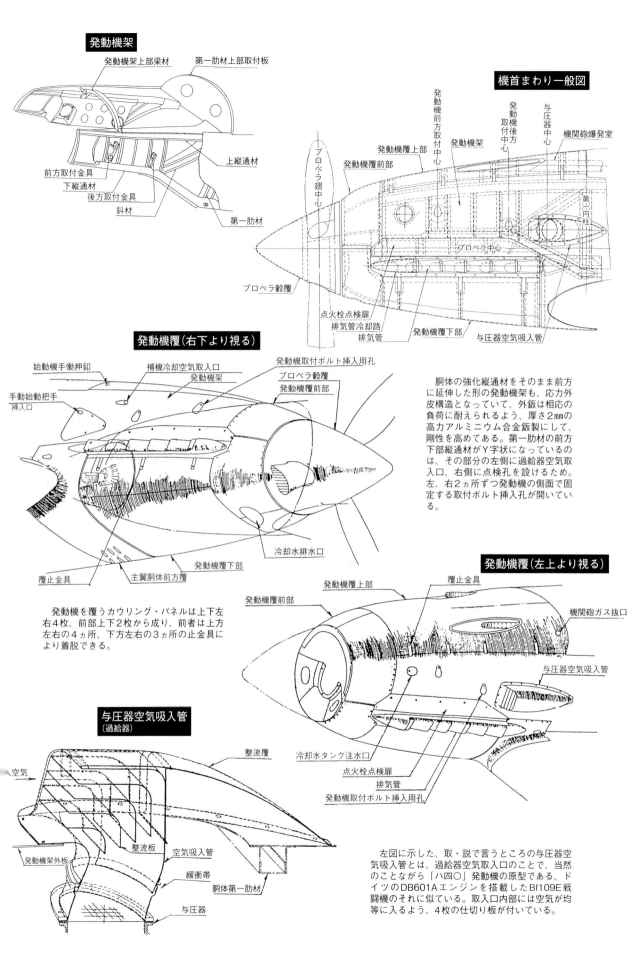

←川崎航空機の工場内に設けられた発動機試験場で、ベンチテストをうけるダイムラーベンツDB601A液冷倒立V型12気筒エンジン。「ハ四〇」発動機の原型で、冷却液にはエチレングリコールを使用していた。しかし、日本陸軍は外地での補給面を勘案し、ハ四〇の冷却液には普通の水を使用した。

①プロペラ軸受　②減速歯車　③ケース　④クランクシャフト　⑤平衡重錘　⑥磁石発電機　⑦過給器空気取入口　⑧圧縮空気導管　⑨ピストン　⑩カムシャフト　⑪排気弁　⑫コンロッド　⑬シリンダーブロック

「ハ四〇」発動機の本体内部構造図
（※図はオリジナルのDB601Aをしめす）

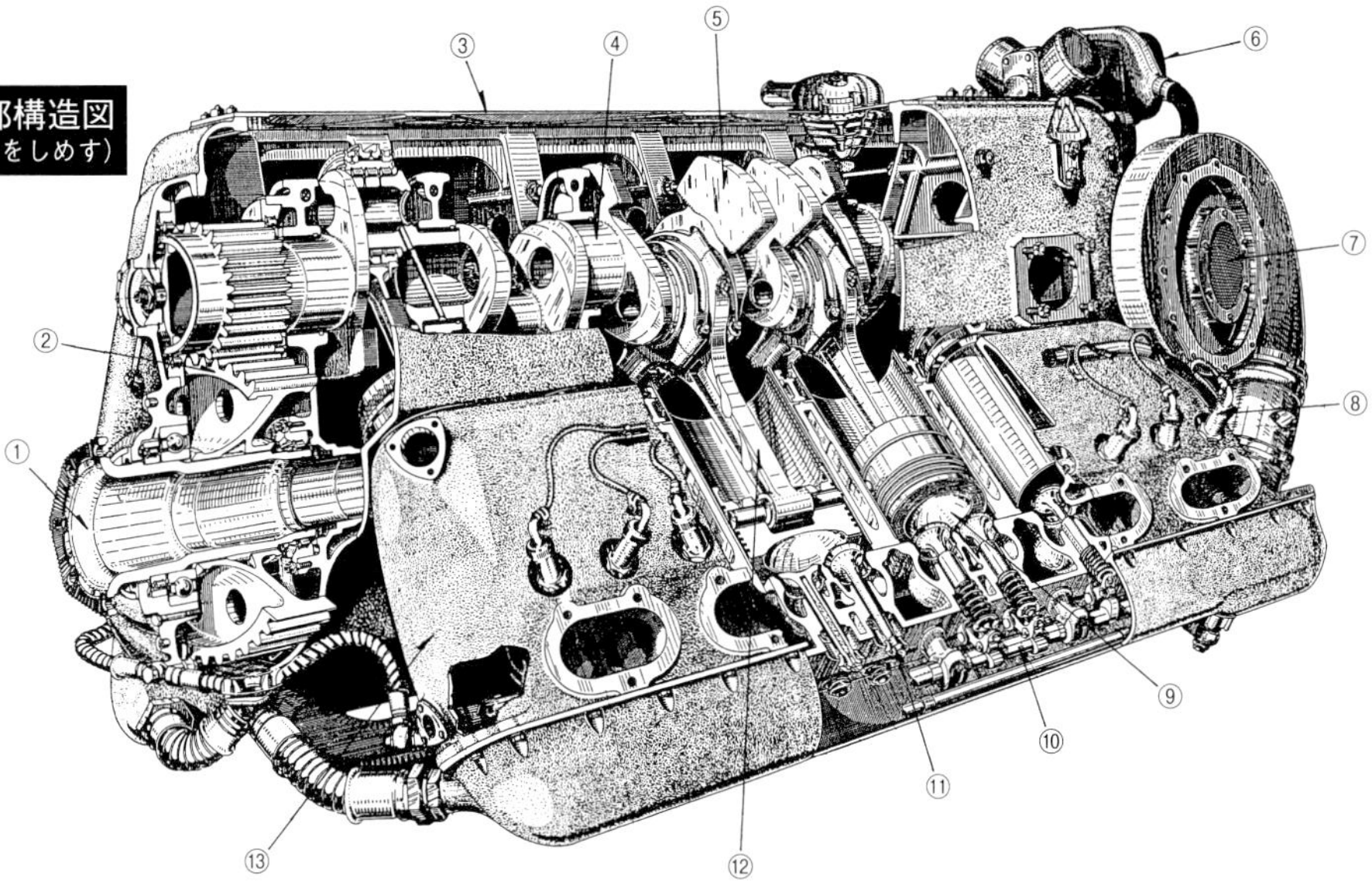

DB601は、英、米の液冷エンジンとは異なり、シリンダーヘッドが下側にくる変則的な倒立V型としていた点が特徴で、これはユンカースJumo系にも共通するドイツ高出力液冷エンジンの"定番"スタイルでもあった。したがって、排気出口は本体下部に開口することになる。さらに、本体後部左側に設置した過給器も、インペラ回転数を無段階変速可能な「流体接手式」としていた点が大きな特徴であった。

発動機操作装置

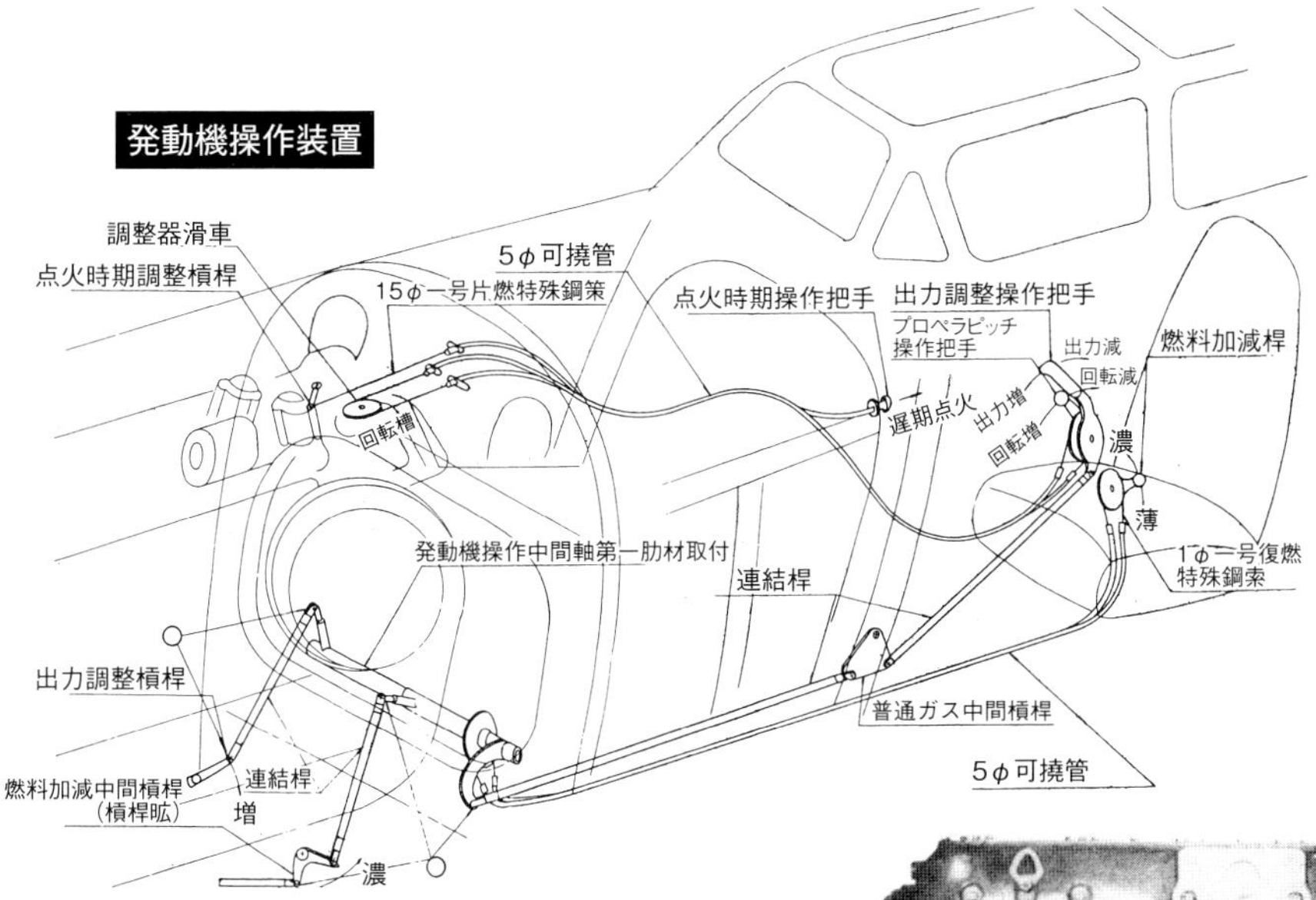

三式戦二型が搭載した「ハ一四〇」発動機は、ハ四〇に水噴射装置を追加し、公称吸入圧力を＋220㎜から＋180㎜に引き下げ、回転数は離昇出力時に2,500r.p.mから2,700r.p.mに引き上げて、同出力を1,175hpから1,350hpにアップさせた点が異なっていた。しかし、こうした無理がリスクとなり故障、不調の度合いがいっそう高まり、結果的に三式戦の命脈を縮めることにつながった。

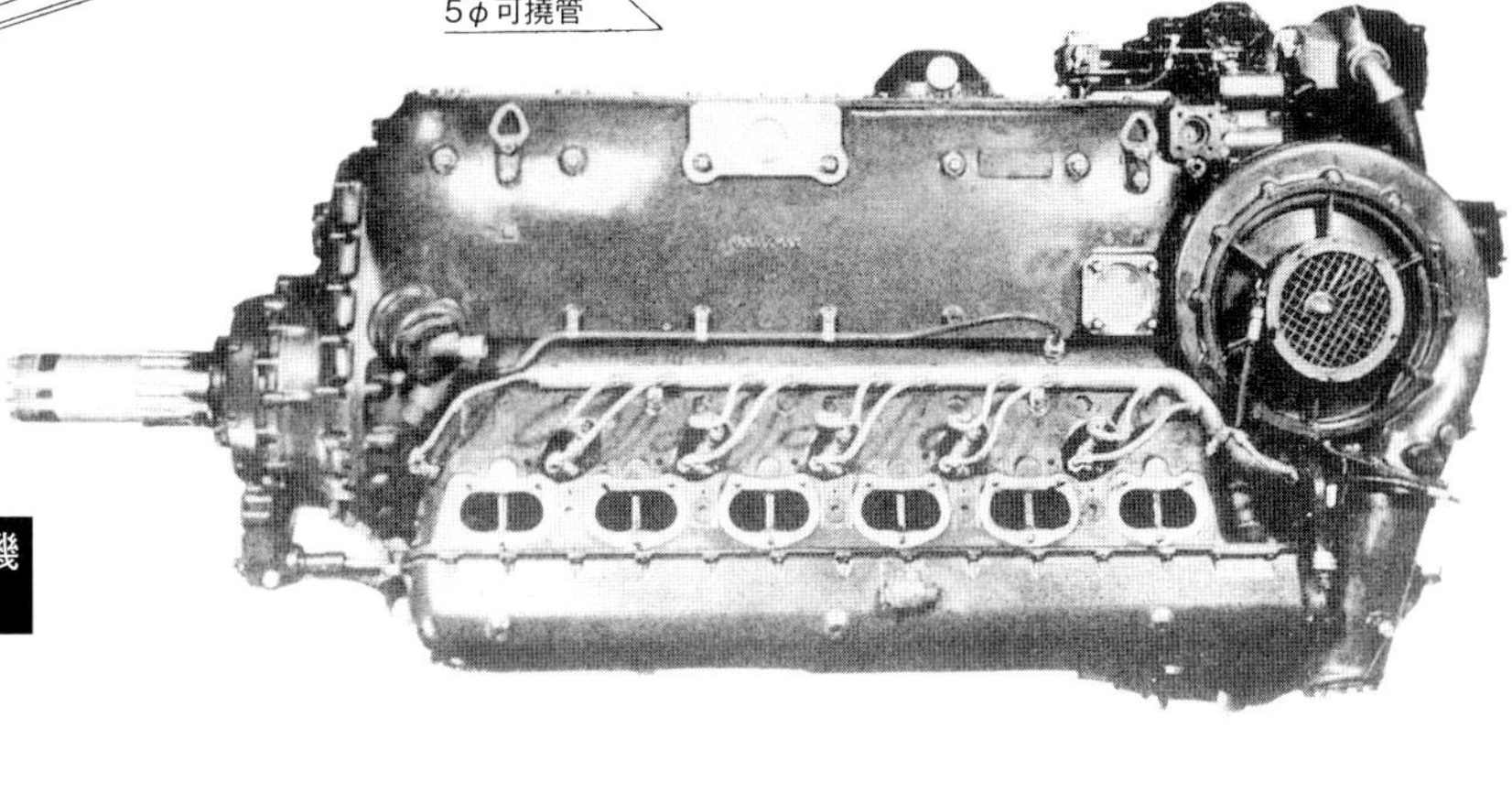

三式戦二型の搭載発動機となった「ハ一四〇」

三菱「金星《きんせい》」空冷星型複列14気筒発動機

左側面

正面

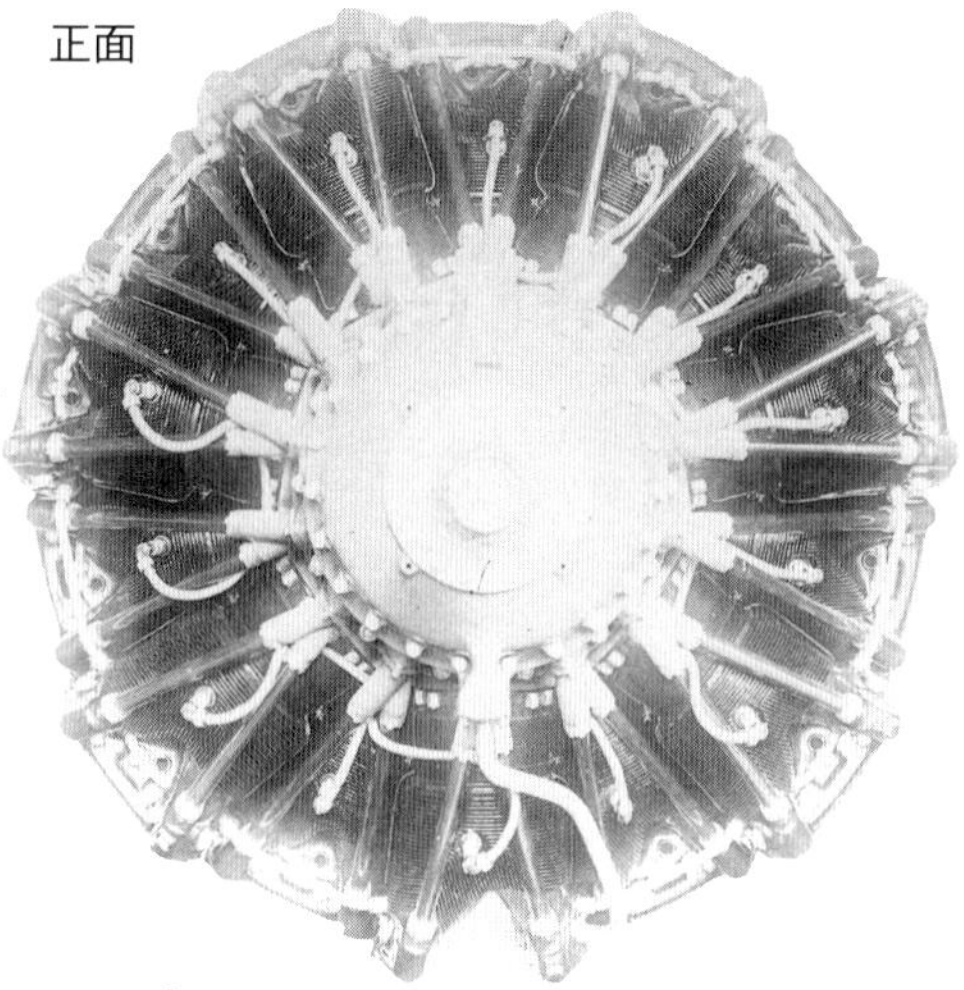

三式戦から五式戦への変化にともなう胴体外鈑の新造部分

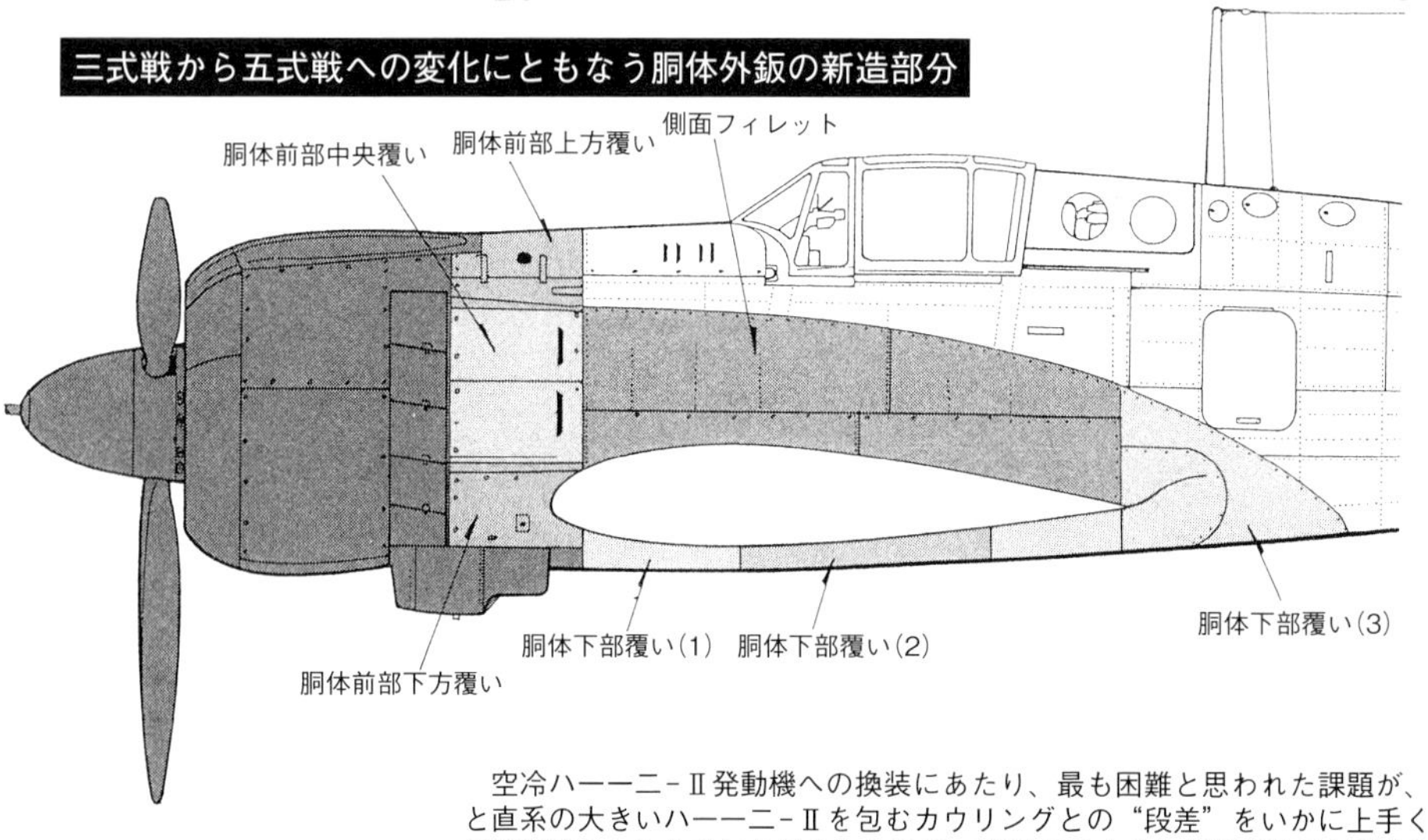

五式戦が搭載した三菱「ハ一一二-Ⅱ」発動機は、同社の発動機部門が昭和11(1936)年3月に初号基を完成させた、最初の空冷星型複列14気筒型の成功作で、海軍名称「金星」三型(730hp)をルーツとする発達型だった。水噴射装置を併用し離昇出力は1,500hpまでアップしている。海軍名称は「金星」六二型。上段写真は「金星」四〇型系だが、外観上は六〇型系もほとんど同じ。

空冷ハ一一二-Ⅱ発動機への換装にあたり、最も困難と思われた課題が、三式戦の細身の胴体断面と直系の大きいハ一一二-Ⅱを包むカウリングとの“段差”をいかに上手く整合させるかだった。その処理法のヒントを与えてくれたのが、陸軍がドイツから研究用に1機購入していたフォッケウルフFw190A-5戦闘機だった。排気管を左右側面に導き、上下方向に並べて配置。その後方にフィレットを追加することで、気流の乱れを防ぎ空気抵抗を最小限に抑えることが出来た。

五式戦の機首まわり処理

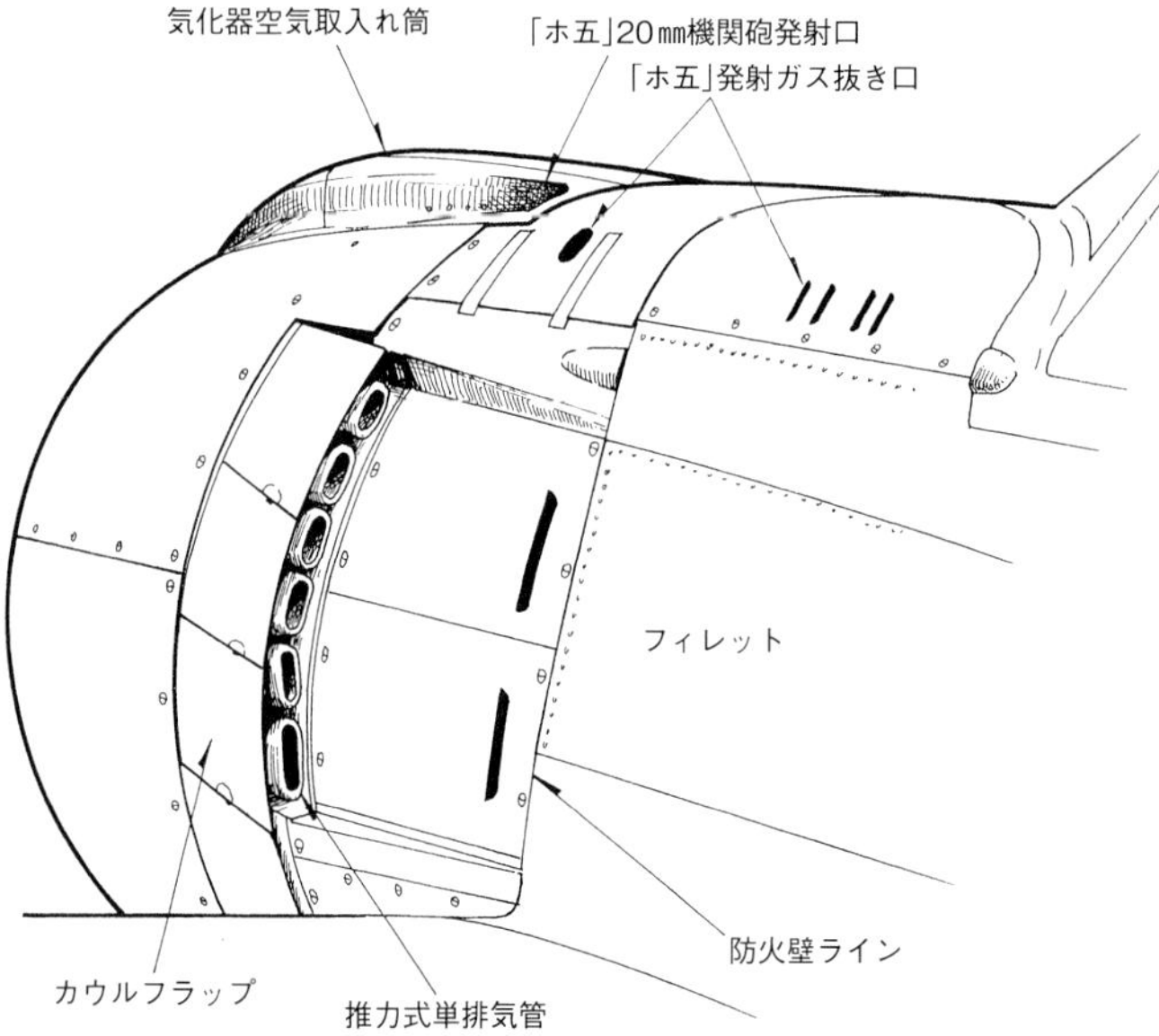

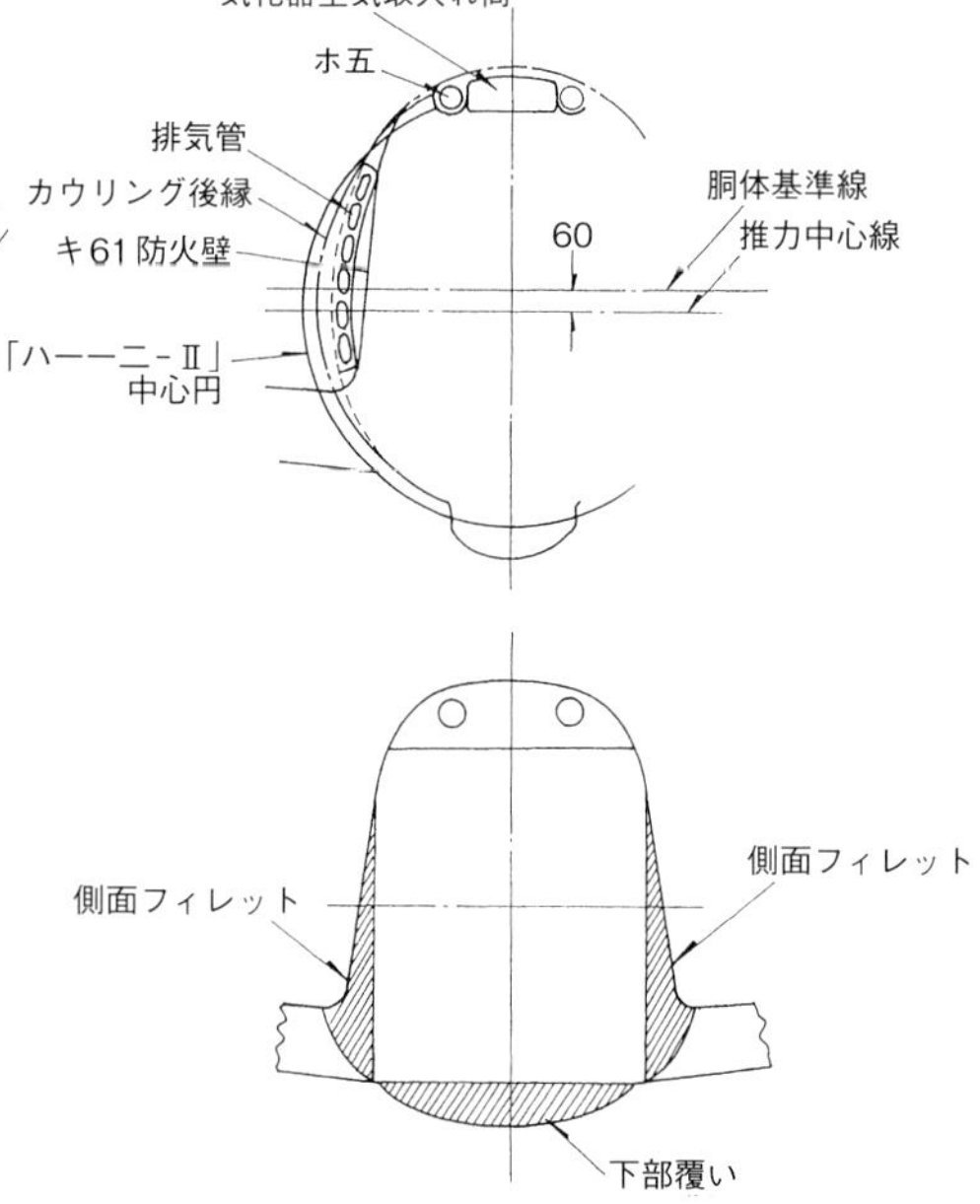

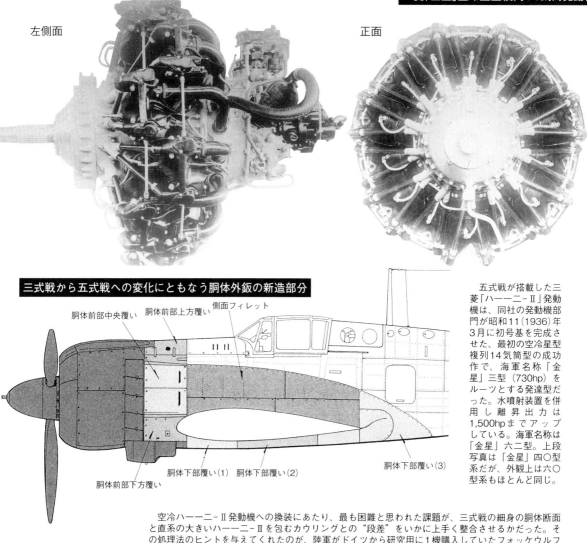

キ61-Ⅰ主翼骨組構造図

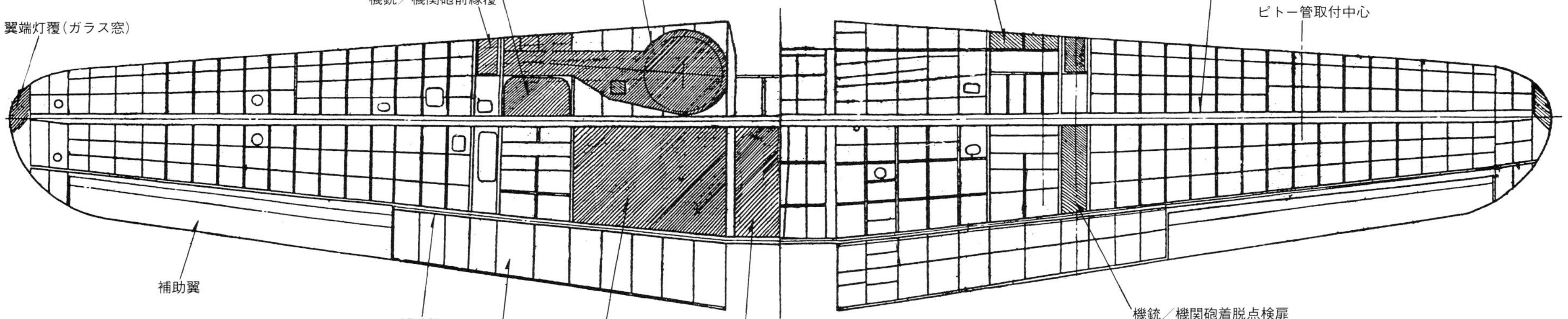

主翼、胴体接続部

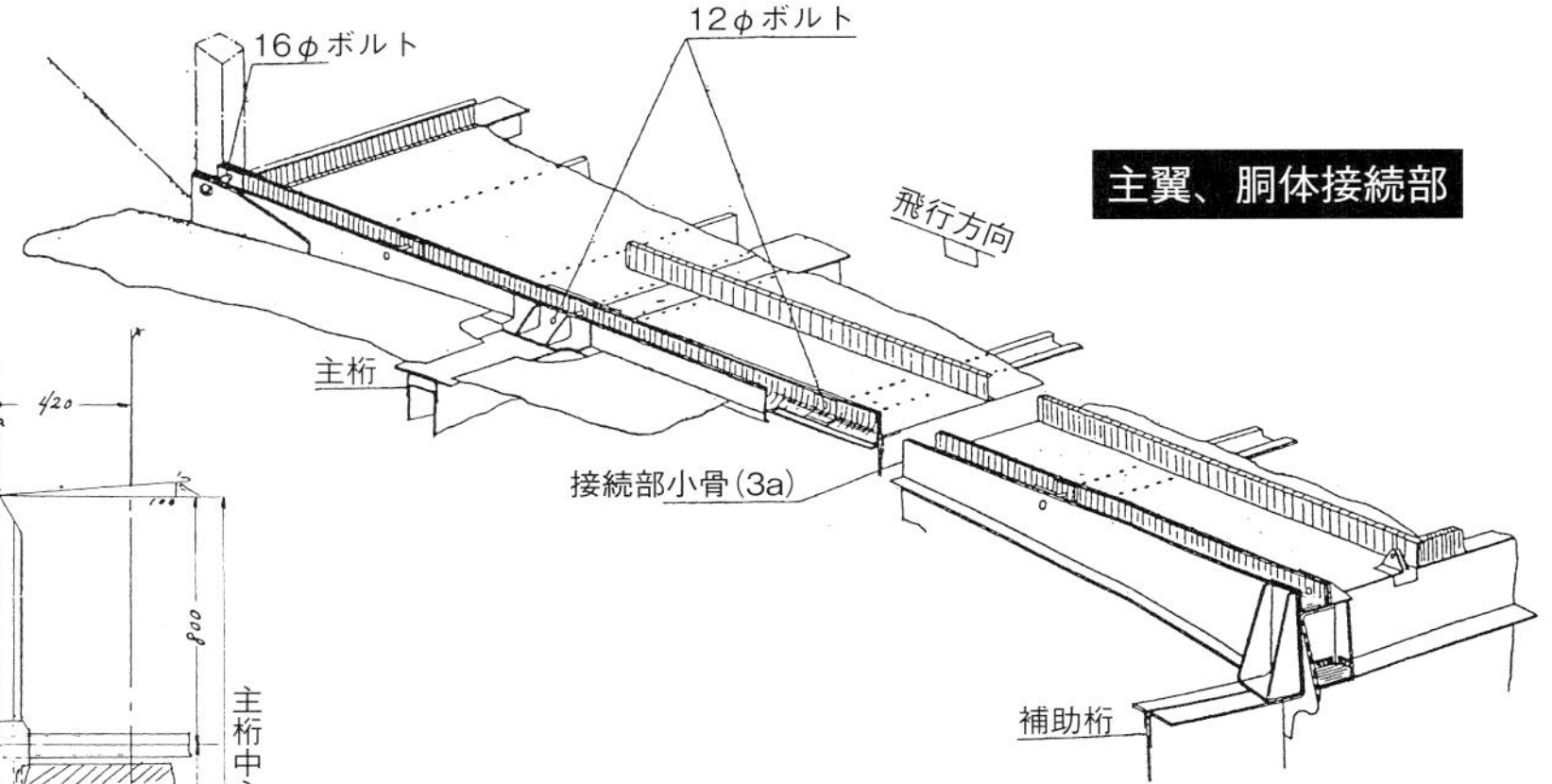

キ61-Ⅱの新設計主翼骨組図(寸法単位:mm)

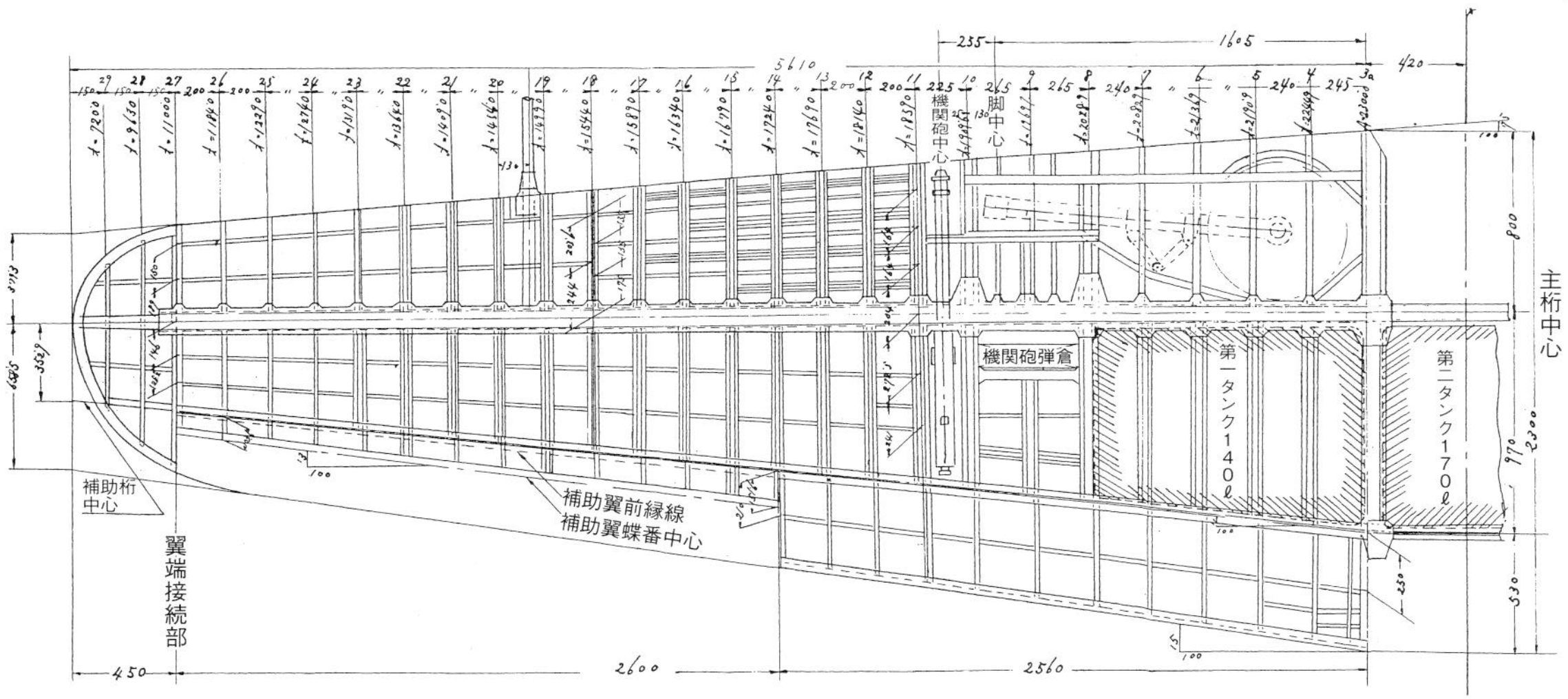

胴体とともに三式戦の外観を特徴づけた、単発戦闘機らしからぬ異例に細長い主翼は、設計主務者土井武夫技師の“運動性能の良否は翼面荷重の大小ではなく、翼幅荷重の大小によって決まる”という独自の持論に基づいたものだった。構造的には極く一般的な全金属製応力外皮構造だが、主桁が零戦の2本、一式戦の3本とか複数ではなく1本のみという点が特徴。左に掲載した三式戦二型の試作機で導入を試みた、弦長を少し増した新設計主翼(全幅は変わらない)は、結局二型改の生産機には採用されなかった。

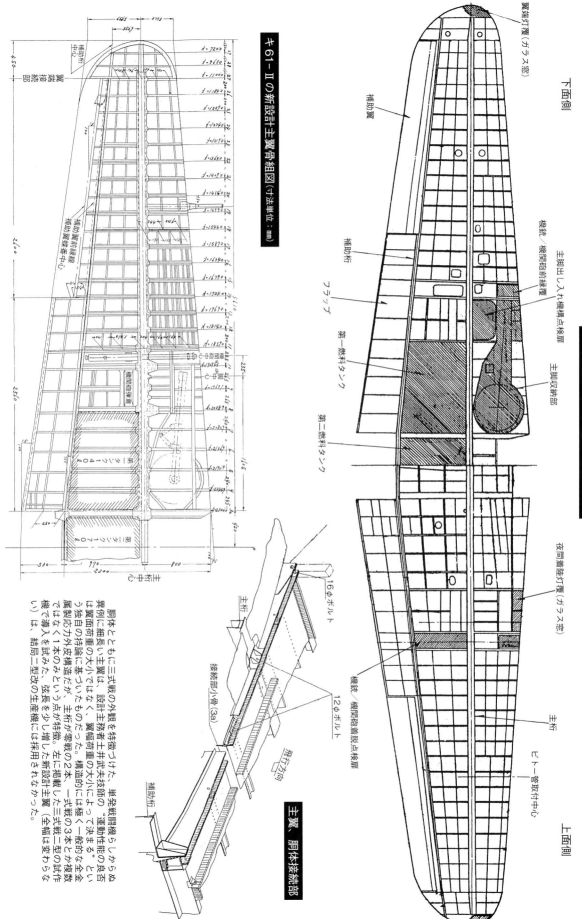

主翼、胴体取付部詳細

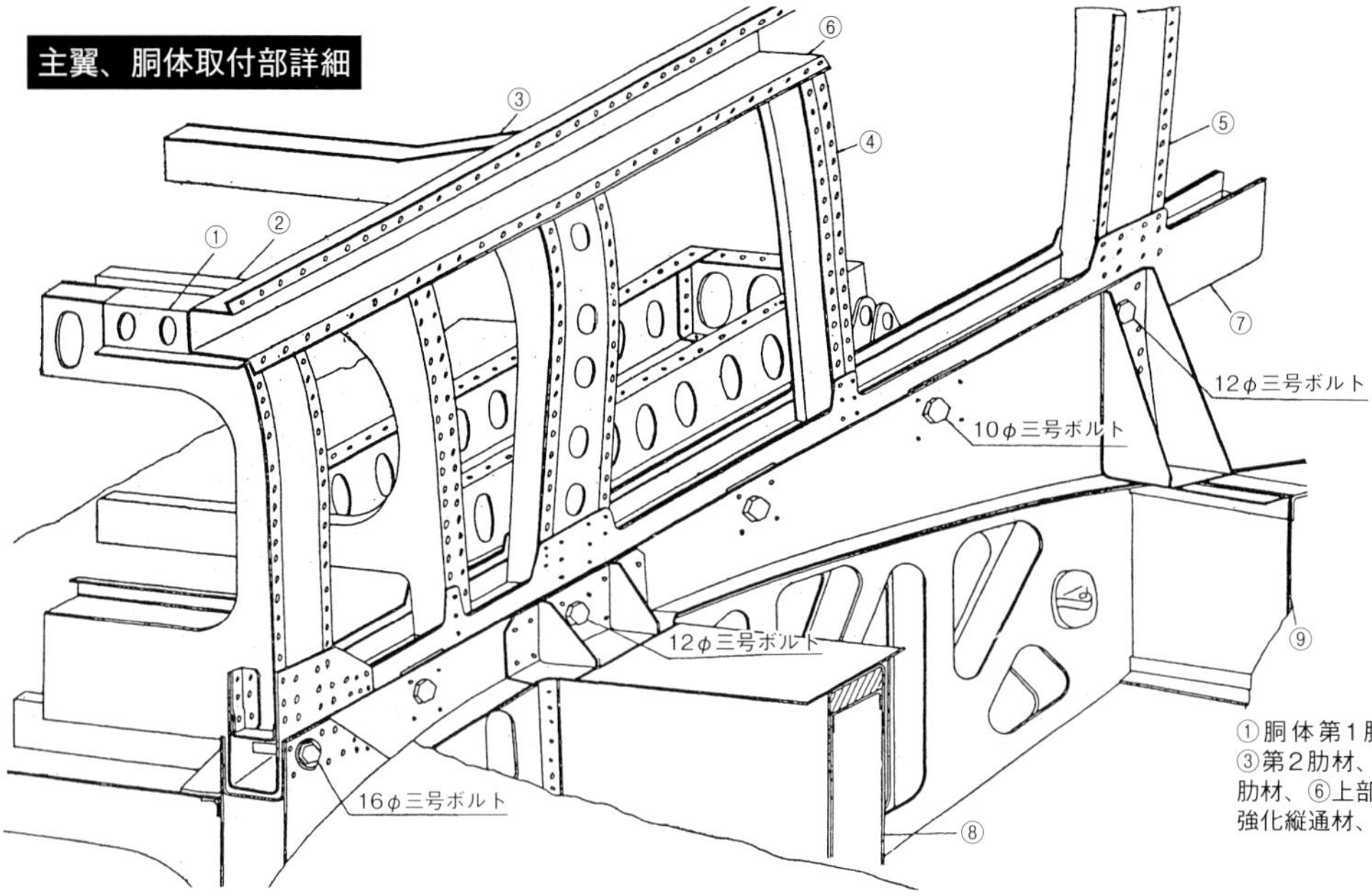

主翼と胴体の結合要領は、前ページ、および左の拡大図でわかるように、胴体第1～4肋材間の下方強力縦通材に、左右6本ずつの三号ボルト（直径10、12、16㎜の3種）で結合した。

①胴体第1肋材、②第1A肋材、③第2肋材、④第3肋材、⑤第4肋材、⑥上部強化縦通材、⑦下部強化縦通材、⑧主桁、⑨補助桁

主桁構造および機体留金具取付

1本のみの主桁で強度を確保できたのには、相応の工夫があり、主桁は右図のように、一般的な押出し型材による「I」字形断面ではなく、「U」字形断面の二重フランジを上、下に通し、その前後にウエブを張った箱型桁にして、内部にもトラス構造を組む、というユニーク、かつ強固な造りにしていた。この箱型桁のおかげて、三式戦は1本主桁にもかかわらず、日本の単発戦闘機として随一の、急降下制限速度の高さ（850km／h）を持つことができた。

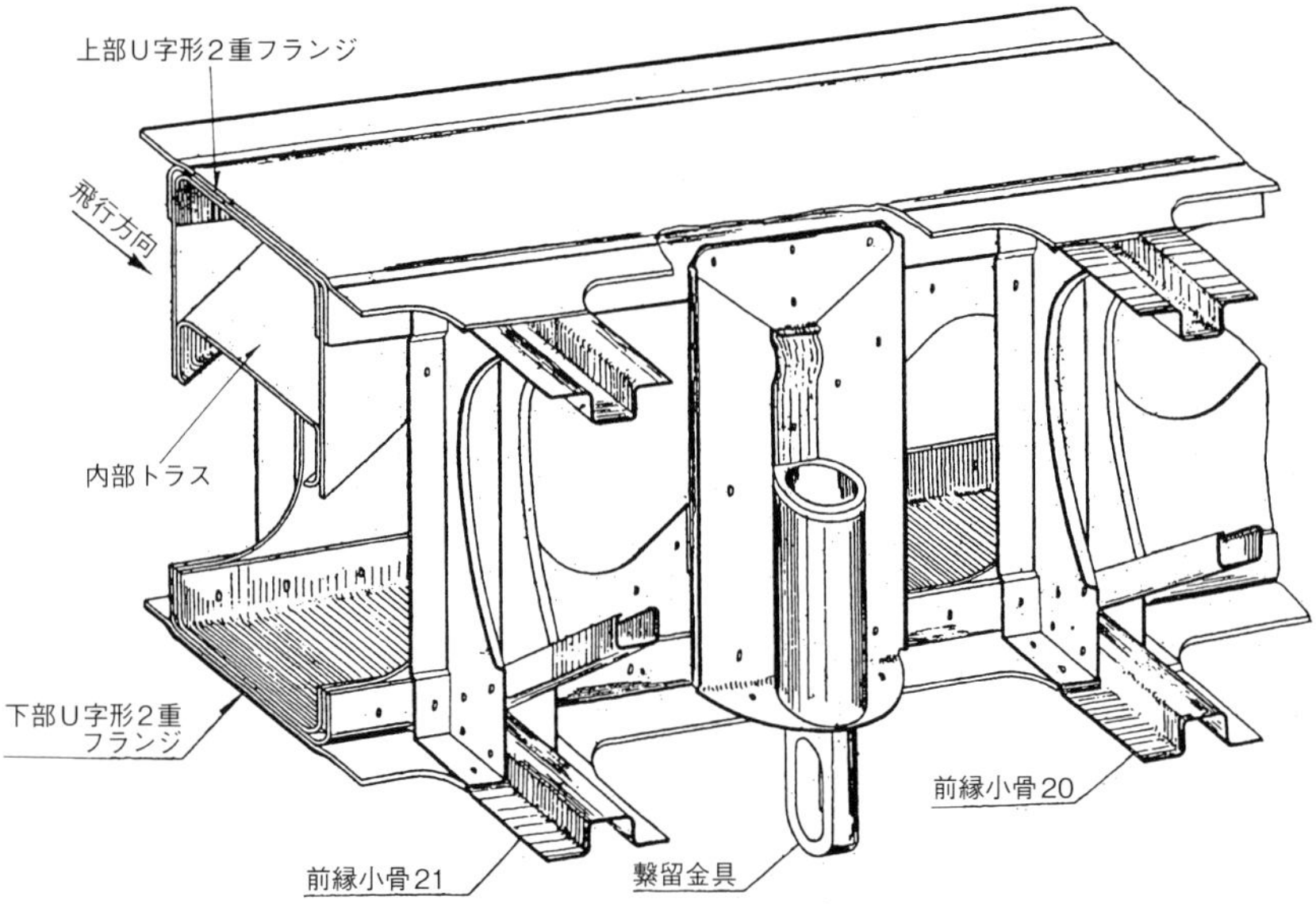

補助翼骨組図(寸法単位：㎜)
(全体羽布覆)

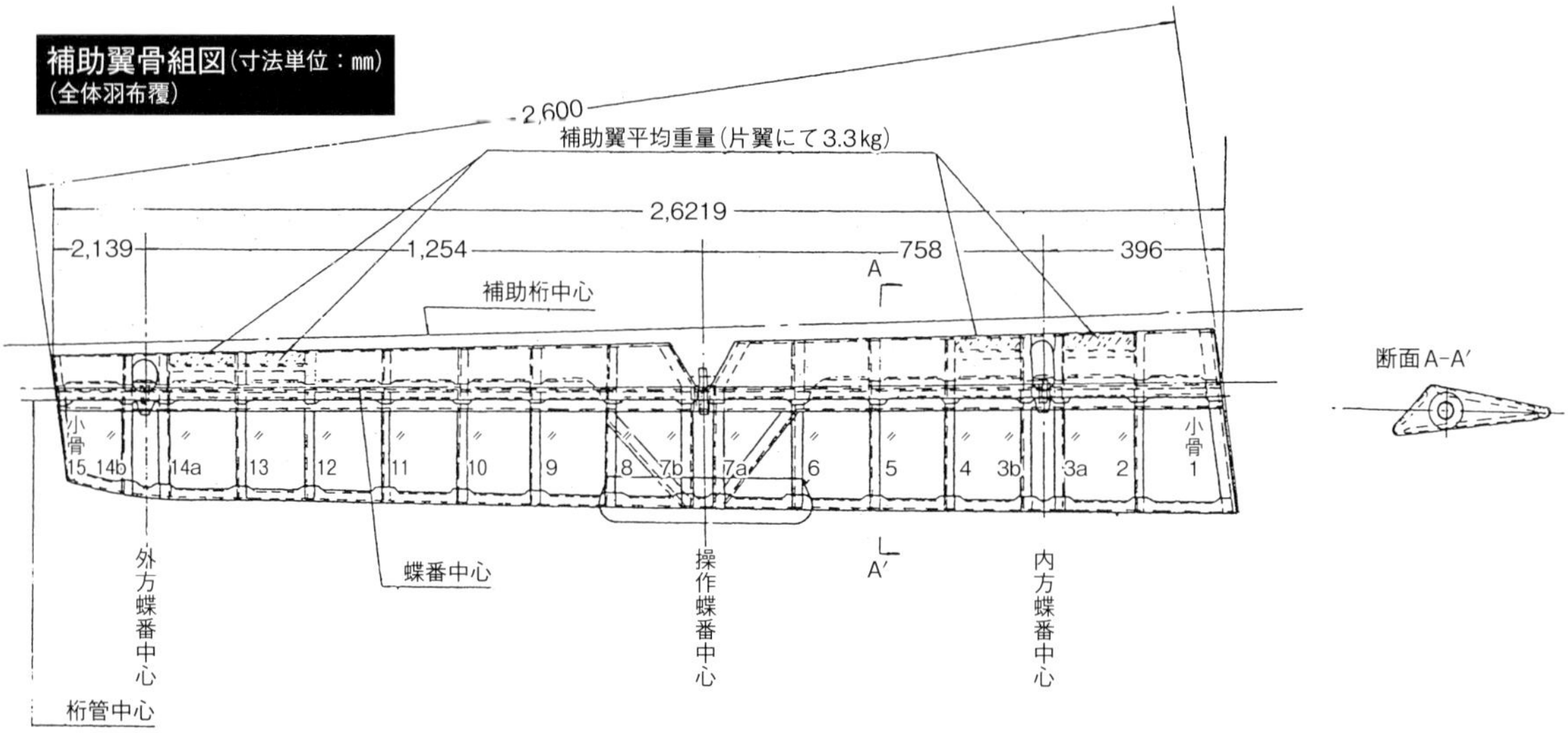

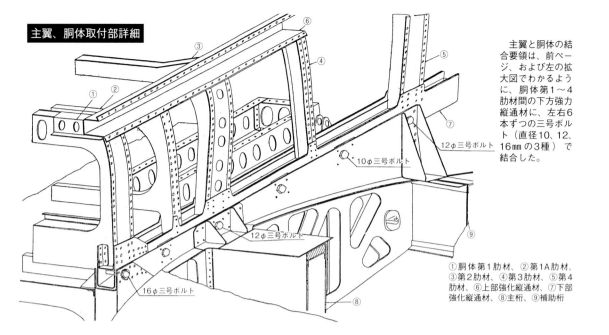

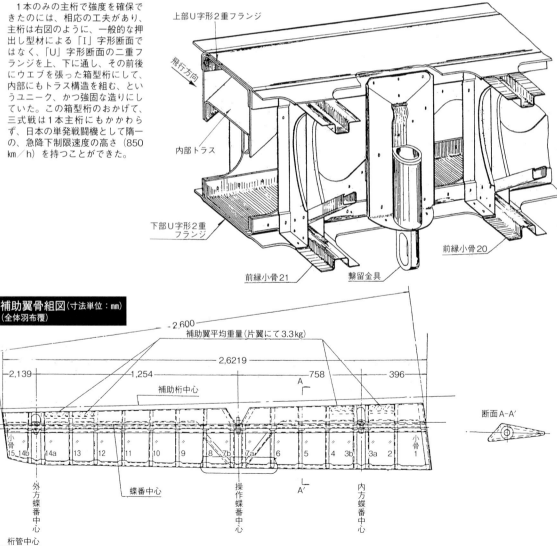

三式戦の下げ翼（フラップ）は、零戦と同じくシンプルな開き下げ（スプリット）式で、前縁を蝶番にして油圧により上げ下げした。骨組み、外皮ともに金属製。

下げ翼骨組図（フラップ）
（寸法単位：mm）

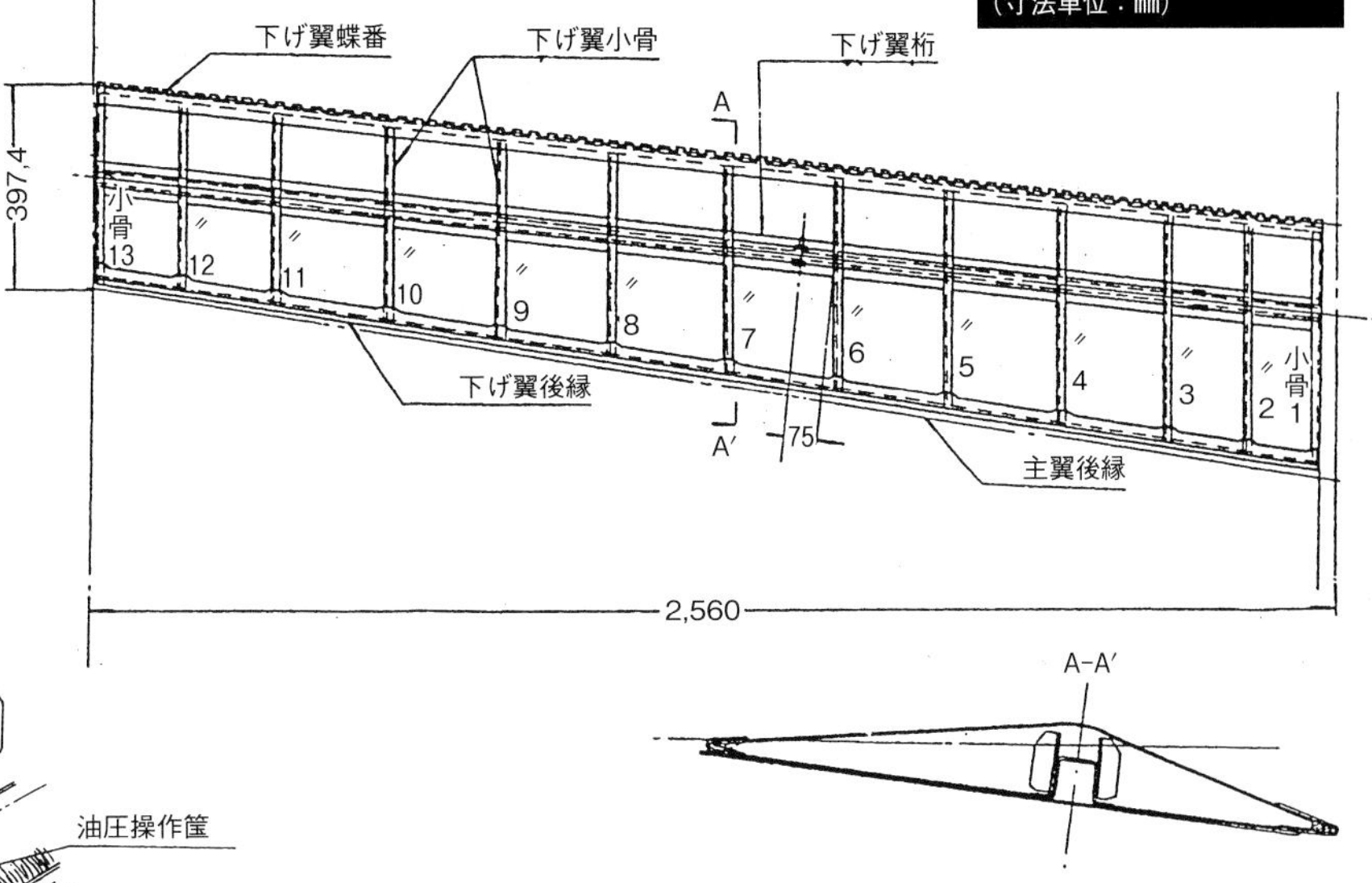

下げ翼（フラップ）操作装置

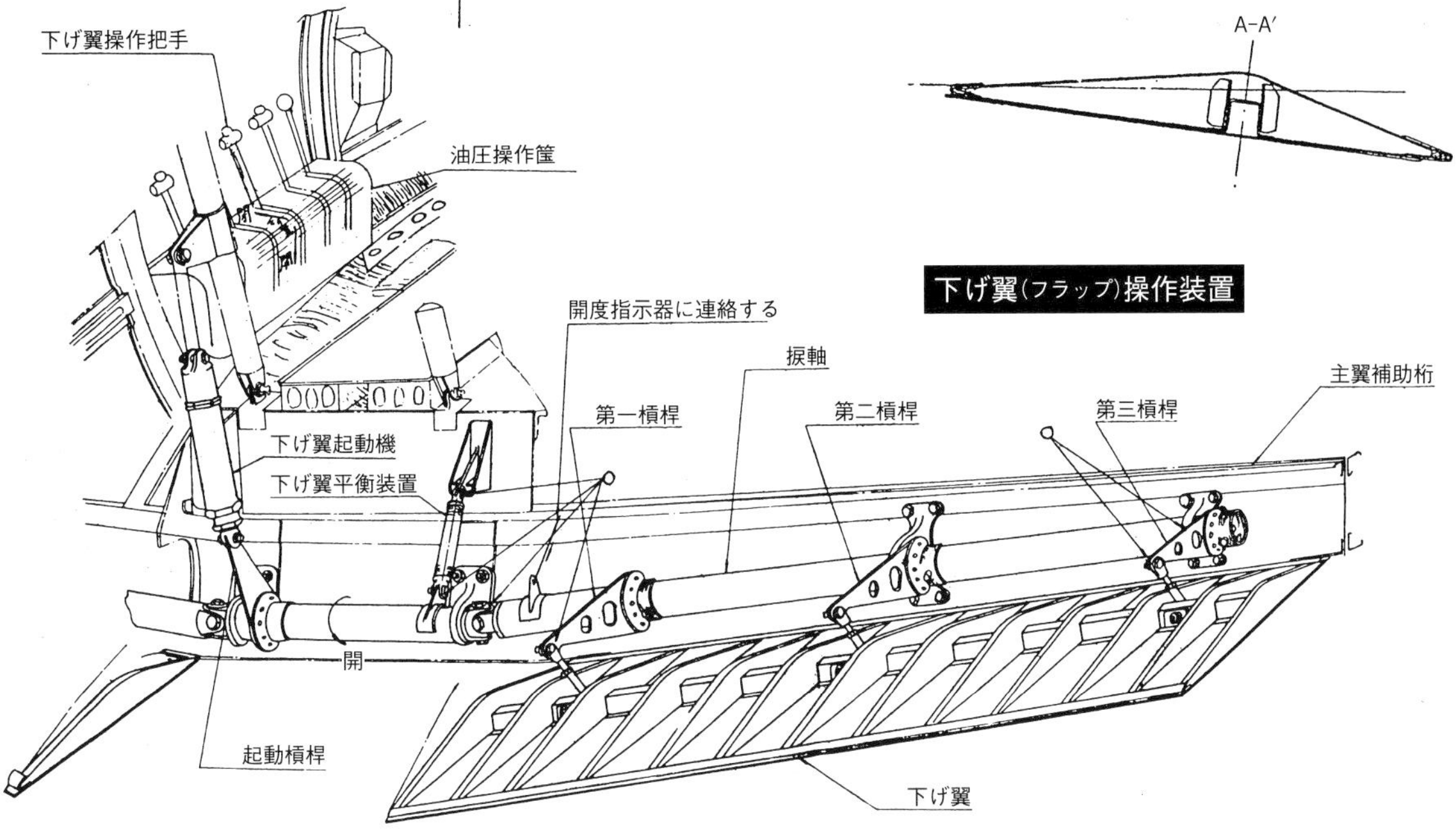

各動翼操縦装置

標識色別
- 補助翼操縦系統　白筋2本
- 昇降舵操縦系統　白筋1本
- 方向舵操縦系統　なし

註記
1. 補助翼調整はA部において行なうべし
2. 昇降舵調整はB部において行なうべし
3. 方向舵調整は先ずCなるバネを外し、索各部を「タンバックル」にて調整緊定したる後バネCを再び取り付けること
4. 動角は大略の値を示す
5. 方向舵踏桿には車輪制動器取り付く
6. 踏桿の前後調整は地上において行なう

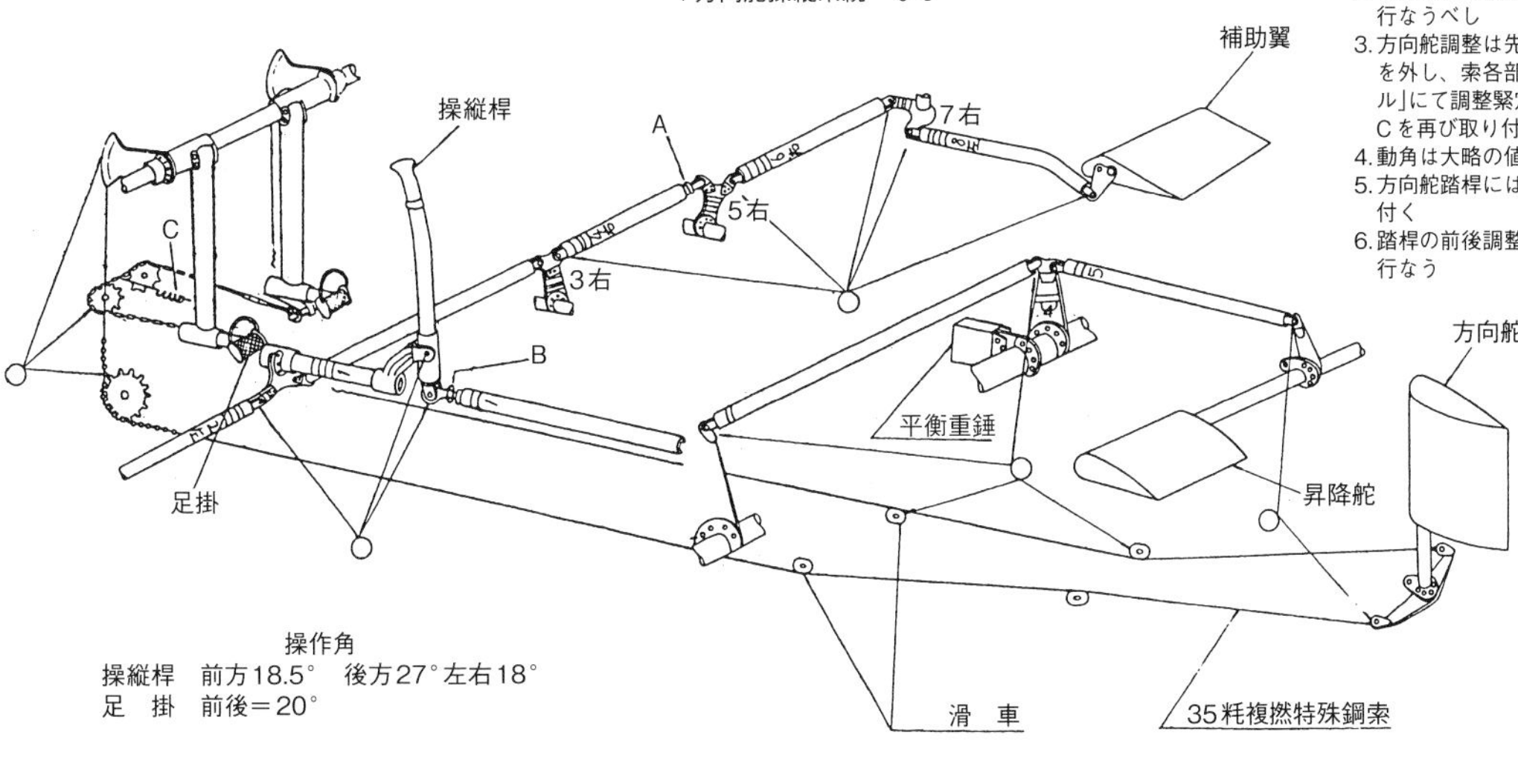

操作角
操縦桿　前方18.5°　後方27°左右18°
足　掛　前後＝20°

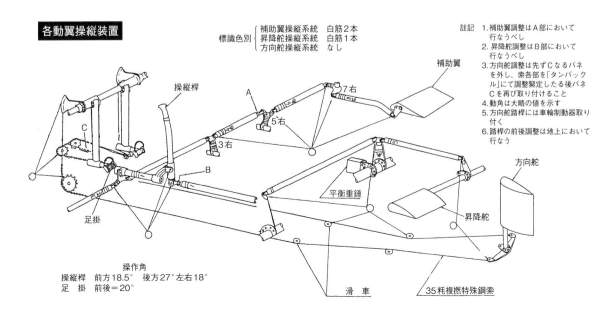

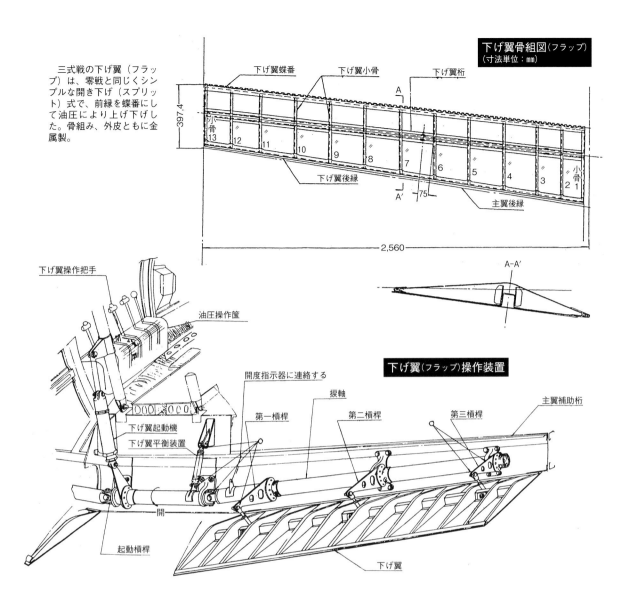

垂直安定板前桁取付部

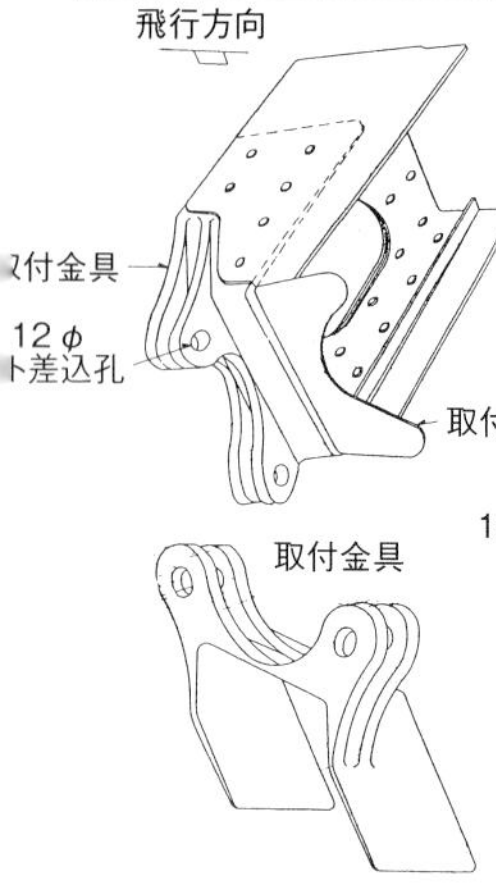

垂直安定板後桁取付部

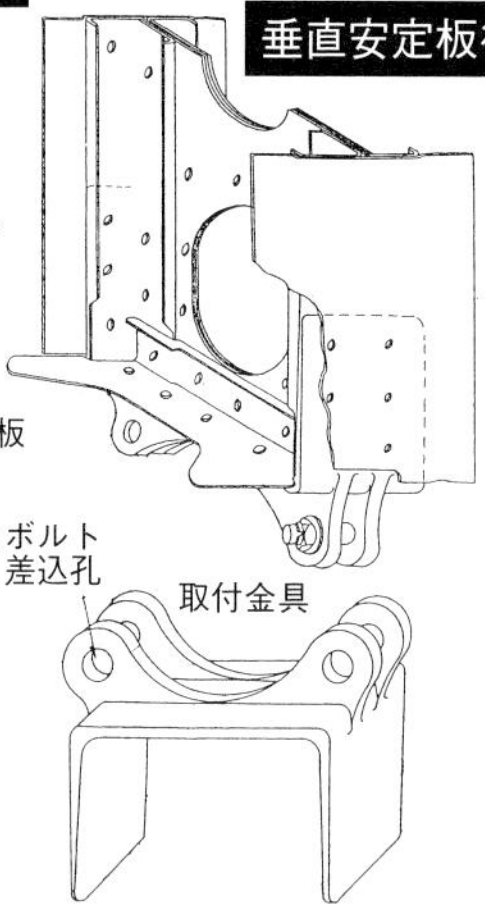

垂直尾翼骨組図
(寸法単位：mm)

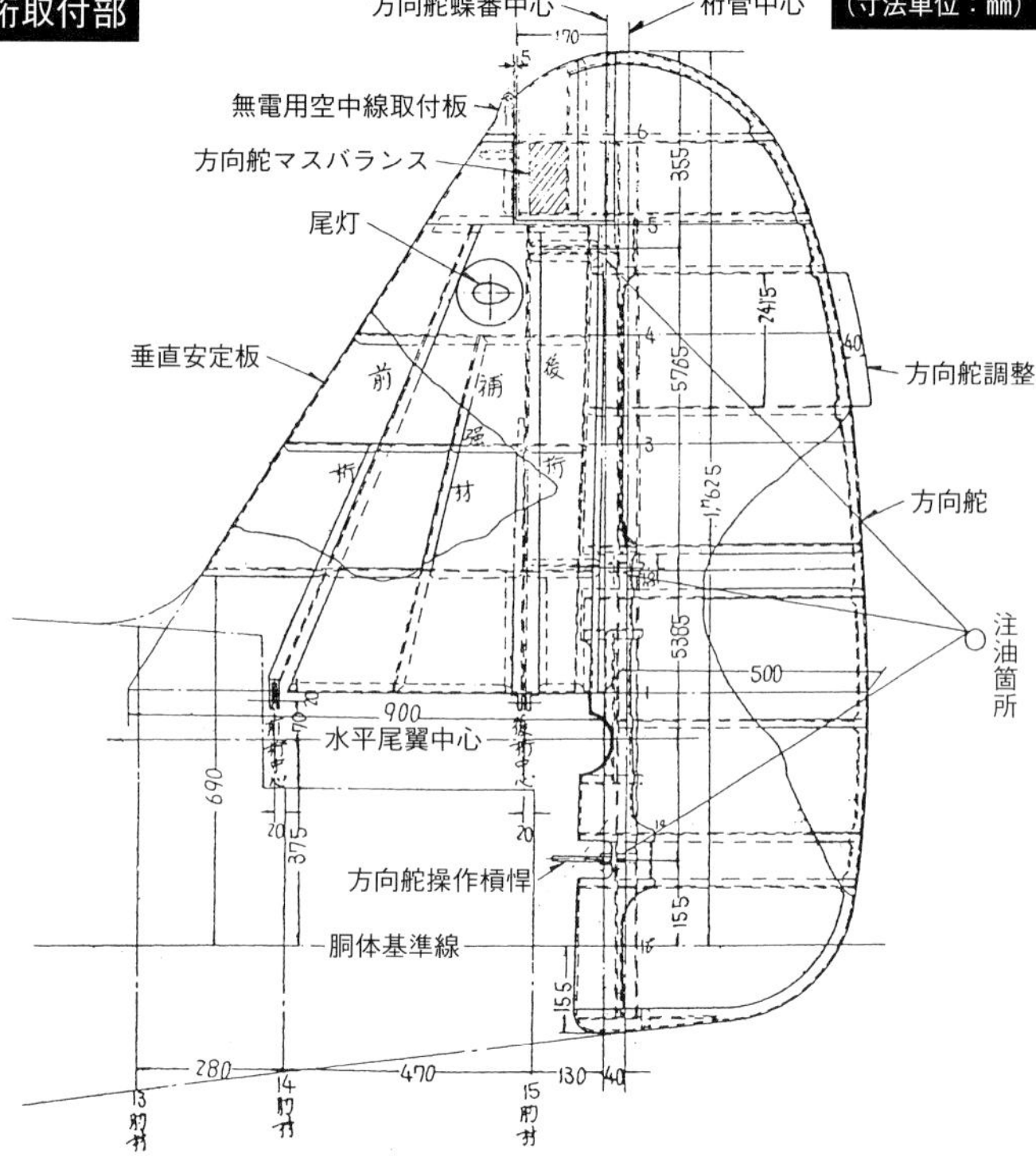

方向舵下部蝶番部

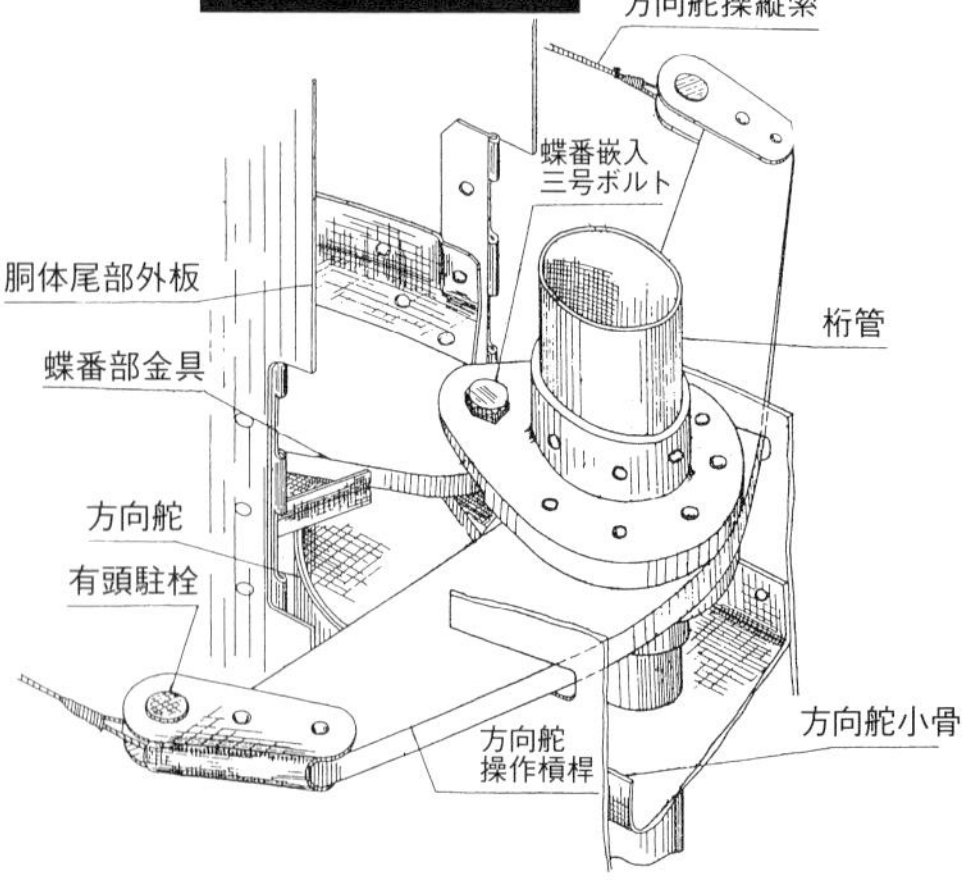

尾翼の骨組み構造については特に変わった点はなく、垂直、水平安定板ともに一般的な応力外皮構造で、方向舵、昇降舵は金属骨組みに羽布張り外皮である。水平安定板前縁部は別組み立てとし、ヒンジで前桁に結合するようになっていた。

水平尾翼骨組図(寸法単位：mm)

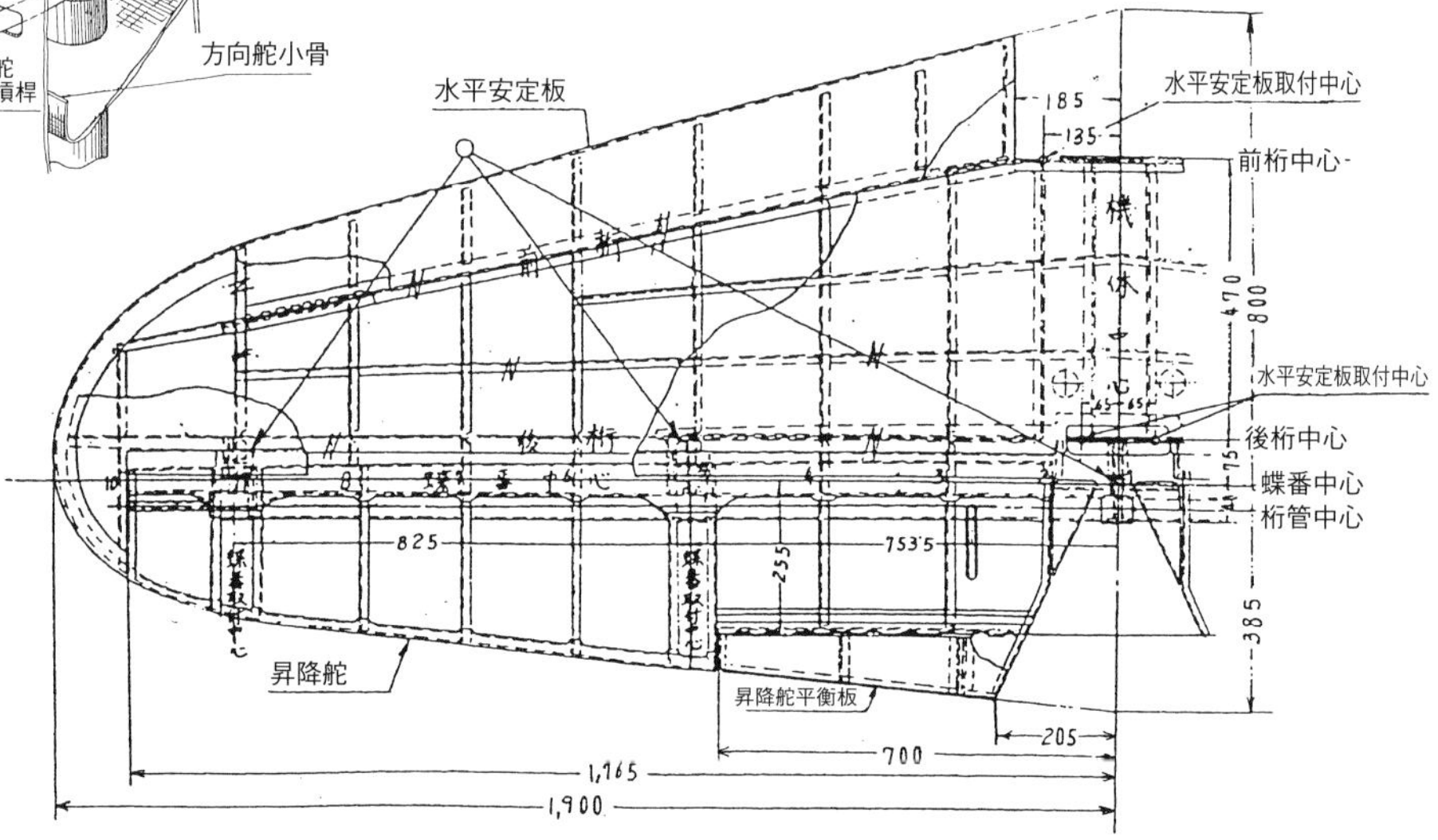

水平尾翼前後桁
(寸法単位：mm)

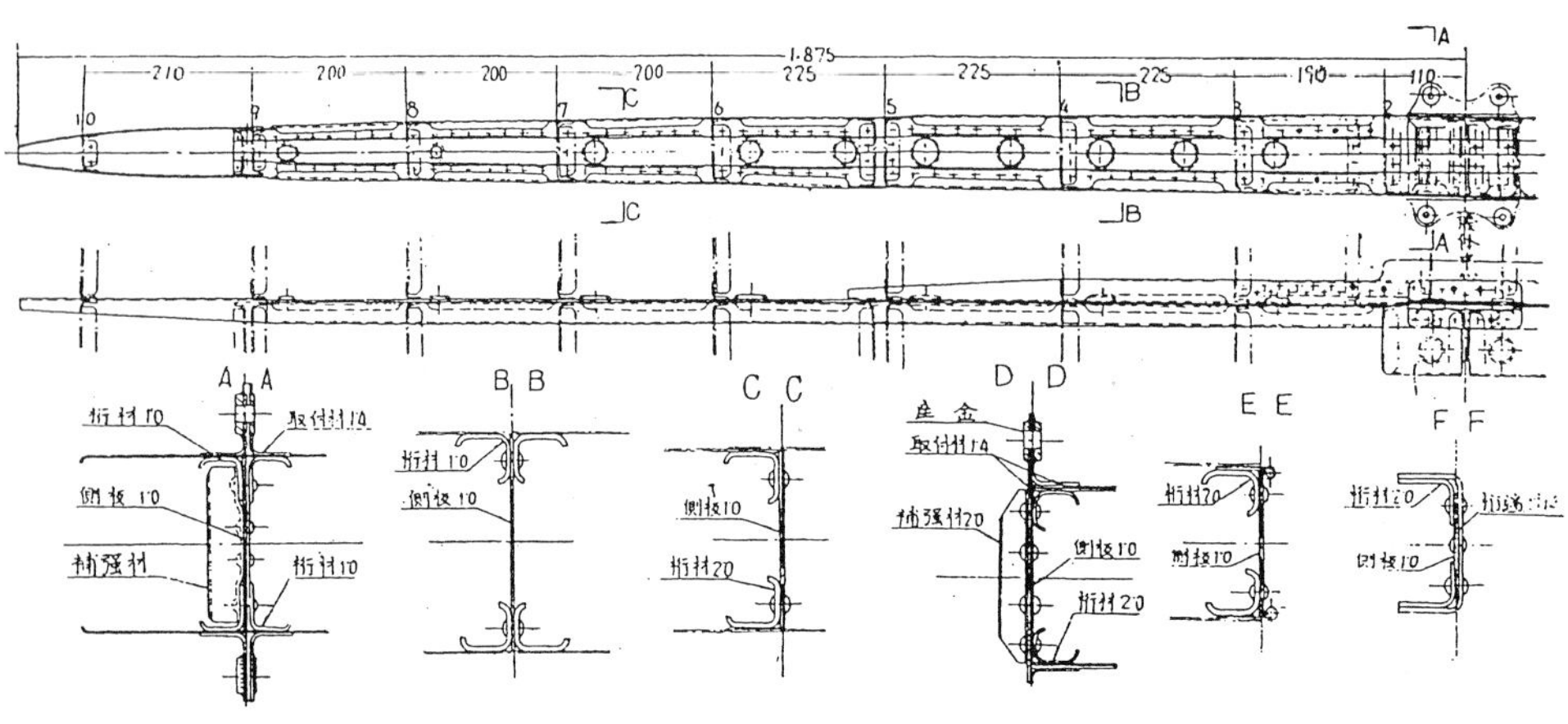

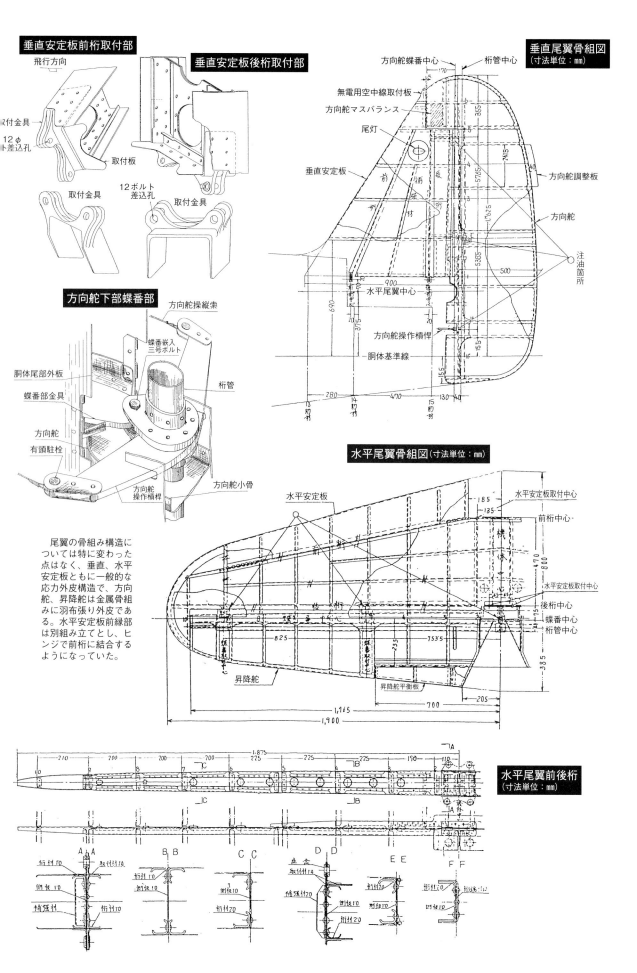

昇降舵外中蝶番部

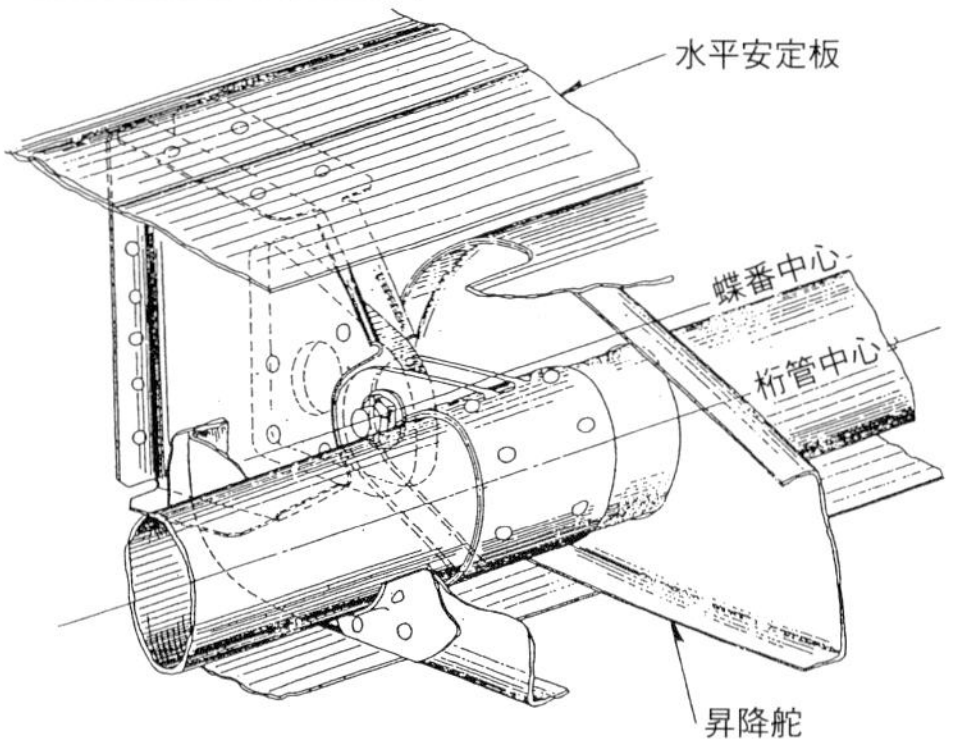

昇降舵内側蝶部

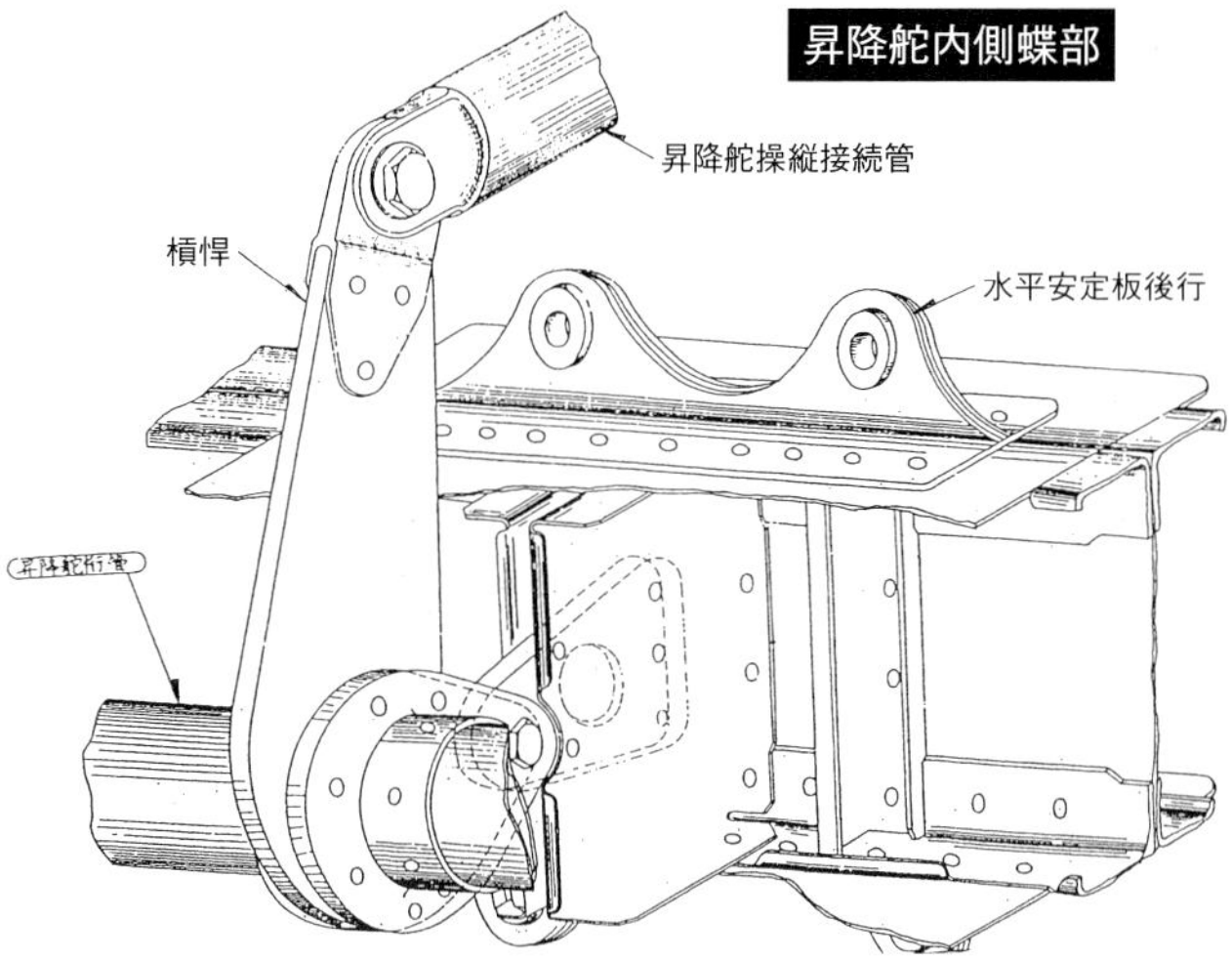

燃料系統図

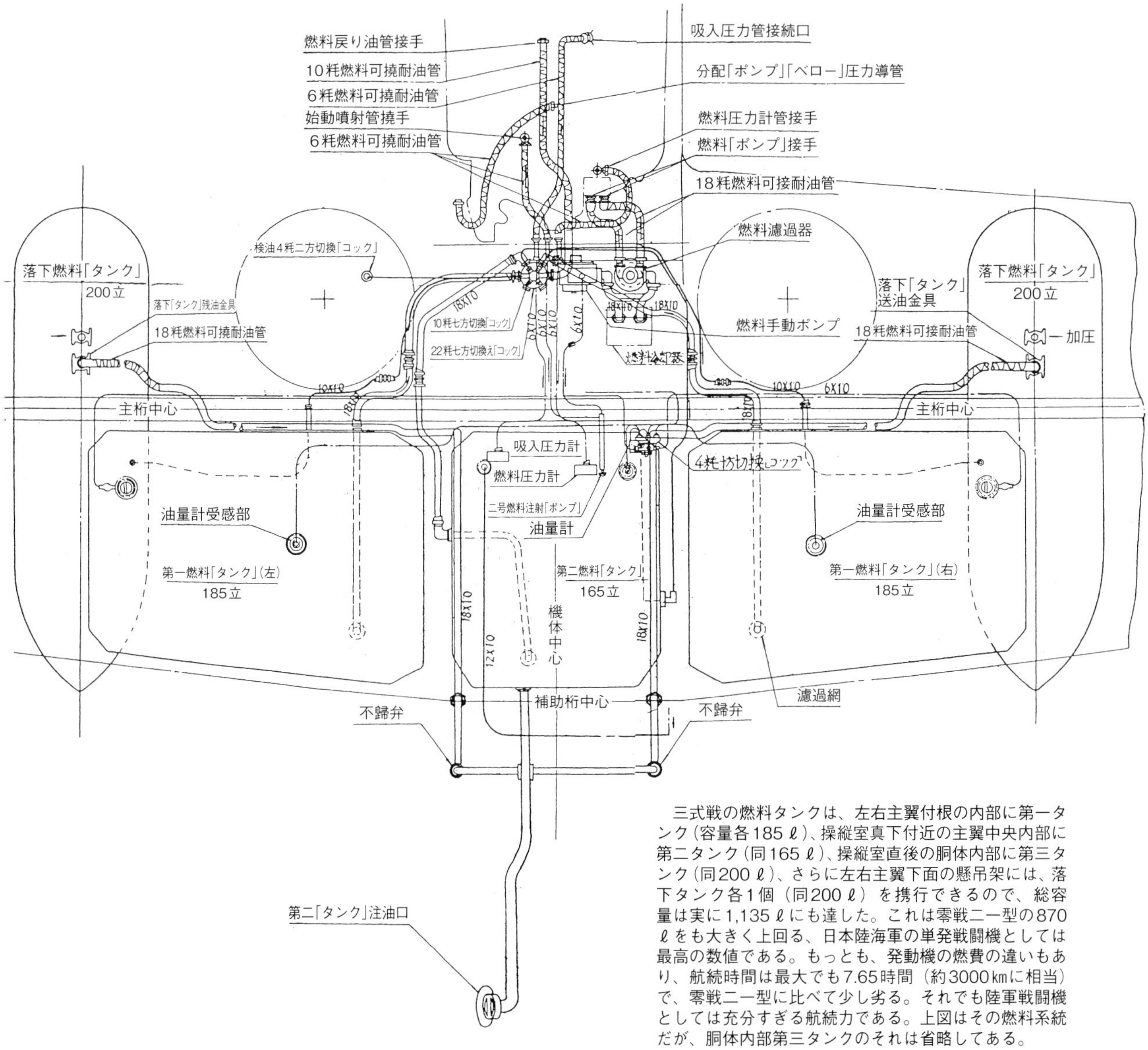

三式戦の燃料タンクは、左右主翼付根の内部に第一タンク（容量各185ℓ）、操縦室真下付近の主翼中央内部に第二タンク（同165ℓ）、操縦室直後の胴体内部に第三タンク（同200ℓ）、さらに左右主翼下面の懸吊架には、落下タンク各1個（同200ℓ）を携行できるので、総容量は実に1,135ℓにも達した。これは零戦二一型の870ℓをも大きく上回る、日本陸海軍の単発戦闘機としては最高の数値である。もっとも、発動機の燃費の違いもあり、航続時間は最大でも7.65時間（約3000㎞に相当）で、零戦二一型に比べて少し劣る。それでも陸軍戦闘機としては充分すぎる航続力である。上図はその燃料系統だが、胴体内部第三タンクのそれは省略してある。

燃料タンク構造図

主翼中央第二タンク(165ℓ)

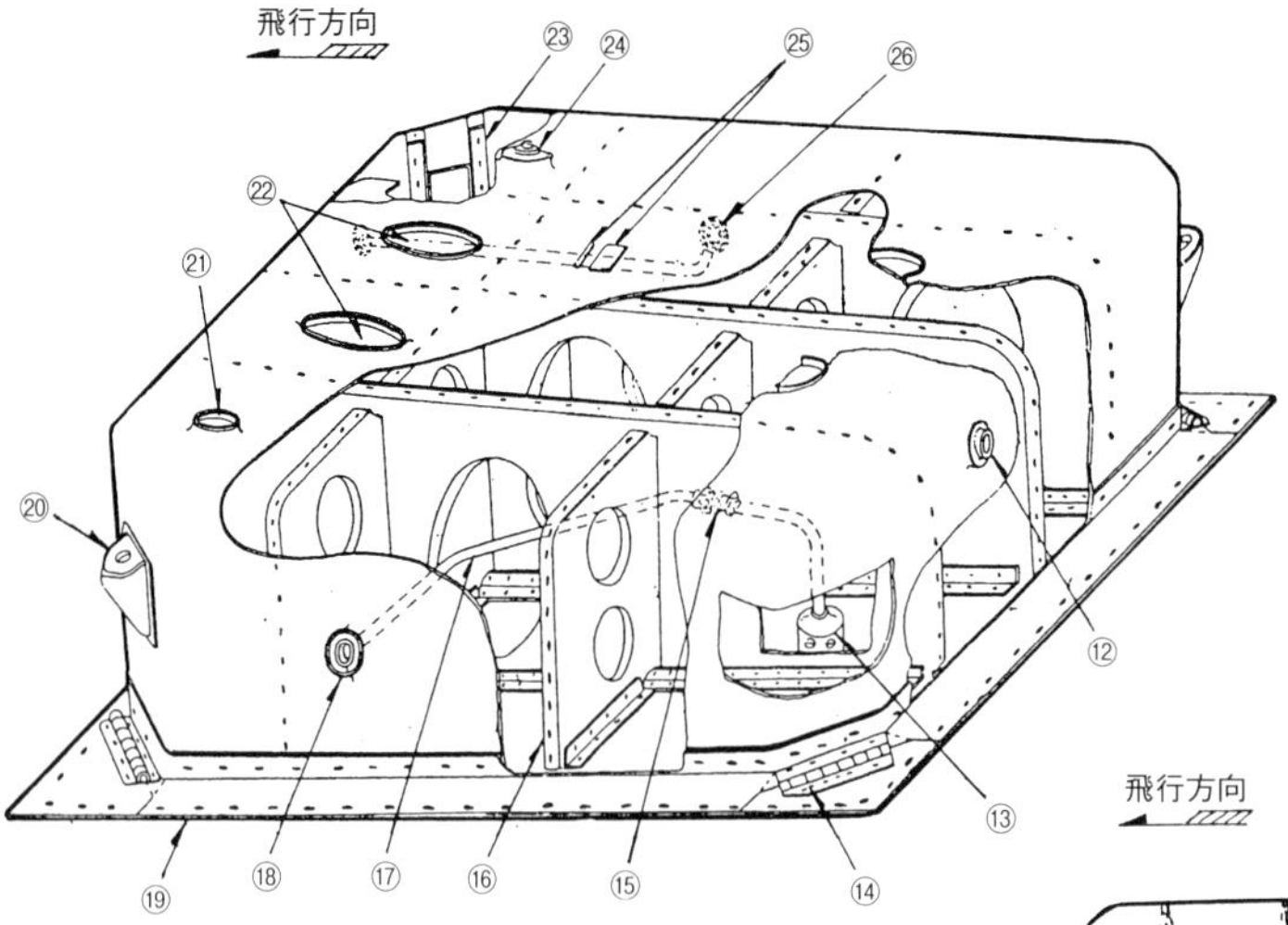

①油量計受感部　②送、排油口　③縦隔壁　④横隔壁　⑤蝶番　⑥作業孔　⑦注油口　⑧下面覆板　⑨戻り油口　⑩送油管　⑪接続座　⑫注油口　⑬送、排油口　⑭蝶番　⑮二方接手　⑯隔壁　⑰送油管　⑱送油口　⑲下面覆板　⑳取付金具　㉑空気抜き　㉒作業孔　㉓補強板　㉔油量計受感部　㉕記銘板　㉖戻り油口

主翼第一タンク
(図は左主翼を示す—185ℓ)

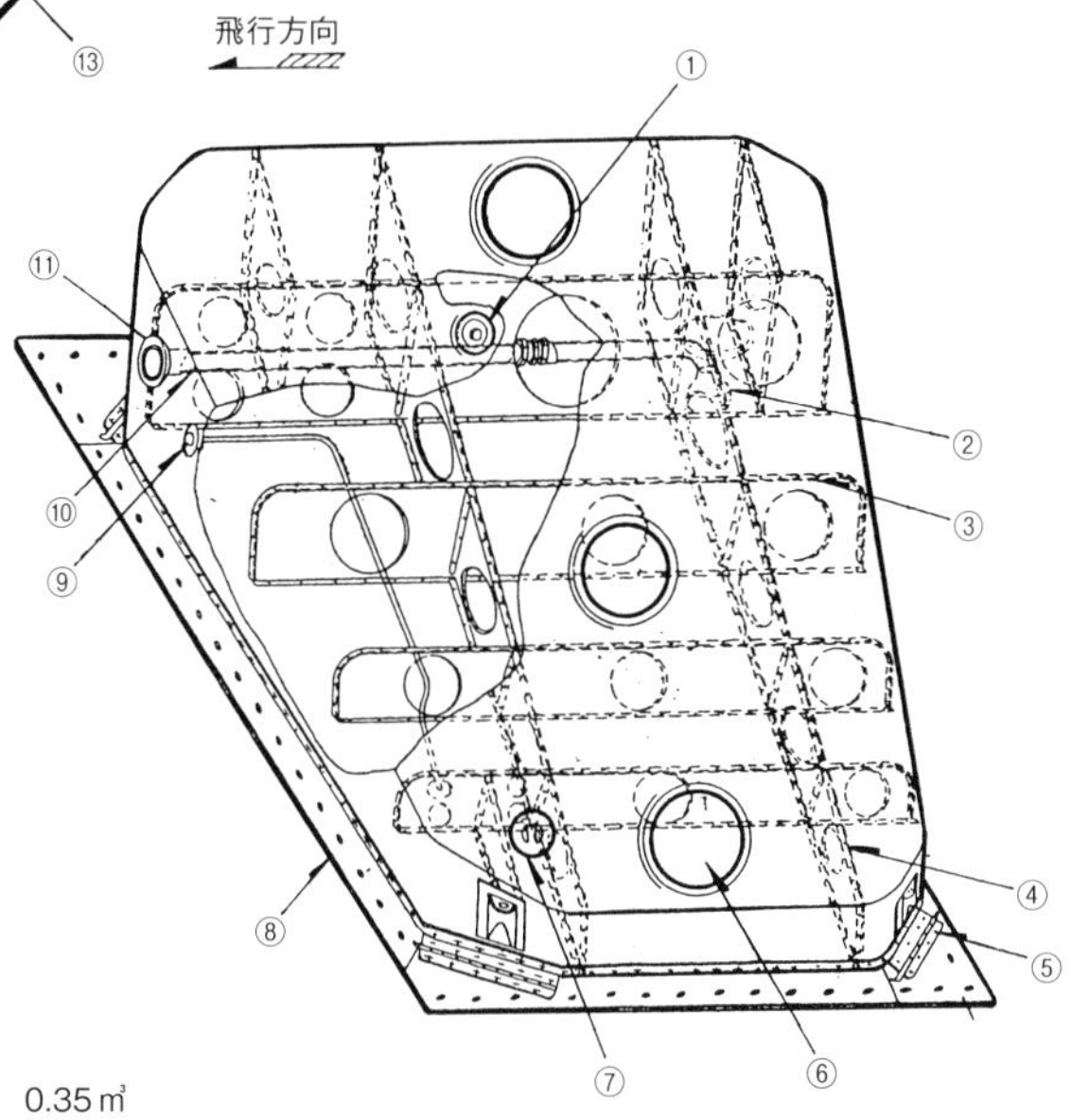

同じ日本機でも、海軍機が機体、乗員の防弾について太平洋戦争中期に至るまで、ほとんど考慮していなかったのと対照的に、陸軍の主要機種は日中戦争の当初の戦訓に基づき、不十分とはいえ相応の対策を講じていたのが意外ではある。単発戦闘機についても、すでに一式戦の開発段階で機内燃料タンクには、ゴムと絹フェルトの被覆を施して、7.7㎜機銃弾の被弾に対しては一定の防漏効果を持たせていた。三式戦も、当初から機内タンクには同様の措置を施していた。なお、主翼内の第一、二タンクはセミ・インテグラル式タンクのため、タンク下面が主翼外鈑を兼ねるので、錫鍍（錫メッキ）鋼板製にして強度を高めてあった。

燃料冷却器

註器　1、放熱面積　0.35㎡
　　　2、前面面積　1.10d㎡
　　　3、容　　量　0.4lit
　　　4、耐　　圧　10kg/㎠

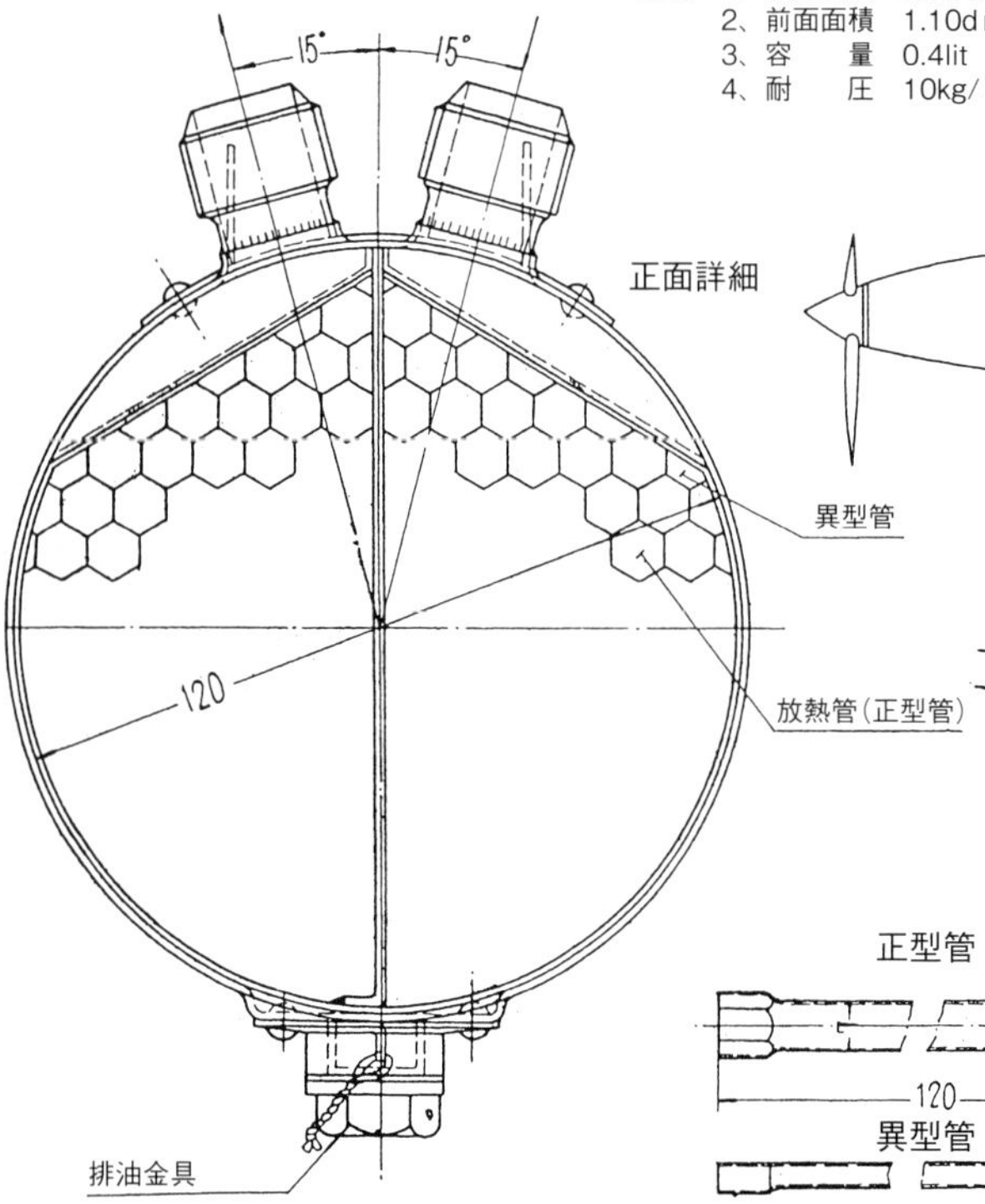

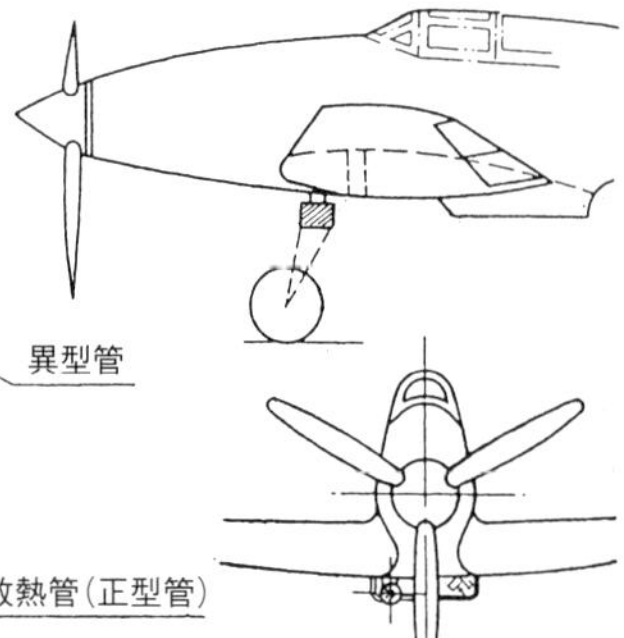

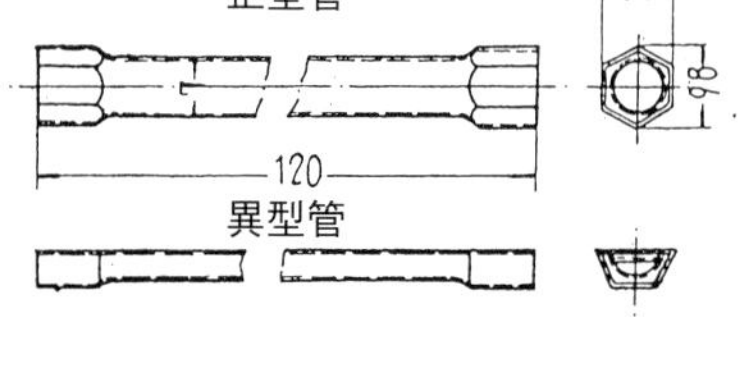

三式戦に限らず、戦時中の陸軍戦闘機は胴体、もしくは主翼下面に燃料冷却器を備えているのが特徴だった。これは南方戦域の高温条件下では、地上駐機中と飛行中の急激な温度低下の差が著しく、タンク内の燃料に気泡が生じ、この気泡が送油管内に詰まって燃料供給が滞り、発動機停止という最悪のケースに至る、いわゆる「ベーパーロック」現象を防止するための装置だった。三式戦は左図に示したごとく、左、右主車輪収納部の間の胴体下面に取り付けていた。筒状内部のコア状に束ねた細い管内に燃料を導き、低温の外気に晒すことで冷却、気泡を除去する仕組み。

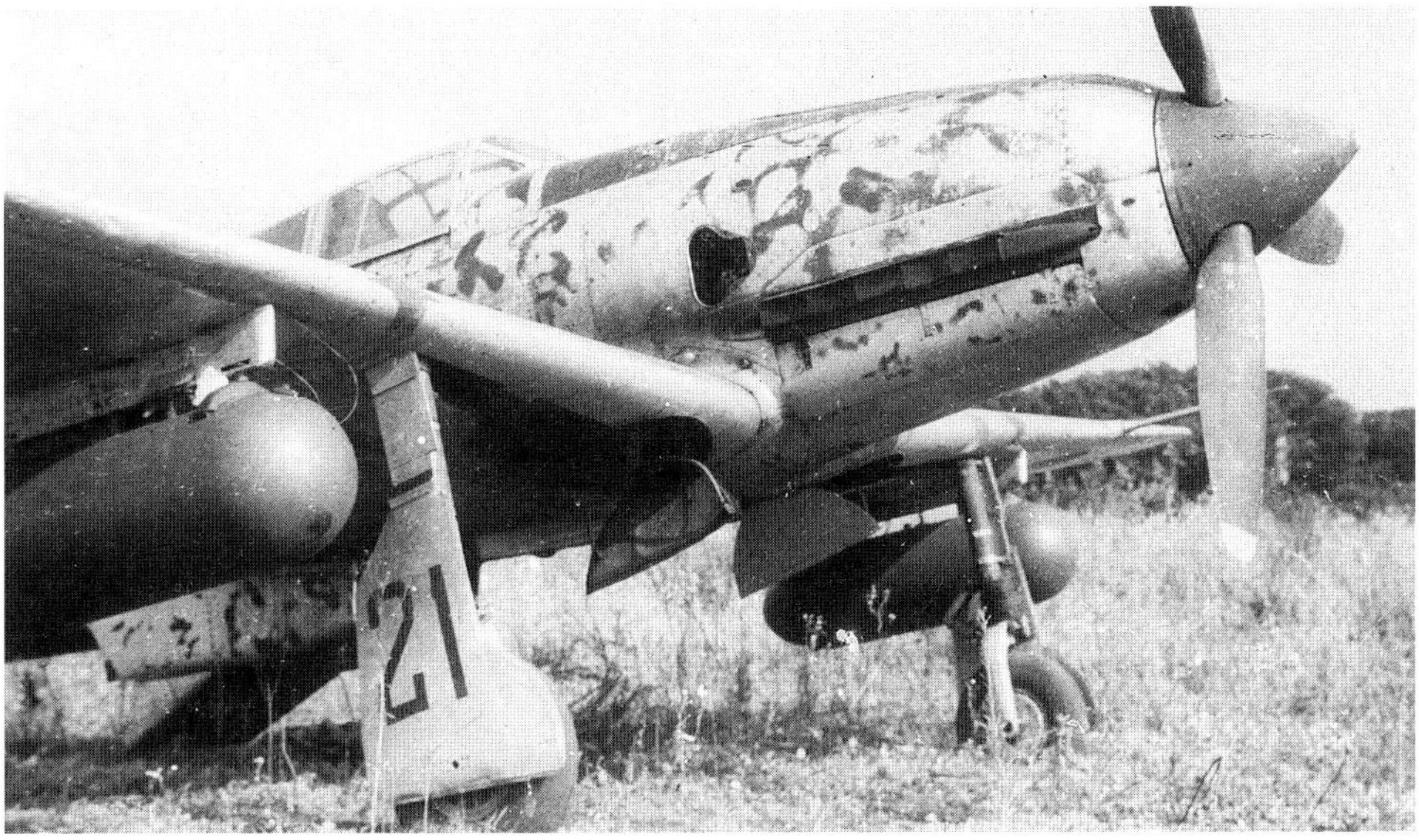

←左右主翼下面に統制型二型落下タンク（容量200 ℓ）を懸吊した、飛行第二四四戦隊所属の三式戦一型乙。この懸吊架は爆弾の懸吊も可能な兼用型で、取扱説明書中の図に示された型（下段右図）とは少し異なる。三式戦の場合は、ほとんどが写真の型式を使用した。タンクの表面は灰色の上塗りが標準だったが、末期には写真のように迷彩用の暗褐色に塗った例もあった。

落下タンク送油金具

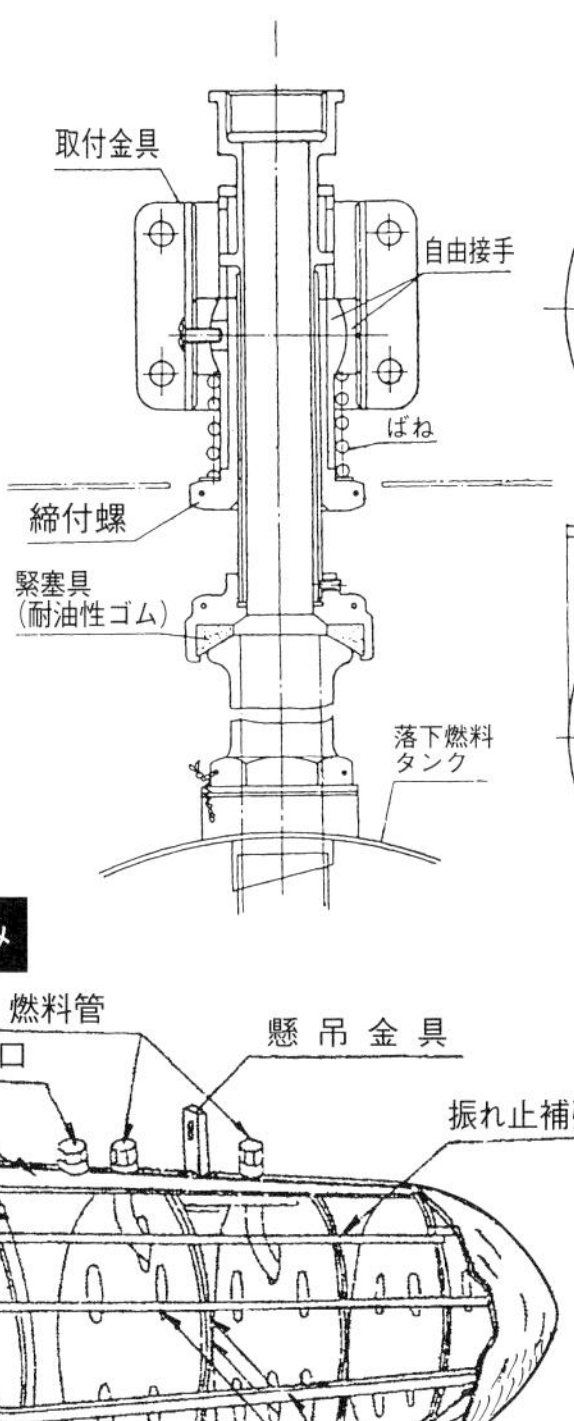

落下タンク（寸法単位：mm）

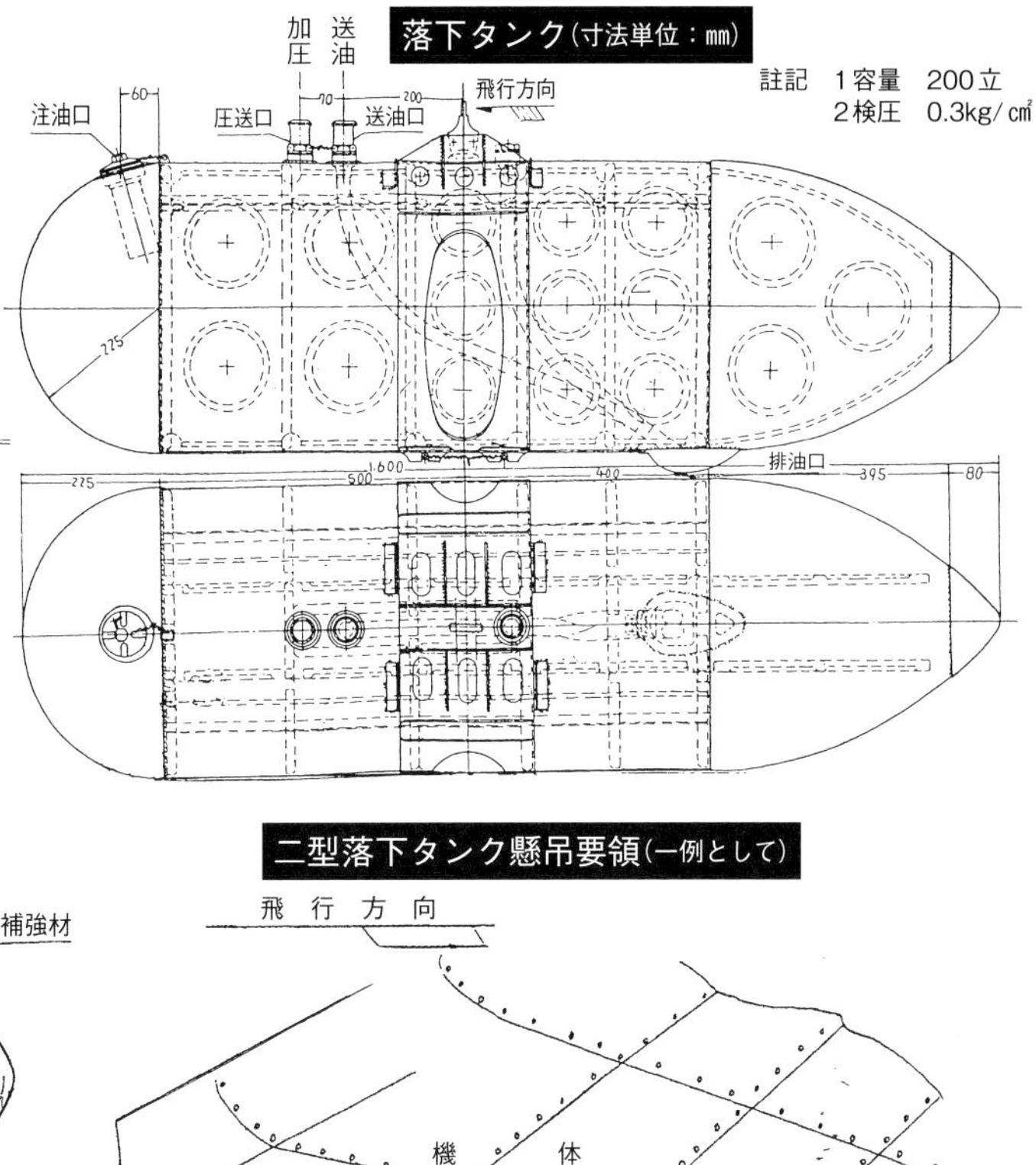

註記　1容量　200立
　　　2検圧　0.3kg/㎠

二型木製タンク骨組み

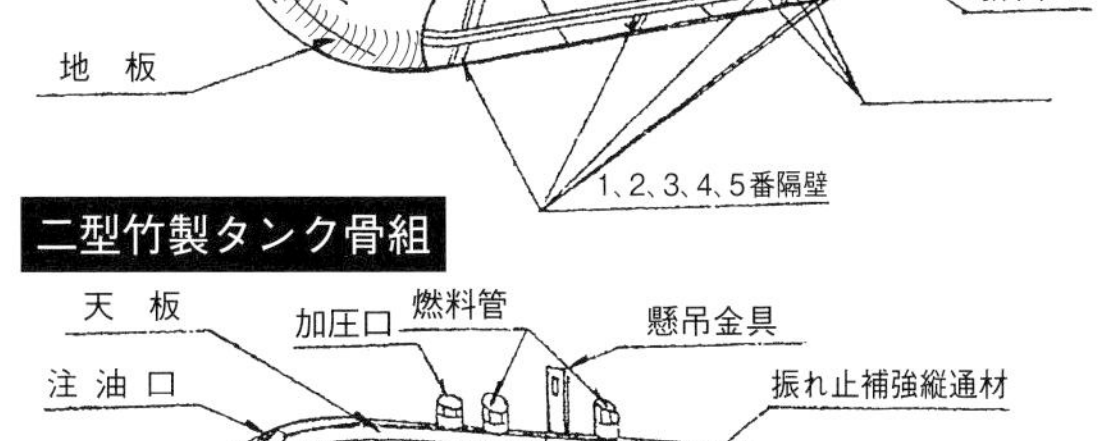

二型落下タンク懸吊要領（一例として）

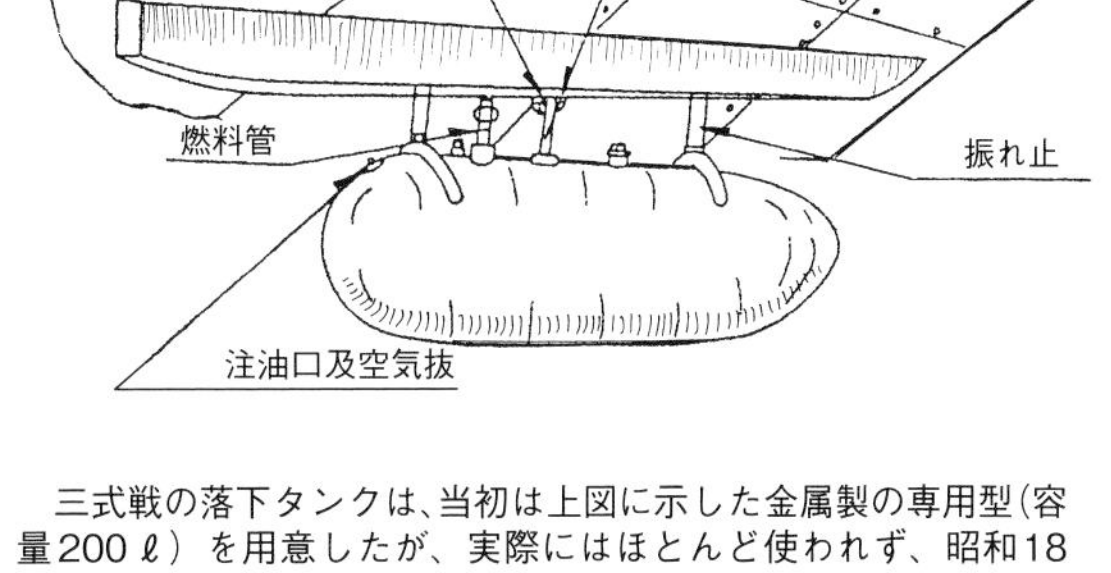

二型竹製タンク骨組

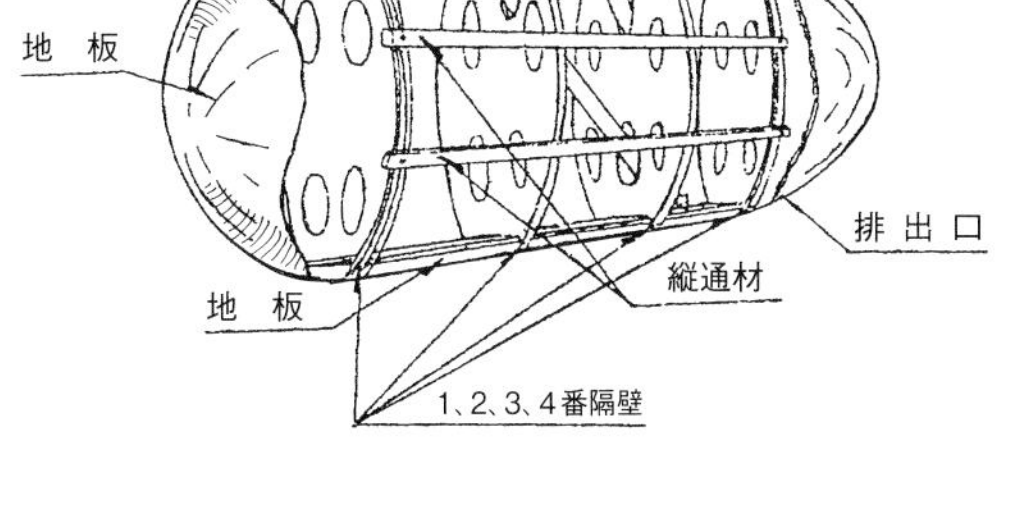

三式戦の落下タンクは、当初は上図に示した金属製の専用型（容量200 ℓ）を用意したが、実際にはほとんど使われず、昭和18（1943）年なかばに最初の部隊、飛行第六十八、七十八戦がニューギニア島戦線に展開した時点で、各機種共用の、上写真に示した統制二型と呼ばれるタンクを常用した。このタンクは無論全金属製だったが、昭和19年（1944年）年後半にアルミ合金不足が深刻になると、左図に示した木製、又は竹製に変更された。

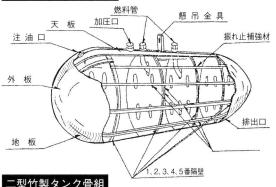

冷却水装置

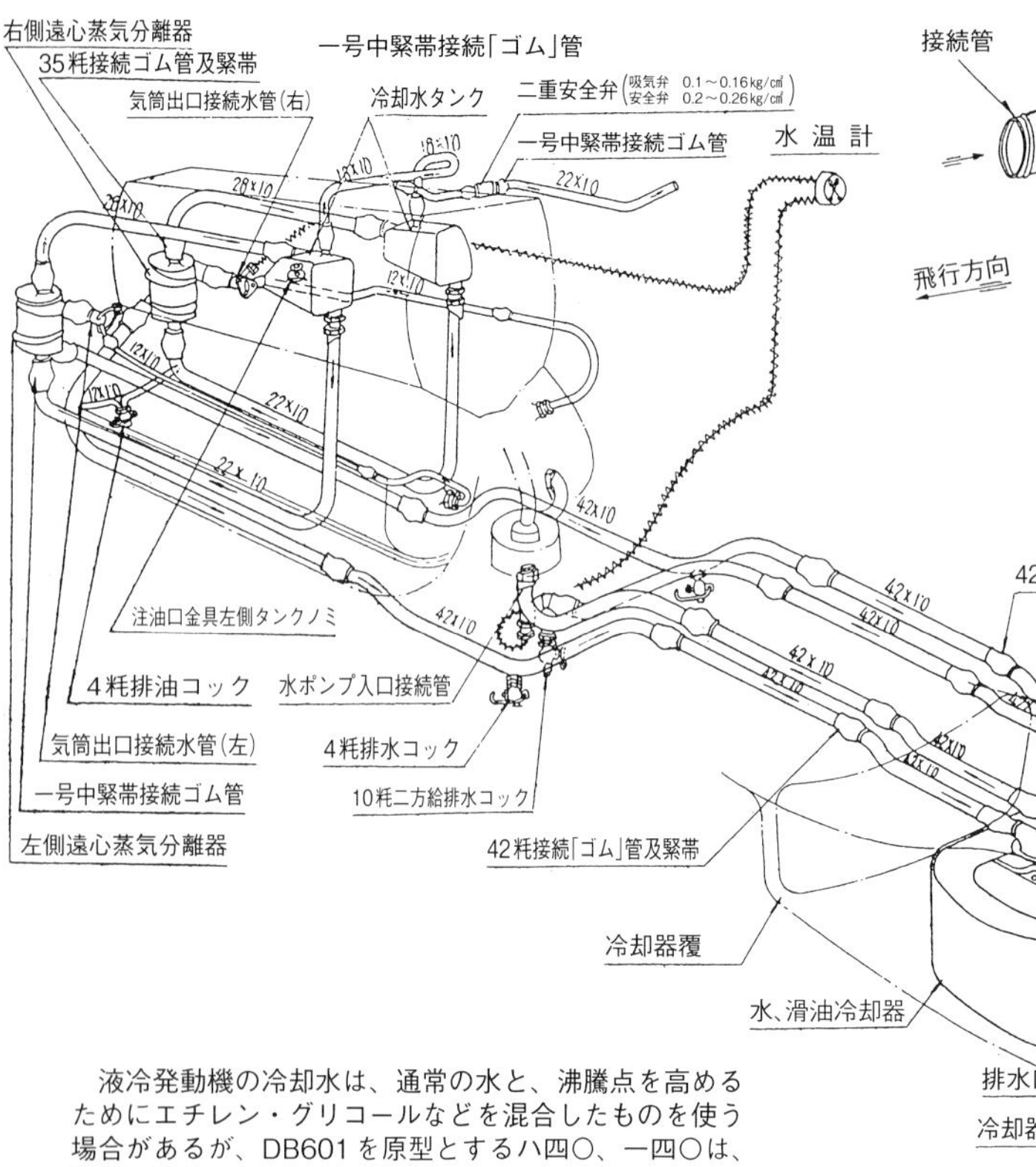

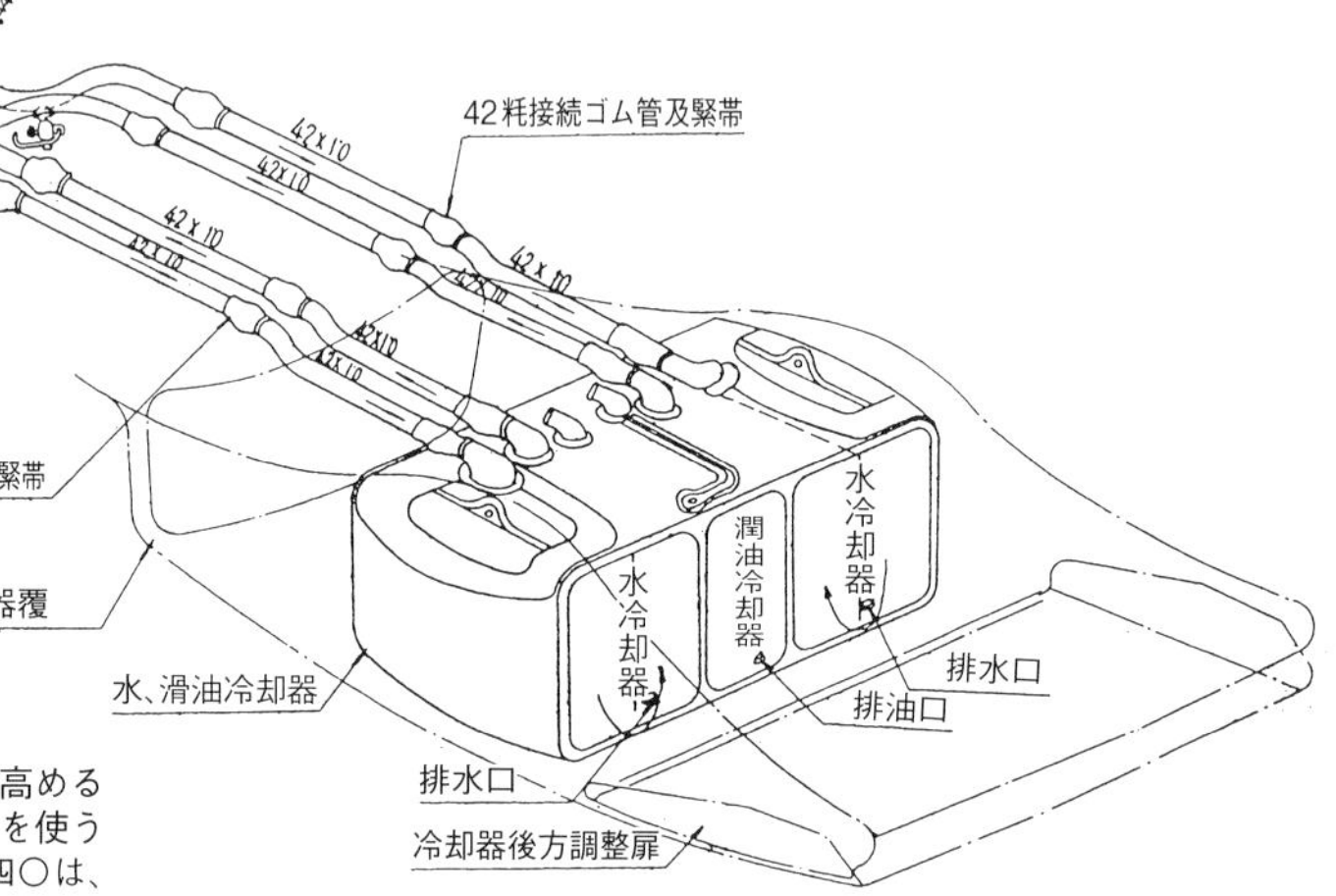

冷却水タンク

註記 1、 容量約８立 冷却水保有 約5.5立　　左側用図示右側用はこれと対称
2、試験内容 0.5kg/㎠

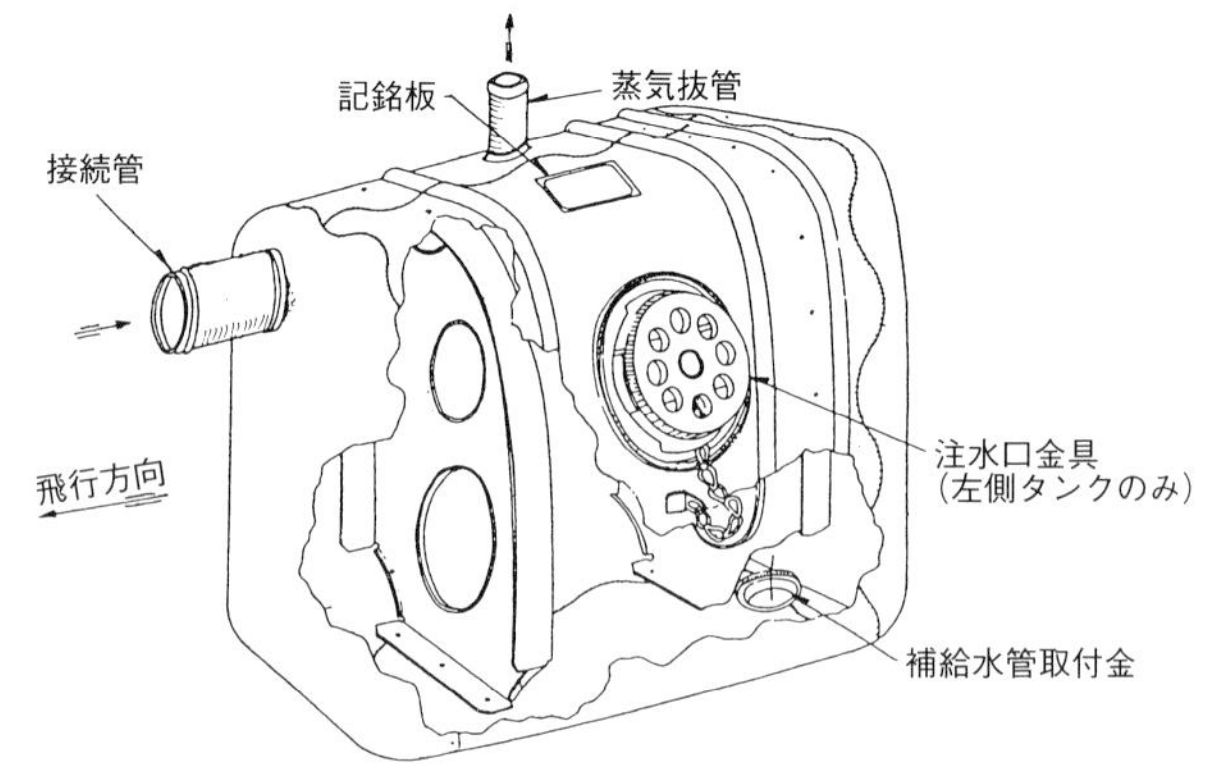

液冷発動機の冷却水は、通常の水と、沸騰点を高めるためにエチレン・グリコールなどを混合したものを使う場合があるが、DB601を原型とするハ四〇、一四〇は、前者である。

沸騰点を高めるために、冷却水套内で約3.8気圧に加圧（蒸気発生を迎える）する、いわゆる加圧水冷却（120～125℃）法を採っており、エチレン・グリコール混合液の沸騰点（110～120℃）よりも高い。

冷却システム全体の構成は、上図に示したとおりである。冷却水タンク（容量約5.5ℓ）は、発動機本体後部左右に設置され、発動機で加熱された水は、遠心蒸気分離器を経て冷却器内に入り、左右とも外側上方～外側下方～内側上方の順路で流れ、この間に冷やされて、ポンプにより再び発動機に戻る。

遠心蒸気分離器で採取された蒸気は、冷却水タンクに送られて冷やされ水に戻るが、タンク内の圧力が一定以上になった場合は、安全弁を開放して圧力を逃した。

冷却器の配置はきわめて理想的なもので、基本的に、傑作と名高いP-51マスタングのそれと同じ。もっとも、冷却空気取入口の設計などはP-51には及ばない。本体は中央に潤滑油冷却器をはさんで左右にセットし、蜂巣状にコアを組んだ拡散型と称するタイプ。

空気取入口には、冷却器にまんべんなく冷気が入るよう、上下、左右各２枚の整流板が配置されている。

暖機運転用器具

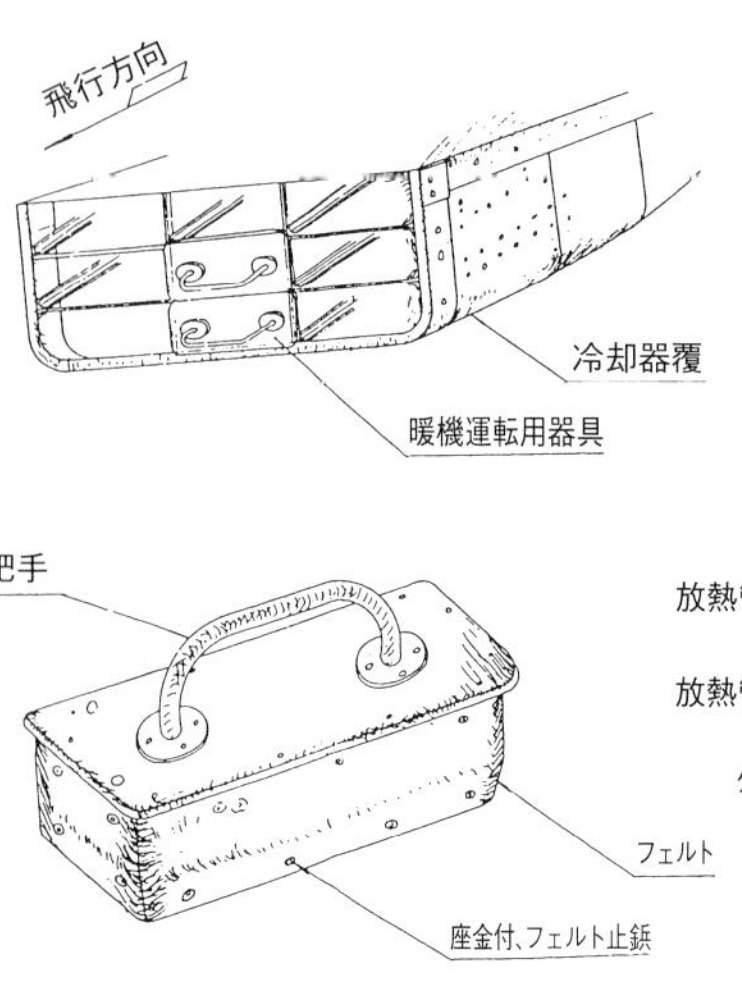

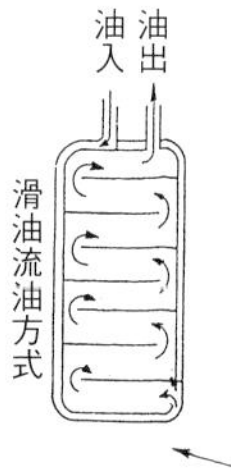

冷却器全体

項目	水冷却器	油冷却器
前面々積	25.5㎡	8.5㎠
放熱面積	27.5㎡	83㎡
容　量	20bt	10bt
空虚重量	85kg	33kg
耐　圧	17kg/㎠	5.0kg/㎠

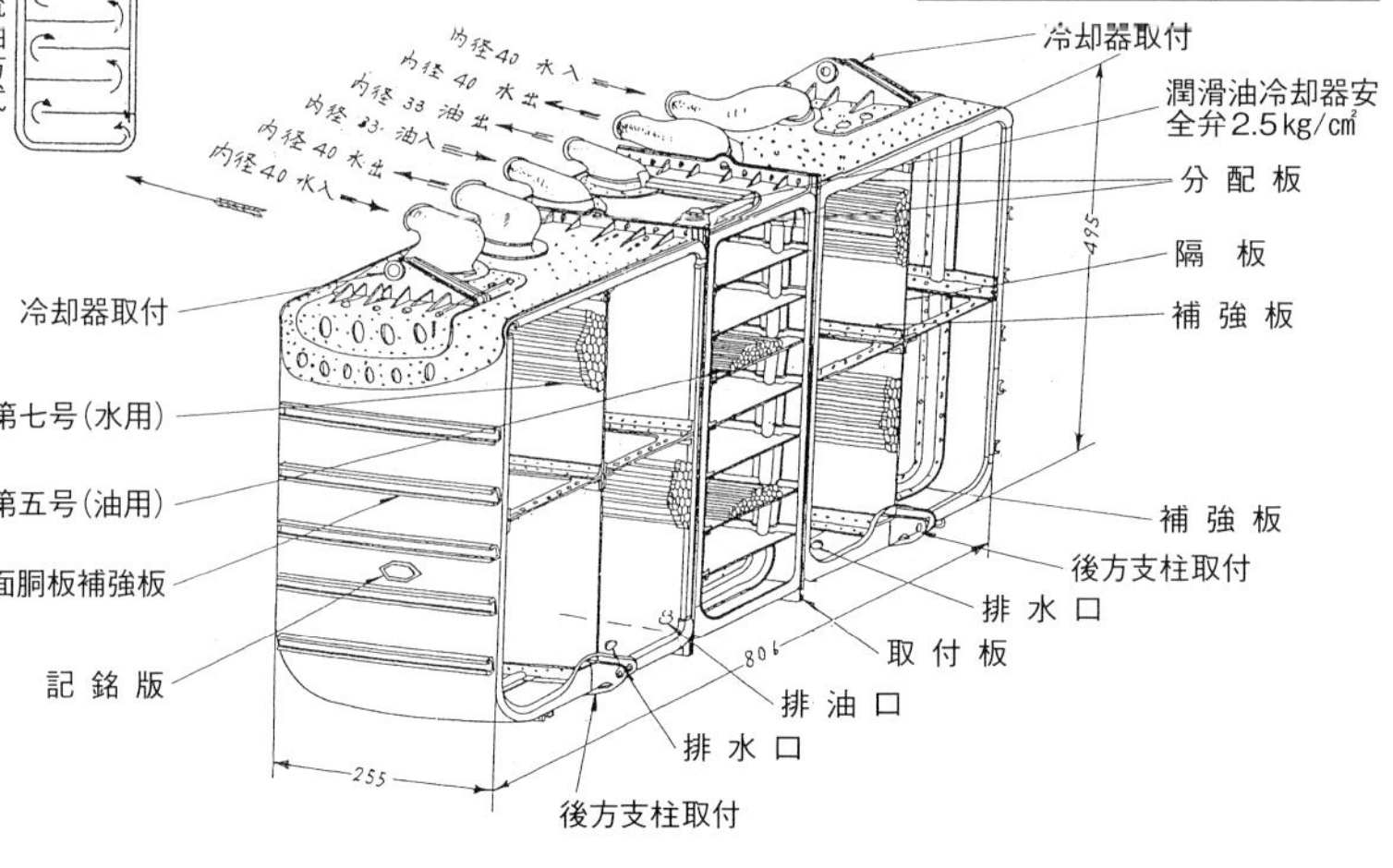

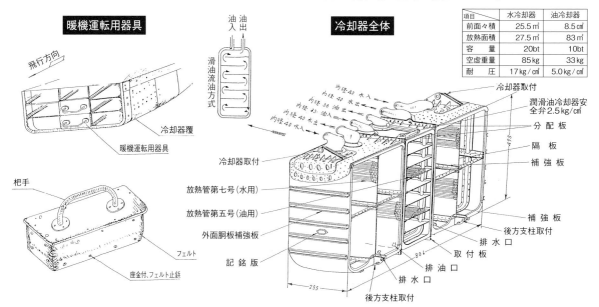

冷却器調整扉調整装置

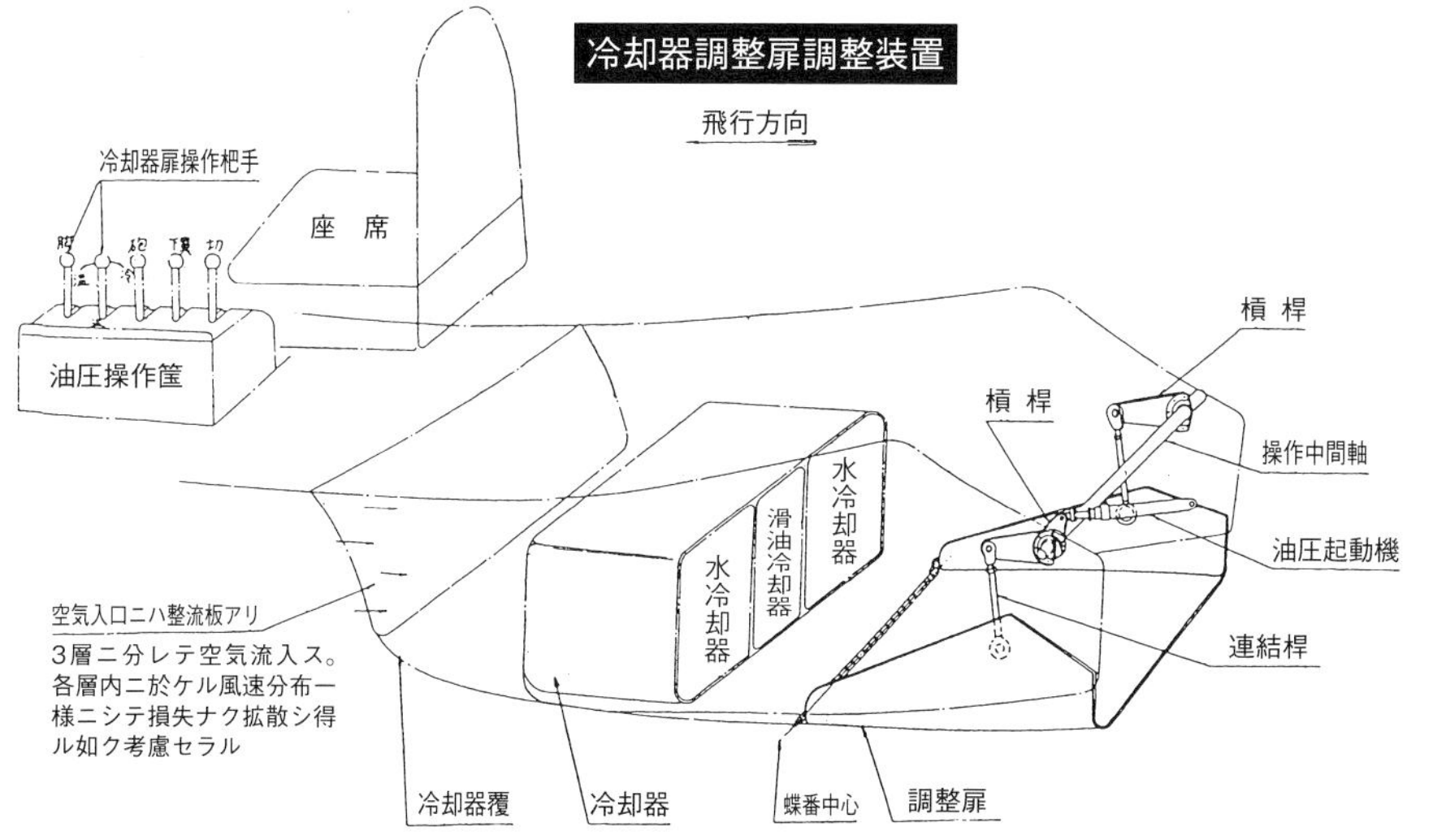

冷却器本体を覆うカバーの前、後ろには、左図に示した調整扉が設けてあり、状況に応じて流入空気の量を加減した。離陸から上昇に至る発動機全力運転時などは両扉とも全開状態とし、冬期、又は寒冷地での過冷却を防止する際は両扉を適角度に閉じる。両扉の調整は、操縦室左側にある油圧操作器の把手を操作して行なった

冷却器保温覆

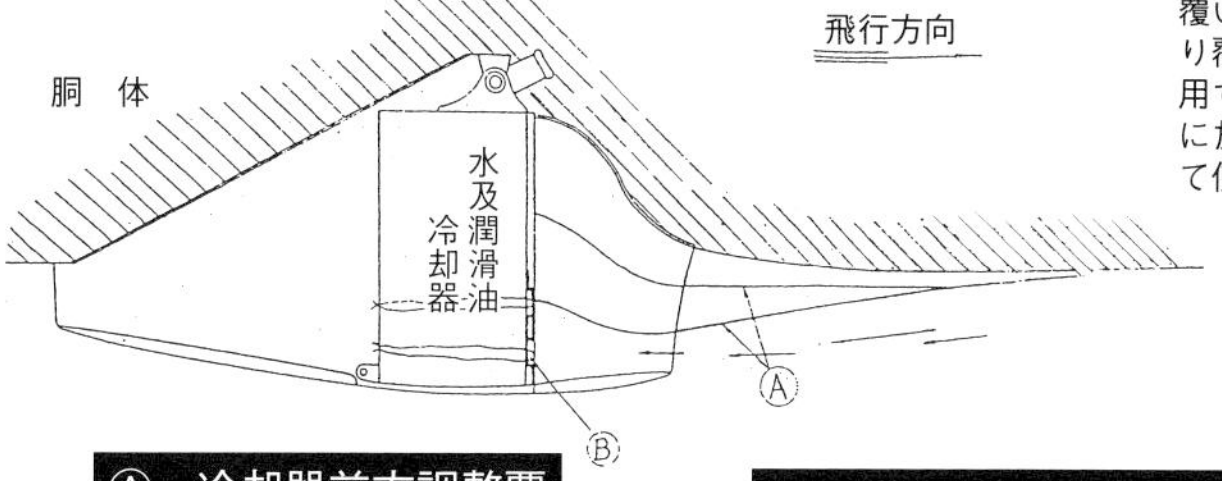

註記　冷却器保温覆はⒶ及Ⓑより成りⒶは水及滑油冷却器を上部より覆いⒷは滑油冷却器前面下部より覆う。共に寒冷に応じ調整使用するものにして日本内の冬期に於てはⒶの段Ⓑ2～13度にて使用するを適當とする

Ⓐ　冷却器前方調整覆

第二タンク鋲止ナットヲ兼用シ取付ケ3段ニ調整可能ナリ

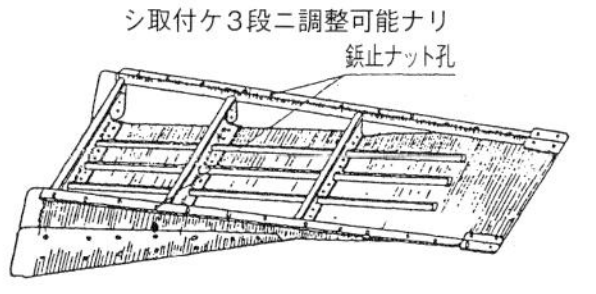

Ⓑ　潤滑油冷却器前方保温覆

フェルト製ニシテ5枚ヨリ成リ滑油冷却器前面へ70. 120. 170、220. 270粍ノ5段ニ調整可能ナリ

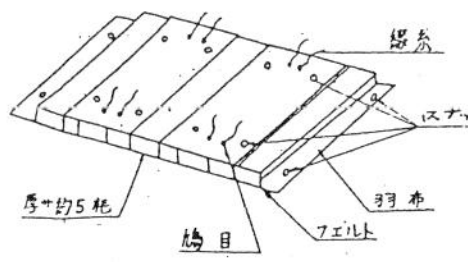

潤滑油タンクは、胴体内弾倉と操縦室間のスペースに、容量28ℓ入りの主タンク、後部胴体内に容量17ℓ入りの増加タンクを装備したが、キ61-Ⅰ丁以降では前者の容量を48ℓに増大し、後者は廃止した。

システム全体の構成は、下図に示したようになっており、冷却器は水冷却器にはさまるようにセットされている。図の上方を、発動機から増加タンクに伸びるパイプは、過給器からの与圧空気を利用し、増加タンク内の潤滑油を一旦主タンクに送るためのもの。

潤滑油給油装置

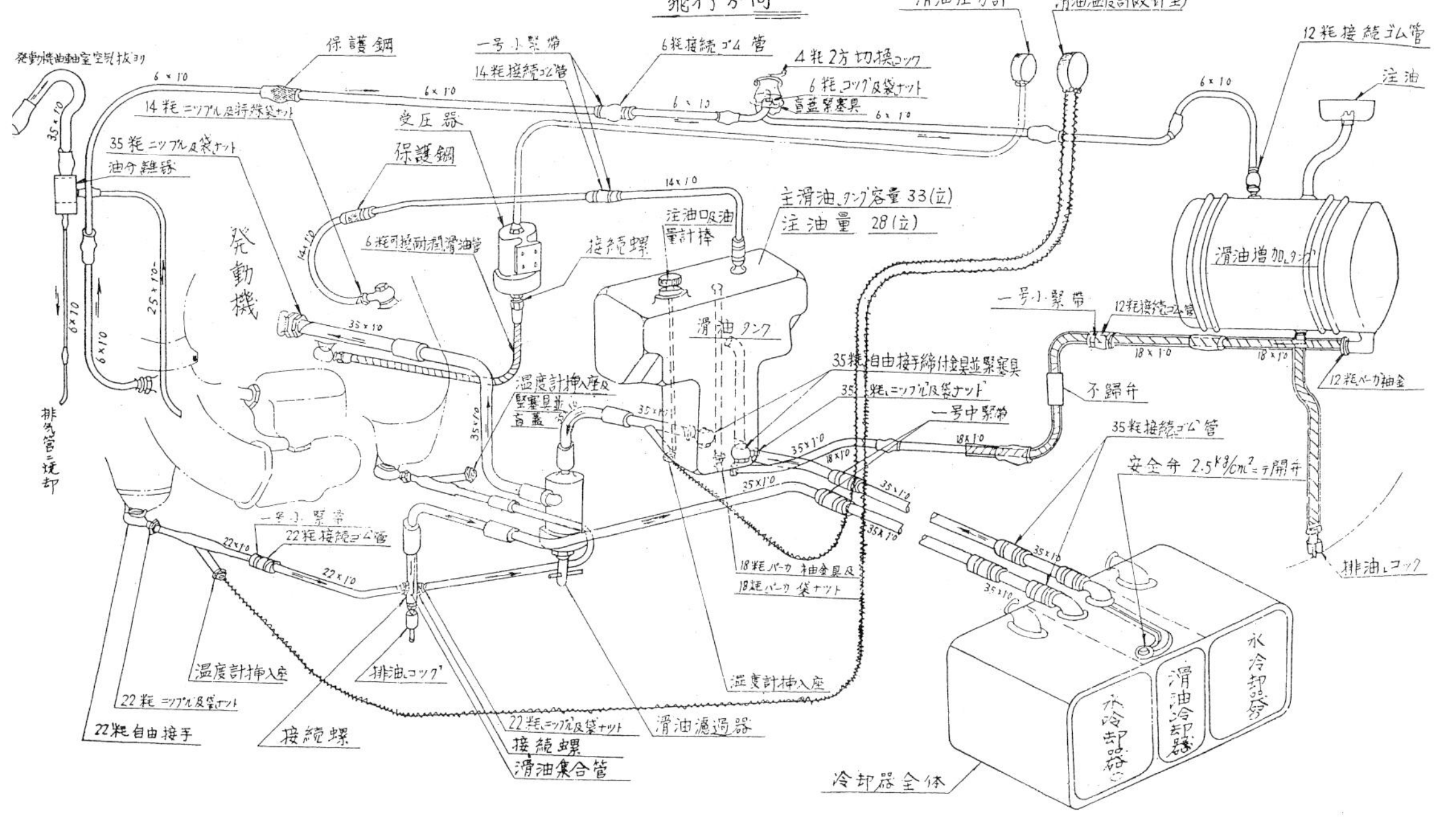

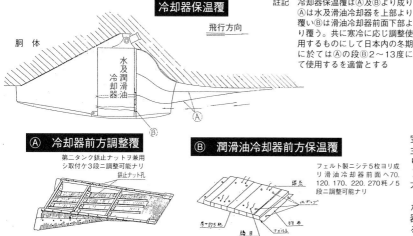

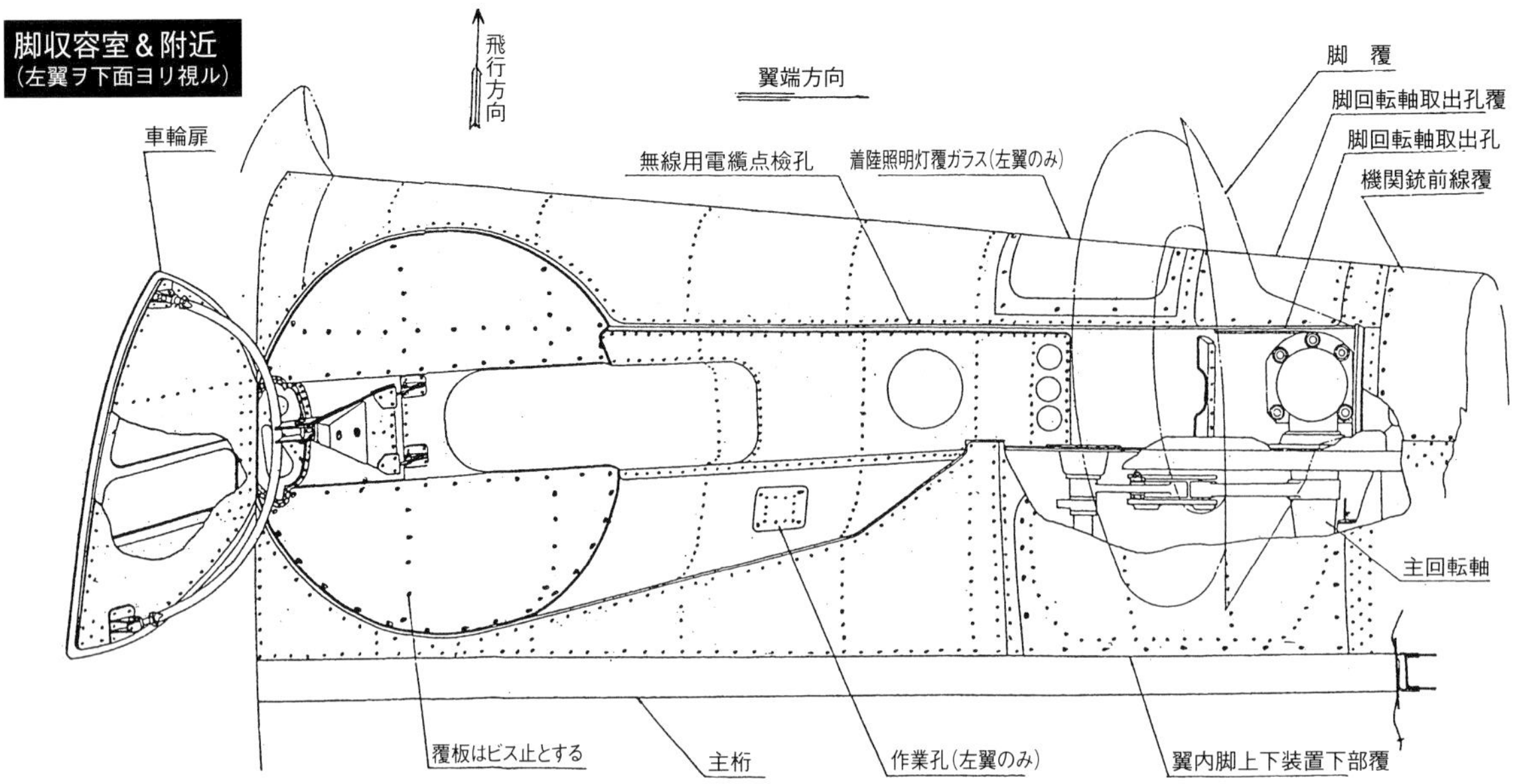

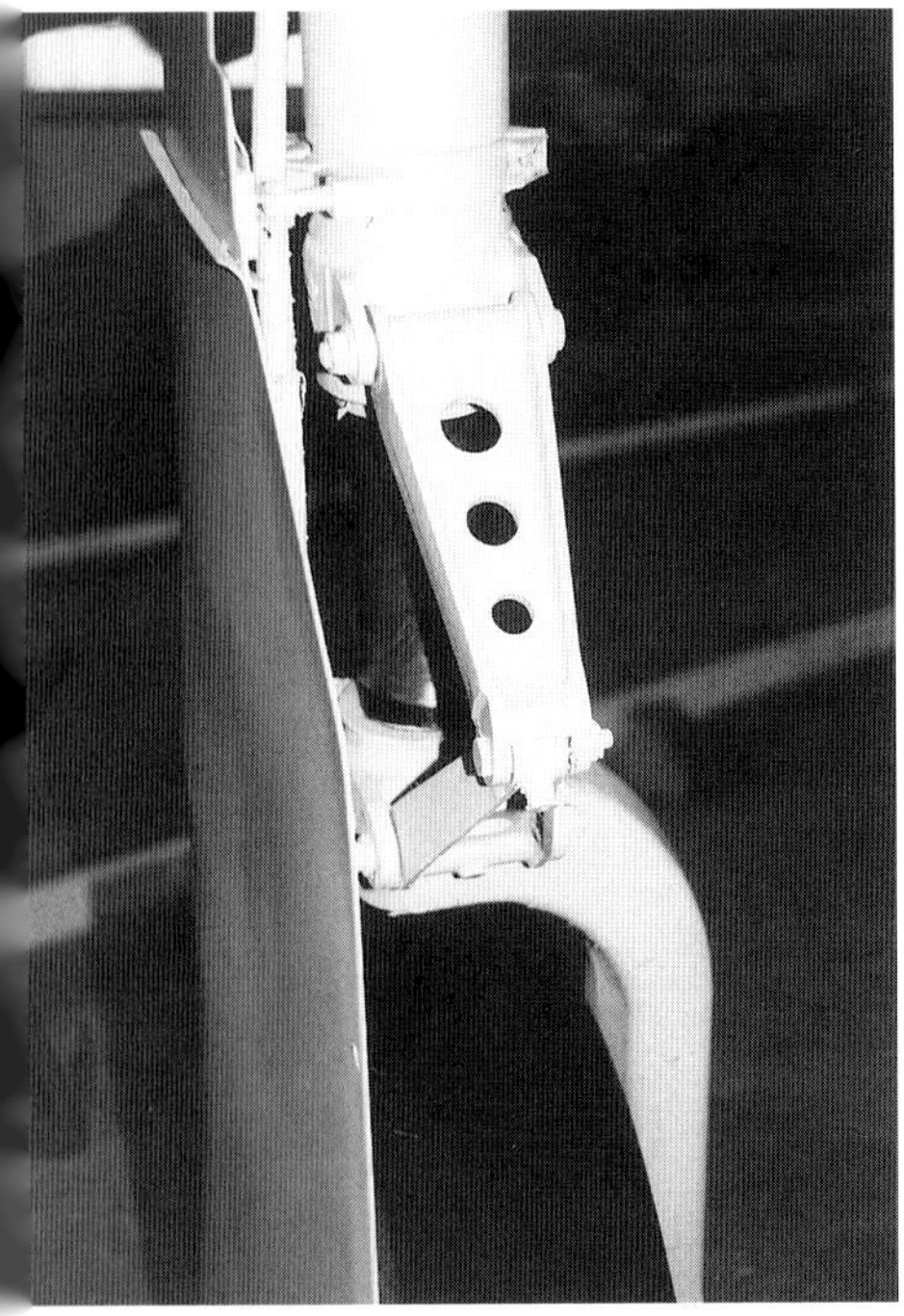

左右、および下に掲載した3枚の写真は、現在、イギリスのI.W.W.（帝国戦争博物館）ダックスフォード分館に保管・展示されている、唯一の現存五式戦の主脚で三式戦とまったく同じ。右写真は右主脚の内側、左写真は左主脚の下部を後方から、下写真は右主脚収納部の「扉」を前下方から、それぞれクローズアップしたもの。

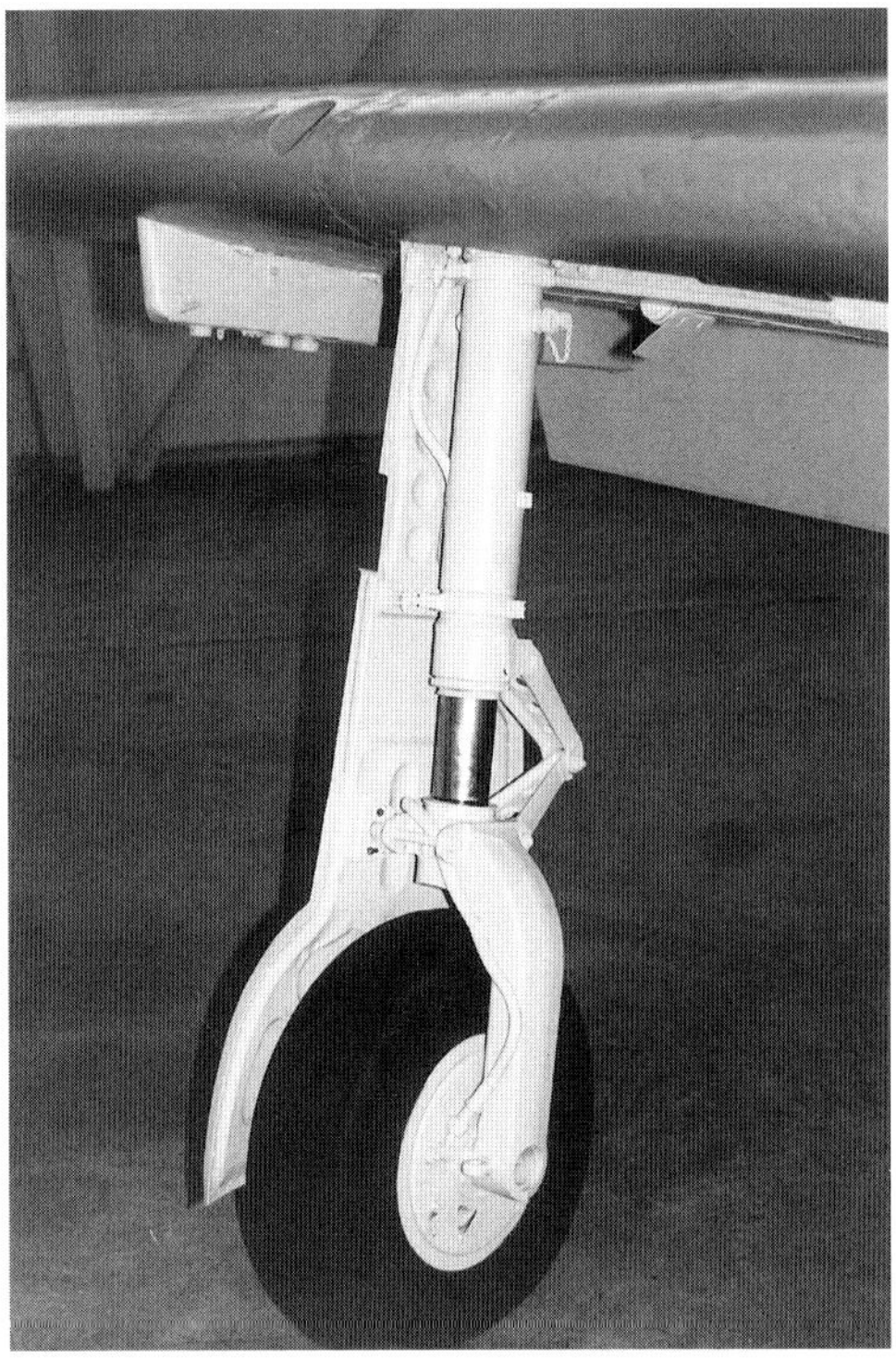

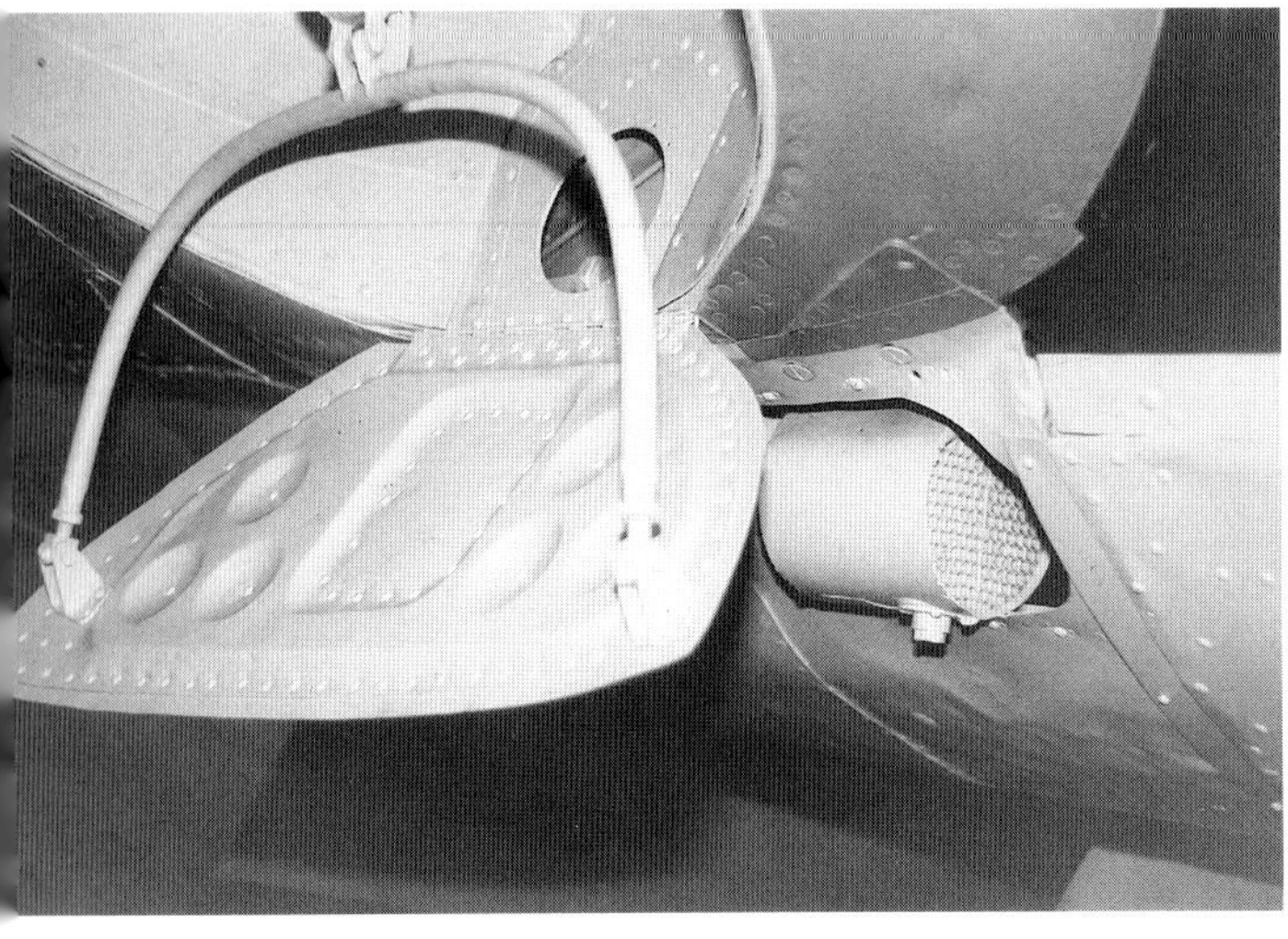

三式戦の主脚は、当時として極く一般的な、油圧を利用して出し入れを行なう引き込み式であった。主脚は、下部に空気/油圧の緩衝機構（オレオ）を持つ緩衝支柱と、車輪を取り付ける片持脚注から成る。主車輪は零戦とまったく同じ600×175㎜サイズの高圧車輪（内圧4気圧）で、ホイール内部に油圧式ブレーキを内包した。収納孔の内端に、車輪の下半分を覆う半円形の「扉」（車輪の出し入れにともなって開閉）が付く。

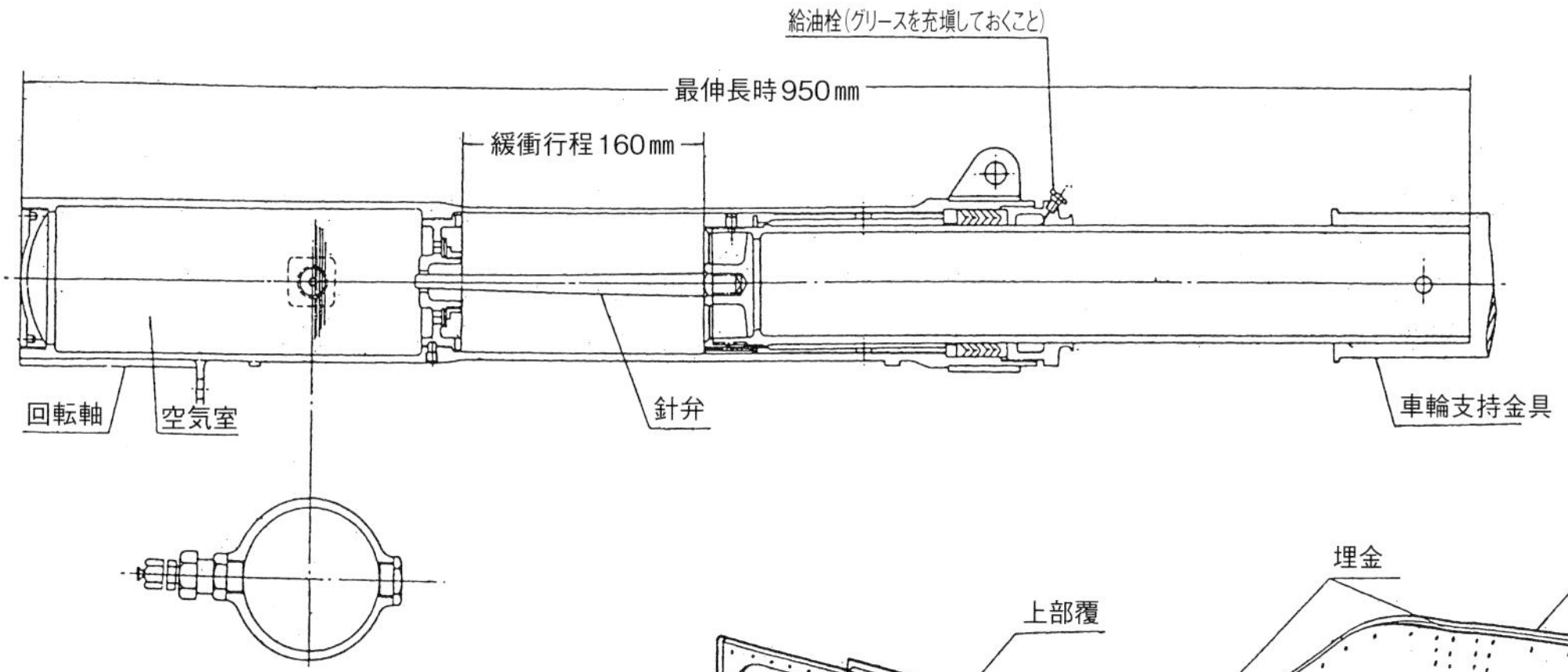

脚緩衝支柱

註記
1、最大緩衝行程　160粍
2、油量
3、油質　航空明作動油第一
一号
4、無負荷最伸長時ニ於ケル
初圧18気圧
5、注油法
機体を杠上し緩衝支持を
長とし注油口より油が溢
るまで注入し然るのち空
規定圧を注入すべし

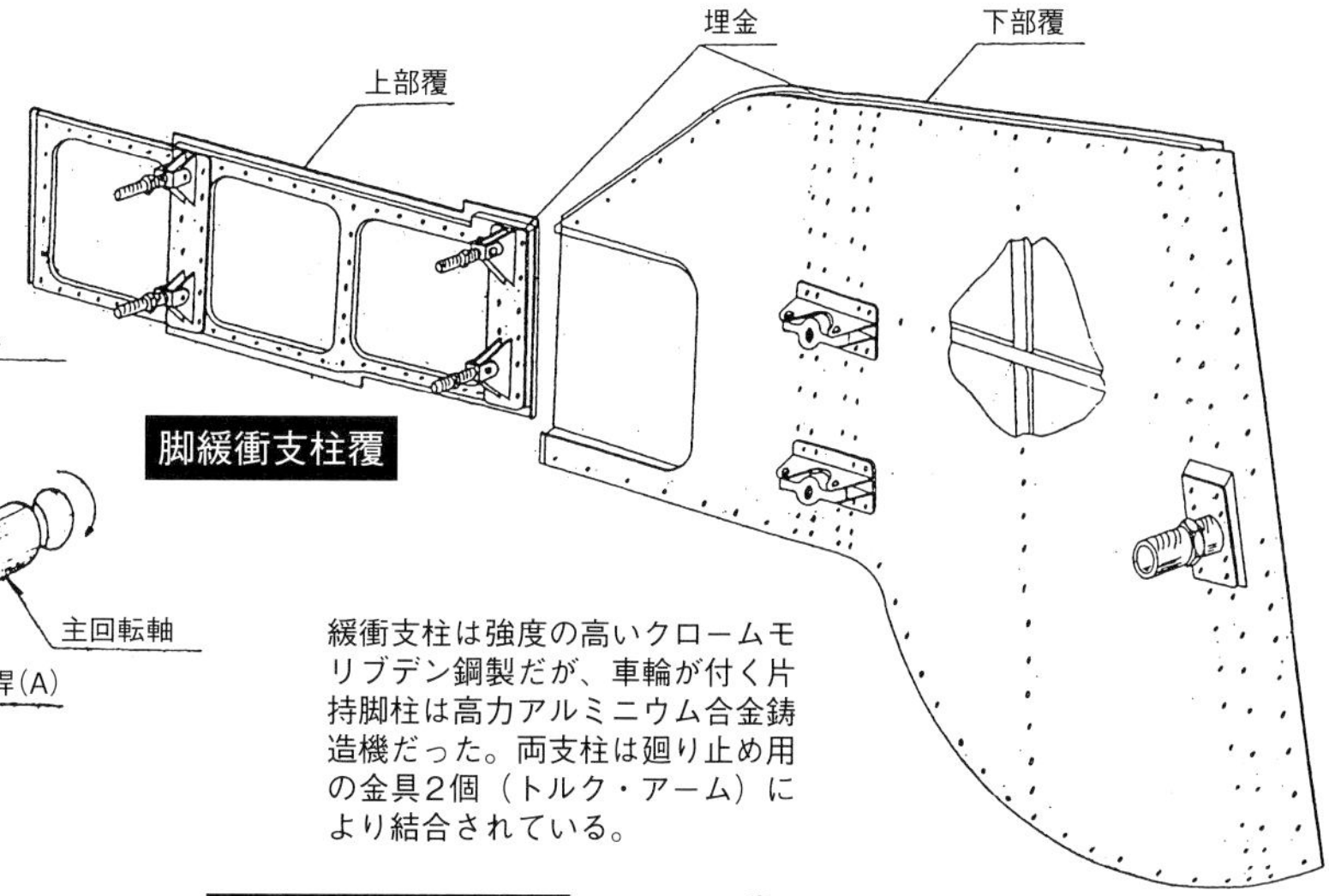

緩衝支柱は強度の高いクロームモリブデン鋼製だが、車輪が付く片持脚柱は高力アルミニウム合金鋳造機だった。両支柱は廻り止め用の金具2個（トルク・アーム）により結合されている。

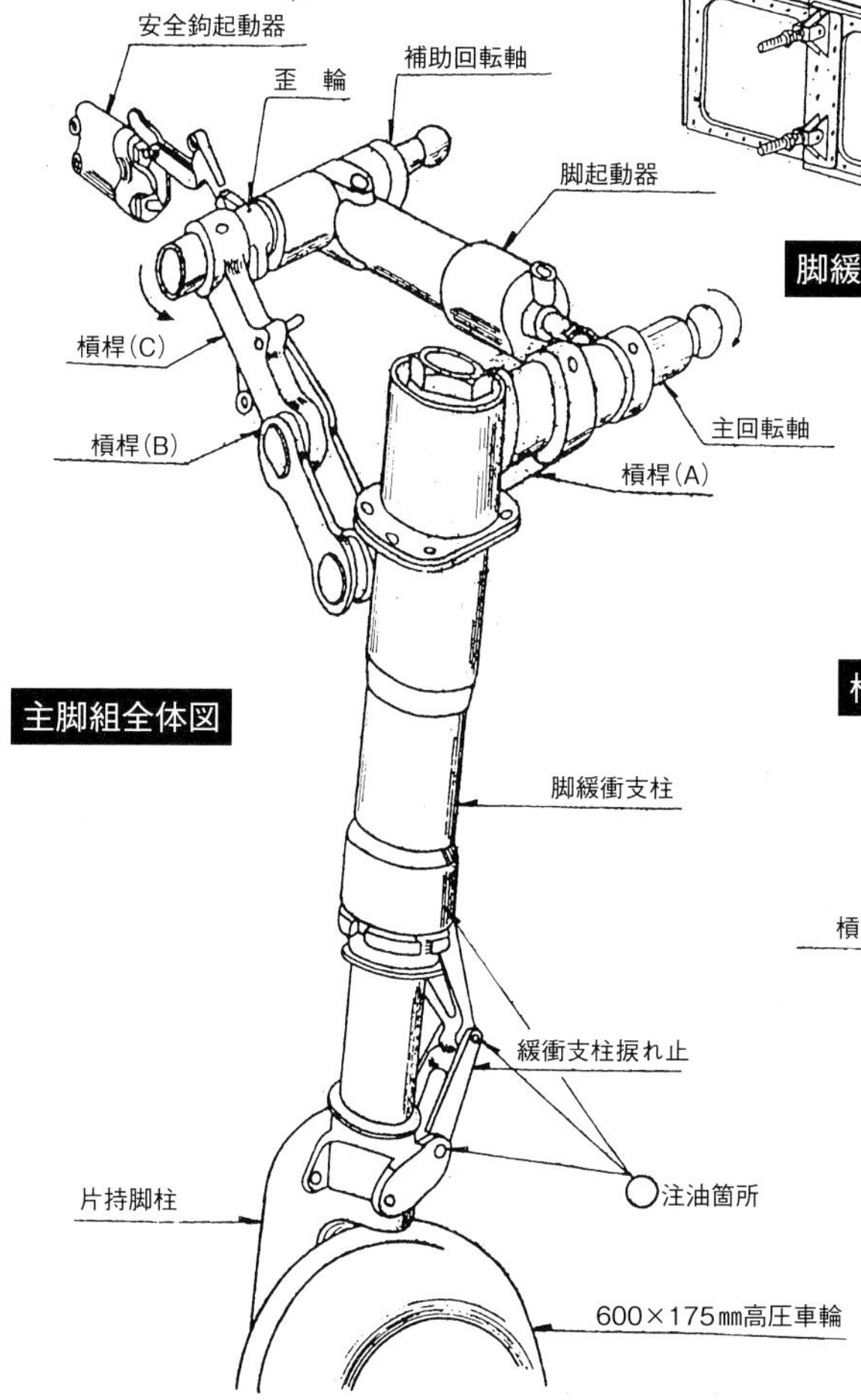

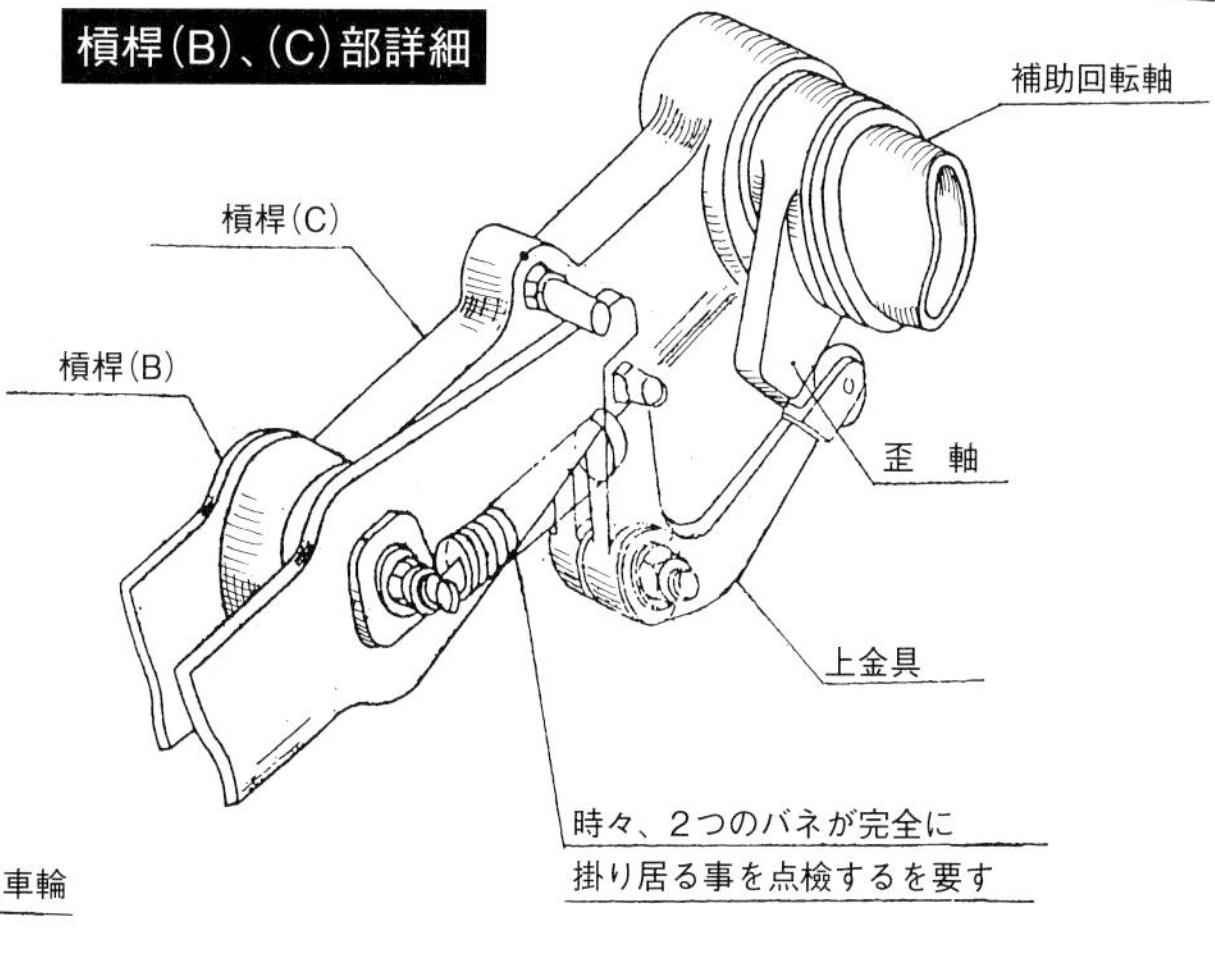

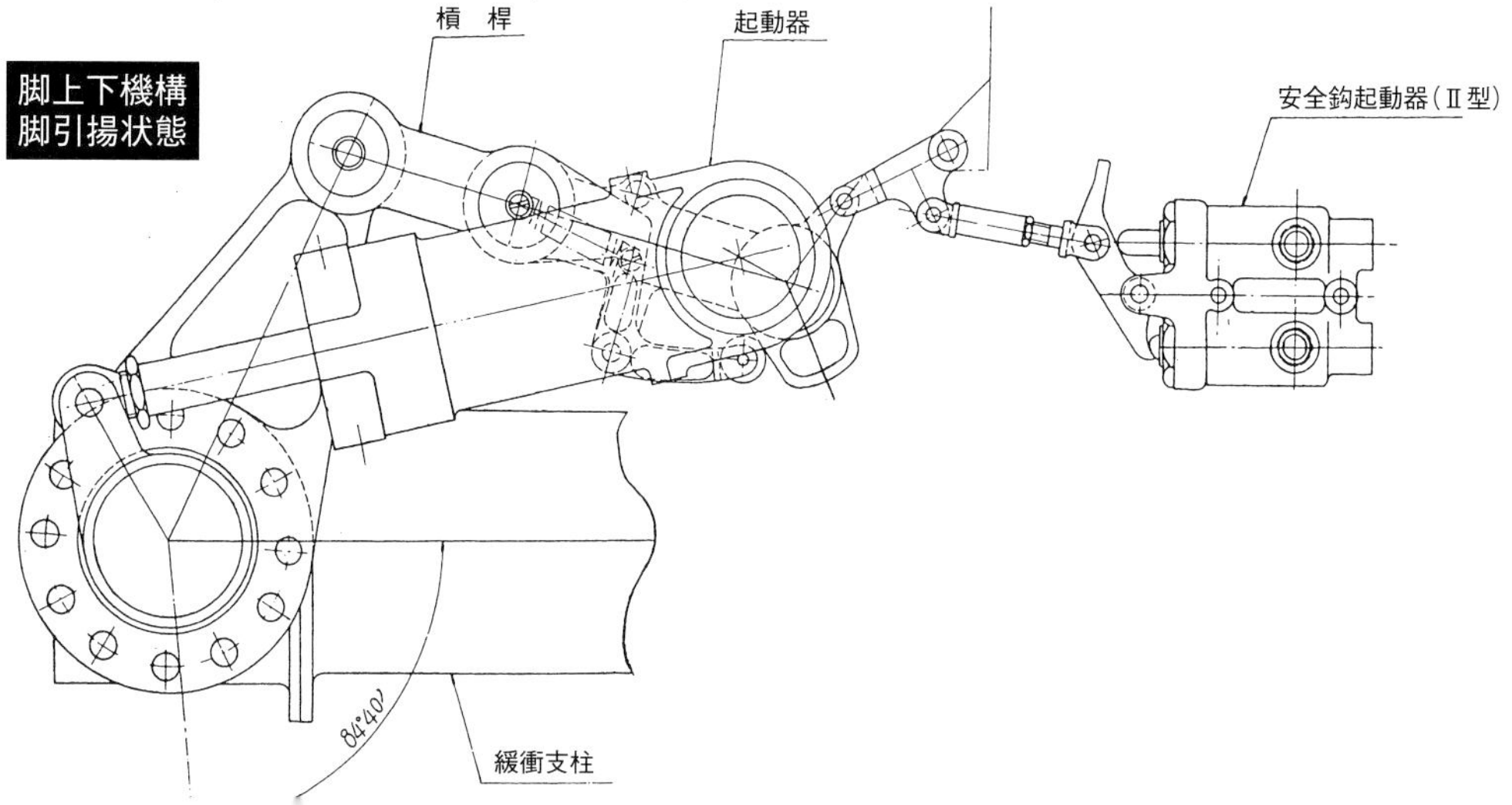

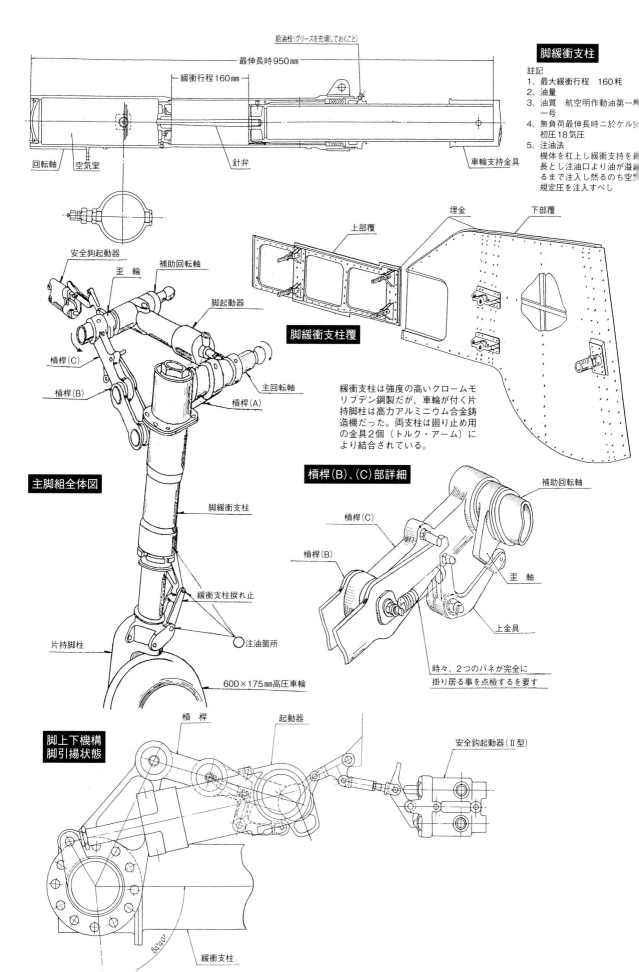

三式戦の尾脚は、最初の生産型一型甲では右図に示したような、主脚と連動して油圧により出し入れする引込式だったが、次の一型乙以降は生産工程簡易化のために固定式とされ、最後の五式戦まで変化なかった。固定式となった際、当然ながら収納扉も廃止され、収納孔も外鈑でカバーされた。車輪は200×75㎜サイズのソリッドゴム製で、支持金具内に組み込まれた制限装置により、左右45度までの範囲内に回転制限されるが、それを超えると360度自由回転できるようになっていた。

尾脚全体(キ61-Ⅰ甲まで)

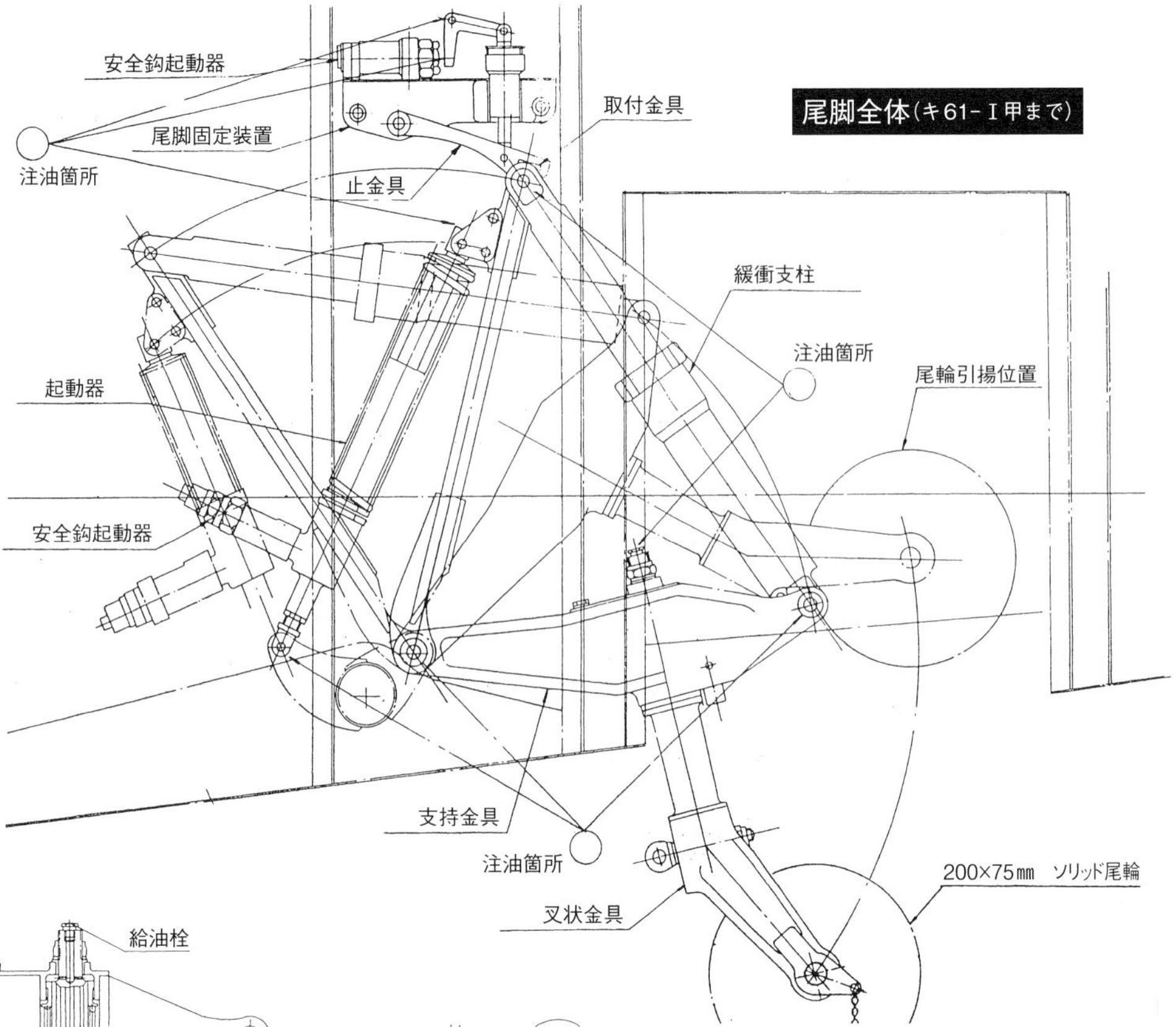

尾脚構成

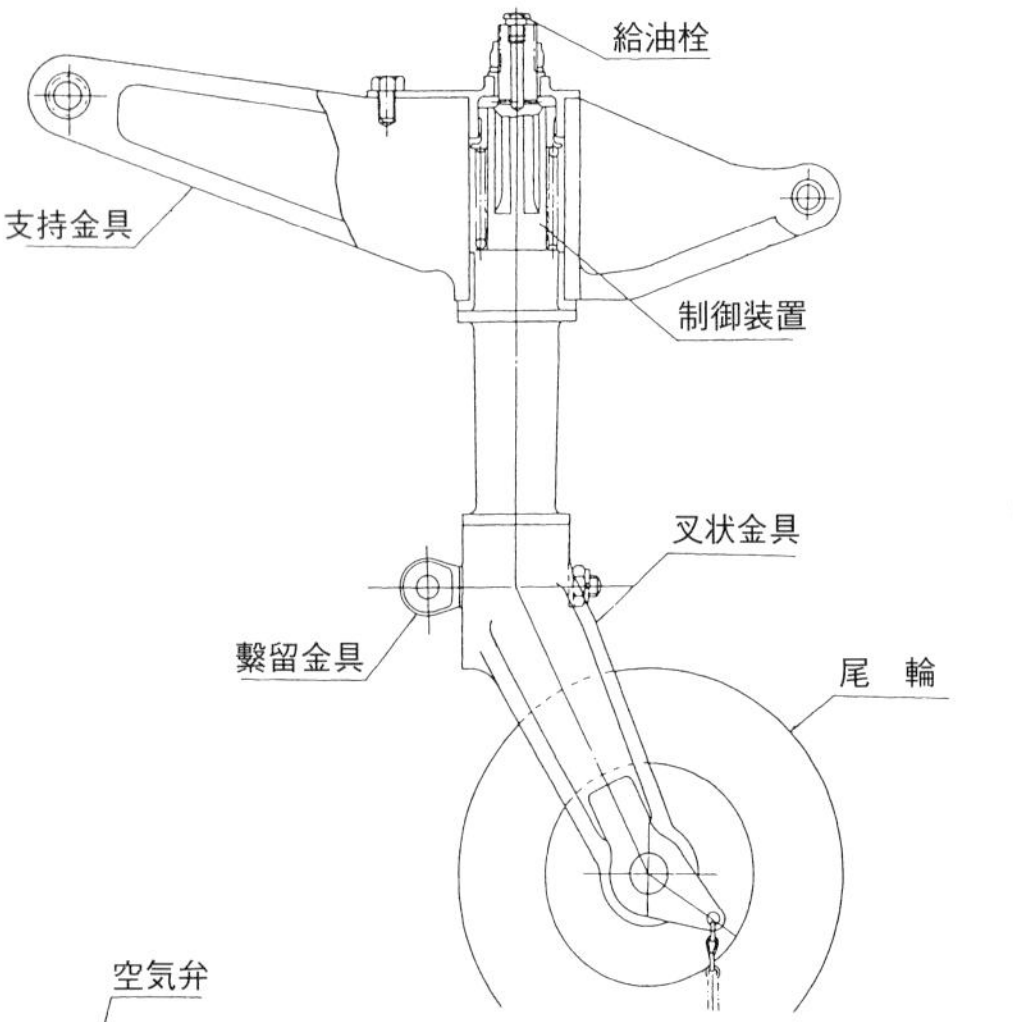

尾脚扉
(キ61-Ⅰ甲まで)

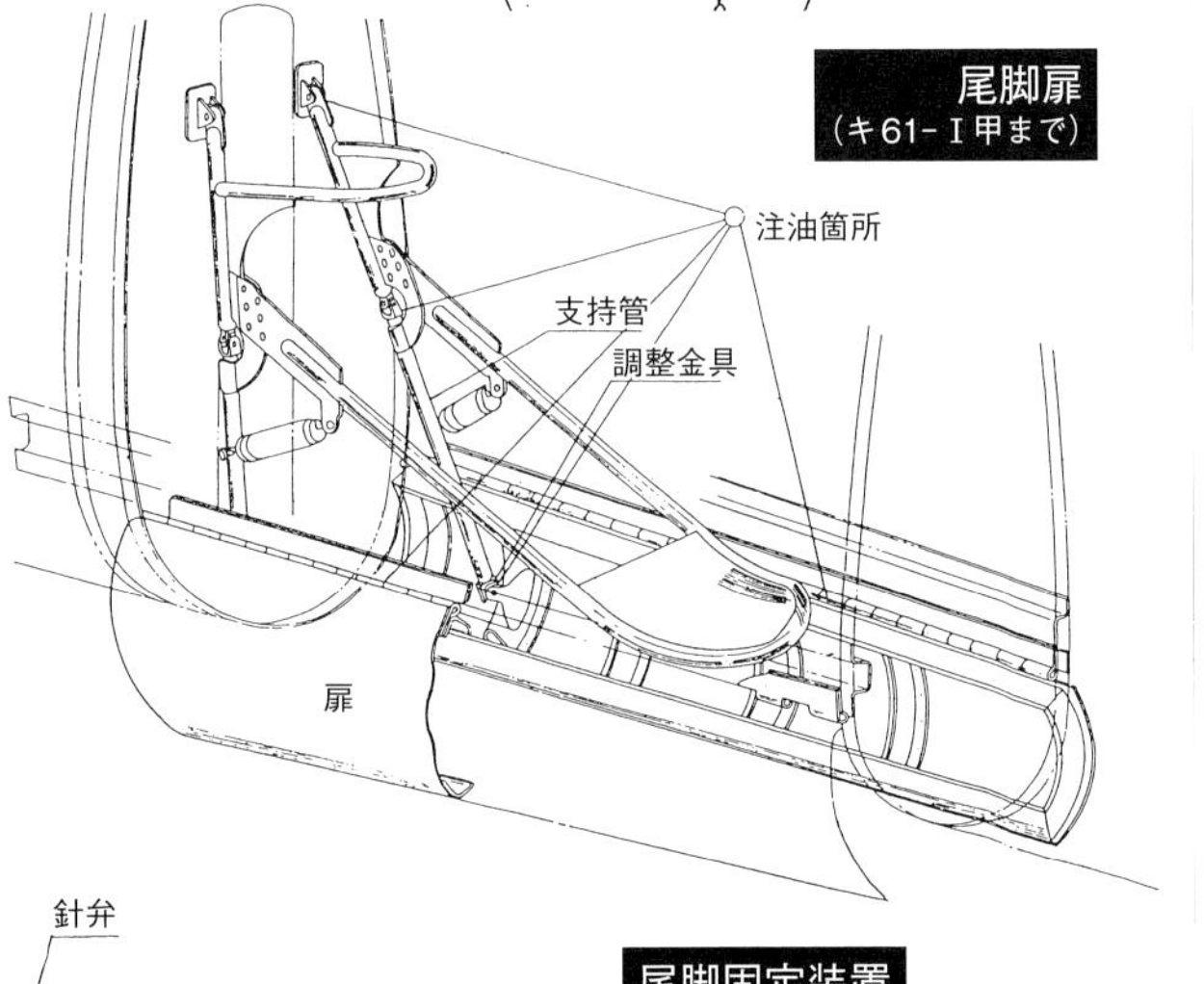

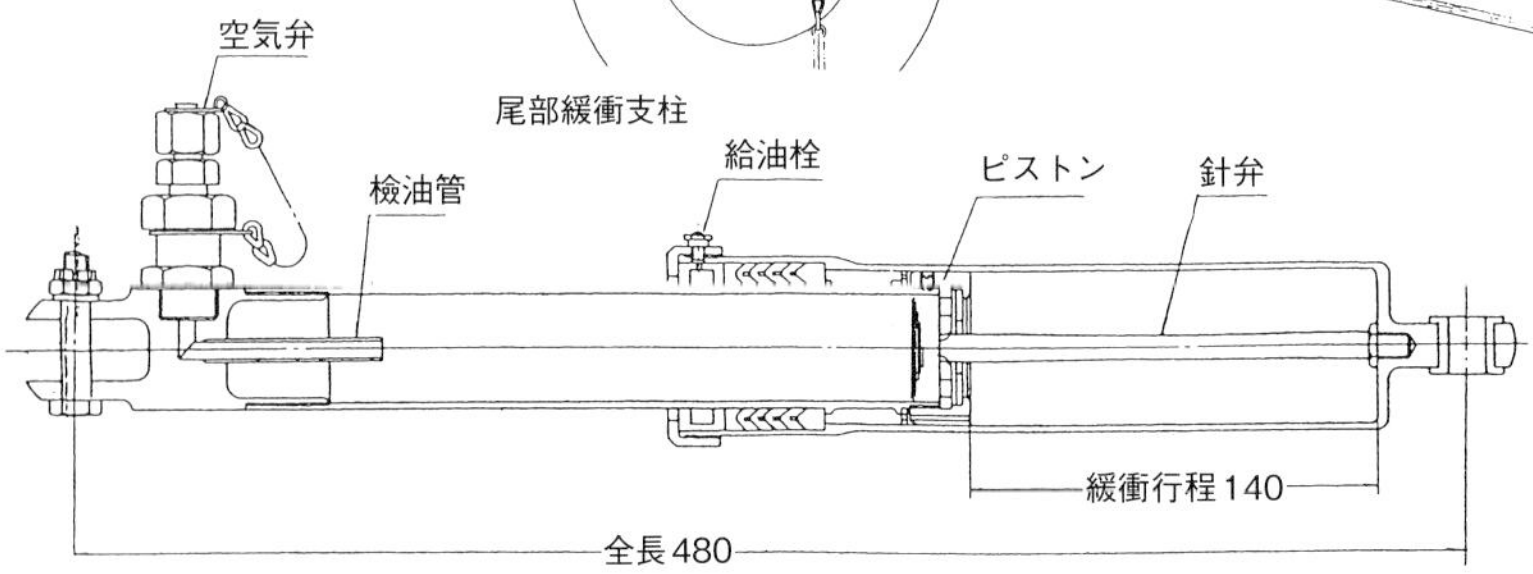

緩衝支柱構造
(寸法単位：㎜)

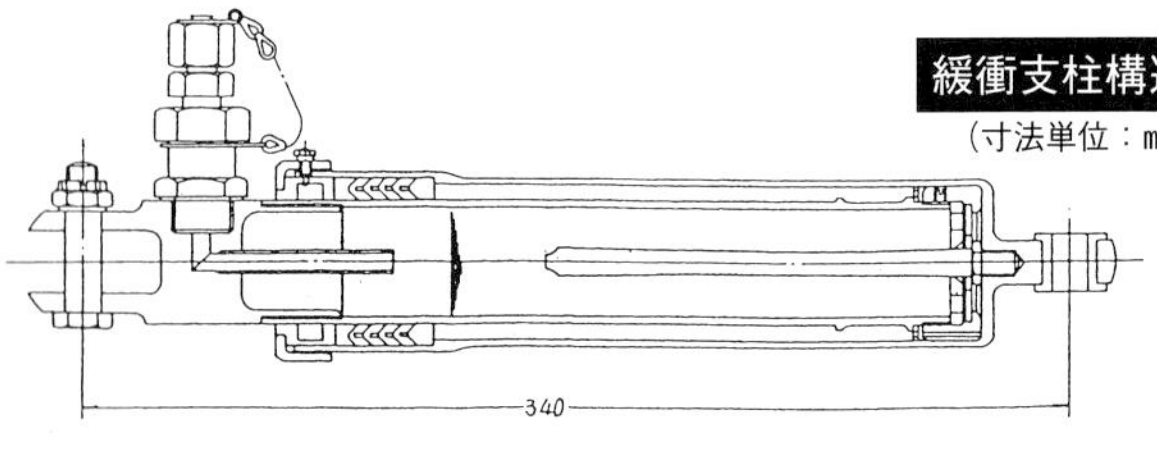

註記 1、最大緩衝量約140粍
2、落下荷重 413瓩
3、油量
4、使用油は航空用作動液第一種第一号
5、無負荷重時に於ける空気重力

尾脚固定装置

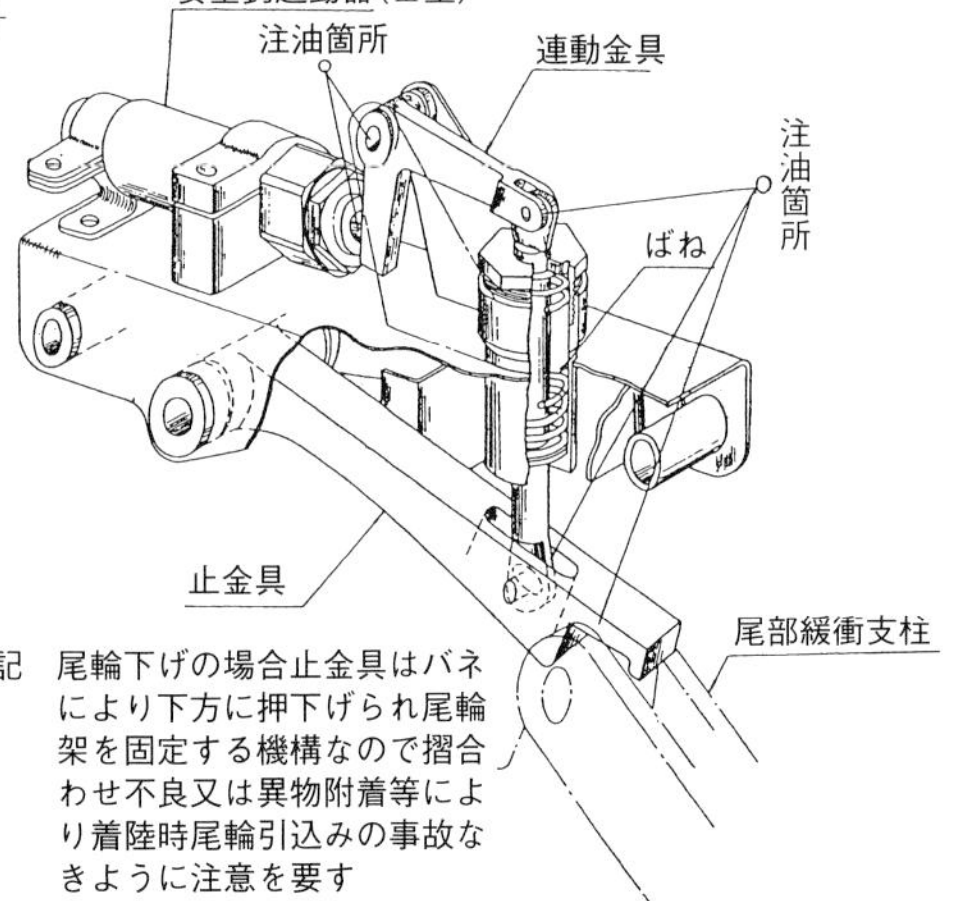

註記 尾輪下げの場合止金具はバネにより下方に押下げられ尾輪架を固定する機構なので摺合わせ不良又は異物附着等により着陸時尾輪引込みの事故なきように注意を要す

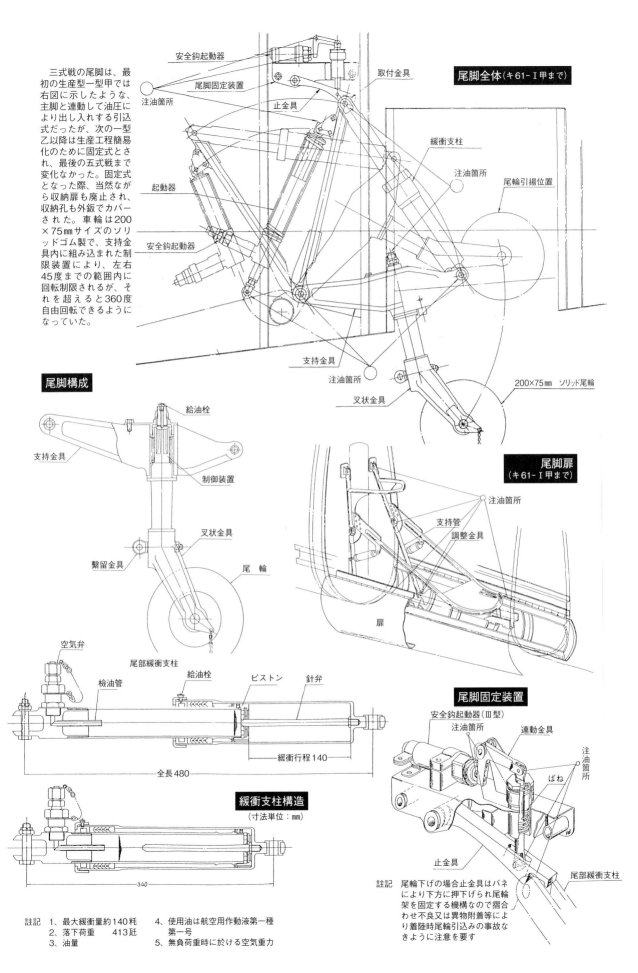

←五式戦の固定式尾脚を左側より見る。三式戦とまったく同じ。

脚の非常引き下げ装置とは、戦闘、あるいは故障により油圧装置が使えなくなり、脚が下がらなくなったとき、操縦室内の杷手を動かし主、尾脚のロックを解除して自然に下がるようにする装置。一型乙以降の固定式尾脚では、下図の尾脚への連結索は当然ない。

主脚及尾脚非常引下装置

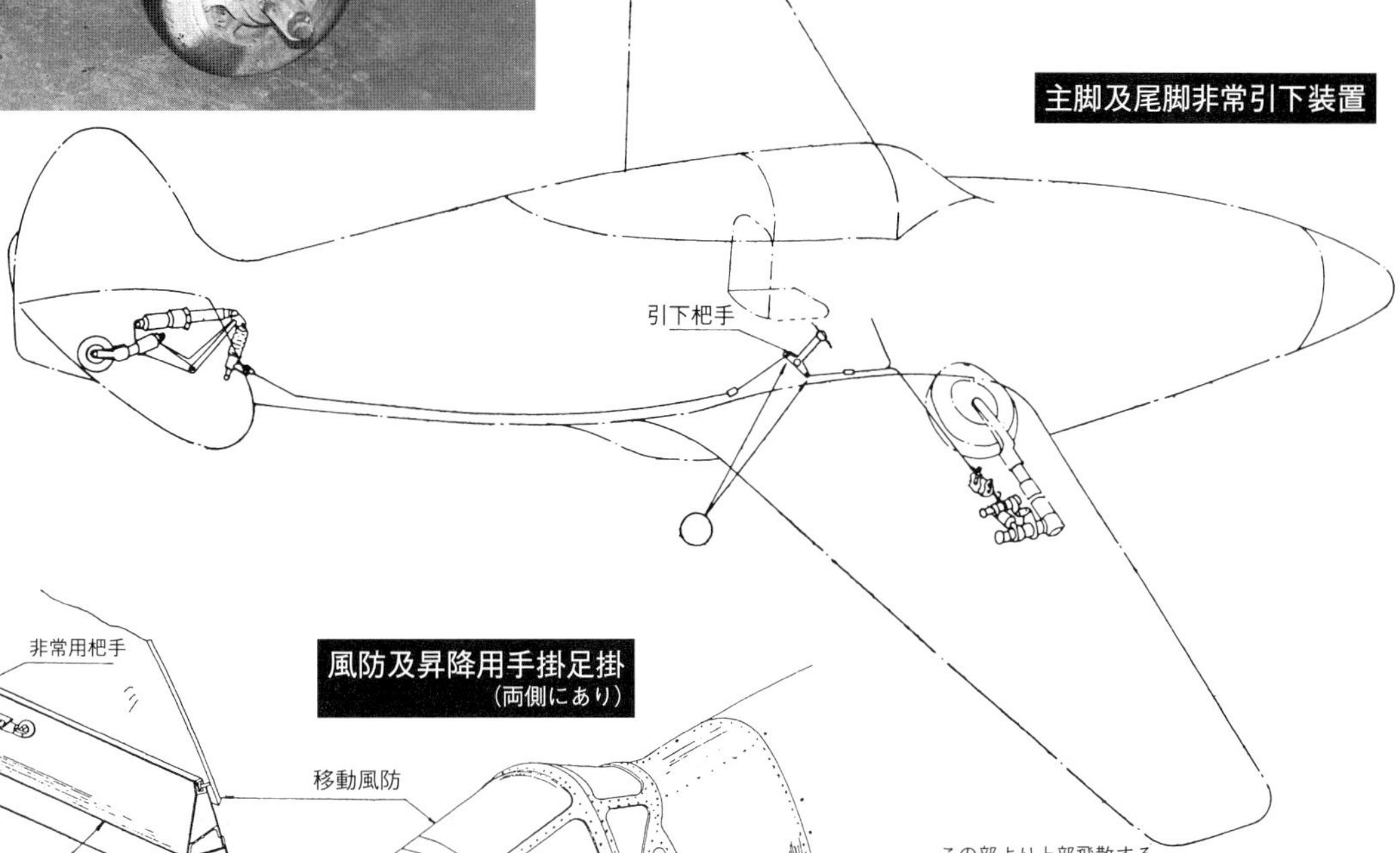

風防及昇降用手掛足掛
（両側にあり）

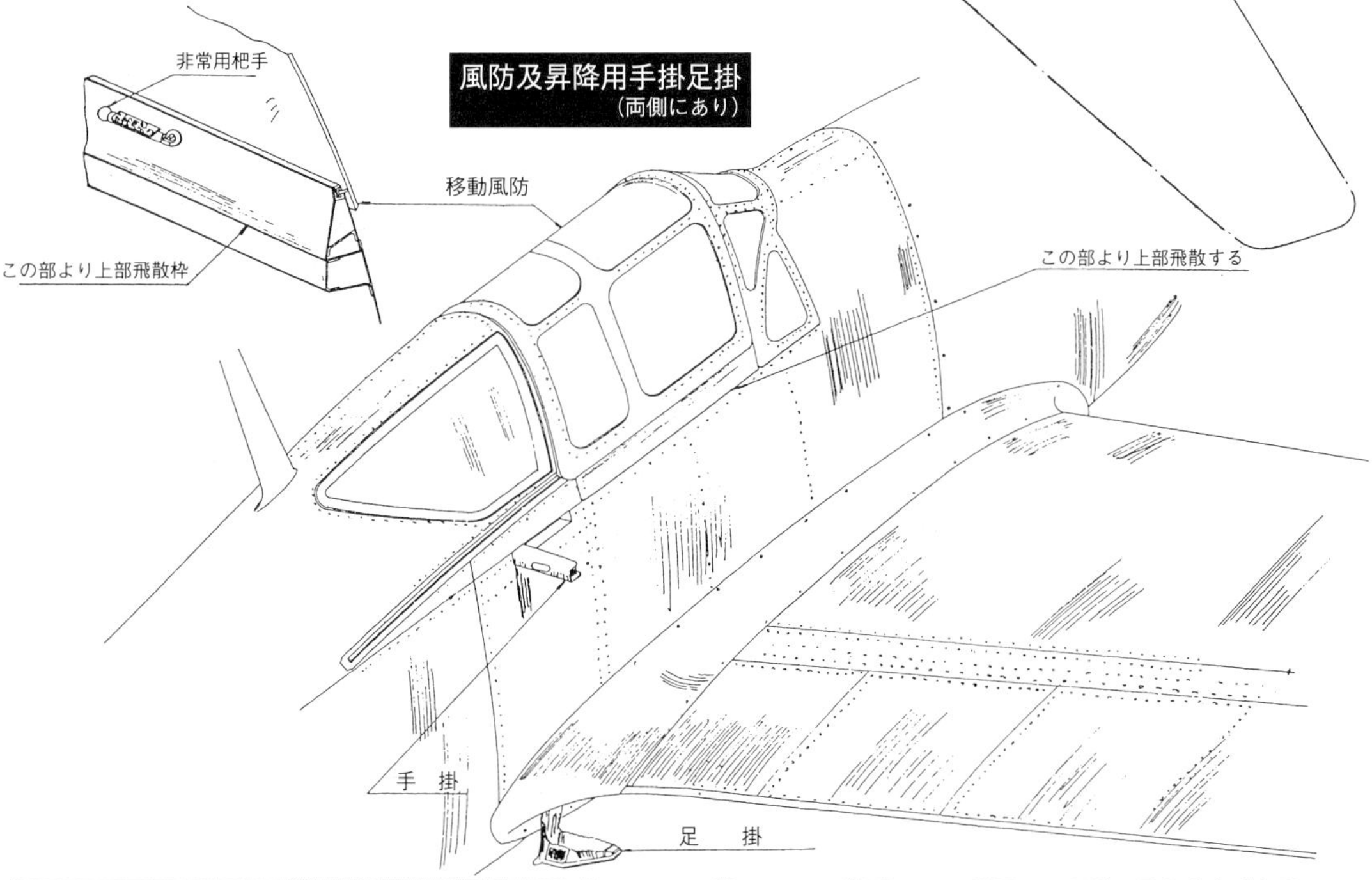

註記　1　風防は飛行中必ず全閉とすること、空中に於ける飛散を安全確実にするため地上に於て下記の如く調整することを要す。即非常用把手を左右共内方に約45°倒し先端丸みに掌を当て軽く上方に起こすと同時に背を以て風防を押し上げれば容易に離脱し得る程度に調整しておく

←三式戦二型改の後期生産機から導入された、360度視界を有する水滴状風防。五式戦の新規生産機も適用した。

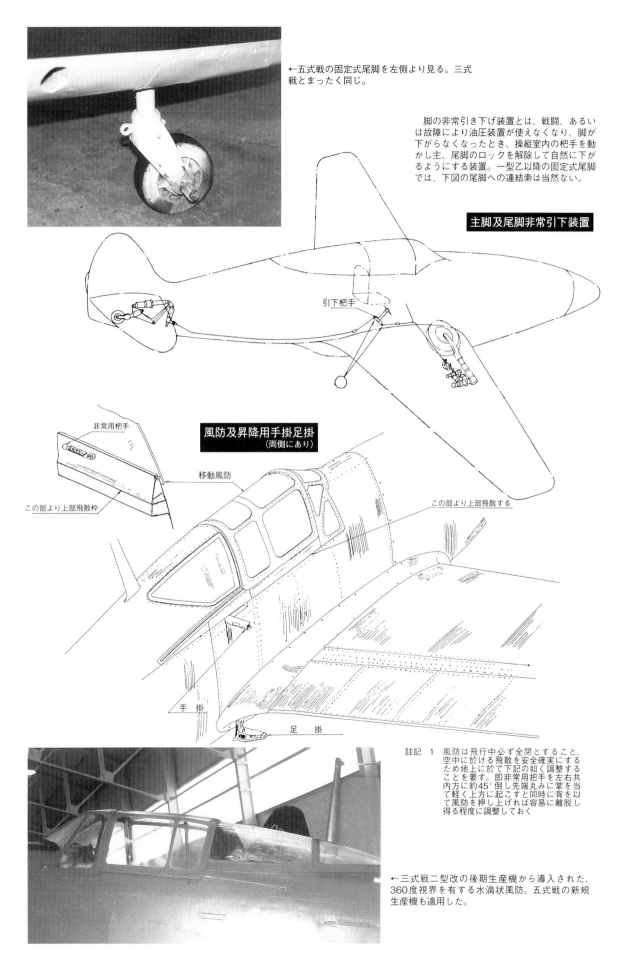

計器盤全体

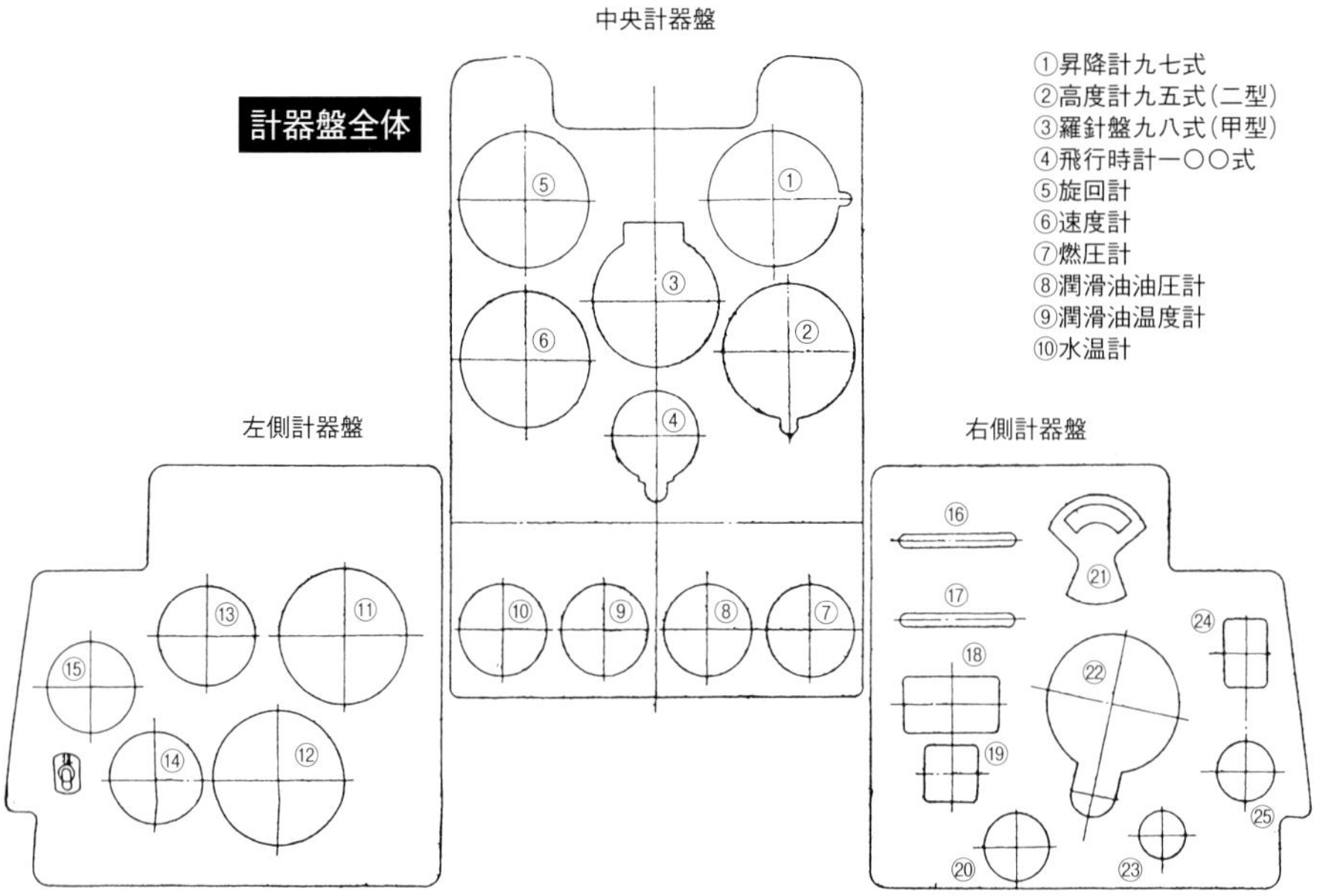

①昇降計九七式
②高度計九五式(二型)
③羅針盤九八式(甲型)
④飛行時計一〇〇式
⑤旋回計
⑥速度計
⑦燃圧計
⑧潤滑油油圧計
⑨潤滑油温度計
⑩水温計
⑪吸入圧力計
⑫回転計一〇〇式
⑬点火開閉器
⑭排気温度計
⑮大気温度計
⑯水冷却器扉開度指示器
⑰下げ翼開度指示器
⑱主脚警灯
⑲尾脚警灯
⑳燃料注射ポンプ
㉑酸素吸入器流量計
㉒油量計一〇〇式
㉓切換コック
㉔旋回計調整弁
㉕速度計ポンプ

↑操縦室のアレンジは、胴体幅が84㎝とタイトな故に正面計器板、サイドコンソールともにギッシリ詰まった感があるが、雑然ではなくよくまとまっている。正面計器板の左、右が低くなっているのは、機首内部に固定する「ホ一〇三」13㎜（実口径は12.7㎜）機関砲の砲尾をクリアするため。サイドコンソールの配置が図で示せないが、左側には前方に発動機関係、油圧装置などの操作杷手、右側には配電盤、酸素装置操作杷手などが配置されている。

↑五式戦の操縦室内正面計器板。ただし、この写真は試作機のものとされ、「ホ五」20㎜機関砲は未装備で、右上方にはテストのための計測用計器が追加されているなど、生産機とは少し異なる。計器板の配置は基本的に三式戦と同じだが、当然、空冷発動機に換装されているので、水冷却器関係計器などは無く、若干の配置変更はなされている。

→三式戦の操縦室座席も、一式戦と同様に腰掛けと背当てが別々になっており、背当てはクッションの利いた造りで、着脱が容易な構成になっている。海軍機と違い、三式戦も当初から操縦者の防弾には配慮しており、背当てと頭当て（ヘッドレスト）の直後には防弾鋼板（厚さ13〜16㎜）が設置されていた。

操縦者座席及び上下装置並に防弾鋼板

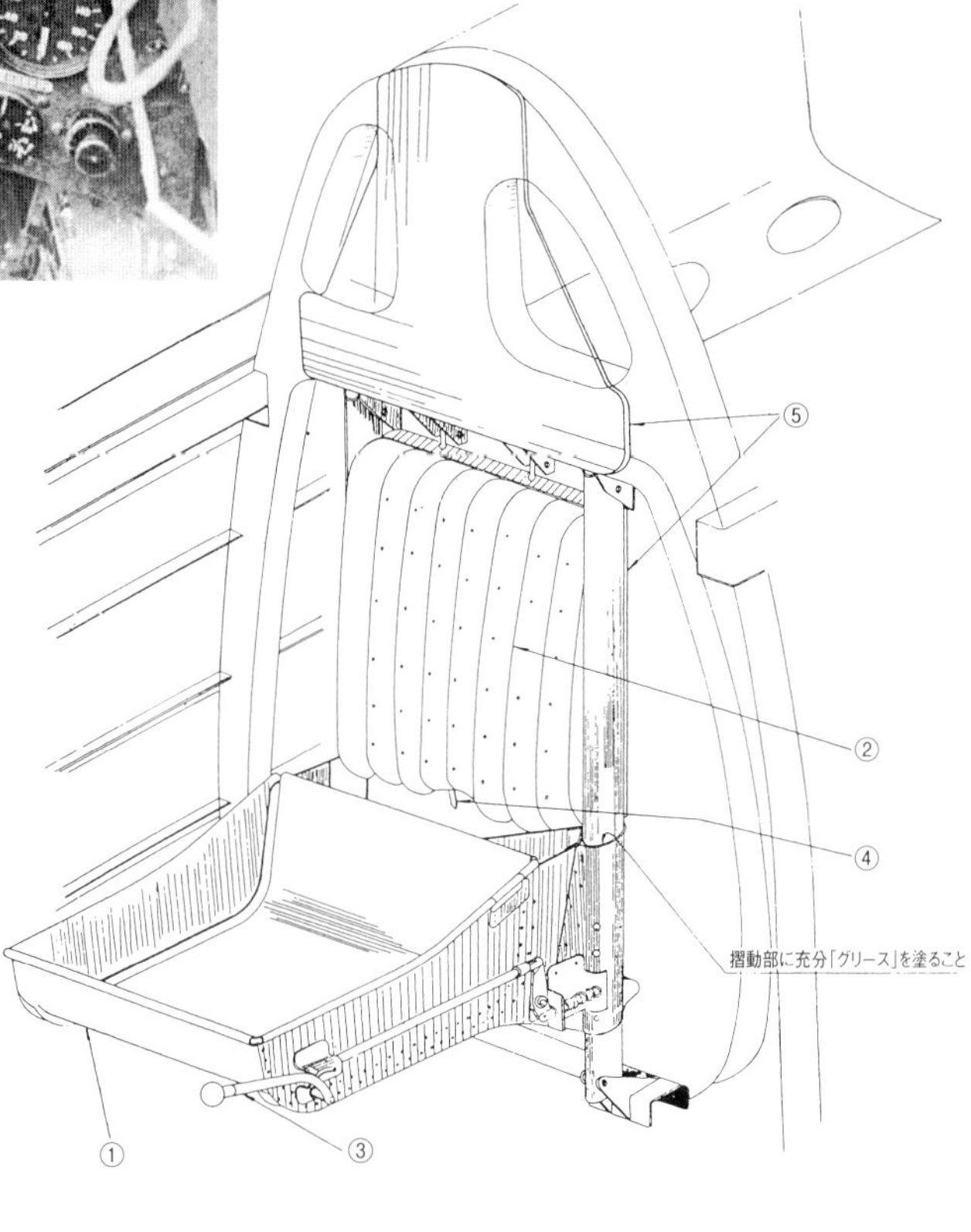

① 腰掛　③ 腰掛上下装作把手　⑤ 防弾鋼板
② 背当て　④ 背当て取外し操作装置

酸素吸入装置配管系統図

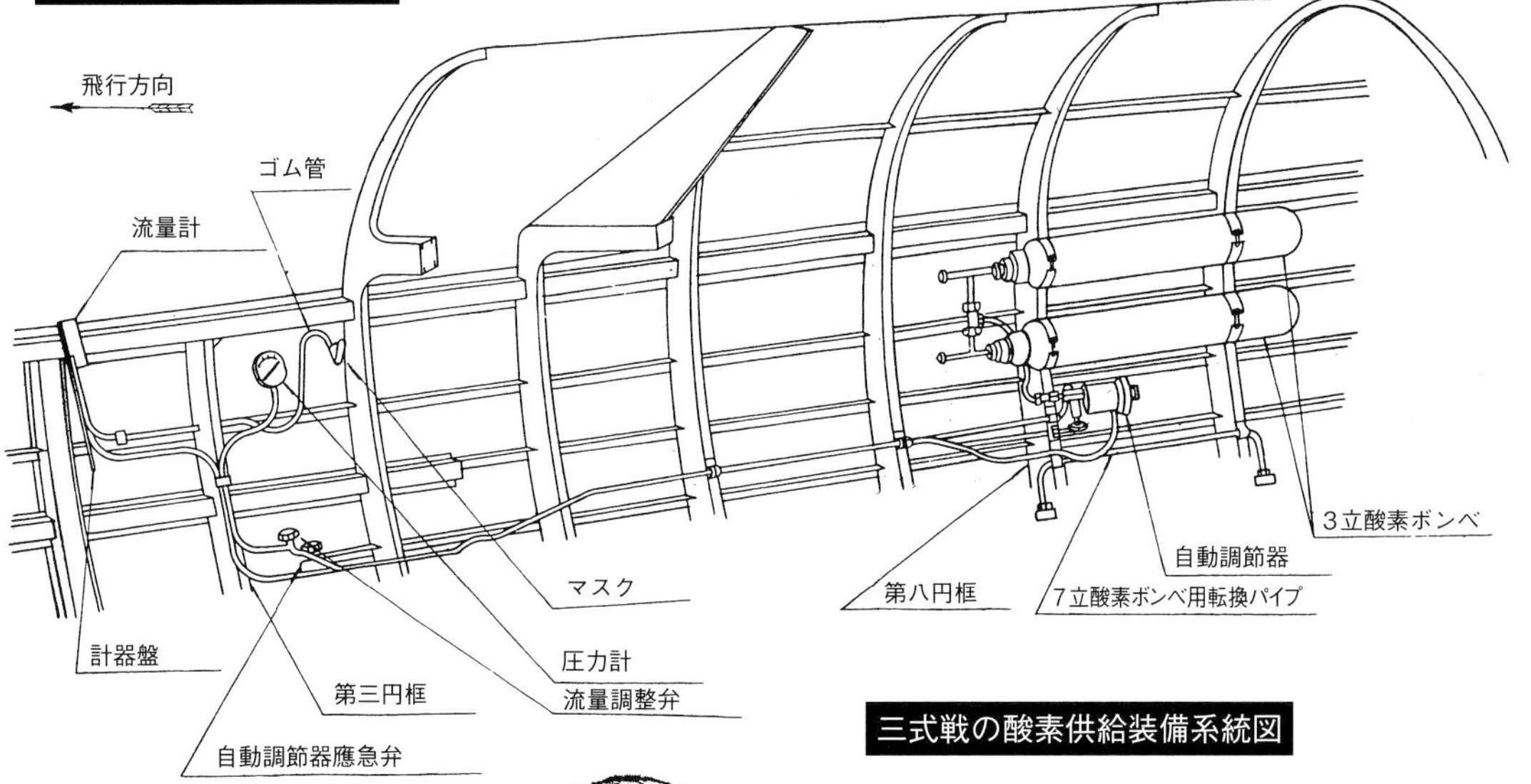

三式戦の酸素供給装備系統図

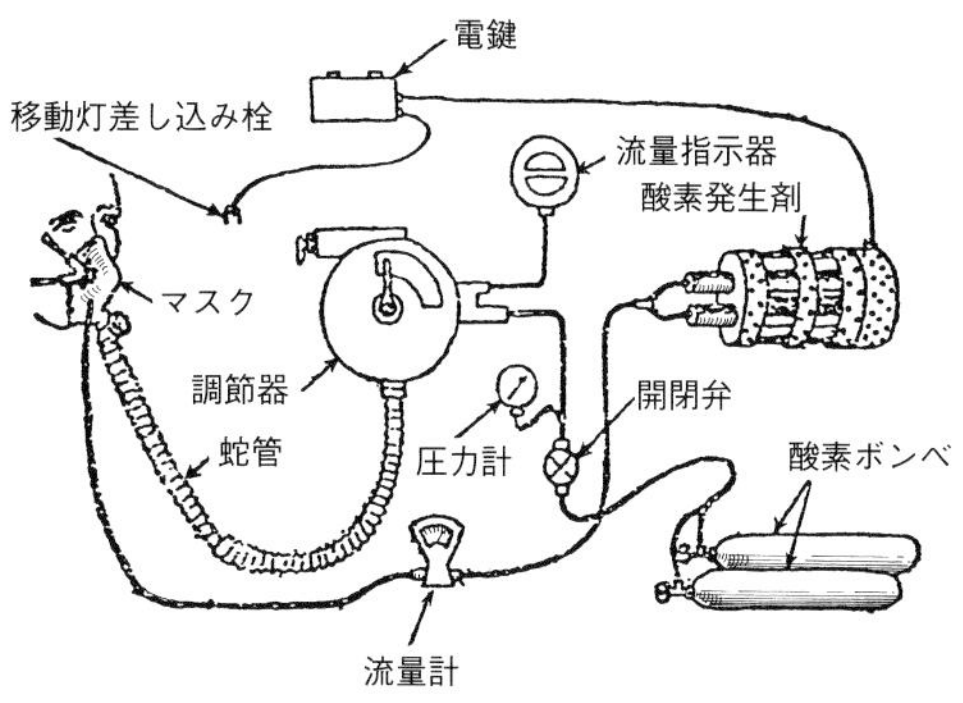

酸素マスク装着要領

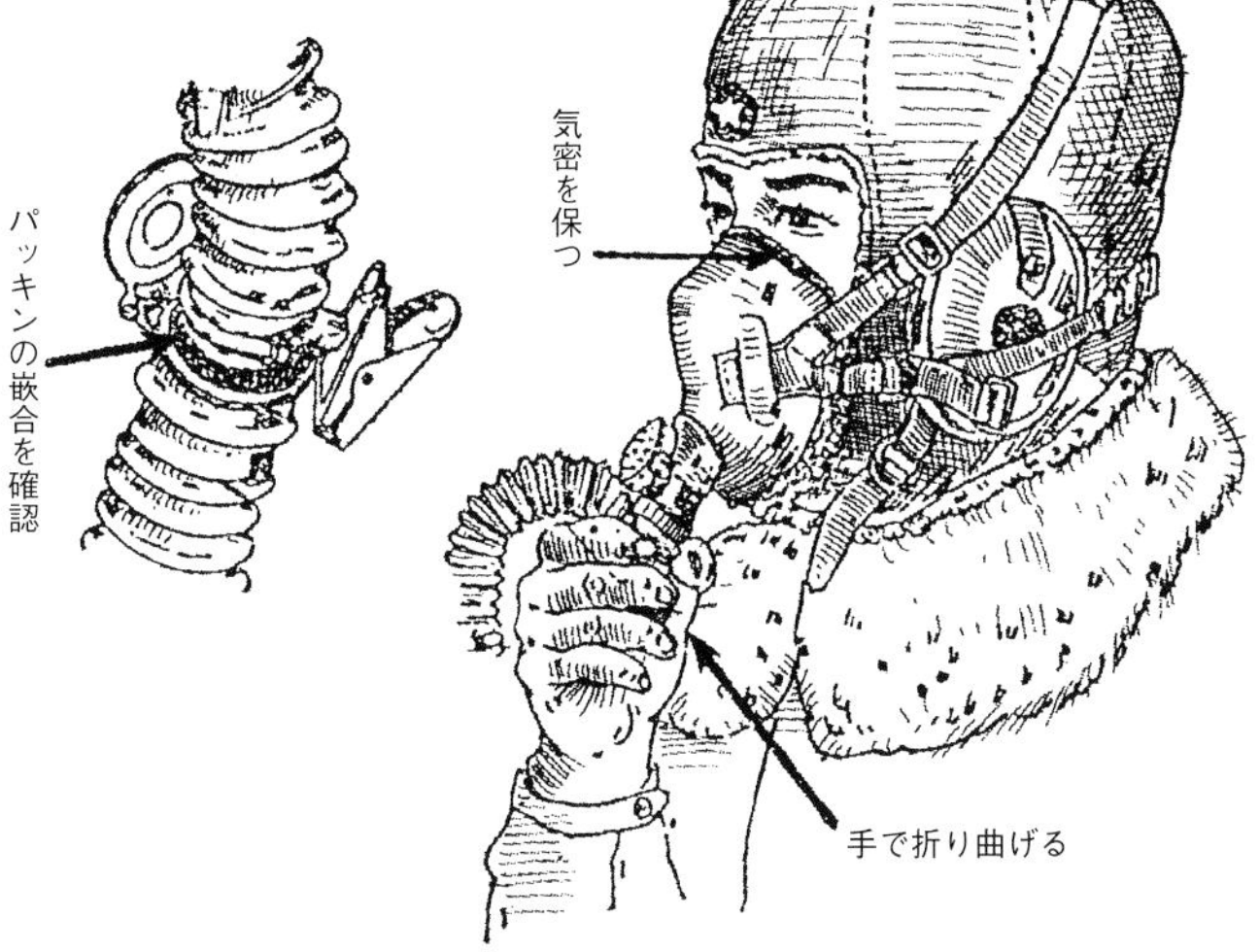

三式戦が装備した無線機は、近距離用の九九式飛三号無線機だったが、昭和19（1944）年秋以降、改良型の四式飛三号に更新された。両機の基本ユニットには大きな違いはないので、下に四式飛三号を装備した三式戦二型の関係機器配置図を掲載する。

三式戦二型の無線機関係装備

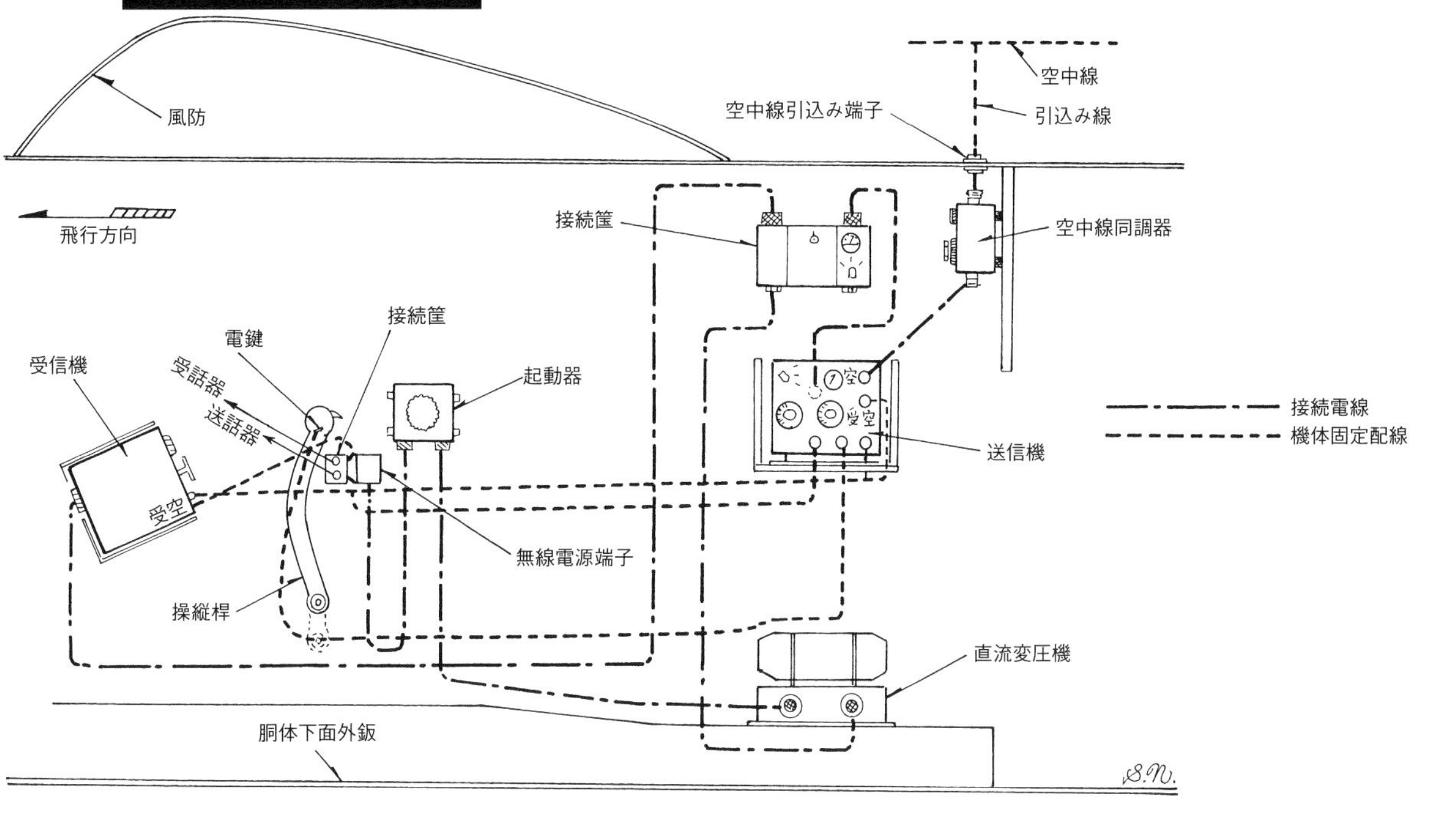

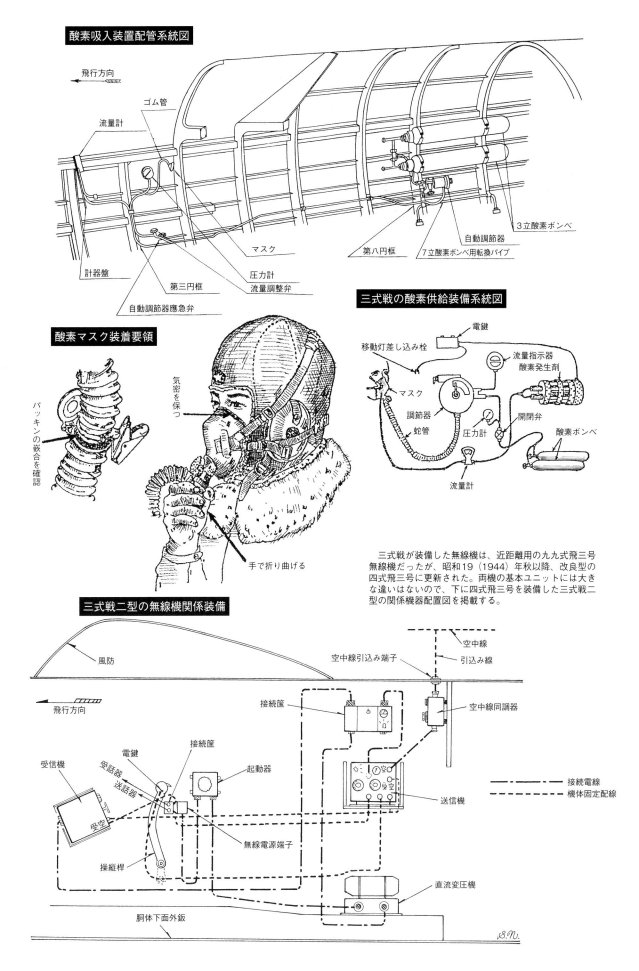

三式戦一型甲の射撃兵装配置

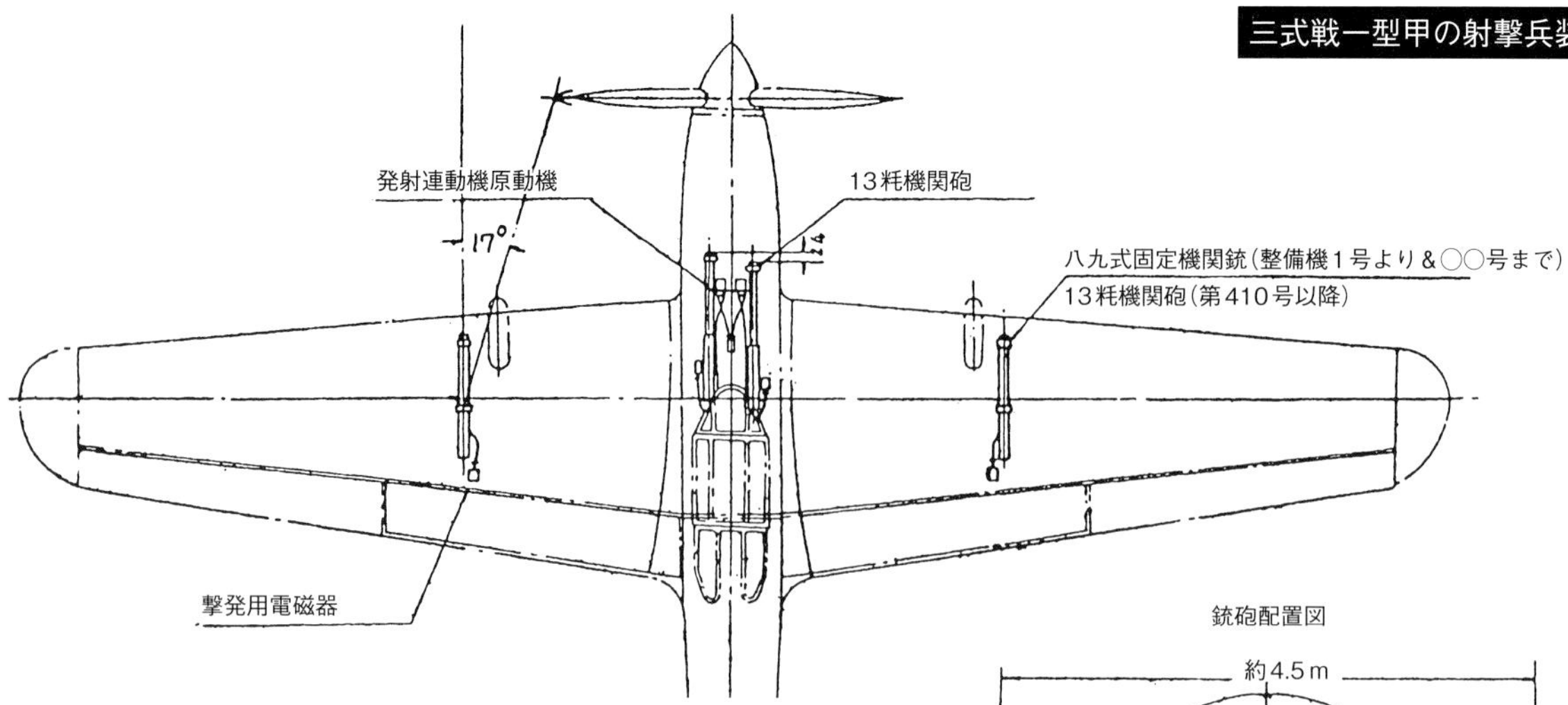

銃砲配置図

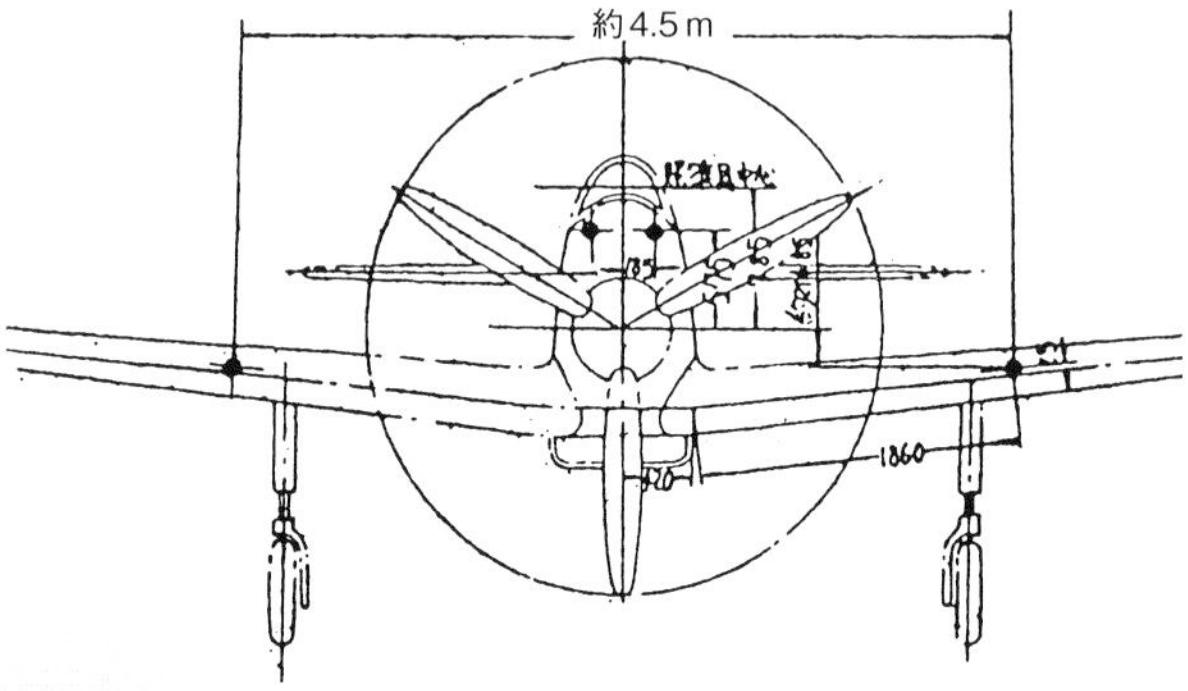

三式戦の射撃兵装は、試作の段階で機首上部、および左右主翼内に「ホー〇三」13粍（実口径は12.7㎜）機関砲を2門ずつ、計4門装備を予定したが、最初の生産型一型甲の量産開始当時、ホー〇三の供給不足により、主翼内はハ九式7.7㎜機銃を装備せざるを得なかった。昭和18（1943）年秋になってようやく、本来のホー〇三4門装備を叶えた一型乙が生産に入り、同年11月からニューギニア島戦域を皮切りに実戦投入された。

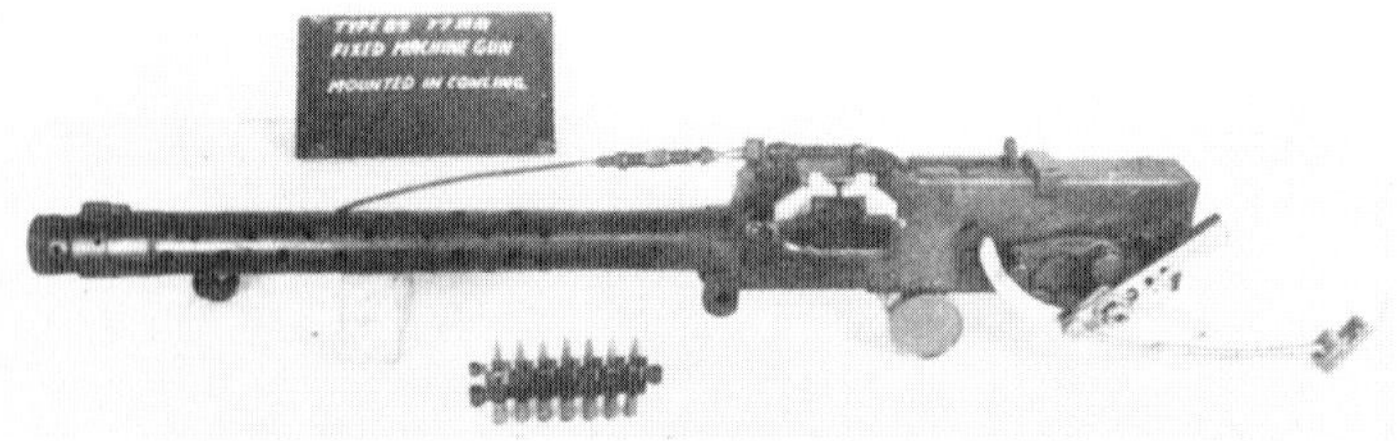

←日本陸軍
八九式7.7㎜固定機銃＆弾帯（中央手前）

機首上部「ホー〇三」13粍機関砲装置全体図

13粍機関砲取付金具詳細

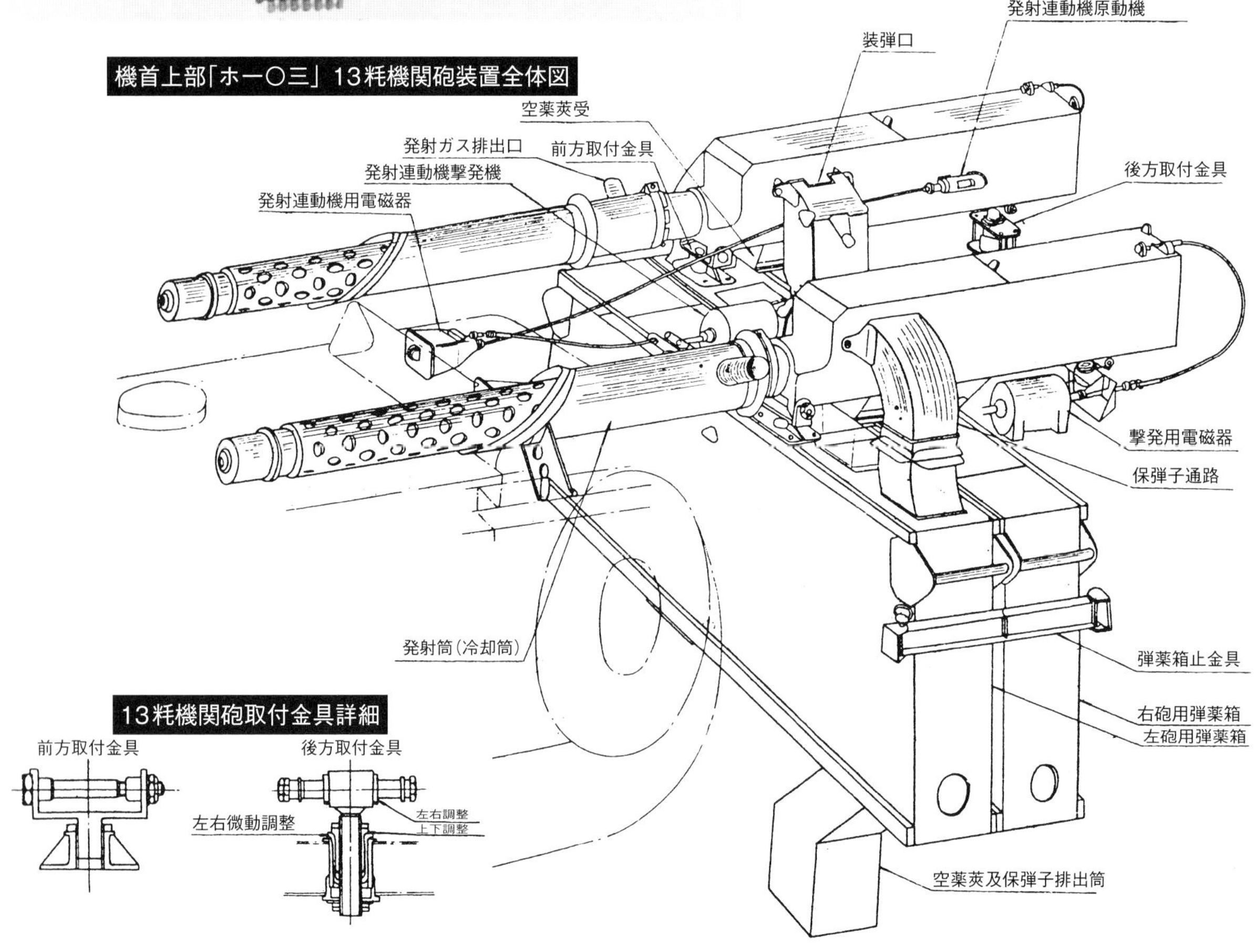

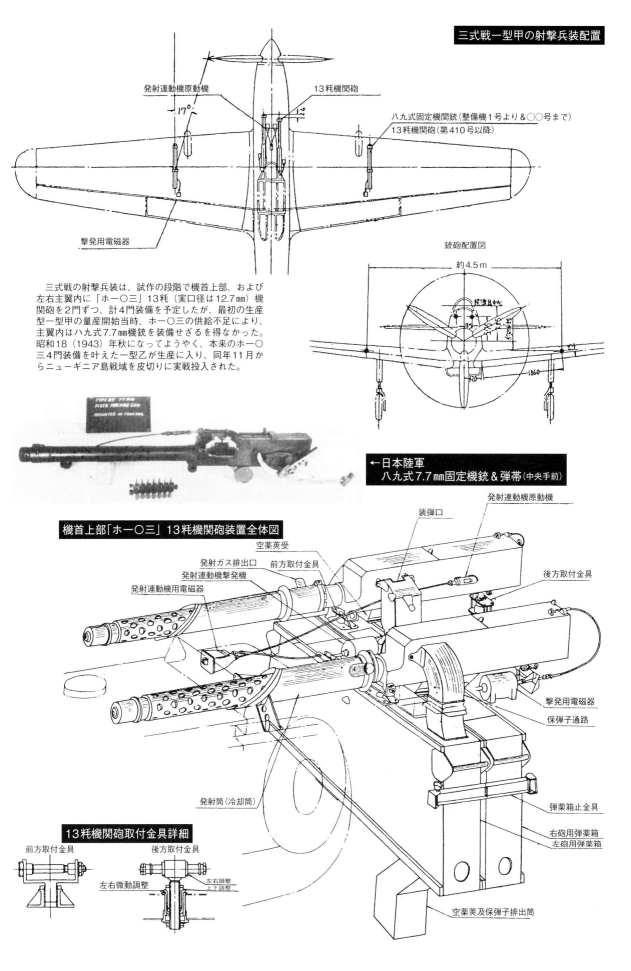

翼内機関銃装置全体(八九式7.7㎜)

キ61-Ⅰ甲　主翼内7.7㎜機関銃装備要領図

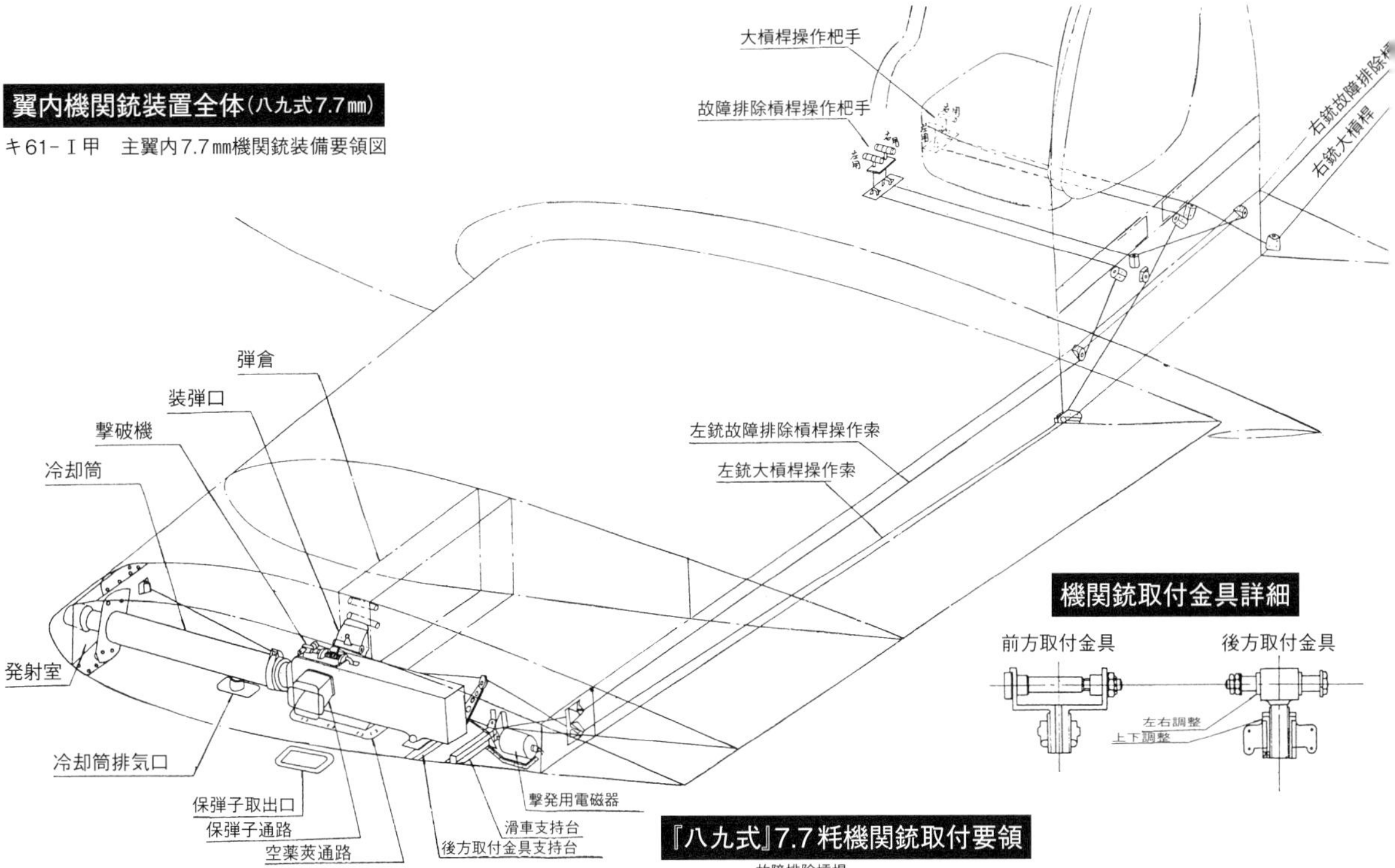

機関銃取付金具詳細

『八九式』7.7粍機関銃取付要領

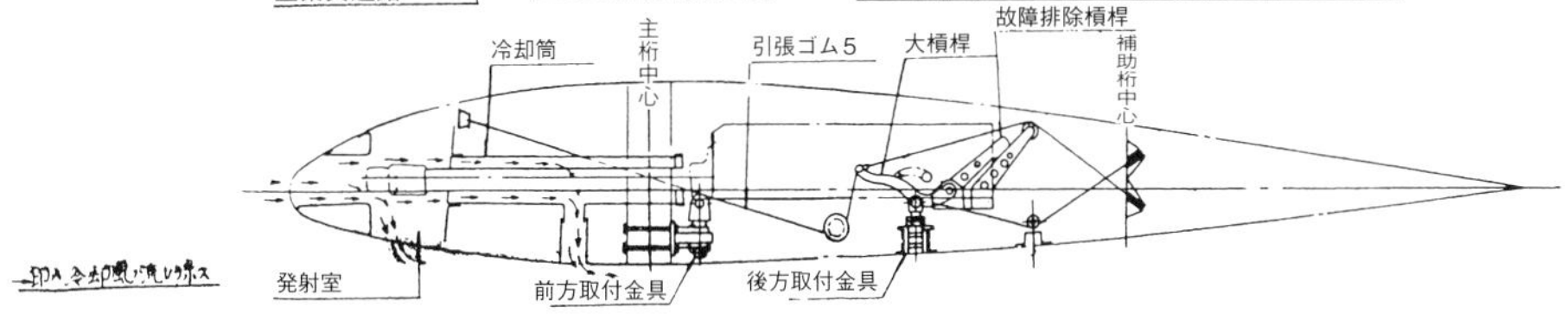

翼内機関砲装置全体(ホー〇三)

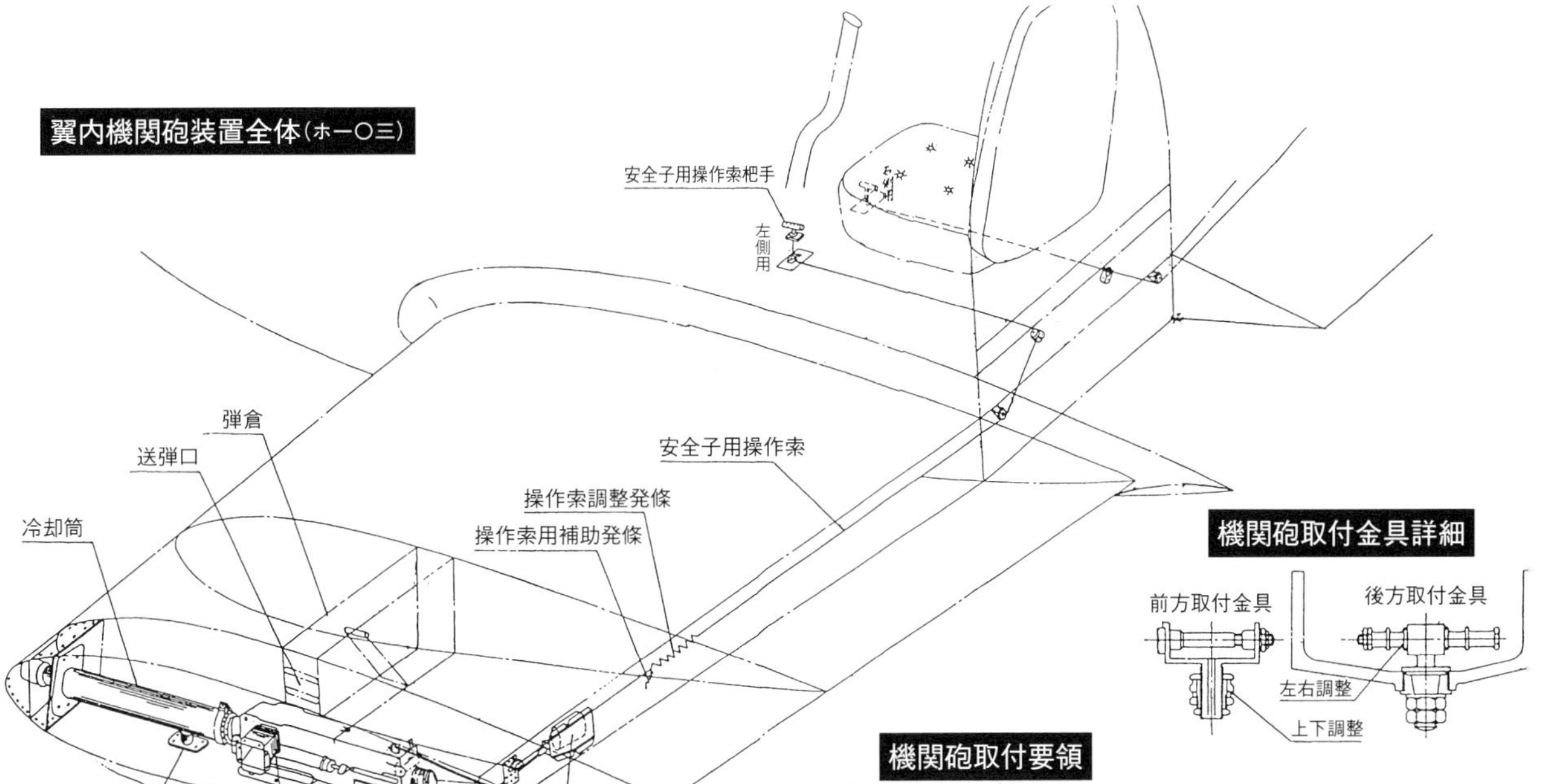

機関砲取付金具詳細

機関砲取付要領

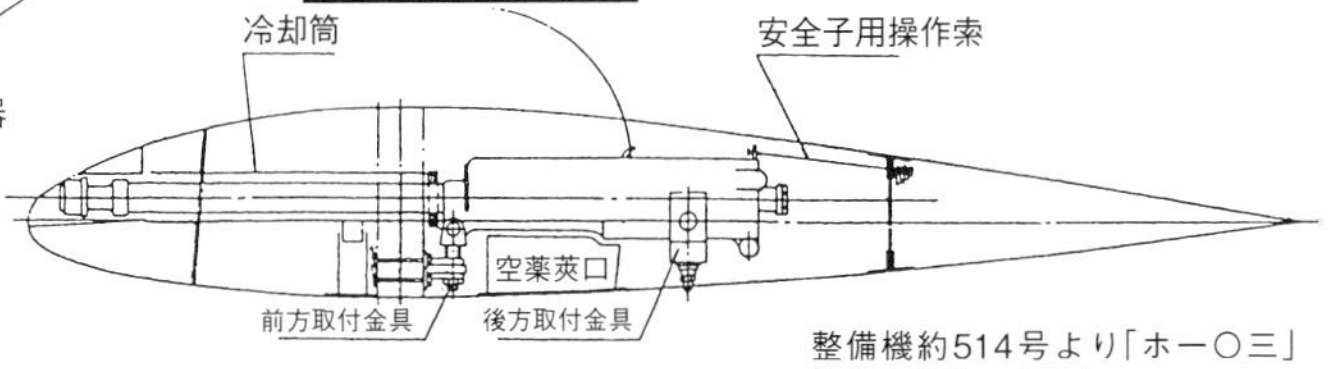

整備機約514号より「ホー〇三」
機関砲装備に変更す
ただし八九式固定機関銃との交換
装備は不可能なり

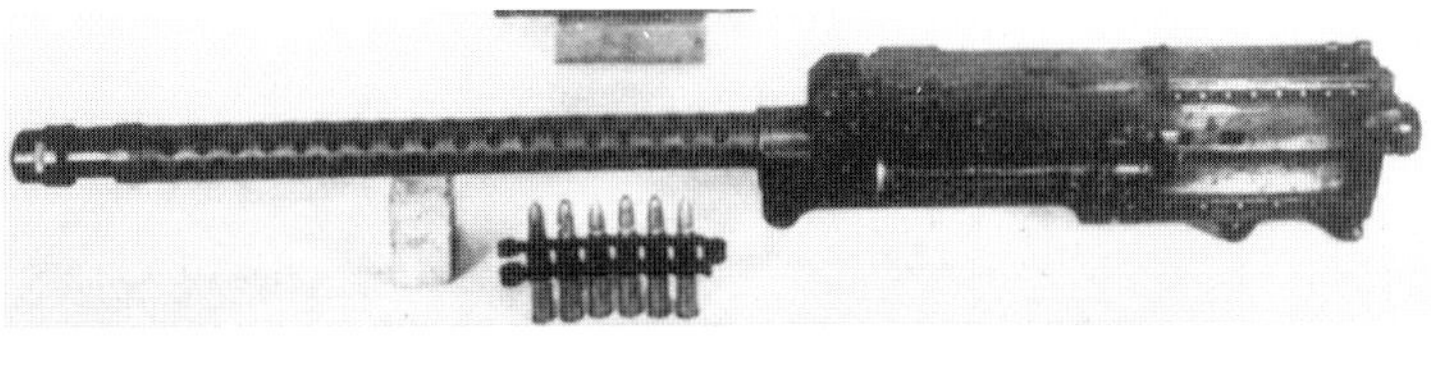

←一式12.7㎜固定機関砲＆弾帯(中央手前)

キ61-Ⅱ改 射撃装置全体図

①上部前方発動機覆、②発動機カム室、③発射連動機原動機、④同伝導装置、⑤上部後方発動機覆、⑥冷却筒、⑦防火壁、⑧機関砲(緩衝筒)、⑨緩衝筒取付金具、⑩発射連動機用電磁器、⑪「ホ五」20㎜機関砲、⑫送弾口、⑬装填用電動起動器、⑭逆鈎用起動器、⑮照準器取付金具、⑯光像式照準器五型、⑰射撃用押し釦(操縦桿頂部)、⑱操縦席主配電盤、⑲砲電源開閉器、⑳操縦桿電気系統接続箱、㉑保弾子通路、㉒弾薬箱、㉓自動装填用開閉器、㉔左側計器盤、㉕胴体砲装填用押し釦、㉖胴体内電線通路、㉗自動装填用継電器、㉘射撃用継電器、㉙電線、㉚油圧配管(逆鈎用)、㉛同(装填用)、㉜電磁作動弁、㉝電線、㉞翼内電線分岐箱、㉟「ホ一〇三」12.7㎜機関砲、㊱冷却筒、㊲保弾子通路、㊳装填用起動器、㊴保弾子取出口、㊵自動装填用開閉器、㊶点検孔、㊷撃発用電磁器(BⅡ改型)、㊸油圧配管(装填用)、㊹送弾口、㊺弾倉、㊻電線

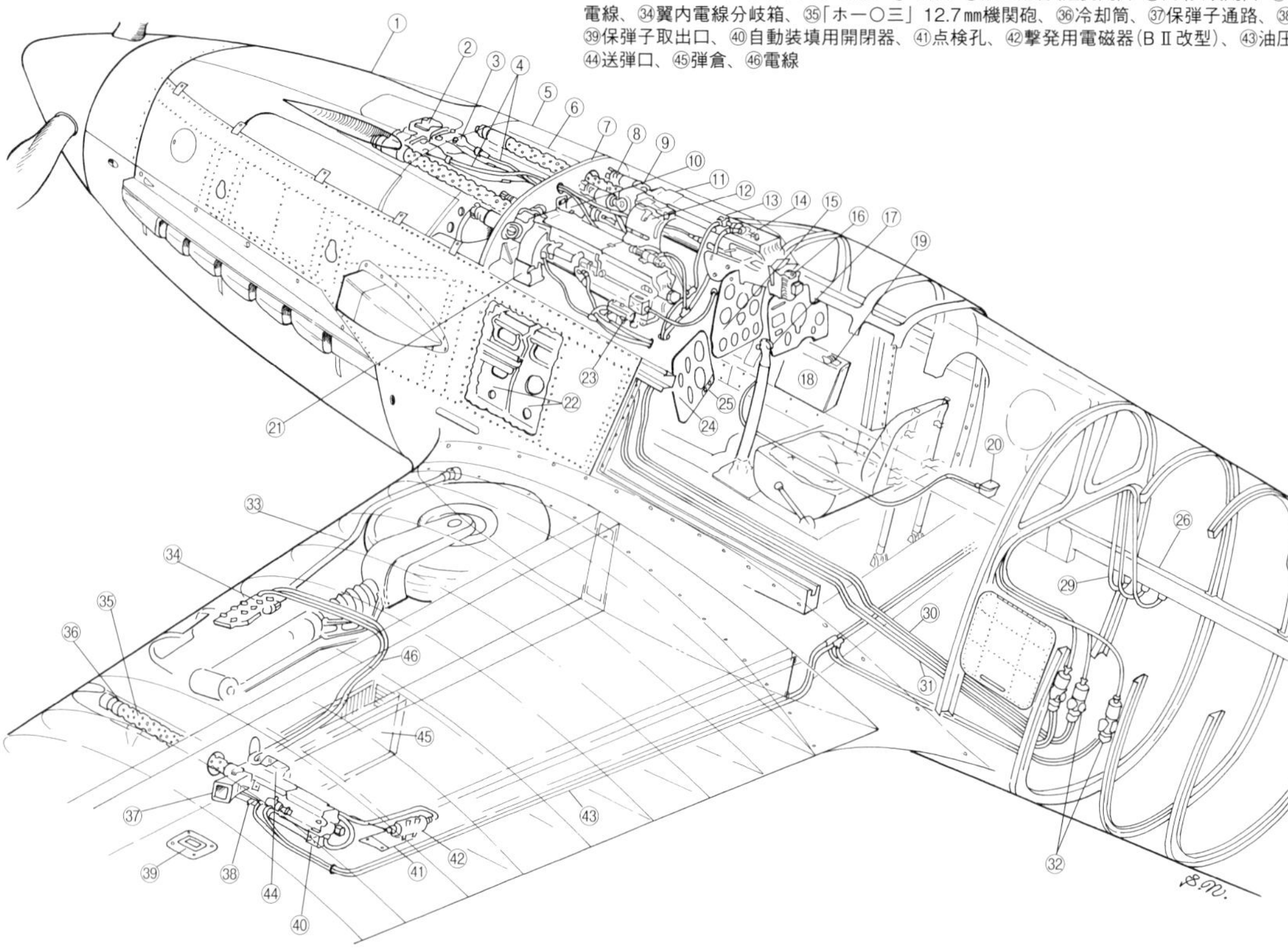

三式戦の射撃照準器取り付け要領図

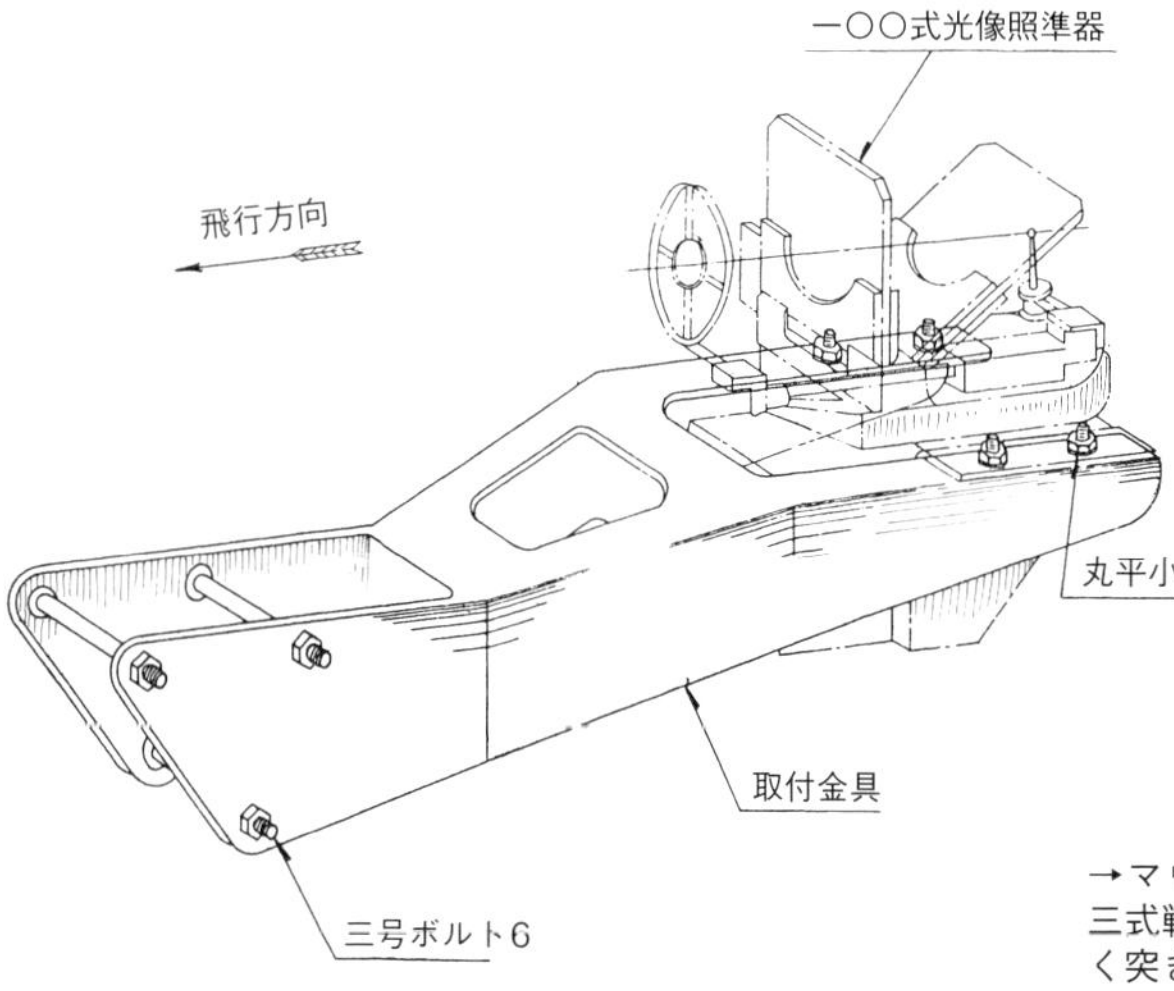

単発戦闘機用の20㎜固定機関砲の開発が、海軍に比べて遅れていた陸軍は、窮余の策として、ホ一〇三の口径を20㎜に拡大した「ホ五」の早期実用化を目指した。しかし、昭和18（1943）年9月から二式複戦、三式戦に装備開始するという計画は大幅に遅れ、翌19（1944）年2～3月頃になってようやく、一型乙の機首上部内ホ一〇三2門をホ五2門に換装した生産型、三式戦一型丁の量産が本格化した。この遅れをカバーするために、急遽ドイツからモーゼル（Mauser）MG151/20 20㎜機銃800挺が輸入され、本機銃を主翼内に2挺装備した三式戦一型丙が18年9月より生産に入り、ニューギニア島戦域から優先配備された。陸軍は社名を英語読みし「マウザー20㎜機関砲」と呼称した。

→マウザー20㎜機関砲は砲身が長いため、三式戦一型丙の主翼前縁からかなり前方に長く突き出、ひと目で型式区別ができた。

モーゼルMG151/20　20㎜機銃(マウザー機関砲)

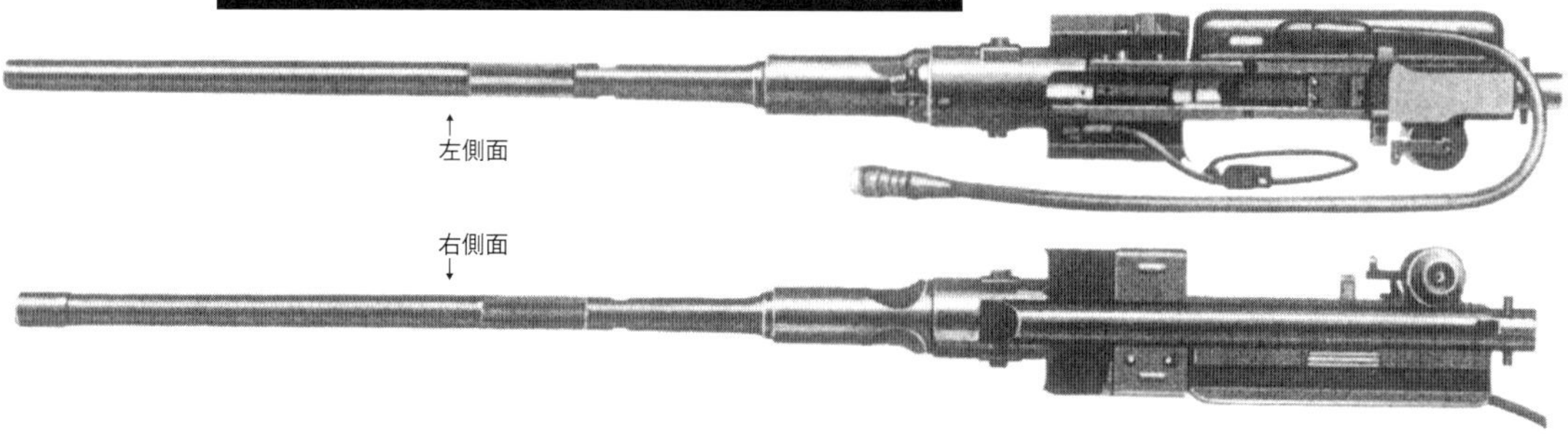

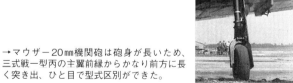

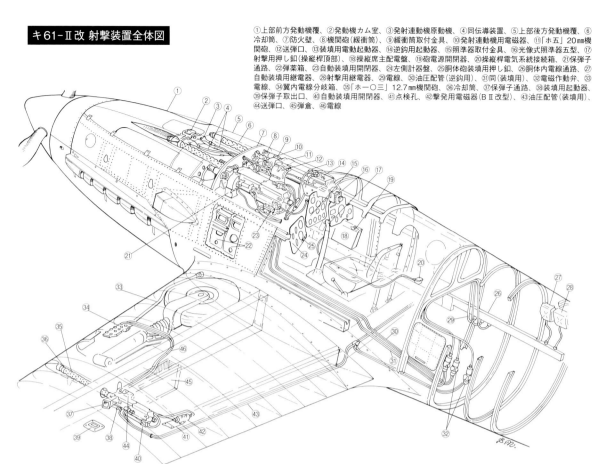

キ60, キ61, キ100 各型 諸元／性能一覧表（数値は主に川崎航空機資料より）

	キ 60	キ 61（試作機）	キ -61- Ⅰ乙	キ 61- Ⅰ丁	キ 61- Ⅱ改	キ 100- Ⅰ	キ 100- Ⅱ
1 号機 完成年月	昭和 16 年 3 月	昭和 16 年 12 月	昭和17年8月（- Ⅰ甲） 〃 18年9月（- Ⅰ乙）	昭和 19 年 1 月	昭和 19 年 4 月	昭和 20 年 1 月	昭和 20 年 4 月
生産数	3	3＋9（増加試作機）	387（- Ⅰ甲） 約 600（- Ⅰ乙）	1,358	99	390	3
全幅（m）	9.78	12.000	12.000	12.000	12.000	12.000	12.000
全長（m）	8.40	8.740	8.740	8.940	9.156.5	8.818	8.924.5
全高（m）	2.75	3.700	3.700	3.700	3750	3.750	3,750
主翼面積（㎡）	16.2	20.0	20.0	20.0	20	20	20
自重（kg）	2.150	2.238	2,380	2,630	2,855	2,525	2.700
全備重量（kg）	2.750	2.950	3,130	3,470	3,825	3,495	3.670
翼面荷重（kg/㎡）	169.7	147.5	156.5	173.5	192.5	174.8	183.5
発動機名称 （エンジン）	ダイムラーベンツ DB601A 液冷倒立Ｖ型 12 気筒	川崎『ハ四〇』二式 1,100 馬力 液冷倒立Ｖ型 12 気筒	〃	〃	川崎『ハ－四〇』液冷倒立Ｖ型 12 気筒	三菱『ハ一一二-Ⅱ』空冷星型複列 14 気筒	三菱『ハ一一二-Ⅱル』空冷星型複列 14 気筒排気タービン過給機併用
発動機出力（hp）	1,100	1,175	〃	〃	1,500	1,500	1,500
使用プロペラ	住友／ハミルトン油圧式定速３翔	住友／ハミルトン油圧式定速３翔	〃	〃	ペ二六	ペ二六	〃
プロペラ直径（m）	3.00	3.00	〃	〃	3.100	3.000	〃
燃料容量（ℓ）	—	—	750 （650号機以降は500）	595	595	595	〃
潤滑油容量（ℓ）	—	—	45	40	48	48	〃
メタノール容量（ℓ）	—	—	—		95	95	—
冷却水容量（ℓ）	—	—	10	10	21	—	—
最高速度（km/nm）	560/4,500	591/6,000	590/4,860	580/5,000	610/6,000	580/6,000	590/10,000
巡航速度（km/h）	—	—	400/4,000	—	—	400/4,000	—
上昇力（分秒／高度 m）	6′00″/5000	—	5′30″/5,000	7′00″/5,000	6′30″/5,000	6′00″/5,000	18′/10,000
実用上昇速度（m）	10,000	11,000	10,000	10,000	11,000	11,500	—
航続距離（km）	—	—	1,100 （増槽付）	1,800（過荷）	1,600（過荷）	2,200（過荷）	1800
着陸速度（km/h）	—	126	126	—	—	—	—
武装（胴体） （主翼）	12.7㎜×２ 20㎜×２	12.7㎜×２ 7.7㎜×２	12.7㎜×２ 12.7㎜×２ 爆弾100～250kg×2	20㎜×２ 12.7㎜×２ 〃	20㎜×２ 12.7㎜×２ 爆弾30～250kg×2	20㎜×２ 12,7㎜×２ 爆弾250kg×2	〃 〃 〃
備考			キ-61-Ⅰ丙は主翼内武装をマウザー 20㎜砲とする。初号機は昭和 18 年 9 月に完成。生産機は 388 機		他に機体のみ完成していたものが 275 機あり、これらはキ 100 -Ⅰとして完成する	新規生産機は水滴状風防付き	

キ61&キ100装備部隊オールガイド

●ニューギニア上空、天王山・フィリピン、本土防空戦を戦い、後にエンジンを空冷式に換装して登場した五式戦で編成された部隊を網羅して紹介！

■航空戦史研究家　吉野泰貴

対重爆戦の切り札として

●飛行第六八戦隊〔通称号：真第九一五一〕三式戦一型装備部隊

三式戦闘機を装備した最初の実戦部隊となった飛行第六八戦隊は、昭和十七年三月三十一日、初代戦隊長下山登少佐の下に九七式戦闘機を装備して会寧で編成され、飛行第七八戦隊とともに第一四飛行団隷下となり、四月にハルピンへ移駐。

昭和十八年一月に第一四飛行団は三式戦への機種改変を内示され、まず六八戦隊が三重の明野へ移動。この頃まだ三式戦の生産は順調ではなく、液冷エンジンのハ四〇も初期不良の症状があり、不時着事故を起こしながら未修飛行を行なった。また九七戦で使用できる機上無線が三式戦で通じない現象も起き、解決できないまま戦場へ向かうこととなった。

昭和十八年三月に第一四飛行団は南東方面へ投入されることとなり、まず六八戦隊が空母『大鷹』に搭載されて四月十日にトラック島へ到着。この頃までに中隊単位での編隊飛行が可能になっていたが、夜間飛行や海上航法、射撃演習は実施できていなかったという。春島の海軍飛行場で整備ののち四月二十七日にラバウルへ向け二組に分かれて発した際に戦隊長編隊は誘導の司偵と会合できなかったうえに航法に失敗、無事ラバウルへ進出できたのは中川鎮之助中尉機のみという結果となり、関係者を暗然とさせた。

現地の第一二飛行団の指揮下に入り、五月十七日に一四戦隊のワウ爆撃を数機で援護して初陣を飾った六八戦隊の兵力は、五月末現在で三式戦の保有二六機、うち作戦使用可能一八機（この中から可動機が生まれる。残りは要修理機）、空中勤務者四一名で、六月になって第一、第二中隊をニューギニア中部のウエワクへ派遣。

一方、ラバウルにあった第三中隊は、七月二日に第一戦隊の一式戦とともに重爆隊を援護してレンドバ攻撃に参加し、三機が未帰還となったが、のちに二名は救助された。

七月に一四飛行団司令部が七八戦隊とともに進出してくると、六八戦隊も全力（七月十七日現在の実動一三機）でウエワク東飛行場へ展開、七月二十日のベナベナ攻撃では第二中隊長の竹内正吾大尉ら五機がマダン上空でB－24を一機撃墜してようやく初戦果を記録、二十一日のマダン進攻では敵戦闘機二機の撃墜を報じた。

八月十六日のウエワク夜間空襲により六八戦隊の可動機は六機となったため、空中勤務者をマニラへ派遣し機材の補充を実施、新一四飛行団長寺西多美弥中佐と新戦隊長に発令された木村清少佐に率いられて九月八日に一五機がウエワクへ再進出した（下山戦隊長は内地転勤）が、その間の八月二十一日にはウエワクへ来襲したP－38とB－25の戦爆連合を六機で邀撃し、二機が未帰還となりながらも三機の撃墜（うち一機不確実）を報じている。

しかし、九月末には可動二機にまで消耗。戦力回復のため後退する二四戦隊と五九戦隊の一式戦を譲り受けたが、十月十一日には空中指揮を執っていた寺西飛行団長が三式戦での単機行動中に米戦闘機と遭遇、戦死した。この頃頻繁に会敵するP－38に対して三式戦は上昇力に見劣り

〈上〉昭和19年5月、ハルマヘラに進出し、同地の防空戦に従事した飛行第78戦隊所属の「飛燕」一型乙。同部隊は満洲で編成後、南太平洋の戦場を転戦した

し、六八戦隊や七八戦隊に対して二式単座戦闘機五～六機を増加装備させる考えが第四航空軍（七月二十五日新編）で浮上したが実現しなかった。

再び戦力回復をはかる六八戦隊は、十月末に竹内大尉らをマニラへ派遣、十一月下旬に三式戦二六機でウエワクに進出すると作戦行動は活発化し、十二月十五日に米軍がマーカス岬に上陸してくると全力で迎撃したが、二十一日には竹内大尉が戦死した。十二月二十三日には関口寛少尉らマウザー砲装備の三式戦一型丙四機がウエワクに到着した。マウザー砲はドイツのMG151を輸入したもので、二〇ミリ機関砲の実用化に立ち遅れていた陸軍では期待された装備といえ、「マウザー砲装備機四〇〇機が生産の見込み」という情報を入手していたこともあり、この十二月中旬には四航軍は「一式戦では敵戦闘機への対抗は不可能で、三式戦を中心として戦闘しなければならない」という見方になっていた。

昭和十九年一月二日に米軍がグンビ岬に上陸すると、十六日には木村戦隊長が在地の戦闘隊混成の六〇機を率いて戦闘隊だけによる攻撃に向かい大小敵機合計一〇機の撃墜を報じたが、木村戦隊長をふくむ一〇機が未帰還となった。二月以降は少数機による活動となり、三月下旬にはホランジアに移動して作戦するが、三月三十日のホランジア空襲により大きな被害を受け、四月六日現在、保有四機、空中勤務者一六名にまで低下。四月二十二日には米軍の上陸を受けることとなり、飛行場を放棄してサルミへの徒歩行軍を試みたものの第一中隊長の武縄利夫大尉以下、多くの戦隊員が移動中に戦病死して全滅する。

この頃、六八戦隊の新しい戦隊長に発令された貴島俊男少佐はマニラで補充の空中勤務者と地上勤務者を掌握し錬成を実施しており、五月にはハルマヘラ島ワシレへ進出、七八戦隊の一部と共同して船団護衛など行なっていたが、七月十三日に貴島戦隊長がミティ基地で戦死。二十日現在の保有機は三式戦八機、うち可動六機、一式戦三機という状況となり、七月二十五日に六八戦隊は解散命令を受け、八月二十日付けで復帰（解隊）となった。

●飛行第七八戦隊（通称号：真第九一五二）三式戦一型装備部隊

昭和十七年三月三十一日、初代戦隊長安部勇雄少佐の下に、九七式戦闘機装備部隊として満洲の杏樹で編成された戦闘隊で、六八戦隊とともに第一四飛行団隷下となり、四月八日に孫家へ移駐して、訓練のかたわら防空任務も担うこととなった。

昭和十八年四月に戦隊長が高月光少佐に交代すると、六八戦隊につぐ三式戦装備部隊となるため明野へ移動し、同月十二日から未修飛行を実施。六月十六日に一四飛行団司令部とともに四五機でラバウルへ向け出発。六八戦隊の戦訓を受けて、新田原、那覇、嘉義（台湾）、マニラ、ダバオ、メナド（セレベス島）、バボ、ホランジア、ウエワク（いずれもニューギニア）を経由し、飛行団長・立山竹雄中佐直率の七機の先陣がラバウルに到着したのは六月二十九日で、七月五日には三三機がラバウル西飛行場へ集結した（途中で一二機脱落）。

一方、二ノ井藤治郎中尉の率いる第二陣の一五機や地上勤務者の大多数は空母『雲鷹』に便乗、六月二十六日に横須賀を発し、トラックを経由して七月七日にラバウルへ到着した。

ラバウルへ進出した七八戦隊は七月八日に早速、重爆を援護して東部ニューギニアのラエへ出撃して初陣を飾り、十五日にウエワクへ前進すると、十八日にサラモア攻撃を実施、第二中隊は六機のP－38と交戦して富島隆中尉により戦隊初撃墜を記録した。つづいて二十一日には他の戦隊とともに出撃した一八機がマダン上空で空戦を展開し、五機のP－38を撃墜と報じる。このうち三機は富島中尉単機による戦果であったが、自身も左腕を負傷して戦列を離れることとなり、ほかに藤田勲治中尉と鈴木邦彦中尉が未帰還となった。

八月十六日の夜間空襲により可動機〇となった七八戦隊は六八戦隊とともに空中勤務者をマニラへ派遣して機材の補充を行なう一方、修理した三式戦により細々と作戦を続けたが、十九日に残りの空中勤務者もマニラへ出向き、十月中旬にウエワクへ進出した。

しかし、十月十五日に第一中隊長の牟田口悌愛大尉が戦死。十月末ごろの可動機は三式戦一二機と、二四戦隊と五九戦隊から譲り受けた一式戦六機という状況になり、十一月十五日のマラウサ進攻作戦で中浜貞夫大尉が、十二月二十二日のウエワク邀撃では高月戦隊長が戦死するなど苦戦が続く。十二月下旬には斎藤正午少尉らがマウザー砲装備の三式戦一型丙を空輸してウエワクに進出、その火力に大きな期待をされたが、焼け石に水であった。

昭和十九年一月にはマザブやグンビ岬への攻撃を実施する一方、邀撃戦を展開。十八日のウエワク邀撃では、敵戦闘機と相撃ちのかたちとなって落下傘降下した根子晋作軍曹が、そのまま地上でも組み手を行なって敵パイロットを捕虜にして帰還したエピソードが伝わる。

三月になり、大きく戦力を消耗していた七八戦隊は空中勤務者のすべてと整備関係者の一部をホランジアへ後退させたが、ここも三十日、三十一日と空襲を受け、四月六日の時点で空中勤務者は二二名、三式戦の保有五機、うち可動三機という有様であった。

さらに四月二十二日、米軍がホランジアに上陸してくると、戦隊は飛び上がる間もなく飛行場周辺の山中にこもることを余儀なくされ、徒歩行軍でサルミへの移動を試みるが、ニューギニアのジャングルに戦隊員たちは次々と倒れ、一月から新戦隊長として着任していた泊重愛少佐も六月七日に戦病死してしまう（終戦時の生存者二二名、空中勤務者ナシ）。

このため四月中に中村虎之助少佐が新戦隊長に発令され、マニラやハルマヘラに分散していた空中勤務者たちを掌握してハルマヘラ防空などを実施していたが、その中村戦隊長も五月五日の船団護衛の際に戦死し、以後は組織的な作戦はできないまま七月二十五日に解散命令が下され、八月二十日付けで復帰（解隊）となった。

フィリピン・沖縄の戦いに

●飛行第一七戦隊（通称号：誠第一五三五一）三式戦一型・五式戦装備部隊

三式戦装備部隊として昭和十九年二月一日に各務原において編成に着手し、二月十日に編成完結。当初は九九式軍偵察機を使用して錬成を開始し、三月上旬に小牧へ移動して本格的な訓練に入った。初代戦隊長は以前に航空審査部で三式戦の実用実験に携わっていた荒蒔義次少佐であった。五月十二日にフィリピンの第二飛行師団に編入された一七戦隊は、五月二十九日に戦隊長直率のおよそ三〇機が小牧を出発、新田原、那覇、屏東（台湾）を経て六月四日までにルソン島マニラ近郊のニルソン飛行場へ進出して陣容を整え、八月末にアンヘレス南飛行場へ展開、錬成に邁進することとなった。

しかし、マリアナに続いてフィリピン攻略を企図する米軍は九月中旬からフィリピンへの空襲を強化するようになり、一七戦隊も九月二十一日の空襲に三式戦の可動二一機で邀撃して初陣を迎えたが、およそ一〇名の空中勤務者を失い、再び戦力の充足に勤めたが、十月中旬の台湾沖航空戦に参加し、十五日に一機の未帰還機を出した。

十月十八日に捷一号作戦が発動されると、一七戦隊も同日夕刻、飛行隊長の加藤三吉大尉率いる一二機でアンヘレスからレイテ攻撃へ出撃し、翌十九日にネグロス島ラカルロタ基地へ前進、十九戦隊などと連日のようにレイテ攻撃を行ない、二十四日には可動七機にまで減少。戦隊長率いる主力がルソン島から前進したものの、十一月一日のタクロバン攻撃で加藤飛行隊長が戦死。戦隊長以下の空中勤務者の多くもマラリアなどで伏せる状況となった。

十二月八日に戦力回復を命ぜられた一七戦隊は、台湾を経由して十二月下旬から昭和二十年一月にかけて小牧へ帰還。この間の十二月十六日に荒蒔戦隊長は古巣の航空審査部へ異動発令、新戦隊長の高田義郎大尉が十二月二十五日に小牧へ着任し、フィリピン帰還者たちを基幹として再建に入るが、一方で中京地区の防空を担当し、一月二十三日、二月十五日、十九日とB－29を邀撃、撃墜確実一機、撃破二機を記録している。

二月二十九日には高田戦隊長直率の三〇機で小牧を発したが、新田原、沖縄を経て三月七日に台湾の花蓮港北飛行場に進出したのは一八機のみ。全軍総特攻の機運が高まるなか、三月二十六日に一七戦隊も平井俊光中尉を隊長とする一〇機の特攻隊を編成、小野文男中尉以下九機の直掩隊をつけて二十九日に石垣島へ前進させると四月一日に沖縄慶良間諸島周辺艦船への特攻を実施し、平井隊長以下七機の特攻機と直掩の一機が未帰還となった。続いて四月二十三日にも隊員六名からなる第二次特攻隊を編成し、五月三日に特攻を敢行する。五月に入り石垣島への空襲が激化すると台湾北部の八塊飛行場へ後退、ここからも五月三十一日と六月五日に第三次特別攻撃隊を送り出している。

一方、戦隊主力は六月十日に花蓮港から宜蘭に移動、保有の三式戦を一九戦隊に譲り渡して二十日頃から五式戦の未修飛行を実施したが、沖縄戦の終結もあり、六月末に八塊へと前進したあとは空戦や出撃の機会はなく、八月十五日に内地転進予定でいたところで終戦を迎えた。終戦時には五式戦一一機を保有、空中勤務者はわずかに二二名となっていた。

●飛行第一八戦隊〔通称号：天翔第一九一九〇〕三式戦一型・五式戦装備部隊

昭和十九年二月十日に三式戦装備部隊として調布において編成完結、三月十日に第一〇飛行師団が編成されるとその麾下部隊となった。初代戦隊長は磯塚倫三少佐。

十月上旬に千葉の柏飛行場へ移動、十月二十一日には二五機が福岡の太刀洗飛行場に進出して北九州防空を担うこととなったが、二十五日に来襲したB－29に対しては一機も捕捉することができず、二十七日にフィリピン進出命令を受けると柏に復帰。十一月一日にマリアナからのB－29の初来襲があった際には邀撃を行なったが会敵できなかった。

十一月十一日に磯塚戦隊長直率で三五機が柏を出発すると、戦隊長機が伊豆半島で空中火災を起こして落下傘降下、途中でも脱落機を出したものの、十三日にいったん台湾の屏東に集結。十八日にルソン島のアンヘレス西飛行場へ三一機で進出した。

十一月二十日には来襲した米艦上機群を、飛行隊長兼第一中隊長の白石則男大尉率いるおよそ二〇機で邀撃、やはり二〇機のF6Fと戦闘になり、二機が未帰還となった。レイテ上陸から一ヵ月経過したこの頃にはフィリピンの制空権は米軍が掌握するところとなっており、十一月二十五日には発進直後の三式戦八機が基地上空でF4Uに捕捉されるところとなって、白石飛行隊長と第二中隊長の富部誠之大尉を一挙に失う痛手を負った。

さらに十二月二日、戦隊長率いる一八機でネグロス島バコロド飛行場へ前進すると連日レイテ攻撃を実施、十二月六日には第三中隊長の川村春雄大尉率いる六機が高千穂空挺部隊を援護するなどの作戦をしたが、中旬には可動ゼロとなり、空中勤務者たちはアンヘレス西飛行場へ後退。アンヘレスにはなお一〇機ほどの三式戦が控置されており、これらによる夜間攻撃や特攻直掩を行ない、昭和二十年一月九日に米軍がリンガエン湾に上陸すると、十三日に戦隊長以下一一機でフィリピン北部のツゲガラオへと転進することとなったが、悪天候のため戦隊長機をふくむ六機が引き返し、三井正隆中尉ら五機が台湾への飛行に成功した。

磯塚戦隊長は空中勤務者、地上勤務者およそ六〇名の戦隊員たちを直率してツゲガラオへの徒歩行軍を実施し、二月二十日に北部フィリピンのエチアゲに到達。台湾への脱出に成功した戦隊長、川村飛行隊長、整備隊長の岡部梅高大尉ら五人は三月になって柏へ帰還したが、一〇名ほ

千葉県の柏飛行場で撮影された飛行第18戦隊所属の「飛燕」一型丙

どの空中勤務者は在台湾の一九戦隊へ編入されることとなった。

この間、戦隊がフィリピンへ進出する際に柏に残留した小宅光男中尉を指揮官とする二〇名ほどの空中勤務者と一五機ほどの三式戦はB－29の本土空襲の邀撃を展開していたが、早くも昭和十九年十二月三日にはB－29を一機撃墜して防衛総司令官から賞詞を授与され、昭和二十年一月四日には空対空特攻の第六震天制空隊が編成された。

三月十日から角田政司中尉らが未収飛行を実施して新鋭の五式戦へ機種改変が行なわれ、四月七日に硫黄島から初めてP－51がB－29に随伴してきた際には小宅中尉がB－29への体当たりをして生還し、それまでのB－29の撃墜四機、撃破三機の戦果に対して武功章が授与される一方、平馬康雄軍曹が戦死した（この残骸が靖国神社遊就館に収蔵されている）。

同じ千葉県の松戸飛行場へ移動した六月には装備する一五機全機が五式戦となり、七月には磯塚戦隊長の転出により黒田武文少佐が新隊長として着任。飛行隊長もフィリピン帰りの川村大尉から、一期先輩の竹村大尉に交代した。

八月一日の夜間邀撃では第三中隊長となった川村大尉がB－29に体当たりを敢行して生還。十日には房総沖を遊弋中の敵機動部隊攻撃を企図していたところB－29の空襲警報を受けて出撃したものの随伴のP－51に奇襲されるかたちとなり、竹村飛行隊長がからくも不時着したほか、二機が未帰還となった。

この空戦を最後の実戦機会として、一八戦隊は終戦を迎えた。

●飛行第一九戦隊（通称号：誠第一五三五二）三式戦装備部隊

三式戦装備部隊として昭和十九年二月五日に明野で編成に取り掛かり、初代戦隊長に瀬戸六朗少佐を迎えて二月十日に編成完結、十七戦隊とともに第二二飛行団隷下となった。

三月中旬に大阪の伊丹飛行場へ移動、五月十二日に第二二飛行団が第二飛行師団に編入されてフィリピンへ進出することとなり、二十日から戦隊全力の三八機が中隊ごとに移動を開始、新田原、那覇、台湾の屏東を経て、六月十日前後にマニラ近郊のニルソン飛行場へ集結し始めたが、戦隊の戦力がそろったのは七月三日になってからであった。

七月十一日には戦隊長直率の二一機が豪北方面へ向かう船団援護を行なうためザンボアンガ、ワシレ、ミティを経由してアンボンへ進出。十九日に船団が入港するとその日の午後に来襲した一一機のB－24を邀撃し、一機撃墜を報ずる一方、空戦での被弾四機のほか、地上で二機が大破した。任務を終えた戦隊は二十六日にマニラへ向かったが、二十七日にミティで敵戦爆連合の空襲に会い地上で六機が大破炎上、可動はわずか二機となってしまう。

八月三日に第一中隊をマニラ近郊のサブラン飛行場に残してアンヘレス西飛行場に移動した戦隊は戦力回復に努め、九月中旬には、可動二三機にまで回復することとなったが、フィリピン攻略を企図する米軍は九月二十一日に空母機動部隊によりフィリピン各地を強襲、戦隊もおよそ二〇機の可動機をもってF6F群と空戦し、六機撃墜を報じたものの、飛行隊長の矢野至剛大尉をふくむ一〇機の自爆、未帰還を数え、さらに同日の午後には五機が出撃して四機撃墜を報じ、一機が未帰還となった。同日夕刻にリパへ移動した戦隊は戦力再建をはかり、九月末には保有三六機となったが、可動機はわずかに八機であった。

台湾沖航空戦さなかの十月十五日午前の敵機動部隊空襲に対しては可動全力で邀撃して一三機撃墜を報じ、同日午後の海軍中攻隊による敵機動部隊攻撃には瀬戸戦隊長直率の一〇機が直掩として参加して四機が未帰還となった。

十月十八日に米軍レイテ上陸の報を受けると一四機がアンヘレスから攻撃に向かったが天候不良で引き返

してマニラ上空で空戦となり、第一中隊長の三田村正一大尉ら二機を失った。十九日には戦隊長が六機を直率してリパに前進、二十三日までレイテ攻撃を実施、可動わずかに一機となり、翌二十四日の空襲では瀬戸戦隊長も地上戦死してしまう。

十一月一日に内地へ帰還しての戦力回復が命ぜられ、十数名の空中勤務者はクラーク、雁ノ巣、柏を経て十日前後に小牧へ復帰。新戦隊長の吉田昌明大尉の下に急速に人員、機材を掌握して再編成し、十二月三十一日にはフィリピンへ向かって戦隊長直率のおよそ三〇機で小牧を発する素早さで、新田原、沖縄を経て昭和二十年一月二日には台湾の台中飛行場へ進出。三日、四日と続く空襲により地上で二機を失ったものの、五日に第二中隊長の遠藤正博中尉の率いる一部がクラークへ前進したのを皮切りに、順次進出をはかったが、ルソン島西部のリンガエン湾へ米上陸船団が出現（九日より上陸開始）、これに対する特攻援護に出撃した遠藤中隊長をふくむ三機が未帰還となり、フィリピンの戦況は絶望的となった。

台中へ残留していた吉田戦隊長以下の主力は二月十六日に第八飛行師団に編入され、フィリピンを脱出してきた一八戦隊と五五戦隊の空中勤務者たちを掌握のうえ屏東飛行場へ移動、台湾防空に就く。沖縄戦開始後の四月七日には台湾北部の宜蘭へ前進。十一日以降、石垣島を経由しての特攻作戦に加わり、少数機で出撃を繰り返したため、戦力は六月六日現在で三式戦の保有一一機、空中勤務者三〇名という状況になった。

六月中旬には台湾の花蓮港に後退、戦力温存をはかり、沖縄作戦の終了もあってその後は出撃の機会なく、終戦を迎えた。

対Ｂ－29邀撃戦に参加

●飛行第五五戦隊（通称号：天鷲第一八四二七）三式戦装備部隊

三式戦装備部隊として昭和十九年三月二十三日、初代戦隊長の岩橋重夫少佐の下、大阪の大正飛行場で編成開始、四月三十日付けで編成を完結した。五月二十五日に小牧へ移動、中京地区の防空を担いつつ錬成を進めていたが、十一月六日にフィリピン決戦へ馳せ参じるよう命じられ、十一月十二日に戦隊長直率の下、三八機で小牧を発し、沖縄、台湾を経由して十八日から十九日にかけてルソン島マニラ北方のアンヘレス西飛行場へ進出。

十一月二十三日におよそ二〇機でネグロス島タリサイ飛行場へ進出すると、二十四日には戦隊長直率の一二機でレイテ攻撃に向かい、Ｐ－38との交戦で岩橋戦隊長以下七機が未帰還となった。以後は飛行隊長の矢野武文大尉の指揮によりレイテ攻撃や多号船団の護衛などを実施し、とくに緒方畩重少尉（少尉候補者第二十四期）が第二飛行師団司令部の目前で五機のＰ－38を撃墜して大きくその存在感を示した。

その後、同じネグロス島のバゴロド、マナプラへと移動して作戦を続けたが、緒方少尉らは機材補充のためアンヘレスへ赴いていた昭和二十年一月九日にリンガエン湾への米軍の上陸を見たため、この攻撃や特攻援護を実施し、二月上旬に台湾へ脱出する。

ネグロス島の戦隊主力は保有の人員、機材で敢闘したが、昭和二十年一月十七日にレイテ島夜間攻撃に単機で出撃した矢野飛行隊長が未帰還となり、戦力回復命令を受領したため上村一一大尉が戦隊長代理として九九式襲撃機と三式戦三機を率いてネグロス島からの脱出を試みたが、上村大尉が乗った九九襲撃機はパラワン島上空で撃墜されてしまった。

一方、戦隊主力がフィリピンへ進出した際に残留隊となった代田実中尉らは本格化するＢ－29の本土空襲を果敢に邀撃。なかでも特別操縦見習士官第一期生の安達武夫少尉は十二月十八日に一機、二十二日に二機を撃墜し、年が明けた一月三日にも一機を撃墜して自身も不時着する活躍ぶりであったが、十九日の邀撃で戦死。また、昭和二十年一月三日には留守隊長を務めていた代田中尉がＢ－29に体当たりを敢行して戦死している。

フィリピン脱出組が集まり始めた三月中旬には新戦隊長の小林賢二郎大尉も着任、三月十八日のＢ－29邀撃戦では四機撃墜を報じ、三月三十一日には沖縄航空作戦に参加するため八機を鹿児島の万世飛行場へ派遣したが、四月九日には戦隊主力もここへ進出して特攻援護や防空任務を担ったものの、大きな空戦は生起しなかった。

沖縄戦の終了により小牧に復帰した五五戦隊は八月上旬に大阪の佐野飛行場へ移動、戦力も保有三九機、うち可動二四機、空中勤務者六二名となり、決号作戦に向けて戦力温存をはかっていたが、軍上層部の方針転換もあり八月十四日には邀撃を実施し、飛行隊長の前田茂大尉を失って、翌日の終戦を迎える。

なお、五五戦隊に関しては沖縄作戦に従事していたころから三式戦二型の供給がなされたのだが、その写真はいまだ公表されていないようだ。

●飛行第五六戦隊〔通称号：天鷲第一八四二八〕三式戦一型、二型装備部隊

昭和十九年三月二十三日、初代戦隊長に古川治良少佐を迎えて大阪の大正飛行場で編成に着手、二十六日付けで編成完結した三式戦装備部隊。明野で三式戦五機、一式戦二機を入手し伊丹飛行場へ移動、五月二十八日に小牧飛行場へ移動して本格的な錬成を開始した。

第一一飛行師団に編入された七月以降、B－29の来襲に備えて高度八〇〇〇mでの哨戒を開始。八月二十一日には本格化していた北九州へのB－29空襲の邀撃に加わることとなり、戦隊全力の三式戦一七機で福岡の太刀洗飛行場へ進出、さらにその進路上で攻撃するため九月一日に済州島へ展開。十月二十五日にB－29が大村などの九州西部に来襲した際の邀撃が初空戦となり、撃墜一機、撃破六機を報じて、被弾六機、負傷二名のほか被害はなかった。

十一月九日に太刀洗へ後退し、十五日に伊丹へ帰還したが、太刀洗へ進出すると、二十一日には有明海上空でB－29を邀撃して撃墜三機を報じ、二十二日に伊丹へ復帰した。

この頃にはマリアナ方面からのB－29の行動が始まっており、中京地区への初空襲となった十二月十三日には五六戦隊も邀撃を実施しているが、高高度を飛行する敵機の捕捉は困難で、防弾鋼板や主翼の二〇ミリ機関砲を撤去する軽量化を行なったところ、十八日の邀撃では二機を撃墜、二機を撃破する戦果を報じた。ただ、通常攻撃によるB－29の撃墜は困難で、昭和二十年一月三日には涌井敏郎中尉らが体当たりを敢行、二機を撃墜したが涌井中尉は戦死。三月十七日には飛行隊長の緒方醇一大尉が体当たりして戦死した。

三月三十一日に第一二飛行師団に編入された戦隊は古川戦隊長直率の二七機で福岡の芦屋飛行場に進出、北九州の防空を担うこととなり、四月二十九日には大分の佐伯海軍航空基地へ前進して南九州来襲のB－29を邀撃したが、五月四日にはその奇襲を受けて地上で一〇機が破壊され、七名の地上戦死者を出したほか、邀撃した上野八郎少尉が戦死した。

五月七日に芦屋へ後退、二十四日に伊丹へ復帰した際の兵力はわずかに一〇機程度となっており、戦力回復をはかるとともに、新鋭の三式戦二型への機種改変を実施。その後もB－29と闘い、七月九日には硫黄島から飛来したP－51との空戦で三機を失っている。

九州の芦屋飛行場における飛行第59戦隊の「飛燕」一型乙（第149振武隊）

七月末時点での保有四六機、うち可動二〇機、空中勤務者四八名という陣容であり、その兵力を維持した状態で終戦を迎えた。

●飛行第五九戦隊〔通称号：天風第二三七七〕三式戦一型・五式戦装備部隊

昭和十三年七月に岐阜の各務原飛行場で飛行第一連隊を基幹として編成。ノモンハンでの活躍や、開戦時に一式戦を装備していた戦闘隊であったことで知られる。太平洋戦争開戦後、南西方面にあった戦隊は昭和十八年六月に東部ニューギニア投入が決定、七月にブーツ飛行場へ進出し、一式戦二型をもって敢闘した。昭和十九年一月十七日に内地へ帰還しての戦力回復を命ぜられ、この時に機材を六八戦隊や七八戦隊に譲り渡した。

二月十九日に重爆に便乗してホランジアをあとにした空中勤務者はわずか十数名で、二十六日に福岡の雁ノ巣に帰還してまずは治療や疲労の回復に専念。芦屋飛行場で機材を受領し、訓練を始めたのは四月であった。装備機材は三式戦一型となり、四月末ごろから明野での未修飛行を実施。訓練のかたわら北九州の防空

を担う戦隊の六月時点での保有は二五機、可動わずかに七機程度という状況で、それでも七月十八日に第一二飛行師団（西日本防空担当）に編入され、本格的な防空部隊となると、八月二十日には二一機で出撃してB－29撃墜確実一機、撃墜不確実三機、撃破五機の戦果を報じる健闘ぶりを見せた。

十一月に戦隊長は本田辰造少佐から木村利雄大尉に交代。同月末には一部を済州島に派遣し、九州へ来襲するB－29を迎撃。十二月末にB－29体当たりの第二回天隊を編成したが空戦は生起せず、昭和二十年一月二十日に戦隊主力をもって同じ福岡の席田飛行場へ移動、二月中旬には朝鮮南部の群山飛行場へ移動して訓練を実施し、三月中旬に芦屋へ復帰した。

三月末に沖縄戦が始まると五九戦隊も第一攻撃集団に部署され、四月一日に木村戦隊長直率のおよそ四〇機で鹿児島の知覧飛行場へ進出。二日には七機が特攻機とともに徳之島へ前進したが、翌日早朝からの敵機動部隊艦上機の空襲により地上で壊滅。同じく三日午後には特攻機を援護して喜界島へ進出を試みた五機が敵戦闘機と遭遇、二機が自爆し、たどり着いたのは二機だけであった。以後も徳之島や喜界島を中継しての特攻作戦が画策されたが敵に制圧される状況で、六日以降は知覧から作戦を行なうことに変更。両島で乗機を破壊された戦隊員たちは輸送機や重爆に便乗して脱出、しかし、四月二十七日には第三中隊長の井上早志大尉ら四名の乗った輸送機が敵戦闘機に撃墜されて戦死する事態となった。

知覧にあった戦隊主力は五月中旬まで飛行場周辺の防空や特攻直掩を実施、とくに五月十四日の邀撃では井上大尉に代わって第三中隊長となった緒方尚行中尉の指揮する六機がおよそ三〇機の敵戦闘機と空戦を展開して二機を失ったものの三機を撃墜した。

五月末に五九戦隊は戦力回復のため芦屋へ復帰したが、この時すでに新鋭の五式戦への機種改変を命ぜられており、五月二十一日には一〇機が芦屋に到着していた。沖縄戦が六月下旬に終了すると決号作戦のため戦力温存策がとられ、七月十日現在での戦力も五式戦四八機を保有、うち可動二三機、空中勤務者五五名という記録が残っている。

八月に入り、戦隊長は西進少佐に代わり、八月十一日には五式戦により最初で最後の空戦を実施し、八月十五日の終戦を迎えた。

帝都防空戦に活躍

●飛行第一〇五戦隊〔通称号：誠第一九一〇二〕三式戦一型装備部隊

昭和十九年七月二十五日に編成が命じられ、八月上旬に初代戦隊長の吉田長一郎少佐を迎えて台湾の台中飛行場で編成に着手した。空中勤務者は教育部隊の教員や助教を中心とし、なかには六八戦隊や七八戦隊の戦地帰りもふくまれていた。戦隊長以下の空中勤務者たちは明野に出向いて三式戦を整え錬成を開始、十一月上旬に台湾へ復帰した際の戦力は保有三二機、うち可動一九機、空中勤務者三〇名で、この頃、戦力を消耗した独立飛行第二三中隊の三式戦五機、一式戦四機も沖縄から後退し、一〇五戦隊の指揮下に入っている。

昭和二十年三月下旬に沖縄への空襲が始まると、台湾北部の宜蘭を経て四月一日に石垣島へ前進。三日には三式戦八機からなる特攻隊を四機で直掩し、十二日には第二飛行隊長の栗山深春大尉と第三飛行隊長の岩本照大尉の率いる六機が爆装して台湾東方の敵機動部隊攻撃に出撃したものの、途中で敵戦闘機と空戦となり、岩本大尉ら二機を失っている。

六月上旬に戦隊主力は宜蘭に後退。ゲリラ的に石垣島へ進出して作戦していたが、組織的な沖縄戦が終了した六月以降は戦力温存態勢になり、保有およそ三〇機、うち可動一五機という陣容で八月十五日の終戦を迎えている。

●飛行第二四四戦隊〔通称号：帥第三四二一三〕三式戦一型・五式戦装備部隊

昭和十六年十一月に、本土防空を担当する飛行第一四四戦隊（昭和十六年七月三十日編成完結）を改称するかたちで編成、初代戦隊長は、のちに七八戦隊長としてニューギニアで戦死する泊重愛少佐で、十七年十二月に藤田隆少佐に交代。九七式戦闘機に二式単戦を加えた陣容から三式戦装備に改変されたのは昭和十八年七月頃で、翌十九年三月に本土防空を担当する第一〇飛行師団が編成されるとその指揮下に入った。

十一月一日にマリアナからのB－29の偵察来襲が始まると高高度における三式戦の能力不足を痛感。防弾鋼板の撤去や携行弾数を減らすばかりか、兵装を撤去するなど軽量化を行なって、十一月二十四日に本格的なB－29の空襲が始まった際には一機撃墜を報じている。

十一月二十八日に戦隊長は小林照彦大尉に交代。十二月三日には自ら先頭に立ってB－29へ攻撃を敢行して被弾、落下傘降下ののち再度出撃し、戦隊の士気を大きく高めた。

なお、同日には震天制空隊として戦隊内で編成された空対空特攻隊も攻撃に成功し、隊長の四宮徹中尉以下、板垣政雄伍長、中野松美伍長がそれぞれ一機を撃墜して生還している。

続いて中京地区にもB－29が来襲するようになると戦隊主力は静岡の浜松飛行場へ展開して、両方面を防空することとなったが、十二月二十七日には吉田竹雄曹長が、昭和二十年一月九日には丹下充之少尉がともに体当たりを敢行して戦死。一月九日に体当たりを敢行して生還した高山正一少尉も二十七日の体当たりで戦死し、同日、小林戦隊長が体当たりを敢行して生還したものの、これに続いた僚機の安藤喜良伍長は戦死、田中四郎兵衛准尉、板垣伍長、中野伍長らも体当たりして生還した。

この間の一月三日には竹田五郎大尉の率いる編隊が浜松を発進して渥美半島上空でB－29を邀撃、撃墜五機、撃破七機を報じて被害なし、二十三日の名古屋空襲では撃墜六機、撃破一四機を報じて被害なく戦闘を終えている。

二月十六日の敵機動部隊艦上機による関東空襲では急ぎ浜松から調布へ復帰し、小林戦隊長率いるおよそ四〇機が出撃したが、第二次出撃では二五機程度になり、未帰還や故障も重なって出撃機数は次々に減少、第五次の出撃で小林戦隊長に続くのはわずかに二機となった。群馬県の館林北西でおよそ五〇機のF6Fと会敵した戦隊長編隊は果敢にこれに挑み、二機撃墜を報じたものの、僚機は二機とも未帰還となり、この日合計で八機となってしまった。

翌十七日にも敵艦上機の空襲があったが、対B－29の切り札である二四四戦隊の消耗を懸念した大本営は出撃を禁止。三月十日以降、B－29が中高度での夜間空襲に戦術を切り替えると、四月十五日の夜間には撃墜一六機、撃破八機の戦果を報じている。

五月前後から二四四戦隊は新鋭の五式戦闘機に機種改変。五月十七日には沖縄作戦に参加するため戦隊長直率の三五機で調布を発し、太刀洗を経て二十日には都城西飛行場へ進出。ついで知覧飛行場へ移って特攻直掩を実施し、六月三日には三〇機が知覧上空に来襲したF4Uと空戦を展開、三機を失ったものの撃墜七機を報じている。

沖縄作戦の終了により七月十五日に滋賀の八日市に後退した戦隊は、翌十六日に硫黄島から来襲したおよそ五〇機のP－51を小林戦隊長直率の十数機で邀撃し、第一飛行隊の生野文介大尉が被弾して落下傘降下、ほか一機が未帰還となった。

決号作戦のため戦力温存がはかられるなかでのことで、戦隊には出動禁止が通達されていたが、七月二十五日に敵機動部隊艦上機が中京地区に侵入すると小林戦隊長率いる一八機の五式戦が「戦闘教練」と称して出動、八日市上空でF6Fと会敵し、小原伝大尉ら二機を失ったものの、優位からの一撃で一二機の撃墜を報じるという一方的な戦闘を展開した。

七月末の可動機は三一機との記録が残されており、終戦直前の八月十四日に第二飛行隊長の竹田五郎大尉の率いる二〇機の五式戦により四条畷上空で行なわれた空戦を最後に二四四戦隊は短くも苛烈な戦いの幕を閉じた。

最後の戦闘機「五式」の部隊

●飛行第五戦隊〔通称号：天鷲第一五三一〇〕五式戦装備部隊

源流は大正十年十二月に創設された航空第五大隊で、飛行第五大隊、飛行第五連隊となったのち、昭和十三年八月に飛行第五戦隊と改編、昭和十四年六月以降、本土防空部隊として千葉の柏飛行場に展開し、昭和十七年三月頃から二式複座戦闘機を装備した。同年十二月にソロモン方面の防空のため一部を派遣、やがて戦隊全力でニューギニアの戦いに参加した。

昭和十九年九月に本土へ帰還すると新戦隊長に山下美明少佐を迎え、小牧、清州と移動して二式複戦による戦力回復を実施、十二月からは中京地区のB－29邀撃戦を展開していたが、四月七日以降、硫黄島のP－51が来襲するようになったため、五月下旬に新鋭の五式戦闘機へ機種改変された。

六月以降、決号作戦のための戦力温存策がとられる一方、本土決戦時の艦船攻撃の訓練を実施、七月末には五式戦一七機ほか三五機を保有、空中勤務者三四名という陣容となっていたが、結局五式戦による戦闘を経験しないまま終戦を迎えた。

ただ、その後も五戦隊は待機を続け、八月十八日未明には伊勢湾南方を遊弋する敵機動部隊に対する二五機による攻撃も企図されたが出撃は中止となったため、歴戦の伊藤藤太郎中尉の率いる二三機が名古屋上空を飛行したのを最後に矛を収めた。

●明野教導飛行師団／飛行第一一一戦隊（通称号：帥第三四二一七）五式戦装備部隊

大正九年四月に創設された「航空学校空中射撃班」を源流とし、大正十三年五月に開校された「明野陸軍飛行学校」は陸軍戦闘隊の戦技研究や空中勤務者の育成に携わってきた組織であったが、マリアナ諸島に米軍の反攻を見た昭和十九年六月二十日付けで明野教導飛行師団と改編されて本土防空も担うこととなり、十月二十日には師団内で第三〇飛行集団と飛行第二〇〇戦隊を編成、フィリピン決戦へ送り出している。

その後も戦闘分科の教育は続けられ、同年末からB－29の本土空襲が本格化するとその邀撃を実施していたが、昭和二十年春頃から新鋭の五式戦闘機を装備するようになり、六四戦隊で活躍し、空戦での被弾により右足膝から下を切断する重傷を負いつつも義足による不屈の闘志で復帰した檜與平大尉を中心に機種改変を行なった。

四月二十二日には硫黄島を発進したおよそ五〇機が明野に来襲、檜大尉の指揮する五式戦一二機が十数機のP－51と空戦となり、撃墜戦果こそなかったものの無傷でこれを撃退した。六月五日にB－29を鈴鹿山脈上空で捕捉して撃墜一一機（うち不確実五機）を報じると、石川正中佐を長とする第一教導飛行隊主力は高松へ前進、伊藤久暁大尉の率いる四式戦中隊は淡路島の由良飛行場へ展開したが、沖縄戦後は戦力温存のため出撃の機会はなかった。

愛知県の清洲飛行場で撮影された飛行第5戦隊所属の五式戦闘機

七月十日の制号作戦命令により主力が大阪の佐野飛行場へ移ると、十六日には江藤豊喜少佐の率いる一二機と、檜少佐（六月一日進級）の率いる一二機の五式戦が松坂上空で一二機のP－51と会敵したが、次第に集まりくる敵の増援により苦戦となり、一一機撃墜を報じたものの、五機を失い、鈴木甫道大尉ら三名が戦死した。

七月十八日、明野教導飛行師団第一教導飛行隊を基幹とする飛行第一一一戦隊の編成が命ぜられ、二十二日に編成完結。五式戦四個中隊と四式戦一個中隊を江藤少佐率いる第一大隊と檜少佐の率いる第二大隊に編成、戦隊長には石川正中佐が発令され間もなく戦隊主力は佐野から短期間兵庫の三木飛行場へ展開して二十六日に佐野へ復帰、八月十三日に小牧へ移動し、伊藤中隊も合流、この地で八月十五日の終戦を迎えた。

一一一戦隊に編成されてからの空戦の機会はなかったが、戦力の増強に努めたため、終戦時には五式戦を主力とする九〇機の兵力を保有していた。

●常陸教導飛行師団／飛行第一一二戦隊（通称号：帥第三四二一八）五式戦装備部隊

昭和十八年八月に水戸陸軍飛行学校の跡地に「明野陸軍飛行学校分校」が創設され、昭和十九年六月二十日付けでこれが常陸教導飛行師団と、昭和二十年七月十八日付けで飛行第一一二戦隊と改編され、二十二日に編成を完結した。一一一戦隊と同様に兵力は二個戦隊分と定められ、戦隊長には飛行団長格の梼原秀見中佐が発令、五式戦六個中隊の編成に取り掛かり、どうにか五式戦三〇機ほどと四式戦二〇機ほどを保有するまでになった。

戦力温存体制下で出撃は控えられたが、終戦直前の八月十日には早乙女栄作大尉の率いる四機が千葉の八街飛行場から出撃してB－29を房総沖へ追いかけ、撃破を報じている。

■軍事ライター

松田孝宏

●第68戦隊の苦闘、比島航空決戦、そして本土防空戦等、「飛燕」に纏わる10のエピソード！

飛行第55戦隊所属の「飛燕」一型丁

名戦闘機10番勝負

一／不時の出撃となった初陣

三式戦「飛燕」の初陣は制式採用がなされる前、昭和一七年四月一八日のことであった。この日、陸軍航空審査部のベテラン操縦者である荒蒔義次大尉と梅川亮三郎准尉らは、水戸飛行場で一三ミリ機関砲のテストを行なっていた。

すでに午前から警戒警報が出ていたが、荒蒔大尉が煙草をすっていると高度約二〇〇〇メートルで侵入してくる敵機を認めた。ハルゼー中将の米機動部隊を飛び立った、ドーリットル中佐が指揮するB－25爆撃機による日本本土攻撃隊である。

荒蒔大尉の命令でただちに試作二号および三号機が出撃、まずは梅川機が霞ヶ浦上空でB－25に射撃を浴びせた。B－25からはガソリンが吹き出したが、それ以上の追撃はできず梅川機は帰投。荒蒔機は敵機を発見できなかった。梅川機の戦果は一機撃墜とも、燃料不足で引き返して撃破に終わったとも伝えられる。

なお荒蒔機が味方機に撃たれたこともあり、陸軍機は胴体にも日の丸を描き、主翼内側の前縁は識別のため黄色い帯状に塗るようになった。

偶然ではあるにせよ、この時まだキ六一と呼ばれていた「飛燕」は、制式採用前に戦闘を行なうという稀有な戦歴を刻んだのであった。

二／飛行第六八、七八戦隊の悪戦苦闘

最初に「飛燕」を装備したのは満州のハルビンにあった飛行第六八および七八戦隊であった。まずは昭和一八三月、六八戦隊が杉山元参謀総長じきじきの激励を受けて南東（ソロモン、ニューギニア方面）へ進出。しかしエンジン不調や天候不良などで、約半数が地上勤務員より遅れてラバウルに到着という惨憺たる門出となってしまった。

六八戦隊は五月のウエワク爆撃掩護で初陣を記録、翌月には七八戦隊もラバウルに進出してきた。以後の両戦隊はラエやサラモアの制空に従事、七月一八日は七八戦隊の富島隆中尉がP－38を撃墜。二〇日は六八戦隊の竹内正吾大尉が率いる第二中隊らがB－24を撃墜、両戦隊の初戦果を挙げた。

これ以後も両戦隊は進攻や迎撃、船団掩護に出撃していたものの、八月一六日のウエワク空襲で戦力が激減、九月から一〇月にかけてマニラ

へと後退していった。

　その後一〇月中旬から一一月末に七八、六八戦隊が再度ウエワクへ戻って戦ったが、戦力の消耗は激しく、期待された性能も発揮できない「飛燕」よりも二式単戦「鍾馗」が求められるようになっていた。あろうことか参謀本部が現地部隊に「飛燕」を活用するよう説得、しかし現場は当時運用が難しいとされた「鍾馗」を使いこなしてみせると反駁する一幕もあった。いかに「飛燕」が歓迎されていなかったかを伝える逸話である。

ホランジアに展開した飛行第68戦隊所属の「飛燕」一型甲

　補給も滞りがちで、昭和一八年末にはどちらも可動機が一桁にまで落ち込んでしまった。一部ではドイツの二〇ミリマウザー機関砲二門を装備した一型丙も活躍したが、劣勢をくつがえすことはできなかった。
　やがて昭和二〇年四月二二日、米軍がホランジアに上陸すると、もはや航空戦どころではなくなり、隊員たちは徒歩でサルミへと後退していった。その途中で戦死したベテランやエース操縦者も多く、「飛燕」装備の先駆となった両戦隊は華々しい戦果とは縁遠い、苦難に満ちた戦闘を終えたのであった。

三／米軍の航空撃滅戦

　いまひとつ、「飛燕」の苦闘について記す。来るべき比島決戦に備えて日本陸軍は昭和一九年五月ごろから航空兵力の増強を推し進めており、「飛燕」部隊は六月に飛行第一七および一九戦隊がマニラのニールソンへ進出して行動を開始した。

　しかし同年九月二一日より米軍は、レイテ上陸に先だった航空撃滅戦を行なうべく空母搭載機によるルソン島を空襲した。これに対して第一七、一九戦隊は約四〇機の「飛燕」で迎撃したものの、より数の多い米主力艦戦のF6Fヘルキャットとの戦闘で少なくとも二二機が撃墜された。

　カタログスペックにおいてF6Fはほぼすべての性能で「飛燕」に勝っており、それを裏付けるようにこの日、「飛燕」や日本陸海軍機との空戦で失われたF6Fはなかった。両戦隊が錬成途上であったこと、火力増大と引き替えに飛行性能が低下していた一型丁が主生産型であったことも一方的な敗北の要因だが、以後も「飛燕」はF6Fに対して苦戦を強いられることになる。

　初陣の翌年（昭和一九年）以降はもはや対戦闘機戦に不向きとの評価もなされ、陸軍の期待は大東亜決戦機こと四式戦「疾風」に移るなど、「飛燕」の戦いは不幸続きであった。

四／二対三六、田形准尉奇跡の奮闘

　各戦隊へ「飛燕」の配備が進む一方で、日本の敗色も濃いものとなっていた。しきりに「決戦」が呼号されていた比島の戦いを前にした昭和一九年一〇月一〇日、空母から発艦した米攻撃隊は台湾や沖縄を空襲。これが海軍の誇大な戦果報告で比島決戦に重大な悪影響を与えた台湾沖航空戦である。

　この時は独立飛行第二三中隊の「飛燕」八機または一〇機が迎撃に上がったもののすべてが撃墜されてしまう。

　続く一二～一五日までの台湾空襲では「飛燕」と「隼」で混成された集成防空第一隊が臨時に編成され、ノモンハン以来の古豪である東郷三郎大尉が「飛燕」で指揮を執った。一二日は「飛燕」、隼の一三機が数十機と交戦、五機または不確実二機を含む八機を撃墜した。

　しかし、この日の空戦の白眉は田形竹尾准尉と真土原忠志軍曹らの奮戦である。「僚機一機を指揮して四〇機を迎撃すべし」との無謀の命令に、「生死というのは別問題」と達観の境地で飛び立った竹尾准尉は、二・五の視力と一〇年の実戦経験による心眼（ご本人談）で先んじて敵機を発見。第一撃は敵を混乱さるべくF6Fの群れへ突っ込み、それ以降は眼前に現れた敵機だけを狙うよう心がけた。撃墜よりも、制圧が目的だ。こうした空戦を三五分も続けると、唾液も出なくなるほど身体が疲弊するという。やがて力つきた竹尾准尉は不時着するが、その闘志は衰えず空中の敵機に対して地上で拳銃を撃ち続けた。

　一方の真土原軍曹はこれが初陣の少年飛行兵であったが撃墜を記録、やはり不時着して生還した。二人とも軽傷は負ったものの、二機合わせて五機または六機を撃墜、五機を撃破した。二機が三六機を相手にして生還した例は日本陸海軍でもこれだけで、F6Fグラマンには「負けなかったです」、P-51ムスタングにも互角以上と、田形准尉による「飛燕」の評価はきわめて高い。

「飛燕」を駆って難敵F6Fに一歩も引かなかった田形准尉は大戦を生き抜き、二〇〇八年に没するまで多くの手記、著作を遺している。

五／比島決戦と「飛燕」

　台湾沖航空戦が終わって間もない昭和一九年一〇月一七日、米軍はレイテ湾口のスルアン島に上陸した。日本軍は一八日に捷一号作戦を発動、地上戦や一連のレイテ沖海戦も含めた比島決戦が開始された。

　比島が決戦場になると予想していた日本軍は、前々項で記したように航空戦力の増強を開始しており、「飛燕」部隊としては飛行第一七、一九戦隊に加え、第七錬成部隊がマニラ周辺に配備されていた。

　既述したように九月は米軍による航空撃滅戦で手痛い損害を受けたが、一七戦隊は比島航空決戦開始時はネグロス島より行動、レイテ島への進攻、特攻隊の掩護、迎撃に従事した。一九戦隊は進出後から船団護衛任務などに就いていたが、一〇月の空襲で戦力の半分を失い、航空決戦時には可動機は五機にまで落ち込んでいた。

　それでも一七戦隊同様にネグロス島から作戦行動を続けた。七錬飛も防空戦闘を行なっていたが、いずれの戦隊もしだいに戦力を消耗したため、一〇月から一二月にかけて内地やビルマへ後退した。

　これに代わる「飛燕」部隊として飛行第一八、五五戦隊が一一月にルソン島へ到着、行動を開始した。しかし、やはり兵力をすり減らしたために昭和二〇年早々には内地に帰還した。

　この時期、「飛燕」に下されていた評価は敵味方ともに辛いものであったが、強力な二〇ミリ機関砲や、急降下性能すなわち「突っ込みのよさ」を頼もしく思う操縦者の証言もある。F4F、P-38なども与しやすい相手との意見もあるが、P-38パイロットからも「飛燕」との交戦が楽だったという述懐もあるので、兵器の優劣は簡単に決められないことが実感できる。

　また、比島決戦より陸海軍は特攻作戦を開始するが、その中には再進出した飛行第一九戦隊の「飛燕」も含まれていた。比島決戦における航空は昭和二〇年一月でほぼ終了となるが、台湾沖航空戦に続き出血を重ねるという、「飛燕」隊はもちろん陸軍航空隊にとって戦果よりも損害が目立つ戦いとなってしまった。

六／本土防空戦の開始

　昭和一七年四月一八日以来となる米軍の日本本土空襲が、一九年六月一五日に行なわれた。この日、中国を飛び立ったのはかねてから登場が予想されていた超空の要塞と称されるB-29爆撃機で、「飛燕」など日本軍戦闘機を大いに悩ませ、日本全国を焦土とせしめるのである。

　北九州に飛来したB-29に対し、「飛燕」装備の飛行第五九戦隊は錬度の不足もあって芦屋の基地から飛び立つことはなかった。初めての出動は七月七日の空襲時に五機が上がったが、戦果はなかった。八月二〇日、八幡製鉄所に対する二回目の空

台湾に展開した「飛燕」一型丁

襲に際しては五九戦隊の二一機が全力出撃、B－29を一機撃墜、不確実三機、撃破五機の戦果を挙げた（これとは別に不確実撃墜はなく、三機撃破とする資料もある）。損害は一機の未帰還である。

日本側では高射砲や海軍戦闘機部隊などの報告も含むと、合計戦果は撃墜二四機、不確実一三機、撃破四七機と誇大な戦果と判断していたが、米側記録によれば対空砲火や事故も含めて一四機が損失とされている。数字はどうであれ、「飛燕」の撃墜戦果は間違いないだろう。

五九戦隊は開戦時、六四戦隊とともに新鋭機である一式戦「隼」が最初に配備された部隊で、ニューギニアの戦いで消耗した時期もあったものの、撃墜一八機が伝えられる清水一男准尉、一四機の広畑富男准尉らのベテランを擁していた。直上攻撃とタ弾（破裂すると子弾をまき散らす対飛行機用爆弾）の多用も、戦隊の特色であった。

五九戦隊は昭和二〇年三月まで、体当たり部隊となる第二回天隊も投入しながら防空戦闘を続けた。他に北九州では昭和一九年一〇月から一一月の間、関東地区（調布）配備の一八戦隊と中京地区（小牧）配備の五六戦隊も防空戦闘にあたった。

一八戦隊では訓練中、突如としてエンジンが停止、原因は判明したものの好調な飛行時でも故障の可能性があると操縦者同士は注意しあうようになったとの証言がある。「飛燕」の稼働率は不安定だったと伝えられるのは、このようなトラブルにも一因しているのであろう。

また、一八戦隊は機体を軽くするために操縦席背後の防弾板や、ガソリンタンクを覆っている生ゴムを外し、携行弾数すら減らしたもののほとんど効果はなかったという。

七／中京の守護神・五六戦隊

B－29は北九州に続き東京（次項で記述）、さらには中京地区にも侵入してきた。この地区の「飛燕」部隊は小牧および伊丹に展開の飛行第五五、五六戦隊であったが、一二月一三日の初来襲時には戦果を挙げられなかったと伝えられる。しかし実際にB－29を射撃した永末昇大尉によれば、第一撃を終えると「右端機の内側エンジンからパッパと白煙が三回くらい流れ出たあと、そのB－29は突然スーッと消えてしまった」というから、撃破と判断していいだろう。

この日の戦闘以降、B－29との空戦時は機体から一三ミリ機関砲を取り外し、効果が大きいと認められた二〇ミリマウザー機関砲で戦うこととした。一八戦隊と似たような機体の軽量化は、少なくない数の飛行戦隊で実施していたのである。

初戦果は同月の一八日、五六戦隊が撃墜および撃破各二機を報じた。このうちの一機は先述の永末大尉機によるものと思われ、短時間ながら二〇ミリマウザー機関砲の射撃で黒煙を噴いたB－29は、編隊から落伍していった。僚機が墜落を見届けたため、撃墜が確認されたのである。

飛行第二四四戦隊所属の「飛燕」一型丁

翌一二月一九日からは、調布の二四四戦隊が応援にやって来た。二二日は独立飛行第一七中隊の武装した司令部偵察機も参加、陸軍戦闘機隊は撃墜一六機、撃破二五機の大戦果を報告した。もっと少ない撃墜二機、撃破四機とする資料もあるが、実際には二機のB－29が不時着で失われただけであった。しかし五六戦隊は、通常攻撃と体当たりで二機を撃破したとされている。

一方、五五戦隊は「飛燕」部隊としては早い時期となる昭和一九年四月に編成され、未熟な若年搭乗員が多いこともあって小牧で錬成に励んでいた。しかし主力は一一月に比島へ引き抜かれ、残置隊がB－29と戦っていた。他にも比島から小牧に帰った一七戦隊が昭和二〇年一月以降の防空戦闘に参加した。

しかし、中京地区の防空戦はやはり五六戦隊が中核で、昭和二〇年一月三日の名古屋空襲では、同戦隊と五五戦隊機が体当たり攻撃を行ない、両戦隊とも一機を撃墜する戦果を挙げた。沖縄戦時こそ九州に移った五六戦隊だが、伊丹に復帰後はB－29迎撃戦を続け、終戦まで中京の空で戦い続けたのである。

八／帝都防空二四四戦隊の活躍

　B－29来襲時、関東には調布の飛行第二四四戦隊と柏の一八戦隊が展開していたが、一八戦隊主力は比島決戦に投入されていた。そのため、二四四戦隊は「飛燕」部隊としてはもちろん、陸軍の帝都防空戦隊としても主力となって戦った。体当たり部隊の震天制空隊は各飛行戦隊で編成されたが、このエピソードが多いのも二四四戦隊であった。

　二四四戦隊は宮城の防空も任務としたため「近衛戦闘隊」とも呼ばれ、「飛燕」への改変も昭和一八年七月ごろと早期に実施された。

　昭和一九年一一月一日、B－29による初の東京空襲が行なわれた。当日は第一〇飛行師団長・吉田喜八郎少将による、必ず敵機を撃墜すべしとの厳命によりほとんどの防空戦闘機隊が出撃したが、二四四戦隊は交戦に至らなかった。初戦果は一一月二四日の空襲時で、この時は一機撃墜にとどまった。

　射撃の命中が認められてもなかなか落ちないばかりか、捕捉すら困難なB－29に対し、吉田少将は各戦隊に対し体当たり攻撃を命じた。すでに陸海軍で編成されていた特別攻撃隊と違い「必死」となる攻撃ではなかったものの、極めて危険な攻撃であることに変わりない。

空対空特攻用に編成された震天制空隊

　この先頭に立ち、二四四戦隊の勇名を轟ろかせたのが最年少の戦隊長、小林照彦少佐であった。あふれる闘志と統率力は部下の支持を集め、愛児が発熱した際は部下から帰宅するよう勧められながらもこれを退けて戦い続けた熱血戦隊長である。

　そんな小林戦隊長が率いる二四四戦隊の激戦のひとつが、一二月三日の全力邀撃であった。同日、二四四戦隊所属にして震天制空隊員でもある中野松美伍長は、「震天制空隊青空せよ」の命令に四名の整備員ひとりひとりに「長い間ご苦労さま、お世話になりました」と感謝と別れの握手を交わして出撃した。

日本本土爆撃を行なうB－29戦略爆撃機

　しかし最も得意な前側上方攻撃を含む三回の攻撃に失敗すると、中野機はB－29の胴体真下にもぐり込んでしまった。そこで操縦桿を引き上げると、中野機はB－29の尾翼を破壊しながらその真上に乗り上げた。そのまま飛び続けていると安定を欠いたB－29は機首を下げていき、今なお「馬乗り撃墜」と呼ばれる体当たり攻撃が成功を収めたのである。

　同日は小林少佐にとって戦隊長としての初出撃であったが、先頭を飛ぶB－29に正面から襲いかかり、対空砲火に撃墜されたものの直ちに予備機で再出撃という、すさまじい初戦となった。震天制空隊を含む二四四戦隊の戦果は撃墜六機、撃破二機または撃墜一機、撃破二機と伝えられている。

　昭和二〇年一月二七日の空襲では中野伍長が二度目の体当たりに成功、小林戦隊長も体当たりでB－29を撃破した。二四四戦隊には四宮中尉、板垣政雄伍長ら体当たり攻撃の猛者が揃っており、終戦までに多大な戦果を残した。

　戦後、航空自衛隊に進んだ小林戦隊長は惜しくも殉職するが、二四四戦隊こそ栄光少なき「飛燕」の勇猛を世に広めた名戦隊であった。

九／航空審査部の神技

　多くの飛行戦隊が「飛燕」に限らず戦闘機を駆って防空戦闘を行なったが、実戦部隊ではなく試作機のテストなどを行なう陸軍航空審査部飛行実験隊でも防空戦闘を行なったことがある。

　昭和二〇年春のある日、審査部に属する坂井少佐の一番機、竹澤少尉の二番機、伊藤大尉の三番機、梅川中尉の四番機は、編隊から離れた一機のB－29に対し、整然とした一列を形成して前下方攻撃をかけた。

この様子は、四式戦「疾風」に搭乗していた黒江保彦少佐が詳しく伝えているが、それによるとまず一番機が下方から撃ち込むと、銃弾はガソリンタンクに命中、ガソリンが白い蒸気となって糸を引いた。一〇秒後、二番機が機首を上げて射撃するとB－29は火を吹く。そこへ三、四番機がとどめの射撃をくわえ、機体を上向きにひねりながらB－29の尾部方向へと通り抜けていった。

日本陸軍でも屈指の戦闘機操縦者・黒江少佐ですら「神技に近い正確華麗な技術」と激賞した一連の攻撃により、さしもの巨人機も大爆発を起こし、胴体と翼はぐるぐると回りながら落下していった。地上に激突した機体は、残っていた数千ガロンものガソリンが燃え、天にも昇る火柱を上げたという。

小林照彦飛行第二四四戦隊長

操縦者の技量が群を抜いていたこともあるが、このように華麗、俊敏な空戦こそ「飛燕」のあるべき姿であった。
なお、「飛燕」は訓練部隊である第六、八、二〇、二二、三七、三九教育飛行隊と、第五、七、一七、一八錬成飛行隊にも配備された。この中でも第一八錬成飛行隊は「飛燕」だけで編成された唯一の部隊で、訓練を行なっていた昭和二〇年五月には七錬飛の「飛燕」とともに「飛燕」戦闘隊」を編成して終戦直前までパレンバン油田の防空任務に就いていた。これ以外にも多くの教育部隊が戦局悪化に伴い戦闘を行なっている。
この他に明野陸軍飛行学校、常陸教導飛行師団なども防空戦闘に加わった。特に昭和二〇年七月一八日、日本陸軍で最後に編成された戦闘機隊となる飛行第一一一、一一二戦隊は、明野と常陸の教導飛行隊を母体としたもので、わずかながら実戦も行なって終戦を迎えた。

一〇／最後の戦い

敗戦を迎える昭和二〇年、「飛燕」の戦いは一月三日、初めてとなる阪神地区空襲に対する迎撃戦から始まった。中心となったのは中京地区も受け持っていた飛行第五六戦隊で、阪神地区でも防空戦闘の中核を担う部隊として終戦まで戦った。

三月二五日、米軍が慶良間列島に上陸して沖縄戦が開始されると日本陸海軍航空部隊の総力が投入され、これには当然ながら「飛燕」部隊も含まれていた。

台中の一〇五戦隊指揮下にある独立飛行第二三中隊は三月二六日、沖縄戦では最初の特攻隊となる誠一七飛行隊を掩護して出撃。しかもそのうちの六機は、誠一七飛行隊の突入を見届けてから体当たりを行なった。

三月二九日以降は一七戦隊と一〇五戦隊が特攻隊の掩護と、一七戦隊は特攻隊も四回出撃した。各地にも「飛燕」部隊である五五、五九、二四四戦隊などが九州・沖縄方面に進出、直掩や基地防空にあたった。

沖縄戦において特攻機となった「飛燕」は一七、一九、一〇五戦隊、独飛二三中隊と、陸軍第六航空軍で編成された第五四、五五、五六、六〇、一五九、一六〇振武隊、第五錬成飛行隊など一〇七機とされている。

本土の防空戦も激しさを増しており、沖縄に先だち硫黄島が陥落すると、同島から護衛戦闘機としてP－51がB－29に随伴するようになった。これには対戦闘機戦が苦手な「飛燕」ではかなわず、日本陸海軍戦闘機はおしなべて苦戦を強いられてしまった。また、この時期は多くの「飛燕」部隊が五式戦への改変が進んでおり、対戦闘機戦でも相応の戦果も挙げたが、時期すでに遅かった感が強い。

「飛燕」最後の戦いは八月一四日、阪神地区の五五戦隊で、新型の三式戦二型こそ装備したものの五式戦を装備することなく「飛燕」だけで終戦まで戦い抜いた。この日は五式戦に改編した一八戦隊も、最後の空戦を行なった。終末期は一八戦隊など本土決戦に備えた部隊も多く、戦力温存のまま終戦を迎えた。

二〇一六年一〇月には川崎重工業によって修復、復元がなされた「飛燕」が公開され、今後は長らくその勇姿が伝えられていく予定だ。

青い目の見た「トニー」レポート

●一九四三年夏、ニューギニア上空で初めて米戦闘機と対戦し、その存在が確認された異形の液冷戦闘機を米軍はどのように評価したのか⁉

■兵器研究家
大塚好古

マッキMC202のコピーと勘違い

　米側が三式戦の存在を初めて確認したのは、一九四三年七月のことで、その外型から本機は当初イタリアのマッキMC202のコピーと考えられていた。一九四三年九月二二日にチリ＝チリ上空で三式戦とP－40Nで格闘戦を行ない、これを撃墜した記録を持つ第8戦闘航空群第35戦闘飛行隊指揮官のE・S・デイビス少佐が、「P－40と同様に液冷エンジンを装備する『トニー』のことを、我々はイタリア戦闘機のコピーだと考えていた」と回想している。そして、この話は一定の期間かなりの信憑性を以て米側では信じられており、三式戦に与えられた「トニー（Tony）」というコードネーム自体も、これに由縁していると言われている（「Tony」はイタリア人の男性に多い名称とされる「アントニー＝Antony」の愛称。「Tony」には、「ハイカラな」「粋な」という意味もある一方で、「馬鹿者」「まぬけ」という意味もある）。

　だがその後、捕虜の尋問および鹵獲文書、実機残骸の調査から「日本の液冷戦闘機は、マッキMC202とは全くの別物」と判明する。これを受ける形で、米陸海軍共同の「航空機識別帳（FM30-30／BuAer3）」では、一九四三年一一月に第二版改訂の際に本機の項目が作成された。この際に「胴体および機体尾部の様相はドイツのHe113に似ているが、主翼はより細くて長い」と紹介された本機については、最高速度が日本側計測値に近い五八四km／時とされたのと、上昇限度（約一万八八一m）が記された以外は、明確な性能評価はなされていない。ただし「翼付け根と胴体部の燃料タンクは、防漏化がなされている」ことが明記されているのは、「零戦」等に比べて抗堪性が高いと考えられていたことを覗わせる。また武装面での記述は正確だが、「プロペラ軸に機関砲を装備する用意がなされている」との誤解もあった。

　さてニューギニアの戦場では、三式戦と相見えた米陸軍航空隊の搭乗員達は、三式戦が今までの日本機とはいささか特性が異なる機体であると見なすようになっていた。三式戦は概ねP－40と同等かそれ以上の速度性能を持ち、以前の日本軍戦闘機とは異なり、米戦闘機の降下に追随してこれを捕捉できるだけの降下性

ＭＣ202の発展型のＭＣ205。側面形は三式戦にソックリである

KAWASAKI TONY (5J)

米本国に運ばれた三式戦二型（TonyⅡ）。二型はP-51B並みの高性能機と過大評価されたこともあった

能を持っていた（米側では、三式戦の降下加速性能はP－39に勝り、P－40と同等程度と評価していた）。その一方で、三式戦は「零戦」や「隼」に比べて旋回性能と上昇性能は劣っており、上昇性能はP－40後期型と比べても大きく勝る点はなく、旋回性能も「米陸軍戦闘機で最良」のP－40と同等であると評価される。この結果として、米側では「トニー」は総じて「我が軍のP－40と同等の性能を持つ機体」と見なされることになった。ニューギニアに展開した三式戦のパイロットも、「総じてP－40と互角」と評しており、図らずも日米でその評価が合致した格好となっている。ちなみにこの時期に大陸方面の米陸軍航空隊では、「二式単戦（Tojo）はP－40に性能が勝り、P－38に対しても水平速度と上昇力で上回る」と評されているので、この時点で三式戦は二式単戦より評価が低かったことが窺える。

そして、三式戦と交戦した米陸軍のパイロット達は、P－40以外であれば速度と高度の優位を利して戦えば優勢に戦闘を進め得ると考えていた。仮に三式戦に後方に付かれたとしても、P－40を含めて「一旦旋回降下して加速した後、その速度を利して上昇すれば振り切れる」「振り切った後に高度優位を利して、優位な位置を占める」という戦術を取ることで、空戦を優位に進められると考えられてもいる。

ニューギニア方面での戦闘以降、太平洋方面での米陸軍戦闘機隊の中核をなす存在となっていたP－38部隊では、五機撃墜のエースであるチャールズ・キング大尉が「我々は『零戦』や『隼』と比べて、ちょっと早い代わりに運動性が低い三式戦との交戦は、より容易に勝利を収められるとして喜んだものだ。そしてさらに我々にとって嬉しいことに、三式戦のパイロットは最高の技量を持つ者達ではなかった」と記しているように、基本的に三式戦に対して優勢に戦えると報じてもいた。

ただその中でも、三式戦が他の日本軍戦闘機より「重くて鈍い」機体だが、米陸軍航空隊のパイロット達が好んだ水平及び降下で離脱する戦術を採った場合、三式戦がこれに「零戦」や「隼」より旨く対処できる機体であると見なされてもおり、中には三式戦は水平飛行でP－38に追いつけるとする報告もあった。

性能表を見る限り、この両機の速度差は各高度域で三〇～六〇㎞／時ほどP－38の方が優速であるのだが、ニューギニアでの戦闘で常用高度となった六〇〇〇m以下の高度域での場合、「P－38Jのエンジンを全開にして数分間追っても、逃げようと決めた三式戦を捉えることが出来なかった」という報告や、「隼」ならすでに引き離しているような状態でも、三式戦が執拗に喰いついて来ることに驚愕するなど、三式戦が相応の高速性を持つとした報告が複数なされていた。

加えて米軍機の中では比較的降下性能が芳しくないP－38に対して、三式戦は降下で引き離すのは不可能と思われるだけの降下性能を持っていること、さらに俊敏な「隼」の機動性を封じ込める戦術として一般化していた対進攻撃を掛けた場合、液冷エンジン装備の三式戦は正面投影面積が小さいので、その有効性が損なわれる場合があること、「隼」より有力な火力があるので危険性がより高いなど、戦闘時にはそれなりの注意を要する点があるとも評価されてもいた。

ニューギニアで三式戦とまみえたP-40N（上）とP-38E

識別帳の第三回改訂とTAICレポートに見る三式戦

米軍は一九四四年一月初頭にツルブ（Tuluvu））で三式戦の実機を捕獲しており（総数三機）、そのうちの一機（機番263、発動機番号252の一型甲）に対して、飛行可能状態に戻すためにリバースエンジニアリングによる修理作業を実施した。この「XJ003」の識別番号が付けられた三式戦は、一九四四年初夏に飛行可能状態となり、爾後一連の試飛行を実施、その後に米陸軍機およびオーストラリア空軍機との性能比較および模擬空戦の試験が予定されるが、三度目の試飛行の後に滑油及び滑油濾過器からエンジンのベアリングの破片が発見されたことで試験は中断されてしまう。

しかし、この試飛行の結果は一九四四年七月に報告書に纏められており、その翌月の一九四四年八月には、「航空機識別帳」の第三回改定が実施される。この際に「（その形態は）連合軍戦闘機、とりわけハリケーンとP－40に似ている」とされた三式戦の評価は、前線で「与しやすい」と一般的に思われ、最高速度が以前より低い五七三km／時にされるなど、以前より性能が低く算定されていたにもかかわらず、「重武装で良好な防弾装備を備えた素晴らしい機体」であり、「（交戦の前にパイロットは）本機についてよく学ぶ必要がある」と非常に高い評価を受けている。これはいささか不可解なことだが、先の「P－38に追いつける速度を持つ」など、米軍パイロット達の中で、本機に対して高い評価を与える例があったことを反映して、このような記載がなされたのかもしれない。

続いて一九四四年一二月には、三式戦一型の詳細な性能を示したTAIC（Technical Air Intelligence Center）レポートが発行される。これはニューギニアでの戦闘およびレイテの戦闘の際に入手した文書資料と、捕獲機の調査結果を元に取りまとめられたようで、燃料搭載量・航続力等不正確な項目も存在していたが、最高速度約五八一km／時、高度六〇〇〇mまでの上昇時間約八分三〇秒とされたことを含めて、頷ける表記がなされた報告ではあった。その中で性能面の評価は特に見られないが、性能表からみればそれほど高性能機ではない、と評されていた節が窺える。一方で「トニーは防漏式タンクと操縦席後方と下部に装甲鈑を有している」「本機に良好な燃料タンクとパイロットに対する防御が施されているのは、この面での日本戦闘機の進歩を表わすもの」として、防御面では評価がなされていた。

米海軍による「TAIC9（三式戦一型甲）」の試験

さてオーストラリアでの試飛行後に飛行不能となった「XJ003」は、その後米本土へと送られて、アナコスチア海軍航空基地に所在するTAICの手により再度の修理が実施される。「XJ003」に代わって新たに「TAIC9」の識別番号が割り振られた本機は、一九四四年末には再度飛行可能状態に戻り、一九四五年一月にはFM－2（F4F－8）、F6F、F4U－1D／F4U－4、F7F－3、F8F－1の各機種との性能比較試験が実施された。

これに曰く三式戦は、操縦席は「極めて小さくて窮屈」だが、「計器および操作レバー等の配置は優良である」とされ、一方で「機首が長く、風防が低いために前方視界が非常に悪い」ことを含めて、総じて全ての米海軍戦闘機に比して視界が悪いとされている。整備性については機構が複雑精緻で油圧系の不具合が機体の問題の多くを引き起こして試験時に整備に多大な労力を要したこと、性能維持が困難であるなどの問題が示され、このため日本側でも本機を運用する場合にも、可動率を保つのに多大な努力が必要であろうと、正しい推論がなされるなど、機体面では余り良い評価はない。

その一方で飛行特性については、離着陸の動作が容易であり、通常の飛行特性も「飛行するのが楽しい機体」と書かれるように高評価を得ている。その中で三舵の動作に要する力量は中程度で、動作も満足のいくものだが、補助翼だけは三三三km／時より高速域ではきわめて重くなることが欠点に上げられている。

本機による性能試験は、米側で言う「戦闘状態」で計測されたため、機体重量が全備より軽い（約二五〇kg）状態で実施された。ただしその内容は「高度別性能」の項目で「過給器の働きが不十分」と記されたように、発動機不調で完全な性能発揮はできない状態で試験が行なわれていたことが窺える。そして、実際に速度性能は報告書にある図と各機種との比較から推算して、海面高度域では四八〇～四九〇km／時とTAICレポートの数値とほぼ同様の数値が出される一方で、「TAIC9」の全開高度（四二六七m）とされた高度域に近い高度四五七二mでも五四〇km／時と、TAICレポートの数値より約四〇km／時低い数値しか発揮出来なかった。また加速性能もFM－2（F4F－8）を除けば、全ての機体に劣るとされる。

上昇性能も海面高度域では約七四〇m／分とTAICレポートとほぼ同等の数値を出したものの、以後急速にその性能は低下、TAICレポートでは過荷重状態でも高度六〇九六mで約五五〇m／分程度は出るはずのものが、より軽量な状態の筈の「TAIC9」では三〇〇m／分程度しか発揮出来ていない。上昇性能の面では最適上昇速度が海面高度域では二五〇km／時程度とF6Fに匹敵する数値となっているが、高度六〇九六mでは一九五km／時前後と、F6FやF4Uと比べて三〇～三五km／時、高度三〇四八m以下ではより劣速だったFM－2相手でも一〇km／時ほど劣速となる、ズーム上昇もFM－2を除く各機種に劣ると評価された。その一方で降下性能については、F6Fの戦術勧告に「継続して降下で離脱するな」という旨の記載があるので、この点では「零戦」と同等のFM－2には勝り、他

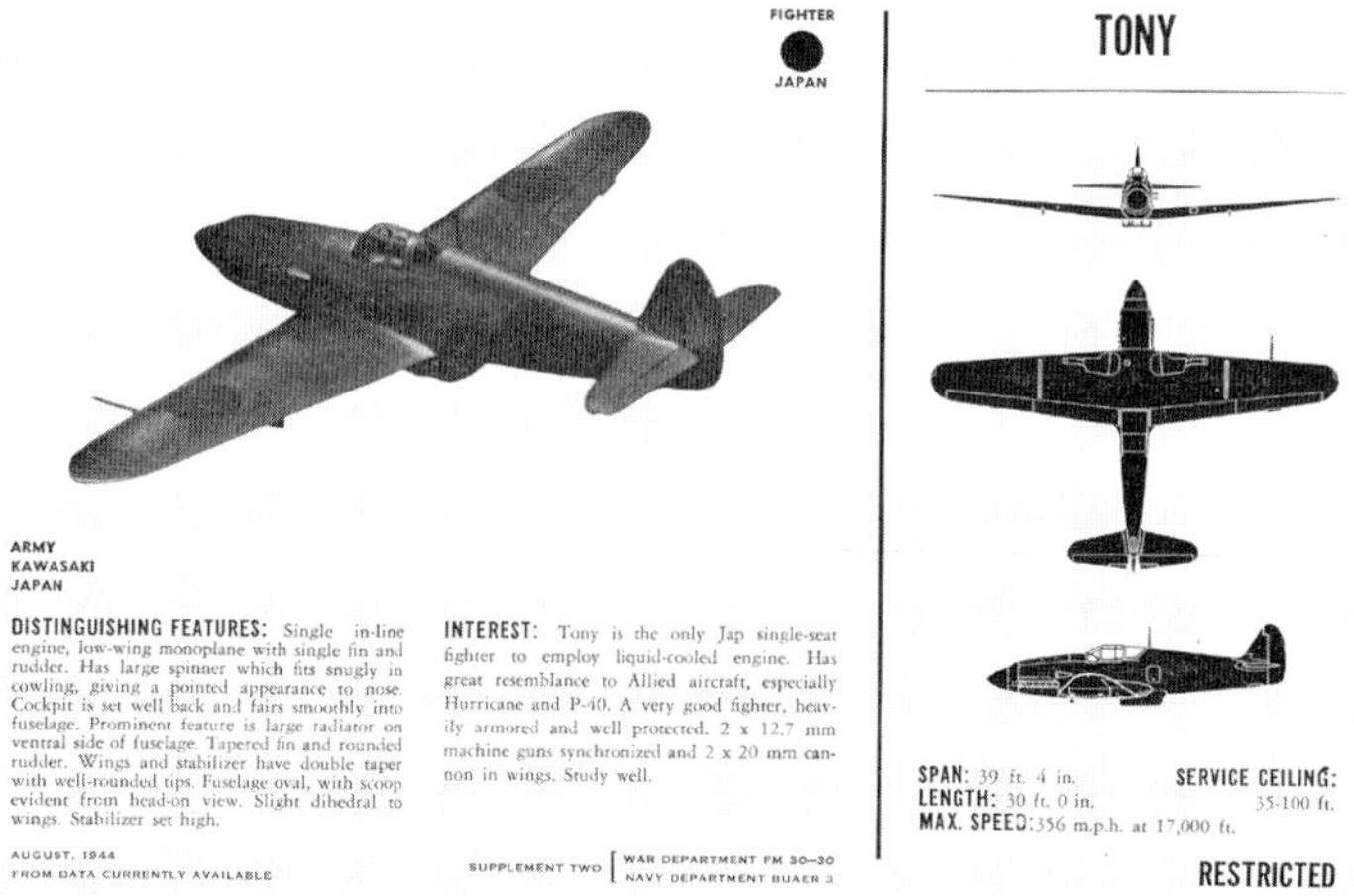

1944年8月改定の「航空機識別帳」に記載されたTONY（三式戦）

の米海軍戦闘機に匹敵する性能を持っていたものと推察される。ロール性能は低速域ではFM-2/F6F/F7Fと同等で、三七〇km/時以上の中高速域ではFM-2にはやや劣り、F6FおよびF7Fには遥かに凌駕される状況となる。旋回性能は旋回半径が米軍機で最も小さいFM-2と同等で、その他の機種についてはより勝ると評価されたが、補助翼の動作問題もあり、高速域の運動性は米海軍戦闘機の方が優位にあると見なされた。

この試験結果を受けて、米海軍では速度性能で劣位な面があるFM-2については、上昇性能の優位を活かして戦闘を行ない、また攻撃された場合は右への急旋回の後に上昇性能の優位を用いて高度を取る（引き離す）か、右降下旋回の後に続いて急激に高速で反転離脱し、そして速度差が縮まる低高度での戦闘に引き込んで、上昇性能の優位を以て優位に戦闘を進めるべきと報じている。その他の機種については、基本低速域での運動性に勝る三式戦に対しては同様の機動を行なうことなく、速度性能と上昇性能の優位を以て戦うことが推奨されており、F6F-5/F4U-1Dの場合、攻撃されたときには右旋回降下で加速した後、速度の優位を得た後に上昇性能を利して高度を取る、とされている。より性能に勝るF4U-4/F7F-3/F8F-1は、浅い降下で加速した後に同様の戦術を採るか、ある程度距離が離れている（約六〇〇m以上）にいる三式戦との高度差が大きくない（約三〇〇m以内）のであれば、全力での上昇を行なえば三式戦が接近するのを防ぐことが出来るとしていた（ちなみにこの時期、F7FとF8Fは緊急出力が使えなかったが、それでもこれだけの性能差異が生じていた）。

ここで米海軍機と同様の試験が行なわれた「零戦」五二型（61-120：TAIC5）と比較して、両者の性能・特性の差異を見てみようと思う。同「零戦」の試験報告書を読むと、同機もエンジンの修理が完全でない節が窺えるのだが、それでも「零戦」の上昇性能はF4U-1Dに三〇四八m、F6Fは四二六七mの高度域まで同等、それ以下では勝るとされる。ロール性能は三七〇km/時でこ

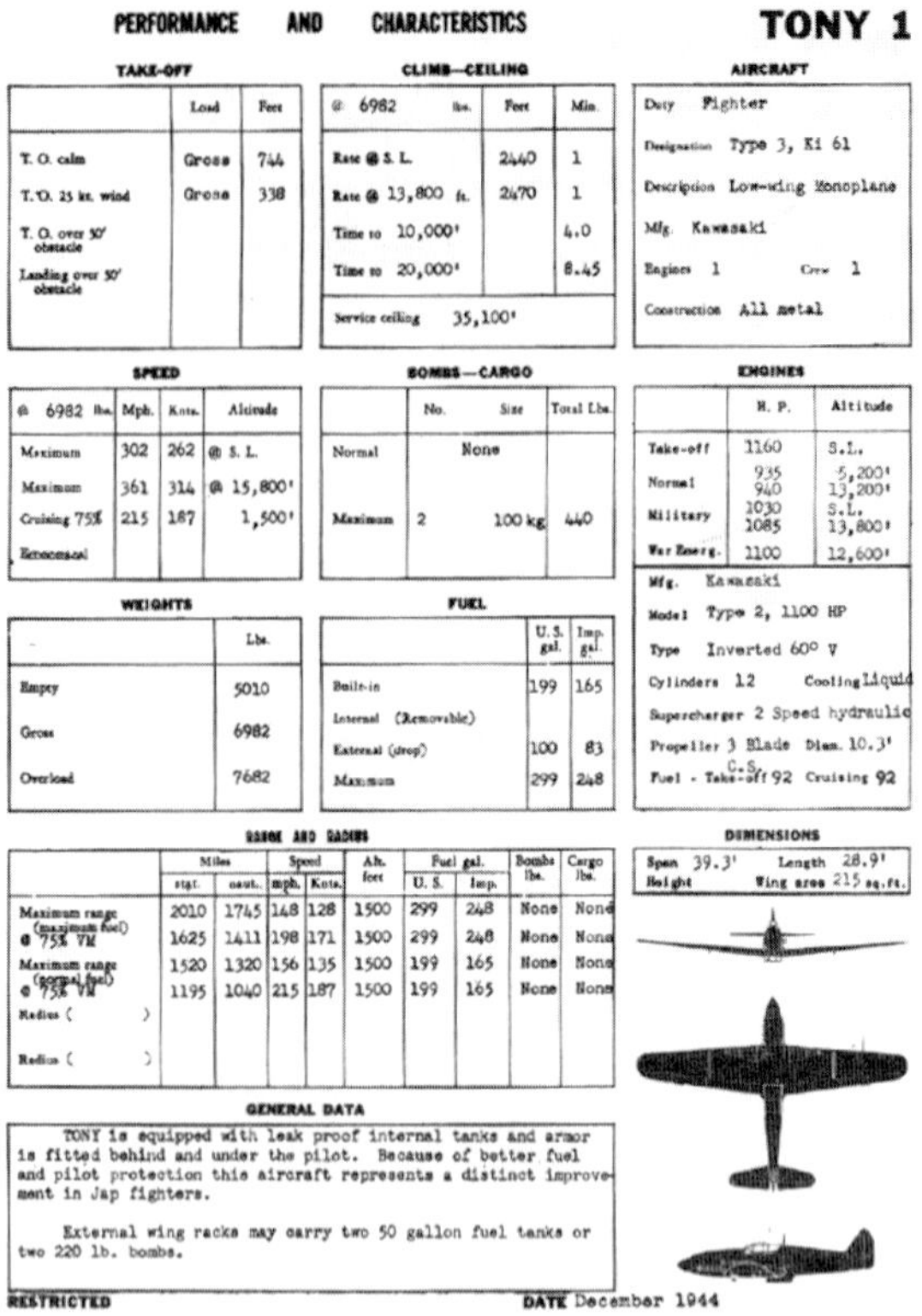
PERFORMANCE AND CHARACTERISTICS　TONY 1

TAKE-OFF

	Load	Feet
T. O. calm	Gross	744
T. O. 25 kt. wind	Gross	338
T. O. over 50' obstacle		
Landing over 50' obstacle		

CLIMB—CEILING

@ 6982 lbs.	Feet	Min.
Rate @ S. L.	2440	1
Rate @ 13,800 ft.	2470	1
Time to 10,000'		4.0
Time to 20,000'		8.45
Service ceiling 35,100'		

AIRCRAFT

Duty Fighter
Designation Type 3, Ki 61
Description Low-wing Monoplane
Mfg. Kawasaki
Engines 1　Crew 1
Construction All metal

SPEED

@ 6982 lbs.	Mph.	Kts.	Altitude
Maximum	302	262	@ S. L.
Maximum	361	314	@ 15,800'
Cruising 75%	215	187	1,500'
Economical			

BOMBS—CARGO

	No.	Size	Total Lbs.
Normal	None		
Maximum	2	100 kg	440

ENGINES

	H. P.	Altitude
Take-off	1160	S.L.
Normal	935 940	5,200' 13,200'
Military	1030 1085	S.L. 13,800'
War Emerg.	1100	12,600'

Mfg. Kawasaki
Model Type 2, 1100 HP
Type Inverted 60° V
Cylinders 12　Cooling Liquid
Supercharger 2 Speed hydraulic
Propeller 3 Blade C.S.　Diam. 10.3'
Fuel - Take-off 92　Cruising 92

WEIGHTS

	Lbs.
Empty	5010
Gross	6982
Overload	7682

FUEL

	U. S. gal.	Imp. gal.
Built-in	199	165
Internal (Removable)		
External (drop)	100	83
Maximum	299	248

RANGE AND RADIUS

	Miles stat.	Miles naut.	Speed mph.	Speed Kts.	Alt. feet	Fuel gal. U. S.	Fuel gal. Imp.	Bombs lbs.	Cargo lbs.
Maximum range (maximum fuel)	2010	1745	148	128	1500	299	248	None	None
@ 75% VM	1625	1411	198	171	1500	299	248	None	None
Maximum range (normal fuel)	1520	1320	156	135	1500	199	165	None	None
@ 75% VM	1195	1040	215	187	1500	199	165	None	None
Radius ( )									
Radius ( )									

DIMENSIONS

Span 39.3'　Length 28.9'
Height　Wing area 215 sq.ft.

GENERAL DATA

TONY is equipped with leak proof internal tanks and armor is fitted behind and under the pilot. Because of better fuel and pilot protection this aircraft represents a distinct improvement in Jap fighters.

External wing racks may carry two 50 gallon fuel tanks or two 220 lb. bombs.

RESTRICTED　DATE December 1944

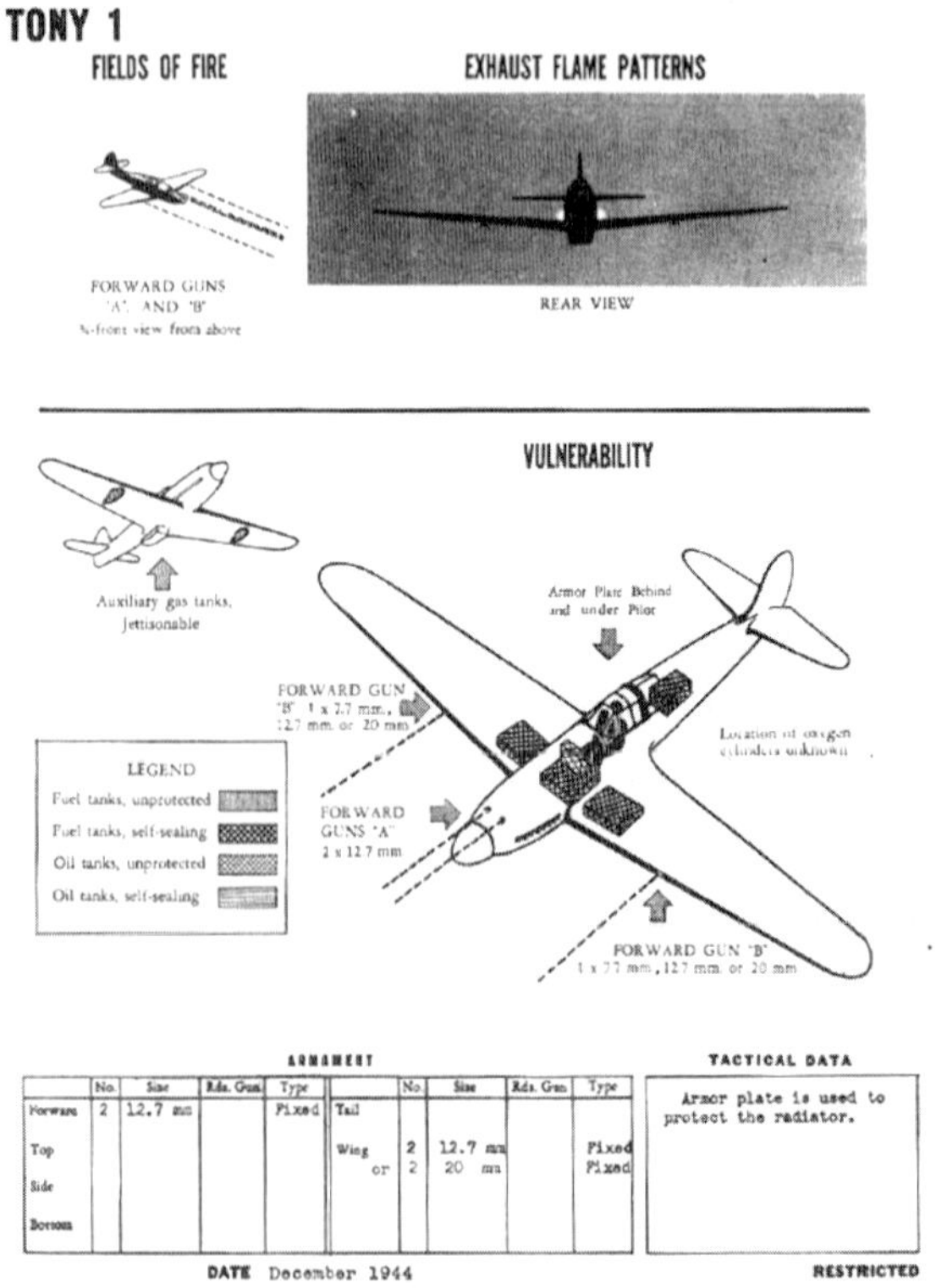
TONY 1

ARMAMENT

	No.	Size	Rds. Gun	Type		No.	Size	Rds. Gun	Type
Forward	2	12.7 mm		Fixed	Tail				
Top					Wing	2	12.7 mm		Fixed
					or	2	20 mm		Fixed
Side									
Bottom									

TACTICAL DATA

Armor plate is used to protect the radiator.

DATE December 1944　RESTRICTED

TAICレポートのTONY1（三式戦一型）。最大速度は580km/h、燃料タンクはセルフシーリング式とほぼ正確に記載されている

の両機と同等、それ以下の速度域では時に米軍機最良レベルのＦ４Ｕ－１Ｄと同等な性能を発揮出来るとされたのに加えて、旋回性能もＦＭ－２よりやや勝ると報じられるなど、いくつかの項目で米軍機に対する優位点を持つとされている。この内容から見て、Ｆ４Ｕ－１Ｄ／Ｆ６Ｆに大きく劣るとされた降下性能では「零戦」は三式戦より明らかに劣り、速度性能もこれに対して同等もしくはやや劣る程度であると見なせるが、上昇性能と旋回性能では上回る能力を持つと思われる。これは米側の戦術勧告において、三式戦では回避法が「速度と上昇力の優位」を用いて、とされるのに対して、「零戦」では「ロールを打って降下し、（加速して）高速旋回せよ」としていることからも窺えるだろう。

既述のようにこの試験で使用された三式戦は完調ではないが、この時期生産・配備がなされていた一型丁の場合、最高速度は「零戦」や「隼」三型と同等かそれ以下だった。しかも以前から芳しからぬ上昇力はさらに悪化していたのも事実である。それゆえレイテ戦時期に三式戦と交戦したＦ６Ｆのパイロットが「三式戦は『零戦』や『隼』より加速性能および運動性が低いので、相対的に見て、より楽な相手だった」と言うニューギニア戦時の米陸軍航空隊のパイロットと同様の評価を下すのは、この試験結果から見ても無理からぬものがあったと言える。

アナコスチア海軍航空基地でTAIC9の識別番号が付与された三式戦一型甲（263号機）

三式戦二型の幻の高性能

ＴＡＩＣは比島で入手した資料を元として、一九四五年三月に三式戦二型（Tony II）に対するレポートも発行している。これはレポート自体に米側がこの時期までに入手した「日本側の断片的な資料」から性能推算がなされたことが明記されているように、その内容は不正確であった。そして実機より軽い重量の機体として推算が行なわれた影響もあって、最高速度約五四〇km／時（海面高度）・約六八〇km／時（高度六〇〇〇m）、海面上昇率は約一〇八〇m／分、六〇〇〇mまでの上昇時間は六分三六秒、航続力も一型同様過大評価されて最大三四〇〇kmとされるなど、米のＰ－51Ｂに対して上昇力では上回り、他の面でも近い性能を持つ高性能機として扱われた。このため本機は「米側の技術的優位を脅かす存在」と評されたとも言われるが、実際にはこの様な高性能機は、日本には存在していなかった。

戦後における三式戦の評価

一九四五年七月の不時着事故で「ＴＡＩＣ９」は大破して失われ、戦後米本土に回送されたＦＥ313（T2-313）／ＦＥ316（T2-316）の識別番号が付された二機の三式戦二型も、特に試験はなされず博物館の展示用機として保管状態となり、結局最終的には廃棄処分となって姿を消した。その一方で、米陸軍航空隊／戦後の米空軍は、なおも暫くの間、飛行可能な出自不明の三式戦を保有していた。一九五〇年代初期にこの三式戦に搭乗する機会を得た「テストパイロットの神様」ことエリック・ブラウン大佐は、「『ハリケーン』の様な飛行特性を持つ本機の性能は、一九三九年時期の欧州戦闘機のようだ」という評価を本機に下している。

この大佐の感想と、米陸海軍パイロットの戦時中の芳しからぬ評価から、現在欧米において三式戦は「言うほどの高性能機ではない」と扱われる場合が多い。その一方で現在もニューギニア戦区におけるＰ－38パイロット達からの高い評価を受け、「総じて米側の第二世代戦闘機（Ｐ－38／Ｆ４Ｕ／Ｆ６Ｆ）に抗する性能を持つ」という過分な評価があることを含めて、相応の優秀機と見なされる場合もある。

こがしゅうとの「キ61」

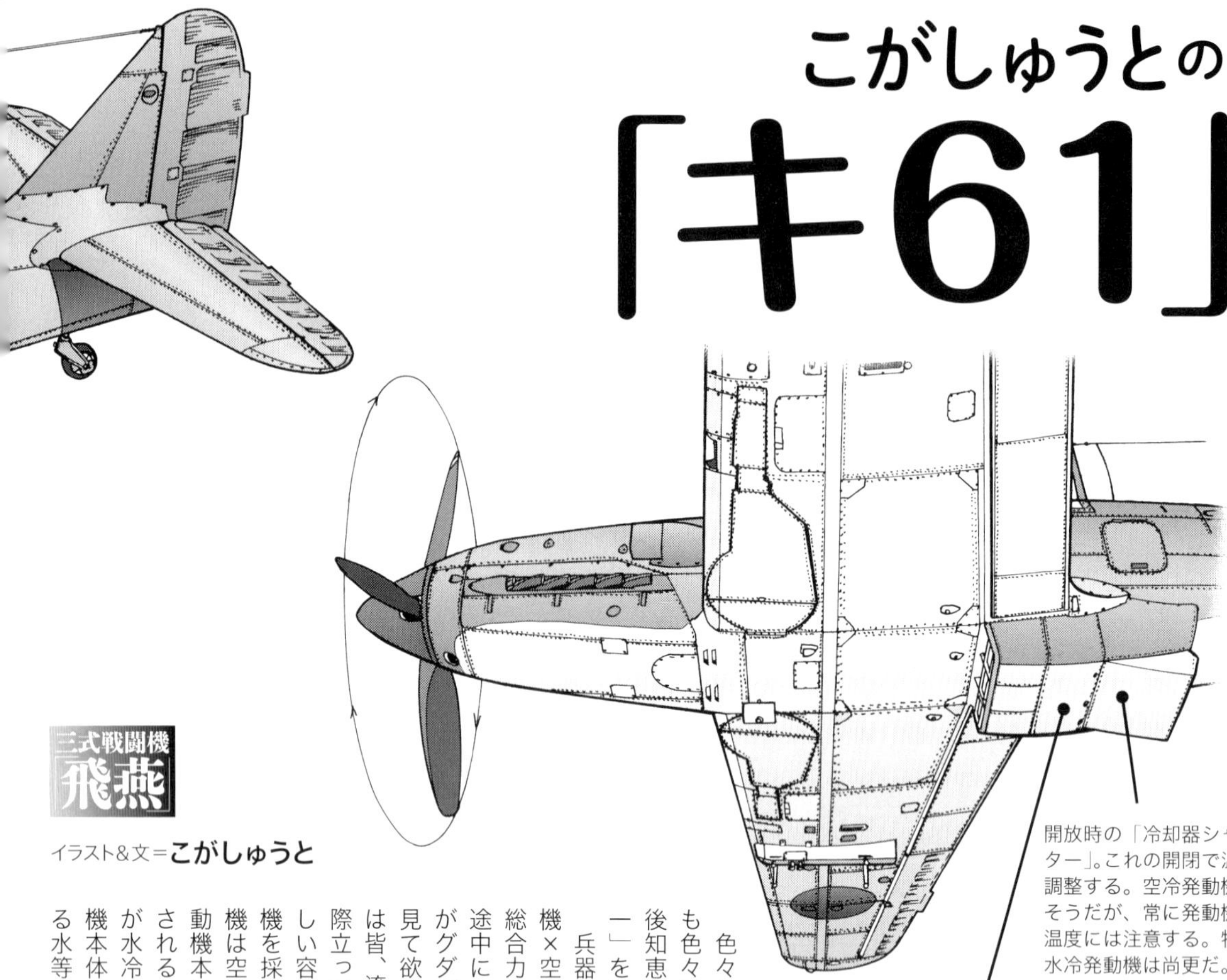

開放時の「冷却器シャッター」。これの開閉で温度調整する。空冷発動機もそうだが、常に発動機の温度には注意する。特に水冷発動機は尚更だ。

本文中で述べた発動機の冷却器がこれだ。正面面積は大きく減らすことが叶ったが、その分、冷却器が飛び出ることになるし、冷却器と循環する水を主成分とする冷却液の分、発動機は重くなる。世の中美味いハナシはない、と液冷発動機を見る度に思う。冷却液温度が高まると冷却器シャッターを図のように開け液温を下げる必要がある。開けると空気抵抗が増え速度が下がる。開けなければ発動機が過加熱し出力が低下する…という具合だ。

三式戦闘機
飛燕

イラスト&文＝こがしゅうと

色々と知恵が溢れる後世なら対処方法も色々出る。本項では詮無いがこれらの後知恵などを述べて「飛燕」こと「キ六一」を愛でていこうと思う。

兵器に限らず製品の価値は機体×発動機×空中勤務者×整備力×（等々…）＝総合力という乗算で現わす。スナワチ、途中に小数点以下の要素が入ると総合力がグダグダになる。見開きに描いた図を見て欲しい。我が国が生み出した戦闘機は皆、流線型が素晴らしいが、その中で、際立っているのが「キ六一」だ。この美しい容姿になった最大の理由は水冷発動機を採用したからだ。見馴れた星型発動機は空冷であり、自身を冷やす機能が発動機本体にあるので、乱暴な言い方が赦されるなら燃料さえ供給すれば動く。だが水冷発動機は自身を冷やす機能が発動機本体には無く、冷却器とそれに循環する水等の冷却剤が別に必要となる。本来ならば本発動機は水で冷やすので「水冷」と呼称するのだが、本項では一般的な「液冷」とすることを断っておく。

言い換えるなら、馬力を生み出す部位と冷却機構を分離することにより空冷発動機と比べて正面面積を小さくすることが叶った訳だ。この利点を活かした故に「飛燕」の名称が似合う流麗で優雅で美しい容姿に仕上がった訳だが、世の中そんなに甘くない。空冷発動機に慣れ親しんできた製造側も整備側も、もっと言えば空中勤務者側も空冷発動機とは全く構造の異る液冷発動機に戸惑い面食らい作れば精度が出ず不具合、整備すれば馴れない構造で低稼働率、飛ばせば空冷と勝手が異り細かい操作が付きまとい馴れない…という悲しい結果が待っていた。

「キ六一」に搭載された発動機は同盟国独逸からライセンス権を購入、図面や見本等を正規で入手したものだ。当時は何かと相手に無許可で部品や機構を複製する『見取り』が横行していたが、こと「キ六一」の発動機は本家からのキチンとした暖簾分けだった。…トコロがだ、誤差が緩く粗雑な工作でも動いてしまう空冷発動機とは異り数段上の精度が求められる液冷発動機を当時の我が国で生産するには…工作機械も材質も品質管理も測定器も、加工する職人も全て不足していた。これが平和な時代なら時間を掛けて一つずつ教育・克服し見事な仕上がりに到るのだが、ライセンス生産から実戦投入までの時間があまりに短過ぎた。詮無いことだが、もっと前に導入、構造や

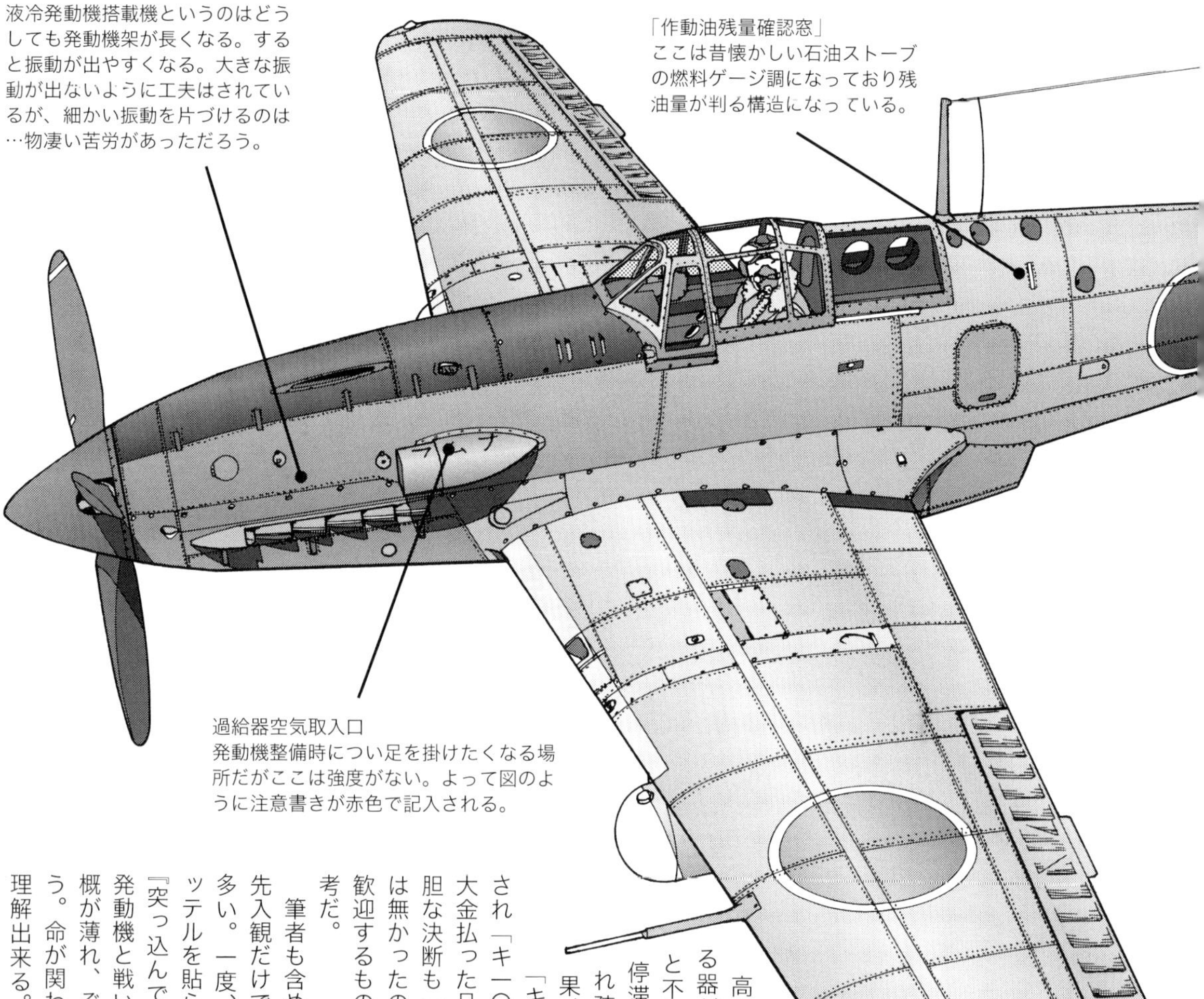

液冷発動機搭載機というのはどうしても発動機架が長くなる。すると振動が出やすくなる。大きな振動が出ないように工夫はされているが、細かい振動を片づけるのは…物凄い苦労があっただろう。
「作動油残量確認窓」
ここは昔懐かしい石油ストーブの燃料ゲージ調になっており残油量が判る構造になっている。
過給器空気取入口
発動機整備時につい足を掛けたくなる場所だがここは強度がない。よって図のように注意書きが赤色で記入される。

馴れ等が周知徹底されていたのなら、本発動機の基本設計は素晴らしく発展性のあるものだったのだ。独軍の同液冷発動機が辿った目を見張るような高出力発動機への進化が出来る器があったのに…知恵と機材と不慣れから発展途上で全てが停滞し、それは全て憎まれ恨まれ疎みになってしまった。結果、液冷発動機は無視され…「キ六一」は空冷発動機に換装され「キ一〇〇」として生まれ変わる。大金払った品も固執せずに切り換える大胆な決断も一目置くが…もっと良い方法は無かったのかとこの決断は諸手を上げ歓迎するものではないとこれは筆者の愚考だ。

筆者も含めてだが、見回すと周囲には先入観だけで物事を判断する人が大変に多い。一度、『液冷発動機はダメ』とレッテルを貼られてしまうとこの先入観で『突っ込んで学習してやろう』や『この発動機と戦い克服してやろう』という気概が薄れ、ぞんざいな扱いとなってしまう。命が関わるものなら尚更というのも理解出来る。「キ六一」の稼働率が芳しくなかった原因の全てとは言わないが少なくない割合がこの『食わず嫌い』な要素があったのではないだろうかと筆者は愚推する次第だ。やや精神論になってしまうが液冷発動機への理解と学習を徹底的かつ強制的に行っていたら「キ六一」の評価は変わっていたのかもしれない。何しろ、当時「キ六一」を扱った空中勤務者は『飛びさえしたら凄かったんだぞ♥』と口にしたのだから。

もっと踏み込んだ根底からことを言えるのなら、独逸から本発動機製造権を購入時に『お宅らの工作技量ではまだ本発動機は早過ぎる。こちらの空冷発動機にしておけよ』と制止するのが真の同盟国ではないのだろうか。獅子は子を千尋の谷に突き落とし這い上がってきたものだけを育てるというが…サディストでスパルタな教育方針が独逸なのだろうか。高額なライセンス料だけ手に入ればあとはどうでもいいという商魂逞しい国家なのだろうか。この辺の釈然としない気持ちは「キ六一」と同じ発動機製造権を購入・量産した「彗星」を見る度に強く思う次第だ。英国のように『諦めないでモノにする』という執念を島国の日本も持って欲しかったなあと強く思う次第だ。

機体の説明は本誌特集でも述べられるだろう。故に本見開きではそれらで述べられないであろう箇所を説明する。図で描いた「キ六一」は発動機を換装し機首が長くなり風防を改設計した性能向上型のII型だ。「キ六一」中でこのII型の美しさは別格だろう。

ウエワク山脈上の大空戦

■元飛行第68戦隊・陸軍曹長
梶並　進

〈左ページ〉ニューギニア戦線に進出、整備中の第68飛行戦隊所属・「飛燕」一型丙（写真は第78戦隊所属機の説もあり）

●少年飛行兵として訓練を受け、戦闘機乗りとなって9ヵ月――ニューギニアで初陣を迎え、負傷したのも知らずに混戦の末に生還した若鷲が、数で圧倒する敵との“熾烈な空中戦”を回想する！

初陣の索敵

ニューギニアのウエワク山脈の上空、高度四〇〇〇メートル――。

私は松井曹長機にぴたりと従って旋回しながら、目を皿のようにして索敵をつづけていた。警戒任務についてからすでに二時間あまりであったが、三〇分ほど前には、敵機来襲を告げる白煙が味方の飛行場からも立昇っていて、もはやその敵は眼前に現われる時刻であった。それは私達が定期便と称していたコンソリデーデットB－24か、ノースアメリカンB－25の爆撃でなければ、カーチスP－40、ロッキードP－38などの来襲に違いなかった。

私はそのとき、全くの初陣であった。少年飛行兵として学校を卒業したのが九ヵ月前、ウエワクの前線に到着したのが四日前、そして自分の機体を貰えたのは前日の午後のことであった。

太陽は水平線を高く離れて、南方特有のギラギラする熱い光線を投げかけながら、雲一つない青空の中でかすかに揺らいでいた。右前方には第一分隊長の井上中尉機と、その僚機の藤本軍曹機が三六〇キロでゆるやかに旋回している。私の前を飛ぶ第二分隊長の松井曹長は、歴戦の勇士で撃墜二四機の強豪であり、初陣の私はその僚機である。この四機が密集編隊をがっしりと組み、いま南海の大空に明るい陽

P-40とともに日本陸軍戦闘機隊と戦ったP-38

光を浴びながらいよいよ決戦を迎えようとしている……。

　突然、松井曹長機が急激なバンクを繰り返した。敵機来襲を私に告げているのだ。と同時に、松井機はスピードをぐんぐん増して井上編隊に近づき、射撃でもって敵機発見を知らせた。しかし、私にはどこに敵機がいるものやら、血眼になって探してもまるで分らなかった。すっかりアガってしまっているらしい。落着け、落着けと言いきかせながら、ともかく一応は戦闘隊型にひらいたのだが、そのとき、松井機の前方に遠くぽつぽつと豆粒のようなものが見つかった。「来たなッ！」私は心で叫びながら、歯を食いしばって眼をじっと前方に据えた。それは空と空とで私が初めて相対する敵なのであった。

　やがて私達の編隊は右に旋回しつつ高度を取った。四五〇〇、五〇〇〇……敵はまだ私達に全く気づいていない。だんだん近づいていって、かなり明確に敵機影が認められる位置まで来た。その高度差は約一五〇〇メートル。しかし敵も必ず警戒しつつ進んでいるのだから、奇襲攻撃はとてもできることではあるまい。いよいよ敵機の姿が明らかになってくると、それはカーチスP－40であり、数は四機、私の初めての空中戦は互角の戦いなのであった。

ウエワク近郊のダグア飛行場でB-25爆撃機の猛攻をうける日本陸軍機

「よし、これなら些《いささ》か自信があるというものだ」

　私がなおも眼を据えている中を、敵機はほぼ単縦陣に近い隊型でまっすぐ近づいてくる。その索敵ぶりは全くなってないものだが、私達にはそれが幸運であり、そのため少しやり過した形で敵のほとんど後方上に位置することができた。

　いよいよ攻撃の時がきた。そう思うと、全身が言い知れぬ興奮でびっしょり汗ばんでくる。手足がおのずと固くこわばってくる。眼の前がちらちらする。そして松井曹長が言っていたように、いつか私達の編隊は密集に近い隊型を取っているのだった。しかし敵機はまだ落下タンクを落していなかった。愚かにも何事をも気づいていないのである。

　私達四機は少し高度を下げながら、他に敵機の姿がないのを確かめるとスピードを加えていった。

攻撃開始

井上中尉機が左にねじこんだ。つづいて私達も斜後上方をかけようとした瞬間、さすがに迂闊な敵機もこちらに気がついた。今まで私達の基地を甘く見ていた米軍機ではあったが、突如、頭上に日本軍の飛行機を発見して驚愕したのであろう。全機がいっせいに落下タンクをぱらぱらと捨てると、かねて打ち合わせてあったのか、山手と海上との二方に別れて必死になって反転を開始した。私達もその機を失せずに追尾攻撃に移った。第一分隊は山手へ、第二分隊は海上へ……私は松井曹長のあとに懸命になってついていく。敵機もひたすら遁走をはかっている。だがこちらは最初から高度差を利用した有利な追い込みであり、さらに機体そのものも、わが三式戦の方がはるかに優秀なのである。計器速度五五〇キロ、五六〇キロ、五七〇キロ……しだいにP－40二機が大きくクローズアップされてくる。あと数秒で二対二の空戦が初まるのだ。私はその間も、かねて教えられていた通り周囲の状況に充分目をくばっている。そしてレバーをしゃにむに押して松井機についていく。

敵機との距離は六〇〇メートル、降下姿勢に移ったP－40はそのまま海面めがけて真直におりていった。高度一二〇〇メートル、海上すれすれまで逃げていくつもりらしい。だが三式戦は好調で、ついに彼我の距離を三〇〇メートルまで短縮してしまった。こうなると松井曹長にとっては赤子の手を捩るようなものである。とたんに敵は左急旋回を行なったが、わが編隊もすかさず左小廻りをして、ますます距離をちぢめた。二〇〇メートルの近さだ。やや茶色がかったグリーンの機体が、はっきり照準器の中に写し出されている。

松井曹長はとことんまで近づくつもりらしく、まだ撃たない。一五〇、一二〇、一〇〇、一直線の追尾である。八〇メートルに至って敵は右に旋回して降下、つづいて左に旋回しようとした瞬間、松井機から白煙の尾をひいて弾丸が打ち込まれ、海面に向って飛んでいく敵機に命中した。一連射、二連射――それが終わるか終わらぬうちに、後のP－40からパッパッと白い煙が噴き出て、それがたちまち黒煙と変り、ついには凄まじい真赤な火の塊となって、すぐ下の海面へと白い波紋を残しつつ消え去っていった。それこそあッという瞬間の出来事である。空戦とはこうも華々しく、一刹那のあいだに命のやりとりをするものかと思うと、私の胸中には名状しがたい感動がかすめ去るのだった。

日本軍機との空戦で被弾、味方飛行場に不時着したP-40

残された米軍の一機、これも必死に逃れようとしていつか海面すれすれまで降下していた。もう立体戦は出来ず、水平面の戦いだけであった。だから、うっかりするとこちらも海へ突っ込む危険があるので慎重を期さねばならない。

私は上方や後側方を警戒しながら前進して松井機に近づいた。速度計は六〇〇キロ、機体はびくともしない。しかし私は先程から打ちたくて打ちたくて仕方がないが、松井曹長との約束があるので、おとなしくその後方三〇メートルの所に従ったままじっと我慢していた。P－40は右に左に蛇行しながら逃げていき、松井曹長はそれを編隊飛行の気持で楽に追いかけていく。距離は三〇メートル位にせばまり、もう敵機は目前一杯におおいかぶさるのだ。その命数は正に尽きようとしているのだ。しかしこれも他人事ではなかった。いつ自分もおなじ運命に陥らないとも限らず、そうなりゃ全くたまったものではないとキモに銘じたのだが、そのとき急に、前方の松井機がすうっと目前を上昇していったのに気づいた。私はそれで、つい釣られてそのあとを追っていきかけたが、

「ああ、そうだ。今朝の出発のとき……」

と、松井曹長の言葉を思い出して踏みとどまった。しかし次の瞬間にはすっかりアガってしまい。残念ながら何がなんだかわからなくなる始末であった。

わが手で遂に撃墜す

離陸前、松井曹長から聞かされた言葉というのは次のようなものだった。

「いいか、多数の敵機の場合はどんな時でも弾を撃つな。そして私から絶対離れるな。必ずお前を引っぱって守ってやる。なぜなら、敵機を攻撃するとき、その目標に気を取られて夢中になり、他の敵機を全く眼中におかなくなって、その隙に必ず自分がやられてしまう。これが最初に空戦に上った者のよくおかす過失なのだ。むろん私がやられた時は別だ。しかしそれでも単機は絶対にいけない。必ず他の編隊にすぐくっついていくんだ。それから敵が少数の場合、この時はなんとかして早いところ、撃墜第一号の輝く記録を得さしてやりたい。それにはやはり私のあとを離れず、一緒に敵を追うのだ。そして時期が来たら私は自分の機を上にはずすから、そのときお前は私に代ってすぐ敵を追いかけろ。そして必ず一連射で——もしそれで駄目なら撃って撃って撃ちまくって撃墜するのだ……」

こうして、松井曹長は言葉通りに私に初陣の功を立てさせようとして、上昇したのだった。

しかし、ああなんたることだろう。私はカッとなって上気した瞬間、P－40の姿を見失ってしまったのである。たった今まで目前にいたあの大きなやつが、てんで見当らないのであった。私は狼狽しながらも正に必死の思いで眼を四方にくばった。——いた、いた、幸いにして間もないうちに左前方に発見、全速で追尾した。すぐに追いつけそうであった。しかもありがたいことに、二度目に見つけた時から全身がこわばっていたのが弛んできて、少しずつでも冷静になってくるのだった。そして今度は「ようし、こい」と烈しい闘志さえ湧き出してきた。

距離が五〇メートルに迫った時、操縦桿のボタンもレバーのボタンも一緒に押した。一三ミリ二門と七・七ミリ二門とがダダダ……パリパリ……と小気味よい音を立てて敵を追う。P－40は左に急旋回する。私もそれを追って射撃を続行する。だが曳光弾は確かに当っているらしいのに、なかなか反応が現われない。何百発打ったことであろう。にわかにP－40は真赤な火を噴きだし、そのまま大爆発を起して炎上した。私はもう少しで危うくその中に突っ込んで、共にめちゃめちゃになって倒れるところであった。ようやく右上昇旋回でそれを避け、上昇しながら海面を見おろすと、水の上に所々油が流れ漂うて墜落機の最後の哀れをとどめていた。

これが私の生まれて最初の撃墜第一号であり、すべての御膳立てを松井曹長からして貰って得た貴重な戦果であった。

基地に帰ってみると、他の進攻部隊も無事で戻っていたし、飛行場にも何ら被害はなくて、その日の私達の警戒任務は大成功であった。井上中尉の編隊も一機を撃墜し、これで

ニューギニアに展開した米陸軍航空隊のP-40

進攻してきた敵四機のうち三機までを射止めたのであった。

小型機の大編隊来襲す

ウエワクの攻防戦は、こうして日毎に烈しい様相を加えていったが、その中でも小型機ばかりが四八〇機もウエワク地区に来襲し、これも小型機四八機で邀撃したことがあった。私の体験した空戦のうちでも大決戦の一つである。

その日も好天で、山脈上に積雲がぽつぽつと浮いているきりだった。戦隊長は木村少佐であり、隊型は密集編隊、私は相変らず井上小隊の所属である。

ウエワク山脈上空、六〇〇〇メートルに小隊八機が勢揃いして待つこと一五分、井上中尉の翼が遂に上下に振られた。私達は反転戦闘隊型をとり、二〇〇メートルにひらいた。東の方を睨んでいると、朝の太陽を受けながらチカチカと白く輝く点々を認めることができた。と見る見るうちに、まるで秋の夕空に群がる赤トンボのように一面の黒点と変り、それがしだいに大きくなって近づいてくる。一つ、二つ、三つ……一〇、一五、二〇……えい、正確に数えるのも面倒くさいことだ。私達と同高度の敵機数は七、八〇機はいるだろう。ちょうど一〇対一の戦いになりそうだ。わが編隊は右に旋回上昇を始めて、しだいに距離が近づいていく――と、敵もわが方を認めたらしく、一斉に無数の落下タンクが投ぜられて、金属板を落したようにキラキラと輝いて見える。敵も上昇を始めた。あと数秒で激戦がおこるのだ。しかし今日はどうしても乱戦になって、わが方の編隊戦闘はとても望まれないことである。そう思って決死を覚悟で進むうち、たちまち両軍は同高度で衝突、わが方の八機は敵の八〇機の渦の中に飛び込んでいった。それは飛び込むというより、渦に巻き込まれたと言うべきであったろう。

私は無我夢中で松井軍曹についていく。敵も味方も発見がほぼ同時であったので、互いに高度の優位を得ようとし、上昇しつつ接近したために遂に戦いは水平面で始まった。そして八〇機対八機の空戦の渦は、そこからしだいに拡がっていった。

私はこのとき、これほどの大空中戦は初めてだったので、実際のところ、恐怖と昂奮のために身体中がワナワナと小刻みに震えて止まらなかった。そして敵とただ睨み合って過ごす一種の空白な時間が、薄気味の悪い、実にやるせないものに思われてくるのだった。まったく、こうした場合にどうしたらいいか分らなかった。ぐるぐると廻りながら、互いに敵の隙を見つけて突こうと必死になっている。米軍は多数なのだから無理押しをすれば私達を潰せるのに、なかなかかかってこないのだった。そのうち慣れたせいもあったか、私の気分もしだいに落ち着いてきた。どうせ一度は死ぬ命だと腹をきめてしまえば、気も楽になるものだ。だが高度を少しでも高く取ろうと思っても、こちらのままにはならない。

そこへ突然、左後上方から、私たち第二分隊の鼻づらに雨のように火の矢が降ってきた。あまり突然なので、私は頭から冷水でもぶっかけられたみたいにすっと血の気が引いていくのを覚えた。しかしその瞬間、操縦桿を横に倒して腹にたたきつけるばかりに引っぱり、踏棒を力まかせに蹴とばした。くらくらする眼を据えて前方を見ると、松井曹長も翼端から白煙を引きながら左急旋回で敵弾を回避している。私達はこのとき、第一分隊を見失ってしまった。いわば敵にだまされたのであった。

しかしそれに腹が立ってくると、私は猛然と闘志が湧き上ってくるのを覚えた。しかも、この敵の不意の攻撃でたちまち両軍の沈黙は破れ、それまで均衡を保っていたものが大きく爆発したのであった。

乱闘につぐ乱闘

それからは全く乱闘の中に敲き込まれていった。私はそれでも少しの間、松井機に懸命についていこうとしたのであった。が、突然後方からP–40四機の攻撃を受け、まなじりを決して後方を警戒しながら、やがて敵が射程に入ってくるのを辛抱づよく待っていた。そしてちらっと松井機に視線を投げた時、斜め前方から数機の敵が接近してくるのが見え、それと同時に、後方から私の愛機の翼をかすめて曳光弾が飛び去ったのを知った。私は左急旋回で敵の追撃を回避したが、分隊長松井機を見失ったのはこの時だった。

南海の大空――基地の上空とは言いながら大空中戦の最中に、私はとうとう唯一人で敵と戦うほかどうすることもできなかった。意を決して、やや無謀ではあるが右旋回でぐんぐん上昇していった。そして上からずっと見渡したところ、いるわいるわ、あちこちで白い煙を吐きながら大格闘の真最中である。だが眼につくのは敵機ばかりで、どうしたことか友軍機は見当らないのだ。するとその時、私の鼻先へ二機のP－47Bが頭をおさえるように急降下してくる。私は瞬間、うしろを振り返って他に敵がいないのを見届けると、正面の敵に向って、敢然と突っ込んでいった。射撃！　射撃！　私は思わず首をすっこめてしまった。なんと、その二機一六門の敵砲から打ち出される火矢の物凄いことだろう。だが勇を振るってボタンを押したまま、しゃにむに真正面から敵機にぶつかっていく。敵味方の弾丸は両者の間を雨のように往来し、いよいよ距離が接近して、もはやこのまま進めば衝突するほかはない。そこには唯一つ、男の赤裸々な度胸があるきりである。私は日頃教えられた通り、決死の覚悟で猛然と突っ込んでいった。あわや衝突と思った刹那、私はつい目をつぶってしまったのであるが、気がついた時には、もう敵機の姿は眼前にはなく、広い青空が一杯にひろがっているのだった。

　こうした乱戦をつづけているうちに、私は思いもかけずに井上小隊長を救う立場におかれたのに気がついた。

危うし小隊長機を救う

　それは私の左斜下方に一機の三式戦が、四機のP－40に追われているのを発見したからだ。「よし」と心で叫んで接近していくと、窮地に陥っているのは井上中尉機であった。

　私は逸《はや》る心をおさえ、注意深く、また迅速に後上方から敵四機を最後尾に急降下攻撃を加えていった。奇襲は完全に成功し、私は一〇〇の距離まで待ちかまえて一度に一三ミリ二門を発射した。最後尾のP－40は、私の一連射でたちまち火の玉となって落ちていった。だが、他の三機はこの僚機の最後に気がつかない。井上機は敵をきれいに避けて逃げていく。まずは早急の心配はなさそうだ。私は敵の編隊に二度目の奇襲をかけていく。基本的な体勢をとり、再び後上方から……そして二機目も七、八〇発位のとき大爆発を起して空中に飛散してしまった。ようやく前方の二機も気がついたらしく、にわかに井上機の追尾をやめて急反転し、そのまま一散に降下遁走をしていった。私はすぐ追尾しようと思いながら、松井曹長の教訓を思い出して高度を下げる危険を避けようと決心、去るがままに見逃してやった。

　それから私は井上小隊長と編隊を組んだ。そして周囲に注意しながら井上機に近づき、手真似で「大丈夫ですか」とたずねてみた。井上中尉は敬礼して私にこたえてくれ、私も心から嬉しくなって胸に熱いものが込みあげてきた。

　やがて私達は次の攻撃に移る準備をしたが、その時はすでに高度四〇〇メートルまで下っていた。突然、後方から攻撃してきた敵があり、私達は右垂直旋回でこれを避けた。敵はP－40であるが、こんなもの二機位に負けてはいられない。なぜなら三式戦の方がぐっと旋回能力がすぐれているのだ。私達はくるりくるりと相手をあしらっていたが、そのとき後上方から再び二機が現われて襲いかかってきた。私は素早く急反転して避けようとしたが、井上機がこの新たな敵に全く気づいていないのを知ると、咄嗟に小隊長をかばおうとして、前進危険を告げる一連射をその鼻先に加えてやった。しかし敵はもう二〇〇位に接近していて、やっと振り返った井上中尉もこれをかわす余裕があろうとは思えな

メッサーシュミット購入裏話

「飛燕」がはじめて戦場に姿を現わしたとき、ドイツのメッサーシュミットBf109としばしば間違えられることがある。おまけにP-51にも似ているので、味方対空砲火の斉射を浴びてパイロットたちの肝を冷やした。

　よくよく見れば、垂直尾翼の形はぜんぜん違うし、スピードも時速にして20キロは速い。

　旋回半径もメッサーの260メートルに比べて160メートルと断然すぐれていた。だから、水平面内での格闘を主にした時速600キロの「飛燕」と、上から一直線に襲撃してくる一発攻撃主義のメッサーとは設計もおよそ違うわけだが、そのイメージが設計陣にあったことは確かだ。

　昭和14年もおしつまって、陸軍の安藤成夫技官、信濃中佐、落合少佐は川崎の太田、北野、永留技師とともにドイツへ渡った。それまでの空戦性能一本槍の戦闘機のかたよった傾向をメッサーシュミットBf109の輸入で是正しようという軍の狙いだった。当時メッサーシュミットは40歳余でハインケル、ユンカースをおしのけるようにして名を売り出してきた名エンジニアである。

　購入団の安藤技官たちは、ミュンヘンの南レーゲンスブルクにあるメッサーシュミットの新工場を訪れたが、工場設備はオートメーションで当代一流の新鋭工場であった。ところが、戦時体制下であったためか、彼らは機の図面はおろか、工場すらあけすけには見せてくれようとしなかった。

　永留技師が画帳にスケッチしていると、工場内の女性ヒトラーユーゲントに監察官へ密告され、叱られたという一幕もあった。たまたま一隅で見つけたMe210（双発攻撃機）は、だからこっそり打ち合わせて翌日、歩幅（1歩は75㎝）で主要寸度をはかり、安藤、太田両氏で三面図を作り上げた。こうして買った7機だったが、戦争のために2機しか日本へ到着しなかった。

かった。私はそのまま覚悟をきめ、井上中尉機にすっかりかぶさるようにして進んだ。敵の弾丸は私の後方から盛んに降り注いでくる。いくら防弾板があっても後方からの射撃は恐ろしいもので、さっきの前方攻撃の方がまだましなのだ。

　だがこの時、私は井上機が左急反転で降下するのをちらっと見たので、つづいてこれを追うべく反転を開始したが、その瞬間、愛機がカンカンと鳴って凄まじい振動に揺すぶられるのを感じた。

　遂に敵弾を受けたのだ。しかし井上機さえ逃げのびてくれれば自分はどうでもいいと観念し、そのまま右急反転に切りかえ、敵弾がみな不利な態勢となった私に集中するよう勤めたのだった。果たして敵機は、私の馬鹿げた行動につられて、先程の二機も合流し全機そろって私ばかりを追尾してくる。

　私は反転から水平に戻り、全速をかけて逃げだした。後を見ると、ついてくる、ついてくる、この私を逃がすまいとして追いつつ、むちゃくちゃに射ってくる。しかし私は観念していたから無感動だった。

　速度五八〇、六〇〇、六三〇、六六〇……ぐんぐん突っ込んで進むと、痛快なほどスピードが出る――。

死出の道連れ

　ところがこの先、私の前方にP-47B一機を発見した。「よおし、こいつを死出の道連れにしてやろう」私は好餌《こうじ》ござんなれとばかりP-47に喰らいついていった。

　P-47を追う私、その私を追うP-40四機、よくある空戦の光景である。私はもう死んだ気でいるので、後方の敵機を振りかえって見ようともせず、ひたすら前方のP-47を追撃するばかりだ。すると後方の敵の射撃が幾分弱まってきたようである。それは私とP-47とが水平面にまっすぐ並んだからで、味方射ちを恐れたためだった。しかしそれでも敵弾は何発か防弾板に当たるのだ。よしよし、当てろ、当てろ、胴体タンクは空だ、いくらでも当てろ。気になるのはラジエーターと燃料冷却器のみだ。私は心の中でむしろ冷やかに叫ぶのである。

　やがて前方のP-47は射弾に気がつき、急反転に移った。私は気を失せずにそれに喰いついて追撃する。するとP-47は驚いて再び反転――高度はどんどん下っていくばかりだが、こいつに急降下遁走の機会をあたえてしまえば、その性能から言ってそれこそ万事休すだ。全く猪のようにまっしぐらに逃げていくだろう。私はその頭を抑えて一斉に射撃を加えていく。P-47はうまく私の射撃に引っかかって、右へと陸地の方へ向って急旋回をする。

　一方、後のP-40も相変らずどこまでも追撃してくる。だが一体、四機もいながら唯一機の私をなぜ撃墜できないのだろう。敵が下手くそなのか、私の運がいいのか、全く不思議というほか言葉がないほどだ。次から次へと射弾は通り過ぎていってしまう。しかし、こんなものはどうでもいいのである。私が斃れる前に、一刻も早く前方のP-47を叩き落してしまわねばならない。私はしゃにむに射ちまくった。すると、いきなり白い煙がチラチラッと見えたかと思う間もなく、そのまま急降下し、途中から黒煙に変って火の塊と化しつつ海面めがけて墜落していった。

梶並の「飛燕」と死闘をおこなったP-47Bの同型機

　遂にまた一機、今日は三機しとめたのだ。私がひそかにそう思いめぐらしていた時、今までにない烈しいショックが愛機を揺すぶった。私はもうこれで終わりだろうと感じたが、これはどの乱戦の中でも生き伸びてきただけに、改めて生に対する執着がぐんぐん湧いてきて、もう一

1943年3月ごろにニューギニア東部を制圧した連合軍は、新鋭機であるP-47を前線に展開した

度この苦境を切り抜けようと背後を振りかえった。その眼に写ったのは、意外にもあれほどしつこかったP－40四機が、味方の一式戦三機と巴戦を交している姿であった。ああ、私は助かったのだ。なんという喜びであろう。

　私は強烈な生存本能の歓喜に燃えながら、一式戦に心からのお礼を述べたのであった。

足を削られたのを知らず

　がらんがらんと衝動があって、車輪が地上に着いたが異状はなかった。ピストに近づくにつれ、私は編隊機を探し求めて松井機も井上機も見つけだした。二人とも無事だったのだ。やがてその当人の井上中尉と松井曹長とが顔をほころばして迎えて下さる。思わず私の目から涙が溢れ出てきた。エンジンが停止したとたん、私は気が抜けてクシャンとしてしまって立てない。整備兵に助けられて席の中に立ち、どうやら翼の上に出たけれども、またぐらぐらして尻餅をついてしまうと、そのまま地上までころがりおちてしまった。不思議に思いながら再び立ち上ろうとするのだが、どうも左足が痺れたようで思う通りにならない。見ると、航空長靴の左外側が削りとられてないのだ。血がべっとりとあたりを赤く染めている。井上中尉と松井曹長とが走り寄って、靴を外すみたいにぬがしてくれるとすぐに止血をして下さった。私は着陸して傷を見るまで全く気づかなかったが、傷を見たとたんに凄い痛みを感じたのだから、人間の感覚もひどく勝手なものである。

　松井曹長や整備班の兵に助けられ、小隊長とともに中隊長の下に報告にいった。報告を終えて帰ろうとした時、木村戦隊長が来られ、私の顔をじいっと見つめながら、

「まだ日も浅いのに、よく頑張ってくれた。傷の手当は充分にしておけ。ごくろう」

　と言われた。私は嬉しいのかどうかわからぬほど上気した思いでいたようである。その日、敵機五七機を確実に撃墜し、不確実のものも一〇機を数えている。わが方の損害は七機であったが、そのうち戦死一名、他の六名は無事に帰ってきたのである。

　一〇対一の対戦とすれば全く輝かしい戦果であった。

（「丸」昭和三十一年十月号）

飛行第56戦隊 戦闘詳報

■元飛行第56戦隊長・陸軍中佐
古川治良

●サイパン陥落後、本格的に西日本の主要都市・名古屋ならびに大阪への爆撃を開始したB-29群——日々に廃墟と化しゆく本土上空に体当り戦法をもって果敢なる邀撃戦を展開し、敵の心肝を寒からしめた陸軍戦闘機隊の勇戦譜！

〈左ページ〉昭和19年12月、大阪の伊丹飛行場に展開した三式戦闘機「飛燕」と空中勤務者たち

北九州の風雲児

——昭和十九年四月、飛行第五六戦隊長を拝命、伊丹飛行場にて訓練開始。配属機「飛燕」五機、「隼」二機。

——敵機動部隊マリアナ諸島に出現。

——六月十六日夜、成都を基地とする在支米空軍、B-24、B-29をもって北九州地区に来襲。

——六月下旬、飛行第一九、二〇、二五戦隊、比島および南方に転進。

——敵機動部隊父島に来襲。サイパン島守備隊玉砕。

——第一八飛行団、改編によって第一一師団と改称し、防空態勢を強化。

——八月二十日白昼、在支空軍、約六〇機の大編隊をもって北九州地区を爆撃。

怪しい雲ゆきであった。本土上空はいつ敵機に脅かされるかわからない状況だった。わが第五六戦隊が「い」号作戦の発令によって九州太刀洗飛行場に転進したのは、この風雲とみに急をつげる八月二十一日のことであった。もちろん西部軍司令部の直轄下に北九州地区の防空に任ずるためである。

着任して間もない九月九日、訓練ではじめての殉職者を出した。五六期の城野中尉で、滑走路が傾き、地盤が軟弱になっていたため、着陸するときに転覆し、頭蓋骨を折って即死したのである。

十月二十五日早朝、成都を出撃したB-29が武漢北方の信陽附近を続々東進中との情報が入った。敵機の航速から判断し、済州島電波警戒機が補捉する時刻を予想して待機しているうち一〇時、警戒機は敵機補捉の報を伝えてきた。

機を逸せず全機（一七機）に出動を命じ、島の東方から南方に索敵したが、発見できず、はるか南方洋上に出て索敵中にようやく東進中の敵機影を発見し、接敵したが、燃料が欠乏したため、止むなく往航の補捉攻撃を断念し、帰航を攻撃することにして、燃料補給のために一たん着陸した。

補給後、ただちに出撃。敵はB-29約七〇機をもって大村地区を爆撃し、反転して島を避け、その南方一

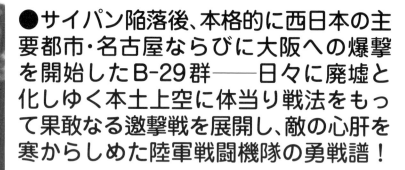

〇〇〇キロの洋上を帰還中であった。ここに熾烈な空中戦が展開され、B－29一機を撃墜、撃墜破六機以上の戦果を得た。味方の損害は、岩下大尉が右眼を失明し、隻眼をもって着陸、羽田軍曹は片足をやられてこれも隻脚をもって着陸した。ほかに被害機六機、うち南園、石川の両機は海軍飛行場に不時着、川本機は天草に不時着のさい機体を大破という被害であった。

　翌二十六日、前日の爆撃効果の偵察のため侵入し帰還中のB－29一機とあり、との情報を得て、緒方大尉は、南園、古川を率いて急拠出動していった。雲上に出て、敵機を補捉し、攻撃を加えたけれども、撃墜するに至らず、その帰還の途についた。

　しかし不運にも、折から島上を蔽っていた密雲に遮られて、基地を発見できず、三機はそのまま消息を絶ってしまった。

　明けて二十七日、緒方機は燃料がすっかり空になって南朝鮮の泗川飛行場に不時着、南園機は木浦に不時着したがこれは重傷、古川伍長は五島列島大瀬崎基点三〇〇度一五浬に不時着水し、海軍監視艇の救命を求めたがついにおよばず、波間に漂う航空手袋の一片を残したまま戦死を遂げたことなどが判明した。

　さらのこの日、外山軍曹と古賀伍長が戦死した。外山軍曹は修理機空輸のため太刀洗に出張中のところ、部隊の奮戦を聞き、二十六日早々に空輸に任じたが、済南島の密雲に阻まれたか、機関の故障によるものか、帰還にはやる心もむなしく、五島列島の西側海面上に最後の爆音を残したまま、永遠に消息を絶ってしまったのである。古賀伍長の殉死は未修者教育中の事故によるものであった。

今田中尉有明海上空に散る

　こうして数々の犠牲のうちに暗雲低迷する済州島基地にも、二十七日の夕闇が迫り、玄海の波はそれ故にいっそう激しくざわめいた。

南西諸島方面の戦況は日に日に激烈となり飛行機の空輸補給は済州島を経由するものが増えてきた。新任の第二五戦隊長・杉山少佐を送り、滑空第一戦隊長・杉浦中佐、または第二二戦隊の上海転進を見送ったのも、このころのことである。

昭和19年以来、日本本土爆撃に猛威をふるったB-29

十一月十一日、B-29約一〇〇機が第四次九州侵攻を敢行したが、雲上のため交戦するに至らなかった。十四日、原所属復帰の命に接し、翌日早朝太刀洗を離陸、一七機をもって伊丹に帰還した。この途中石川少尉は瀬戸内海淡路島の近く「二十四の瞳」で著名になった小豆島沖に不時着水する事故によって殉職した。

在支米空軍の第五次進攻の企図が察知された十一月二十日、航「い」号作戦が発令され、ただちに一四機をもって伊丹を出動、太刀洗に前進した。

翌二十一日、有明海上空に熾烈なB-29邀撃戦を演じ、今田小隊の牽制攻撃の後をうけて、涌井中隊が一撃必殺の肉薄攻撃を敢行し、敵機操縦士を射殺、このB-29を長崎県小長井沖にみごとに撃墜した。ほかに二機を撃墜、一機を撃破した。

しかしわが方もまた今田中尉を失った。敵弾を受けた今田機は太刀洗筑紫分教場に不時着を決意、降下したが、ついに力つきて喜瀬川畔に壮烈なる戦死を遂げたのである。

夕刻、航「い」号作戦が解除され、二十二日午前八時三〇分、太刀洗を離陸、伊丹に向かった。時に伊丹の第一三戦隊は南方戦線への征途についたのであった。

高々度邀撃戦に苦杯

十二月一日、特攻隊員の人選に関する通達を受け、私はその判定官に立たされた。粛然たるを得ない。

これはあらゆる角度をもってなされねばならぬものだが、もちろん全員が熱望の意志を表示し、ただ死期に早い遅いがあるだけなのである。

私は迷った。そして十一月二十三日に配属されてきた吉田孝少尉と、特別操縦第一期（学鷲）山本英四少尉、それに少年飛行兵第一二期の重政正男伍長を選抜した。

彼らは第一一飛行師団編成の長谷川大尉隊長のもと、第二〇振武隊員として北伊勢飛行場に参集し、「隼」二型をもって装備訓練ののち、昭和二十年三月下旬、南九州の秘密基地をひそかに出撃、硝煙ただよう沖縄決戦の真只中に突入し、壮烈なる最後を遂げたのである。

夏もすぎ秋も去って、六甲山の吹根おろしが肌身に沁みるころになった十二月三日、航「い」号作戦が発令され、午前九時四〇分伊丹を離陸、一路太刀洗に向かった。

偏西風が強く、初雪がチラホラするこの朝は一入寒気が鋭い。太刀洗は吹雪だった。しかし出撃は徒労だった。

十二月十三日、マリアナ基地よりするB-29の攻撃はついにその火蓋が切られた。

この日、約七、八〇機からなるB-29が名古屋地区に侵入し、三菱重工業地帯に猛爆を加えたが、ここに戦隊ははじめての高々度における邀撃戦闘を体験したのである。

敵機の高度は九〇〇〇以上。これに対し、わが「飛燕」は酸素吸入装置の不備、戦闘砲の故障、操縦桿の油の凍結などの弱点を暴露した。上昇高度は限界に達し操縦桿は重く、到底追撃ができないのだ。もちろん戦果は皆無である。

この戦訓によって器機面戦法の改

善が要請されたことはいうまでもない。翼砲二〇ミリ二門と防御をとり機体を軽くせねばならなかったし、酸素発生済によって酸素の供給を増さねばならなかった。

さらに実戦法では、要地上空に待機して前方攻撃を指向する一突進だけが敵に与え得るただ一つの攻撃方向であるとの結論もこのときに得られたものである。すなわち敵と相撃ち、刺違える戦法である。胴体につけた二門の一三ミリ機関砲と一一門を装備するB－29の対決――しかも敵編隊群に突進するときは、それらの網のような銃火の中に突入していかねばならないのだ。

三式戦二型の出現はもはや緊急の要務とされた。

B-29爆撃機は日本軍戦闘機よりも高高度で日本本土に侵入した

体当り戦法あるのみ

十二月十八日、第二次の名古屋地区邀撃戦が展開された。来襲せるB－29は約七五機。

第一次戦闘の失敗によって、このときは撃墜二、撃破二の戦果を収めたが、わが方もまた緒方機が被弾し、羽田機は、被弾のため小牧飛行場に不時着のさい転覆大破し、軽傷を受けた。

つづいて二十二日、第三次の邀撃戦闘に涌井小隊の僚機として出動した小合伍長（少飛一二期）は、名古屋上空一万メートルにおいて浜松方面から西進してきたB－29一〇機編隊に隊し他の列機との連携のもと、敵機の左側前方から太陽を背にして肉迫攻撃を敢行したが、惜しくも被弾、名古屋市高射砲聯隊東側に突入し、身体が飛散する戦死を遂げた。衆人はひとしくその壮烈なる戦死を語りつたえたものである。

ここに大箸少尉のことを銘記しておこう。

十二月二十五日、大箸少尉（学鷲一期）は、大阪湾上空において側後上方射撃訓練中、機関に故障を生じ、行方不明となっていたのであるが、風波の運びか、一人息子を殉職させたその母の一念が通じたのか、日を経て遺骸が淀川河口に打ち上げられ、奇蹟的にも屍体が収容され、霊魂は永えに母の許に安まることができたのである。

三次にわたる名古屋空襲は、高々度からする爆撃にもかかわらず、投弾はじつに確実であり、黒煙天に冲し、猛火は凄惨の極みをつくした。重工業地帯の損害は日につのり市街地の焼失するさま、また人心の動揺は、空中から手をこまねいて望見するに忍ばれぬものがあった。こうして空中勤務者の心に流れ、顔に現われた無言の決意が、捨身の戦法となり、体当りを敢行せしめたのである。

昭和二十年正月三日の第四次名古屋上空の邀撃戦闘は激烈を極めた。

天気は快晴であった。卓越西風、いわゆるジェット気流は、伊丹飛行場を離陸し所望の高度を獲得する前に名古屋上空に到着するので、名古屋上空で直ちに西に反転して、九五〇〇～一万メートルまで上昇していった。

この付近になると、快晴のときでも氷片がキラキラ光って飛行機の胴体から翼端へと吹き流れて行く。寒さは手足や体にヒシヒシと感ぜられる。酸素吸入器の流量計は目盛一杯を指している。発動機は全開運転で、毎分二四〇〇回転を示している。操縦索には不凍油を塗布してあるが、それでも重みを感ずる。

人機ともに全智全能を傾けていなければならないのだ。ちょっとでも油断すれば、機はたちまちに高度を減じ、敵機に対する攻撃ができなくなる。

かくして戦隊の各機は、要地上空に集結、態勢を整えて待機していた。間もなくB－29第一梯団一〇機編隊に対する真正面からの撃ち合い戦闘が開始された。

第二梯団、第三梯団が来襲するにつれ、彼我の航跡雲は要地上空に錯綜し、壮絶言語に絶するものがあった。

この間涌井機は無我必殺体当りの攻撃を敢行し、敵機と運命をともにし、名古屋市東方山中に墜された敵機の位置からやや離れた地点に激突、壮烈なる最後を遂げた。彼の同期代田中尉（五五戦隊所属）の戦死もまたこの戦闘でのことだった。

　高向機（少年飛行兵一〇期）も機敏に肉迫、必殺の射撃を敢行しつつ敵の尾部に体当りし、愛機はこのために左翼端を吹き飛ばし、数発の弾痕をとどめながらよく基地に帰投することができたのは奇蹟というほかはあるまい。

B－29の中から発見された遺品

　一月九日、敵機動部隊はルソン島に上陸を開始し、二月十五、六日には関東地区に侵攻、十九日には硫黄島へ上陸を開始した。

　二十五日、敵機動部隊は再度帝都周辺に攻撃を加えてきたたが、B－29はこれまでの昼間高々度よりする爆撃から、夜間焼夷弾攻撃よる都市の灰燼化、非戦闘員の戦意喪失を画策する戦法へも転じてきた。

　三月十四日未明、B－29約九〇機は大阪市の焼夷弾攻撃を強行してきた。飛行場は煙霧で視度きわめて悪く、雲層も数段にわかれていたが、敵機の夜襲を目前に見て、傍観はできず、最優秀のパイロットを選抜、出動させたのであるが、真下機は離陸直後に姿勢の保持を誤り、墜落重傷を受け、高向機は離陸直後の浮揚が遅れたため、飛行場西側の航空糧食製造伊丹工場の煙突に激突して、翼端を払われて墜落、機上に即死を遂げた。

　緒方・石川機はかろうじて離陸に成功したが、悪天候に阻まれてむなしく引き返し、鷲見機は第一次出動に機関銃故障となり、一たん着陸して、燃料を補給、再度の出撃をこころみ数層の雲を突破し、市街地の火煙に写る敵機と終始格闘を支え全弾射ちつくした。しかし天候はますます悪化し、猛煙の中を雲中突破の降下着陸を試みたが、錯覚のため飛行機は墜落状態に陥り、ついに落下傘降下をもって逃れたが、これまた重傷を負うた。

昭和20年春、大阪を空襲し日本軍によって撃墜されたB-29の残骸

　三月十七日未明B－29は三たび目標を転じて神戸の夜間攻撃を加えてきた。その数約六〇機。

　警急小隊の永末大尉以下四機は、第一次攻撃隊として燃料弾薬のつづく限り戦闘を交え、また第二次攻撃隊も直ちに出動した。

　B－29は単機または数機の編隊をもって、高度二〜四〇〇〇メートルをもって大阪湾上を西北進、神戸市街地に焼夷弾を投下した。その戦闘編隊の攻撃で、市街地に大火災がおき、焼煙天に冲し、雲を呼び、風を呼び、高射砲弾の炸裂、閃光また手にとるように望見された。視度は良かったのであるが、小雪まじりの西風は殺気に満ちていた。

　このとき一番機の津田軍曹（少飛）は、離陸時に転覆し戦死、川本軍曹機また被弾し、神戸市東北側地区に墜落、認識票も黒焦げに、壮烈なる戦死を遂げた。その母は面会のため明石までこられていたが、夜明けて徒歩で部隊に見えられたのは、虫の知らせであったろうか。

　緒方機は、基地との無線連絡は良好にとれていた。

「敵は単機、または数機の編隊である」

「敵は市街地の火災で明瞭に浮び出されている」

「一機撃墜。攻撃続行中」

　しかし無電はそこでプッツリと途絶えた。かくして神鷲緒方大尉はB－29に体当りを敢行、神戸市北側摩耶山頂に散華したのであるが、撃墜した敵機の中から、緒方機の脚、冷却機、プロペラなどが発見され、片方の航空靴が遺品として届けられた。

　彼はビルマ戦線歴戦の勇士として、戦隊創設いらいその卓抜なる戦闘技量と旺盛なる戦闘精神をもって部下の指導に当るとともに、戦闘にはつねに先頭に立って活躍、被弾す

終戦直後に撮影された大阪の佐野飛行場で防空任務に従事していた三式戦「飛燕」群

ること数回、その撃墜破するＢ－29は五機を下らない空の猛者であった。

第五六戦隊最悪の日

　硫黄島が陥落して間もない三月三十一日、航「い」号発令され、われわれは二七機もって芦屋飛行場に展開した。時に九州の山々は春陽にけぶり、桜花まさに咲きはじめんとする候であった。創設時の兄弟戦隊、五五戦隊と二三戦隊は、戦力回復のために当地に後退してきていた。

　四月一日、敵は沖縄本島に上陸を開始し、その後特攻隊の出撃はここから南九州の飛行場に前進していたのであるが、われわれはいつもその壮途を涙で見送ったものである。

　四月十八日、太刀洗は再度の空襲を受けた。わが戦隊はこれを太刀洗上空に邀撃したが、このころ敵は高度五〇〇〇メートル付近を行動しはじめていたので、攻撃方向にもいくぶん柔軟性があった。武装もまた一三ミリ四門となっていたので、縦横無尽に活躍できたのである。このときＢ－29一機が「飛燕」の体当たりによって空中分解を起こして墜落するのを目撃したが、その人は飛行第四戦隊の特攻隊長・五十七期林少尉と聞いた。

　吉野機は敵弾を機体、発動機に受けて、被爆下の太刀洗飛行場に不時着を決心したが、着陸と同時に転覆、火をふいて最後を遂げた。

　四月二十九日、天長の佳節に、戦隊は佐伯の海軍飛行場に展開を命ぜられた。Ｂ－29の最近の攻撃航路から判断し、足摺岬における補捉攻撃が企図されたためである。

　五月三日早朝、Ｂ－29一機は高度五〇〇〇にて佐伯飛行場の偵察に襲来した。警急一コ分隊が急拠出動し、つづいて主力一〇機をもって出動したが、敵機の補捉はできなかった。このとき機関に故障を生じた原田機は、着陸降下の際、失速転覆炎上し、戦死した。

　しかしこの三日午後の出撃で、足摺岬上空に空中集合中のＢ－29一機を撃墜、数機を撃破し、所期の目的を達した。

　ついで四日、連日攻撃を反復していたＢ－29は、足摺岬附近で集結を終え、九～一二機の編隊群を整えていたが、わが方の攻撃に撹乱され、被弾機は海中に爆弾を投下し、南下遁走を企てたのである。しかしこの日わが方も手痛い損害を蒙った。

　すなわちこの日のＢ－29の最後の

飛燕の対Ｂ-29戦法

　いかに「飛燕」といえども、高度8000m以上の高空を、ゆうゆう飛んでくるＢ－29に対しては、まともな防空作戦では、手も足も出なかった。

「飛燕」の上昇力は、20㎜機関砲×2、12.7㎜機関砲×2を取り付けた三式一型丁（キ61－Ⅰ丁）で、良好な調子の場合でも、5000mまで昇るのに7分以上も要し、その実用上昇限度は約1万mまで昇るには、どうしても約20分はみなければならなかった。

　これに対して、Ｂ－29の方は、常用の高度が、はじめから8000～1万mで、この高度における最大速度は、「飛燕」と同じくらいであった。

　したがって、上空にＢ－29を認めてから離陸したのでは、撃墜はおろか、そばまで近寄ることもできなかったのである。

　しかも、1機のＢ－29には、合計10～12梃の12.7㎜機関銃がついており、これが編隊機の数だけ倍加されるのであるから、その防御火力はじつに強烈なものであった。だからこのＢ－29を撃墜するには、どうしても早期警戒のうちにＢ－29より高く上昇し、その針路を地上との無線連絡で測定しつつ、なるべく太陽を背にして、不意打ちの態勢で待機しなければならなかった。

　高度差を利用する急降下姿勢の攻撃は、一撃必中を期して、捨て身の戦法でやらなければならなかった。この一回のチャンスに、必墜の一撃を敢行するには、体当たりの覚悟で接近し、翼の付け根あたりを狙って、一連射するのである。

　Ｂ－29の構造は、乗員室全体が気密室になっているため、これに一発でもあたれば、どんどん高度を下げてくるので、そこを狙って追撃を加えるという戦法もあった。また、Ｂ－29の主翼の内部は、大部分が燃料タンクになっているので、発火弾を使うと容易に火災を起こさせることができた。

二梯団は、わが出撃機を追撃、ちょうど燃料弾薬を補給中のわが戦隊主力に対し、猛烈なる爆撃を加えたのである。飛行場は一瞬にして阿鼻叫喚の巷と化し、五機は大破炎上し、かろうじて離陸した三機が、戦隊の全可動機となってしまった。

上野機（学鷲一期）は昨三日の戦闘で一機を撃墜し、志気ますます旺盛、本日の戦闘でさらに一機を撃墜したのであるが、この日ついに敵弾を受けて、足摺岬西方の島近くに不時着、戦死を遂げた。

また飛行場の被爆下に地上指揮をとっていた竜中尉も戦死し、貞島見習士官、河合伍長、川村伍長、佐藤兵長、伊藤上等兵、天野上等兵は燃弾補給の姿のままで壮烈なる戦死を遂げた。

ほかに重傷五名、軽傷を受くるも数名を出し、惨状は言語に絶するものがあった。

ここにおいて戦隊は早急なる戦力の回復をはかるため、七日芦屋に後退した。伊丹基地からは永末大尉以下五名が追及してきた。

またここで戦隊は三式戦二型へ機種改変となった。

硫黄島の陥落後、本格的なB-29の掩護に出撃したP-51戦闘機

大阪上空の大邀撃戦

六月三日昼間、大阪地区の大空襲があった。敵機の高度は五〜六、〇〇〇メートルだったが、この日は撃墜されるB－29を数多く目撃した。戦闘機に「タ」弾という一種の撒布弾二個を懸吊し、敵爆撃大編隊の真只中に投下を試みる「タ」弾攻撃、それに各種方向から突進しての四門の一三ミリ砲撃とで激戦がくり返されたのである。

六月五日には神戸地区の大空襲があった。大楠公はこの戦闘をどんな思いでに眺められたであろう。安達少尉、小野軍曹、羽田軍曹はついにこの邀撃戦闘で斃れた。

六月七日、敵は雲上から大阪地区へ焼夷弾と爆弾を混用した大爆撃を強行してきた。

石井機は交戦被弾し、腹部に貫通銃創を受け、落下傘降下を実施したが、ついに淡路島附近で最後を遂げた。

またこの日、飛行場とその周辺部落は猛爆を受け、押元上等兵、田口一等兵は戦死し、転属赴任途中の少年飛行兵一五期生平田兵長、伊達兵長は大阪駅頭において斃れた。

六月十日、浜松に機動した野崎分隊は、B－29の掩護戦闘機P－51と交戦したが、南園機は被弾、火をふいて墜落した。

六月二十六日、夕張上空における戦闘は敵戦爆連合部隊との戦闘であった。中川少尉（学鷲第一期）はB－29に必殺の体当り攻撃を敢行した。浜田機はP－51と交戦中被弾し、落下傘降下によって奇蹟的に生還を遂げた。永末大尉また被弾不時着のさい重傷を受けた。なお中川少尉の母はその霊前に束髪を切って供られたと聞く。

戦局は圧倒的に不利であった。以後終戦までに散華した若い魂を私はいまはっきりと思い浮べるのだが、それは割愛させていただく。そしてそれらの戦友をしのびつつ筆をおくのであるが、この小編が、記録に止めた私の一行日誌と、終戦後整理していた戦死殉職者名簿、および戦災を免かれて残った一冊の戦隊「いろは」名簿によって記述できたことを幸いに思っている。またと再びこうした思い出をくり返えさぬことを祈ってやまない。

（特集「丸」『飛燕と雷電』・昭和三十三年八月）

メディアの中のヒーロー「ヒエン」

前野秀俊

●日本本土空襲が熾烈を極めようとしていた昭和19年末、独特のスタイルを持つ「飛燕」が登場、B－29爆撃機への果敢な戦闘による華々しい活躍が新聞各紙で報道されるようになり、戦記ブーム真っ盛りの戦後に至っても少年雑誌などの誌面を零戦や「疾風」に代表される戦闘機とともに飾られた！

子供雑誌で取り上げられる

「飛燕」は、「ゼロ戦・その他」で片付けられがちな日本軍用機の中にあって、その特異な外見で、存在感を現している戦闘機と言える。

ここでは航空史の外側で、「飛燕」がどう世の中に紹介されていたのか、主に戦時中の新聞記事と戦後の子供向け読み物から拾っていく。専門誌では自明すぎて語られないこと、今では人の口に上らぬ評価もまた、「飛燕」の歴史の一部なのだ。

子供向け週刊漫画誌の呼び物が、（今では信じられないが）戦記記事だった昭和三〇年代末期、こんな質問が寄せられた（『少年マガジン』昭和三八年八月一八日号『快速戦闘機「飛燕」のひみつ』）。

日本の戦闘機で、機首がとがっているのは飛燕だけですか。「飛燕」は、どこがすぐれているのですか。

子供の質問は時に本質を衝く。これに対する回答は、

「飛燕」のように、機首がとがっているのは、液冷式（エンジンを水でひやす）の飛行機だ。だが日本の戦闘機は、機首がまるい空冷式（エンジンを空気でひやす）が多い。

まず液冷発動機搭載により、一般的な日本戦闘機と異なる機首を持っていることを述べ、「太平洋戦争がはじまる前には、液冷式戦闘機は、たくさんあった。（略）戦争がはじまってから、制式戦闘機としてつくられたのは、陸軍の『飛燕』だけである」ことが語られている。続いて液冷式の得失が、子供にもわかるように説明されるのだ。

すぐれているてん

㈠空冷式は、エンジンのシリンダー（ピストンがはいっているつつ）を、じくのまわりにならべるが、液冷式は、じくにそって前後にならべてある。だから、「飛燕」のエンジンは、ほそ長く、機首がとがっている。

このため空気のじゃまがすくなく、同じ馬力の空冷式よりも、スピードがでる。

㈡そうじゅう席から、前がよく見えて空中戦にべんりだ。

㈢むりなとび方をしても、エンジンがきゅうにあつくならないから、こしょうが少ない。じょうぶで、ながもちするエンジンだ。

㈣ガソリンがせつやくできて、遠くまでとべる。

これがけってんだ

㈠水でエンジンをひやしたり、空気をあてて水をひやす、冷却器のしくみがふくざつだ。手いれもめんどうになる。

㈡冷却器や、水をおくるくだに、敵弾が一発でもあたると、エンジンがとまってしまう。

㈢同じ馬力の空冷式エンジンよりも、つくるのがめんどうで、ねだんが高くなる。

「飛燕」の本質は、液冷発動機装備にあると断言している。外観が美的に感じられることもふくめ、すべてはここに起因するのだ。

“飛ぶ燕”と名付けられる

そこから時代を二〇年ばかり遡る。

帝都周邊B29邀撃の戰果擴大
廿一機を叩き落す
我自爆未歸還六機
體當り兩勇士生還
更に卅機以上に損害

昭和19年12月5日付『朝日新聞』掲載、四之宮中尉・板垣伍長の写真。「飛燕」の後ろ半分と欠けた主翼が見える

昭和一八年一二月二一日、同年前期の「陸軍技術有功章」授与式が行なわれた。新聞記事には、「水冷式高速単座戦闘機（賞金一万五〇〇〇円）（川崎航空機）技師　土井武夫、技師　大和田信」とある。『飛行日本』昭和一九年一月号は、それにふれた上で、「水冷発動機を装着した戦闘機性優秀な戦闘機を製作目下第一線で赫々たる戦果を挙げている」と、新鋭戦闘機の存在をひそかに伝えていた。

その約一年後、B－29が東京までをも襲うようになった頃、「水冷高速単座戦闘機」は、覆面のままで帝都の護りについていた。

昭和一九年一二月五日付『朝日新聞』は、一二月三日の帝都周辺B－29邀撃の戦果拡大を告げる記事とあわせ、敵爆撃機に体当たりを敢行、生還した四之宮中尉・板垣伍長の写真を掲載した。そこには胴体下に張り出しのある、主翼の欠けた戦闘機が写っている。

一二月八日付『毎日新聞』は、震天制空隊の中野伍長がB－29へ「馬乗り体当り」の後、「奇跡の生還」を果たしたことを報じている。記事は、伍長自筆の説明図・報道班員によるB－29に「馬乗り」となった際の想像図まで載せているのだが、そこに描かれている戦闘機の機首は細長く尖っている。

同日の『読売報知』では、伍長の後ろに、特徴ある機首が見える写真を載せている。新鋭戦闘機の姿が、一般国民の目にふれる時が、ついに訪れたのだ。

飛　我制空部隊の新鋭　燕

復仇誓ふ荒鷲
軽妙誇る「飛燕」

昭和20年1月16日付『朝日新聞』（上）並びに1月16日付『毎日新聞』の「飛燕」報道

昭和二〇年一月一六日、新鋭機が「飛燕」の名で新聞各紙に公表される。

「飛燕　我制空部隊の新鋭」（朝日）

「軽妙誇る『飛燕』」（毎日）

「よきかな　飛燕　わが新鋭戦闘機」（読売報知）

「その軽妙俊敏さはあたかも青空を縫って飛ぶ燕にも似ている所から『飛燕』と呼ぶことになった」（朝日）、「軽快な高性能を有し恰も飛燕のごとく、また日本刀の斬れ味のごとく敵の死命を制している」（毎日）、「宿敵B－29の編隊を邀え、その真只中へ絹糸のような飛行機雲をひいてつばめのような速さで突入するわが制空単座戦闘機」（読売）と、各社の記者は、久しぶりの新鋭機報道に筆の冴えたところを見せている。

注目すべきは『読売報知』

錐のように尖った発動機の先端、キリッと引締まった胴体のまんなかあたりに剣の如くピンと張った両翼、盟邦ドイツのメッサーシュミットに似た軽快な勇姿は猛烈なスピードをもつ戦闘ぶりとともにいくたびか我々の眼に映った

特異な外観を描写している。本機こそ「水冷式高速単座戦闘機」なのだが、公表記事はそこには触れず、B－29邀撃戦の主役、と言うところを強調する。しかし、どの記事でもB－29への「体当たり」に言及しているところに、B－29邀撃の苦しさが滲み出しているのだ。

この頃の『読売報知』は、「邀撃戦記」と題する連載記事を載せているが、制空隊員の言葉として「一万メー

邀撃戦記
（4）
愛機に描いた敵機撃墜マーク
白井大尉

『読売報知』連載の記事「邀撃戦記」にある「スミ」と描かれた撃墜マーク

トルの上空では〝腕よりも精神よりも馬力だ〟、「みんなの飛行機の性能が平均してよくなければならない」などが引かれ、戦果が報道ほどはかばかしくないことを遠回しに伝えている。

それでも、「飛燕」の名は空襲下の新聞紙上に響き渡ったのである。

ところが、早くも『飛行日本』昭和二〇年二月号に、「戦闘機を語る　その2　双発戦液冷戦設計の苦心」という対談記事が掲載されている。

これは陸軍航空本部　陸軍中佐　鈴木将剛、川崎航空機〇〇工場　田中副所長、土井試作部長、北野設計課長、清田研究課長、小口技師と言うメンバーで行なわれたもので、「屠龍」と、『飛燕』（この対談が行なわれた時には『飛燕』の名はついてない）を、世界の戦闘機の趨勢とあわせて語ったものである。

「飛燕」についての発言を見ると、

液冷単戦について

土井（略）水冷式戦闘機を作る前に、重戦闘機という名前が風靡したことがあります。（略）もっと武装を完全にやろうというので、液冷で纏めたいと清田課長が主任になってやりました。（略）速度を狙い、武装を強化する、その時代に二〇粍砲を使えというのですからかなりの重武装であります。我々もその時に重戦、軽戦というものが戦闘機の中にあるのだろうかということを疑問に思いながらも、一つやってみようというので纏めたのです。

製作者側から見た、開発の背景が語られている。土井試作部長は続ける。

（略）この飛行機は発動機の幅が液冷ですから、胴体の幅も非常に小さいのであります。この点運動性をよくし視界もよくする利点があります。（略）空冷と違いまして、この点液冷の有利な所であります。従って、上昇旋回とか余力上昇という点に対しては、非常に有利に働いてきます。殊に抵抗が少なく纏めることが出来る。同じような空冷発動機に比べますと、馬力が二割近く少なくても殆ど速度が同じに出来ます。（略）

冒頭に紹介した子供の質問に、作った人が答えているような内容だ。記事は「液冷戦の優れた点」にもふれている。

（土井）戦闘機には余力上昇ということと、又突込み速度が速いということは非常に大切です。この加速性の有利な事は液冷戦闘機の特に優れた点だと考えます。ニューギニアではライトニングを追掛けると、大体同じ位の速度だそうでありますが、これが下に逃げた場合にぐっと突込んで追かけるとこちらの方が有利だと聞かされています。（略）

戦時中、現用兵器の情報は厳重に統制されていたと言われるが、ここまで語られる以上、「飛燕」は「新鋭機」としての価値がないと見なされていたことになる。しかし一般国民の中では、その姿が五銭切手に描かれる程、希望の翼だったのだ。

日本は敗れた。『航空朝日』昭和二〇年一〇月号は、「ありし日の日本軍用機」を特集する。そこには「戦の翼はもはや何の魅力もなくなった」と公言してはばからぬ、極めて醒めた目があったのだ。

三式戦闘機「飛燕」

「九五」式戦以来、陸・海を通じて現れた唯一の液冷発動機装備の戦闘機。メッサーシュミットMe109に酷似しているが、発動機に信頼性がなく、したがって外地用には使用されないで専ら内地の防空戦闘機として用いられていた。B－29の邀撃戦では高空性能が悪いために火器を外した無装備といった形で体当たり戦法を試みた。改良型は発動機を空冷星型に換え、名前も「五式」戦闘機と改めて登場した。川崎航空機の製作。

誇張されすぎた「長所」

「発動機に信頼性がない」のひと言で、「飛燕」は地に墜ちた。切手も使用が禁じられてしまう。

戦後の航空復帰と併せて旧軍機の再評価が始まる。昭和三〇年代末、子供向け漫画誌の「戦記ブーム」は、「ゼロ戦・『大和』」をスターに押し上げたが、「飛燕」もその余録として、口絵記事の片隅に居場所を確保することになる。

「『飛燕』『隼』のあとをひきうけて、戦争の中ごろからかつやくした。スマートな高速戦闘機として有名。最高速度六〇〇キロ。」（『少年マガジン』昭和三六年一二月一七日号「太平洋戦争　世界にほこる日本の飛行機特集号」カラー口絵）

「飛燕　まもるのもせめるのも強い万能戦闘機」（同誌昭和三七年九月一六日号三八号「世界の名戦闘機特集号」カラー口絵）

「三式戦闘機〝飛燕〟一九四三年に登場。「隼」、「鍾馗」のあと、攻防両面に大活やく。陸軍の誇った快速万能機。」（『少年サンデー』昭和三七年一二月二日号「図解百科世界の名戦闘機」カラー口絵）

『少年マガジン』昭和38年4月7日号15号表紙の「飛燕」

「戦記ブーム」が最高潮を迎える昭和三八年、『少年マガジン』昭和三八年四月七日号一五号で、ついに「飛燕」は表紙を飾る。特集記事は「名機でつづる空中戦」。そこで「飛燕」は大活躍を見せる。

陸軍戦闘機「飛燕」ニューギニア上空で大あばれ

四〇〇機対四八機の戦い

アメリカの戦闘機P－38・P－40・P－47の大編隊が、昭和一八年一〇月、ニューギニアのウエワク基地を攻撃した。飛燕部隊は海上で2だんにかまえ、基地上空をまもる「隼」部隊とあわせて四八機。敵編隊約四〇〇機を、三方からつつみこんで大勝利をかちとった。

味方のそんがい……七機をうしなう

敵にあたえたそんがい……P－38を一七機、P－40を三七機、P－47を三機撃つい

景気の良い記事と歩調を合わせて賞賛の言葉は続く。

日本戦闘機の欠点をなおした「飛燕」

日本の戦闘機は、アメリカのものに

『少年』昭和37年9月号附録「大空の勇者」裏表紙の大滝製作所広告。プラモデルが「組み立てるオモチャ」と馬鹿にされても仕方がないと思わせる、色も塗られていない完成見本の中に「走る『飛燕』」がある

くらべ、機体はかるいが、強さの点でおとり、つっこみのスピードもおそかった。しかし、「飛燕」はがんじょうで、急降下のときのスピードも、日本の戦闘機の中では、いちばんだった。ドイツのメッサーシュミットＭｅ109によくにていたが、もっと身がるで、長いきょりとべた。

戦闘機の三冠王「飛燕」

ゼロ戦や「隼」（敵をせめていく戦闘機）は、身がるだが、スピードはおそかった。「鍾馗」や「雷電」（みかたの空をまもる戦闘機）は、スピードははやいが、身がるさの点でおとり、とべるきょりがみじかかった。「飛燕」は、身がるさ・スピード・とべるきょりが、どれもすぐれ、爆撃にもつかえる万能戦闘機だった。

強さをしめしたドイツ製機関砲

昭和一八年秋から、「飛燕」のうち一八八機が、つばさの一二・七ミリ機関銃をはずして、かわりにドイツ製の二〇ミリ機関砲をとりつけた。このため、飛燕の攻撃力は、ものすごく強くなり、がんじょうなたまよけをつけていたＢ－17やＢ－25などのアメリカ爆撃機も、らくにおとせるようになった。

　さすがに持ち上げ過ぎだと反省したのか、『少年マガジン』昭和三八年七月二一日号記事「はじめてあかす日本の撃墜王五人男」の中では、こう書かれている。

たりなかった「飛燕」のエンジン

「飛燕」は高速で、しかもみがるさのある、ゆうしゅうな戦闘機だ。一時は、日本一の万能戦闘機といわれたが、昭和二十年になると、液冷式エンジンの生産がまにあわず、ついに、空冷式エンジンつき五式戦闘機になった。空冷式は、空気でエンジンをひやすしかけで、機首が、ゼロ戦と同じ形をしていた。

　ようやく発動機不足の記述が出てくる。それでも「不調」の語を使わないところは注目に値するが、「日本一」の呼び声も、「一時は」の条件付きとなる。大人の事情をかいま見るようで面白い。

雑誌から単行本へ

『太平洋戦争　日本の飛行機』（桜井英樹著、立風書房1977年刊）表紙

子供向け戦記ブームは、怪獣に踏みつぶされて終わる。「飛燕」の記事は、週刊誌から単行本に戦場を移し、記述も専門誌風の落ち着いたものとなる。その一つ『日本の戦闘機』（秋本実、秋田書店刊、昭和四五年）はこう書かれている。

三式戦闘機〝飛燕〟は、キ61ともいい、日本では珍しい液冷式戦闘機である。

昭和一五年の二月、陸軍は、液冷式のハ40エンジンを積んだ重戦闘機のキ60と、軽戦闘機のキ61を作ることを川崎に命じた。

（略）キ61が完成し、テストを始めてみると、（略）最大速度は、五九一キロ出るうえに軽快で、キ60より小回りがきく。もちろん、Ｍｅ－109Ｅとの比較テストは何回やっても、キ61の勝ちだった。

　そして、昭和一七年の八月、キ61は、「鍾馗」の次の戦闘機に選ばれ、三式戦闘機という名まえがつけられた。ツバメのようにスマートなので、飛燕という名も決まった。

（略）南方や本土で活躍したのは、おもに一型や一型改とよばれる型だが、昭和一九年に、エンジンをもっと力の強いハ140に替えたキ61Ⅱ改が生まれた。最大速度六一〇キロで、一万メートルまで二十四分で上昇できた。そして、一万メートルの空を楽に飛び回れた。（略）

　こんなすばらしい「飛燕」にも欠点があった。それは、エンジンの故障で、飛べないことが多いのである。おまけに新しいハ140は、生産もおくれていた。

　そこで昭和二〇年に、エンジンを空冷式のハ112Ⅱに積み替えた五式戦闘機（キ100）が生まれた。（略）

　現在の日本戦闘機ファンが、「飛燕」について語れることが、おおむね書かれていると言って良いだろう。『少年マガジン』昭和三八年七月二一日号記事は「生きのこった飛燕」の一文で結ばれている。

　太平洋戦争中につくられた日本機のうちで、いま、日本にのこっているのは、「飛燕」二型一機だけだ。この一機は、飛燕の設計者の土井技師、航空自衛隊、アメリカ空軍らが協力して、しゅうぜんし、みごともとどおりになおしたもの。いまは、東京都立川市のアメリカ空軍基地にしまってある。

　この機体が五〇年後に川崎重工の技術者らの手で、改めて徹底的に復元された。「飛燕」は新たな挿話を得て、この先も語られていくことだろう。

プロジェクトリーダーが語る「飛燕」修復への熱き思い

●「飛燕」設計修復チームリーダーが語る、川崎三式戦闘機「飛燕」修復プロジェクトの経緯と全容！

川崎重工業　航空宇宙カンパニー
飛燕設計修復チーム　リーダー
冨田　光

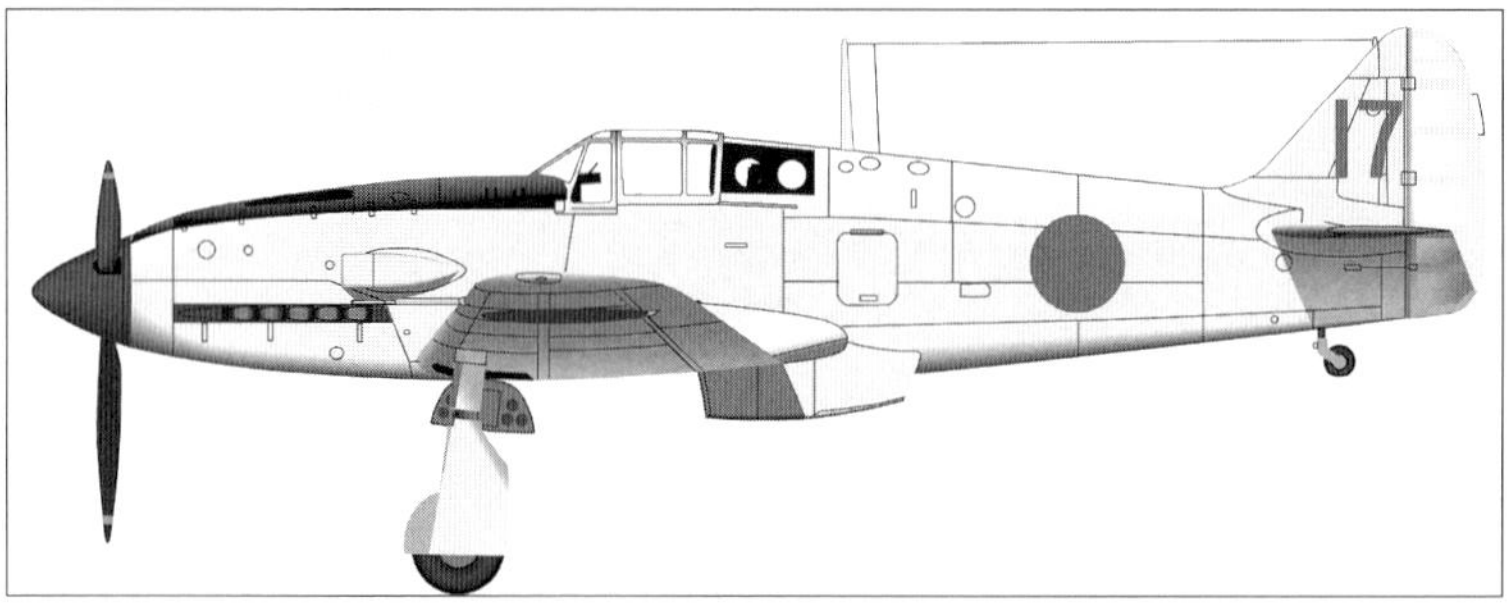

「飛燕」二型改 試作17号機

一・計画の経緯

八年ほど前に社内にＫ－ＶＡＲＴ（Kawasaki Vintage Aircraft Restoration Team）というボランティアチームを結成し、私はその当時からチームリーダーを務めていました。このチームの結成目的は、終戦とともに失われてしまった、戦前から川崎航空機が設計・製造した飛行機の図面、写真等の資料や当時の飛行機に関する情報を収集、保管を行なうことであり、現在も継続して活動を行なっています。

数年前、「飛燕」の設計者である土井武夫先生の生誕一〇〇周年を迎えるにあたり、「土井先生の偉業を広く世間に紹介する企画をやろう」という話が社内に持ち上がりました。

その際、東京勤務でＫ－ＶＡＲＴのチームリーダーであった私に、会社から「知覧に展示されている『飛燕』をこの企画展示のために、借りることはできないかな？　所有者である日本航空協会とちょっと交渉してきてくれないか？」という、お気楽な依頼が来たのが、今回のプロジェクトの発端です。

当初の予算は全く不十分であり、知覧に展示されていた「飛燕」を移動させるには、様々な制約があることも知られていたので、会社側も「実現は殆ど不可能だろうが……」と思っていたようです。

しかし、「飛燕」を生まれ故郷の各務原に戻すことは航空宇宙カンパニーの多くの社員の永年の夢であり、Ｋ－ＶＡＲＴのリーダーとしては「会社が前向きなこの機会を逃してはならぬ」との強い思いから、プロジェクトの素案を練り、日本航空協会への申し入れを行なうと同時に社内の各種調整を開始しました。

各務原への移設のための様々な問題点や制約条件の解決策を考える一方で、移設に必要な予算確保や体制作りのため、岐阜工場、東京本社及び神戸本社を奔走しました。

様々な追い風や良い条件が重なった時期でもあり、約一年間の調整の結果、プロジェクトの内容がまとまり、二〇一五年の夏に航空協会と無償で修復を請け負う契約を結ぶことができました。そして「飛燕」の移設及び修復作業を行なうため、Ｈｉ－ＲＥＴ(Hien Reverse Engineering Team）という設計・修復チームを立ち上げました。Ｋ－ＶＡＲＴを母体としつつ、新たに社内からの有志を募り、現在、約二〇名のメンバーが活動を行なっています。

二・「飛燕」に対する社員の思い

現在、当社が新規に製造する防衛省の飛行機は、飛行試験が完了した後、顧客へ引き渡されると、工場に隣接した航空自衛隊岐阜基地の滑走路から配備先へ飛び立って行きます。

その際、工場の関係者はエプロンに並んで、今後の飛行安全と活躍を祈って、手を振って見送る習慣があります。現場の作業員も、設計担当者も、事務方も、誰もがヘルメットを被ってエプロンに出て、自分の関わった飛行機が三井山をバックに飛んで行く姿を誇らしく見送ります。

この「飛燕」が製造された一九四四年は、戦時中の量産真っ盛りの時期でした。川崎の工場も各務原の滑走路も今と概ね同じ位置にあり、人数は少なかったとは思いますが、この「飛燕」が今と同じように川崎の社員に見送られて、三井山をバックに飛び立って行った当時の光景が容易に思い浮かびます。

今回、初めて川崎の工場に里帰りを果たした「飛燕」を前にして、我々社員は皆、「古くて貴重な飛行機だ」という単純な認識ではなく、「川崎航空機」という直系の先輩たちが七〇年前に心血を注いで設計、製造し、飛び立つのを見送った当時最高レベルの工業製品が、無事な姿で帰って来た、という特別な思いを持って眺めているところです。

三．修復作業概要

二〇一五年の春に、今回の設計修復作業の参考にすべく、選出されたチームメンバーが英国に渡り、現存する「五式戦」を詳しく調査してきました。同年九月に、「飛燕」を分解して知覧から搬出し、当社の岐阜工場に搬入しました。

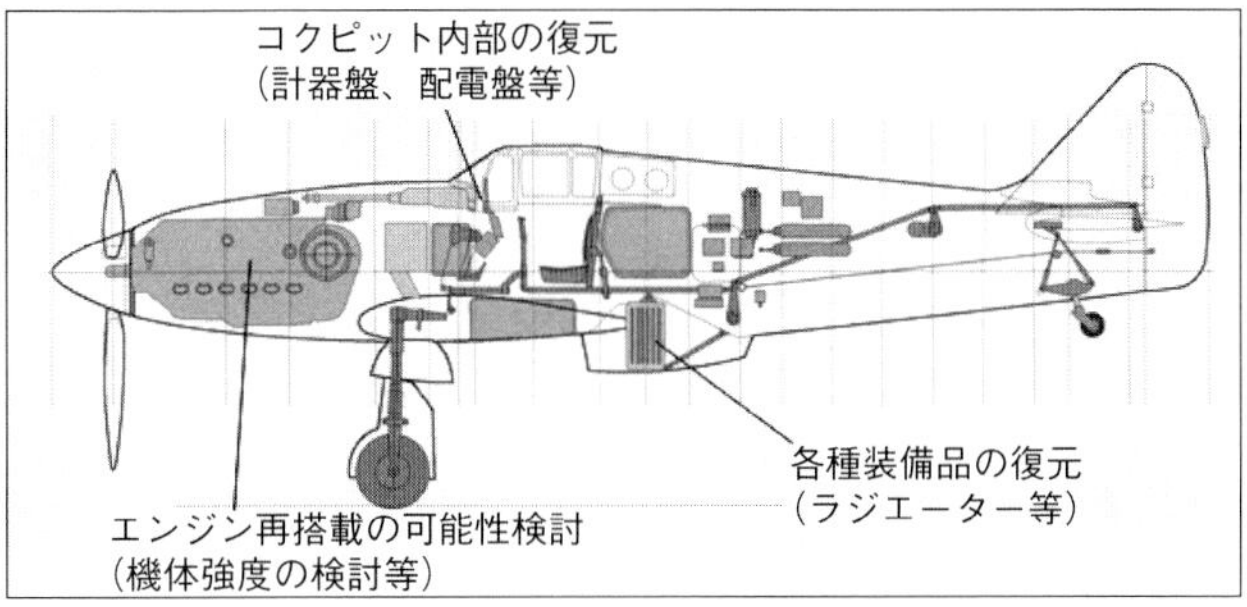

その後、工場で最初に行なった作業は、機体外表面の塗装の剥離です。事前の調査と塗装専門作業者のAPCエアロスペシャルティ社との調整を入念に行ないました。胴体、主翼等の大型部品の塗装剥離には塗膜を溶かす薬品を塗布し、塗装を剥がしていきました。

その際には、機体内面にはオリジナルの塗装が残っている可能性があるため、機体開口部だけでなく機体外板の継ぎ目にも丁寧にマスキングを行ない、薬品の機体内部への浸透を防ぎました。尾翼や脚カバー等の小型部品は溶剤を使用し、チームメンバーの手作業で剥がしました。現在、九〇%ぐらいの塗装剥離が完了しています。この塗装剥離の結果、当時のオリジナルと思われるマーキングの跡が何ヵ所も出て来たのには驚きました。

これは、製造時に無塗装の機体に施されたマーキングの部分だけが、無塗装であった何年かの間、アルミ外板を腐食から保護することになり、表面の状態に微妙な差が付いたもので、その後施されたオリジナルではない塗装の下で長年その状態が維持されて来たものです。脚扉に、「最大緩衝」という文字や、垂直尾翼に最も古い写真と同じ位置に「17」の数字の痕跡が現れてきたのには本当に感激しました。

その後、原製作所という計測専門業者の協力を得て、約一週間かけて全機の三次元測定を行ないました。

終戦時には、川崎の飛行機の図面はほとんど喪失していたため、現在、「飛燕」の製造図と呼べるものは何も残っていません。

このため、三次元測定は必ず実施したいと考えていたのですが、得られたデータは期待した以上に有用なものであり、手間をかけて取得してよかったと思っています。現在、この3Dデータを元に三次元CADで「飛燕」の正確な外形をコンピューター上で復元しており、それらは復元部品の製作に活用するだけでなく、失われた図面の代わりに、我々の新たな財産になると思っています。

四．今後の展開

現在、修復や、戦後に失われた部品の復元を進めるため、座席や計器盤、各部のアクセスパネル等の分解や取り外しを行なっています。

エンジン上部のフェアリングと胴体下面の翼胴フェアリングは戦後の修復の際に製作された物が取り付けられていました。これらをよりオリジナルに近い物に交換すべく、先に述べたコンピューター上で復元された正確な外形を使って設計を進めています。

また、現在失われているハ-140エンジンの過給機の復元を行なうため精力的に調査を進めています。現在、参考に購入したDB605の過給機の分解をエンジン関連のエキスパートがいる明石工場で分解を終えたところで、これらの結果と、残された部分的な図面や取説等の分析から、ハ-40からハ-140に発展していく際には、DB601EやDB605Aが参考にされたことが明らかになってきました。

その他にも、これまでの資料等では不明であった新たな事実を反映した復元品の設計や修復の検討も進めていきます。これらは今後、徐々に形になって「飛燕」に反映され、最終的に「かかみがはら航空宇宙科学博物館」に展示される予定です。展示だけではなく、これらの修復の根拠資料は膨大な量となりつつありますが、興味のある人に向けて、できるだけ公開していきたいと思っています。

（「丸」二〇一六年四月号）

〈編集部注〉
川崎重工で約一年を費やした「飛燕」修復作業は二〇一六年十月五日に完了、神戸ポートターミナルで開催された「川崎重工創設一二〇周年記念展」に展示されたあと、二〇一八年三月より、岐阜かかみがはら航空宇宙博物館で展示されている。修復作業および完成した機体は、本書巻頭のカラーページ（1～11ページ）に掲載。

なお、川崎重工での修復作業については、冨田光氏以下、設計修復チームがまとめた『飛燕修復の記録―機体編』／『飛燕修復の記録―動力・装備編』（艦船模型スペシャル別冊・モデルアート社刊）に詳しい。

エンジニア座談会

日本製万能戦闘機「キ61」のすべて

●九七式戦闘機を制作した中島飛行機とともに数々の〝ファイター〟を生みだした航空メーカー・川崎の技術者たち——「重戦か、軽戦か」の境に大いにその万能ぶりを発揮した三式戦「飛燕」のベテラン設計陣が縦横に語る、誕生と戦歴の大座談会！

キ61、飛燕の生い立ち

本誌　先日、荒蒔義次さんにお会いしまして、「陸軍の戦闘機でなにが一番よかったか」とたずねましたら、即座に「『飛燕』だ」といわれたんですが、そういわれるわりにこの飛行機は、あまり目だたないんじゃないか、と不審に思っているわけなんです。

そこで今日はひとつ大いに「飛燕」の長短両様についてお話し願いたいのですが、まずどういうわけで「飛燕」を作ったかというようなことから始めていただきたいと思います。「飛燕」の試作を始められたのは何年頃ですか？

北野　「飛燕」はバンナーが土井さんのところでやっておられるときに、私がドイツから帰ってきたんですから、昭和十五年の末ですね。

土井　そうですね。あんたが帰ってきたときの累卵だからね。

北野　私が帰ったのが十五年の十月ですからね。

土井　そして飛んだのが十六年の十二月ですかな。一年ばかりかかったからね。それで「飛燕」というのはなかなかきまらなかったんですね。

北野　私が帰ったときにキ60でしたね……。

土井　キ60が先に飛んだんです。

北野　そうそう。キ60の概略ができておったと、そういう段階でしたよ。

本誌　やはり軍の命令でそういうものを作り出したんですか？

土井　それは川崎がやっていたのは戦闘機で九五式戦闘機ね、九五式戦闘機が中島とやって勝って、その次にキの28というのは——中島のキの27と競走した。

坂井　キの27というのは九七戦と呼んでいたんでしょう。

土井　あれと一緒の飛行機でキ28というのを、われわれが単葉で作ったわけですよ。それでいわゆる接戦の末、三菱のキ18。それから三菱のキが負けたわけだけれども、負けたというのもいろいろのことがあって、中島じゃ全然仕事がなかったんですからね。そのとき川崎では九五式戦闘機を作っていましたからね。キ28もいい飛行機ですが、あの頃の軍の戦法というのがはっきりしないんで、高速であったキの28が反対に負けてしまった。そこで今度はまた複葉で作ったんですよ。

本誌　九五式戦以後にまた複葉ですか？

土井　九五式戦闘機の性能向上というやつだね。その性能向上機は第一案、第二案、第三案と作った。それで第一案が整備機になって、第二案、第三案というのは二機ぐらいずつ、格闘戦というようなものの思想によって作ったんですがそれがだんだん速度が上ってきて大体四四〇キロメートルぐらいまでいったんです。しかし九七式戦闘機がきまっちゃったもんだから、今度は競争でな

〈左〉座談会に出席した「飛燕」開発にかかわった人物。写真左より坂井、北野、土井、井町の４氏

◇出席者
■当時川崎航空機試作部長・川崎航空機顧問
土井武夫（どいたけお）
■当時川崎航空設計課技師・川崎航空機技術部長
北野　純（きたのじゅん）
■当時川崎航空機研究部次長・名古屋大学工学部教授工学博士
井町　勇（いまちいさお）
■当時陸軍航空本部審査部・川崎航空機飛行課長
坂井　菴（さかいいおり）
司会・本誌　※肩書は当時

く川崎独自の立場で進めた。重戦的思想——重戦とか軽戦とかいったんですが、重戦というのは武装が大きくて一撃戦法のあれです。

本誌　そうするとメッサーシュミットの思想なんか入っていたんですか？

北野　メッサーシュミットというのは完全なる重戦を代表するもんですね。

本誌　そういうものを日本でも作ろうというわけだったんですか。

北野　それほどでもないんですが、それまでに日本の戦闘機というのはドッグファイト一点張りでやっていたわけですね。

本誌　軍の要求はどうだったんです。

土井　軍もこんどはそういう重戦的思想のものを作れということでした。

北野　やっぱり、時代の思想ですからね。当時重戦闘機のよさが発揮されているということになると、やはりそういうものがほしくなってくる。

土井　そうそう。それで初めにキ60を作ったわけで、同じような名前が出ていたんです。キ60という思想が一つあってそれから別にキ61。だけどわれわれは軽戦とか重戦というような、そういう意味の観念はデザインする上ではあまりありませんでしたね。

北野　ですから表現をかえれば、ヨーロッパの重戦思想に日本の従来からのドッグファイトを重視した軽快な戦闘機ですね。それを加味したようなのがキ61ということになるわけなんです。つまり日本的重戦というわけだ。

土井　その重戦を作った最初がいわゆるキ60なんですね。それからキ44ですか、中島の……。だからキ60とキ44との間には、ちょうど半年ぐらいのズレがありますね。

本誌　どっちが先ですか？

土井　それはキ60が先ですよ。

北野　だからさきほど言ったのは、私が帰ったときには、ほかにキ61もやっぱりやっていたと……。

土井　やっていたんですよ。60はダイムラーベンツというのを積んだんですよ。

本誌　輸入したものを積んだんですか？

土井　そうです。

坂井　キ60は何機作ったんですか？

土井　三機です。

坂井　試作三機というわけですね。

土井　それで半年ばかり早く行って、その後パラレルに仕事していたわけですね。やっぱり人を違えてやらしていたから……。

液冷対空冷の変遷

本誌　話はちょっとかわるんです

が、川崎では非常に液冷の飛行機を作ったということですが、どうして液冷の飛行機を作ったんですか？

土井 液冷といってもね、われわれははじめから液冷をやっているんで、空冷エンジンというのは、会社自体が全然作っておりませんからね。それで川崎の工場が空冷の飛行機をやったというのはハ13改ですか――あれを練習機のエンジンに十三年頃からやり出したんです。

本誌 液冷の方がスピードが出るし、性能もいいという話なんですが……。

北野 やっぱりそれはあったでしょう。液冷エンジンの特徴というのは……。

坂井 特徴はスピードにあったんじゃないですか。

北野 加速性なんかいいわけですからね。その反面非常にデリケートだった。だから故障も多く、特にラジエーター関係など、空冷より複雑であった。

土井 しかし、いわゆるBMW（ドイツの発動機名で川崎で国産化した）をつけておったときなんか、それ程ではなかった。八八式偵察機やなんかにも使ったが、あれだけいけたのはBMWのお蔭ですよ。

北野 そうです。だからBMWのときはまだよかったんです。空冷と比較すれば性能はいいかわり、取扱い、整備力がともなわないといけなかった。

土井 それはわれわれとして空冷も考えることはありましたね。会社として使おうというには――やはり液冷で行けるならやっていこうという考えがあるし、そういうことは大事なことですからね。それは全然勝味がなければ別問題ですがね。だから液冷を使ったとか空冷を使ったというのは、どっちがいいか悪いかというわけじゃなくて、そういう意味の上で使われたんだろうと思います。

ドイツじゃほとんど液冷をやったでしょう。私が一九三二年、三三年にハインケルなんかへ行ったときだって、戦闘機でもなんでも液冷でやっていたんですからね。

本誌 そうするとドイツは整備能力がいいということになりますね。

土井 いやいや、そうじゃなく、ドイツにはそういう良いエンジンが伝統的にあったんですよ。だからドイツには空冷のいいエンジンがなかったというわけですね。

川崎としても液冷をずうっと手がけておりましたからね――。

北野 やっぱり国家としての育成方針も、別に液冷がいいとか空冷がいいとか割切れないものがあったのではないか。

土井 そう、割り切れないですわね。

坂井 揺籃時代で、はっきりした見通しはないわけですからね。だからやっぱり両方とも手がけてずうっとやらなければならんと……。

本誌 両方、一長一短あるわけですからね。

北野 しかし少なくとも戦闘機ということに重点をおけば、液冷の方がいい飛行機になると思っていたんじゃないでしょうか。

空冷が出てきたのはNACAカウリング（奥ゆきの深い円筒状の変形覆い）ができてからで、それまでは空冷はあまり使われなかった。

土井 そうですね。われわれがやっていた前にはNACAカウリングというのはなかった。タウネンド・カウリング（奥ゆきの浅い環状の発動機覆い）だもの……。NACAカウリングというのは堀越氏がやった時くらいからですよ。その前は、タウネンド・カウリングで、とにかくカウリングすればいいということだけだから……。われわれも空冷ということについての計画は、当時フォークトというドイツ人（註：川崎の

川崎が国産化したドイツのBMW6 500馬力液冷発動機

技術指導者＝リヒァルト・フォークト氏）がおりまして、やったんですよ。

本誌　フォークトさんは何年頃までいたんですか？

土井　八年までいましたかね。

北野　いや、もっといましたよ。

土井　八年の十月までいて、一たん帰ったんだよ。だからそれまではずうっと十年ばかりいましたからね。

本誌　そうするとキ61（「飛燕」）はフォークトの影響が入っているわけですか？

土井　それはそうですよ。われわれがフォークトのアシスタントとして働いていたんですからね。そういう意味で液冷とか空冷とか、その当時のアミエラブル・エンジンということになるでしょうな。エンジンの発達史から見たら、空冷というのは後です。あの頃はみんな液冷ですからね。それは一番初めにはローンなんかあったが、それから後はイスパノがあり、BMWがあり、ロレーンがあり、ネピア・ライオンがあり、あるいはリバティー・エンジンですね。そういうものが液冷で軽くていいものができた。それからも液冷と空冷が作られてきたけれども、そのときはまだカウリングというようなものがなかったから、両方匹敵するようになったのはその後ですね。

「飛燕」のテストの頃

本誌　坂井さん、初めてキ61（「飛燕」）にお乗りになったときに、それまでの戦闘機と違うようなことはなかったですか。

坂井　特にありませんね。あれは60か61ですか、昭和十六年の秋頃明野へ一、二機きていたんですがね。

土井　それは60でしょう。

坂井　それまでの九五式戦闘機と比べても、特にどうということはなかった。しかし九五式戦闘機は一葉半ですね。それに対し片方はあの頃はやりだした低翼単葉という新式のやつですが、操縦性能的には別に大きなかわりは感じなかったですね。というのは九五式戦闘機とキ60と比べたときは、やはり同じ会社でできて、同じデザイナーが作って、大体同じ経過をたどっているから、われわれのやる操縦とか、いろいろのことはある程度合ってきてますからね。それは極端にいえば翼面荷重が大分違ってきておるというように、恰好はかわっていたけれども。

土井も　キ60をそうやって重戦思想で作ると同時に、キ61をやるかやらないかということが非常に問題になりましてね。私なんか航本によく説明に行ったんですが、当時、谷口さん、あの人が航本の八部長をしていて、「どうだ」というから、私は「やっぱり重戦だなんて思想にとらわれず一番いいやつを作ったらいいでしょう」といった。戦闘機なんというのはそういうもんですよ。「今、あれ（キ60）一つをやっているけれども、それじゃさらにキ61という飛行機をまとめましょう。だか

重戦思想と軽戦思想を元に開発、様々なテストが実施されたキ61「飛燕」試作1号機(上)と川崎製液冷式エンジンを搭載した九五式戦闘機

ら極端に、重戦だからこうやってやれという思想は受けずに、われわれがちょうどいいと思う戦闘機をやりましょう」

というわけですよ。

だからその点は零戦なんかの場合、その後の戦闘機をやるのに海軍から〝なにをどうしろ、翼面荷重をどうしろ、こうしろ〟と、いわれるでしょう。そういうことは陸軍はなかったんですよ。われわれに本当にまかしてくれたんです。つまりデザイナーとしての、デザイナーというよりも、本当に作る人間にまかせてくれた。

本誌　そうすると陸軍の要求は海軍の場合よりも、相当設計者にまかせた傾向があるわけですね。

土井　ええ、フリーですね。だからその中でわれわれがいろいろくわしい計算をやって、いわゆる操縦性能計算、その他をやってみて、これがいいだろうといって纏めていったのがキ61（「飛燕」）なんです。それでキ60はスピードを重視しましたが、キ61というのはスピードだけでなくてスピードもいい、それから全体として戦闘機としての役目を果すというような意味でやったわけです。

土井技師設計の試作機キ28と競争した中島製の九七式戦闘機

本誌　操縦性、グルグル廻りの方は……。

土井　グルグル廻りも重点に入りますし、速度も入りますし、それから突き込みも——突き込みが非常に大事なことですから、それも考えなければいけないとそういう意味で纏めたのがキ61（「飛燕」）なんですがね。それにキ61をやるということに対しては、やはりその前にやりましたキ28……九七式戦と一緒にやって負けたは負けたですがね。

本誌　スピードは出たんでしょう？

土井　スピードは出ているんです。二〇キロメートル／時多く出ているんですから……。それに上昇もいい。だから急降下性能がまたいいんです。

本誌　それじゃ運動性で負けたんですか？

土井　ええ、運動性ですね。それと片一方は旋回半径が一一〇メートル、片一方は七〇メートルぐらい。だから本当に廻るとこんなんですからね。だけどそういう場合は戦法のとり方でしょうね。

北野　重戦というものの思想は編隊で補いあって一撃一打するのが、重戦の思想なんですよ。編隊で行動するわけですね。ところがグルグル廻りのきくやつは格闘戦をするわけで、そういう差があるわけですね。

重戦と軽戦の境

本誌　その当時、アメリカのカーチス・ホークとか、ソ連のイ16とか、そういった目標はあったんですか？

土井　アメリカの戦闘機というのは、その頃まだ良いのがないですから、あんまり相手にしてなかった。アメリカが相手になるようになったのは後ですよ。今でこそアメリカ、アメリカというけれども、われわれのときはアメリカなんか相手にしなかったんですよ。

本誌　それじゃソ連一点張りですか？

土井　いやいや、相手の戦闘機というのは英国とドイツですね。それと格闘するというわけではないけれども、戦闘機としての技術レベルとして……。それから米国の雑誌に出ている性能は実際と一割ぐらい違うんだから、一割ぐらい割引いて考えなければいけなかった。

北野　しかし戦後ムスタングというのは、「飛燕」の相手としては……。

土井　そうそう。ムスタングになったけれども、戦前からいえば、そのころの相手というのは米国のことはあんまり考えていなかった。米国のは開戦後ですよ。

北野　坂井さん、ムスタングというのも重戦と軽戦の混配したような……？

坂井　あれは当時としては徹底した重戦思想があったのではないでしょうか。

北野　フラップを使って、グルッと回転するところが非常にいいということをある操縦者がいってましたよ。

坂井　まあ、あの級の飛行機としていいというんでしょう。総体的に……。

陸軍初の本格的な重戦闘機として試作されたキ60（一号機）

北野　とにかく「飛燕」というものは重戦思想と軽戦思想とを混配されて土井さんが作られた傑作なんですけれどもね。その当時、日本的なものを新しい重戦思想にもっていった。

土井　だからやはり恰好を見てもいいでしょう。僕は今でもいいと思っているんですよ（笑声）。

北野　キ60よりも「飛燕」の方が軽戦的なんですよ。

土井　そう、キ60よりもね。やはり軽戦的だけれども、重戦とか軽戦とかいう言葉がどうもね……。

坂井　北野さんは重戦党でしたね。

土井　そうだ、北野さんは重戦党だ。重戦にならなければいかんというんで、帰ってきてキ61をやらんかというときにそんなものはやらんというわけなんですよ。

音速に挑戦した「飛燕」

土井　私は今でもキ61について思うのですがね。いわゆる七八〇キロの速度計が三〇〇メートルでペタンとくっついちゃってそれでも機体の方はなんでもない。今でいうマッハなんか一応過ぎているんですよ。マッハという意味のマッハは、〇・八五くらいなんか過ぎているんです。それでも、無理がなく行っていたというのは、やはり僕は、キ61がいい飛行機だったからだと思ってます。

本誌　フラッターなんかの心配はなかったんですか？

土井　一ぺんあります。エルロン・フラッター（補助翼振れ）といって、補助翼が飛んじゃったことがあるんです。当時、片岡という操縦士が立川で競争したんですよ。あれはメッサーじゃなかったですかね、六〇〇〇メートルぐらいからどっちが早いかということで競争したが、途中で震動が出てエルロンが飛んじゃったんです。あれは長さが三メートルばかりあったが、その半分が飛んだ。荒蒔さんが、「一ぺん六三〇キロぐらいのよみを出すとエルロンのところがこうなっている。きちっとならないで、こうなっているから少し端が揃ってない」というんです。それはわれわれもあんまり気にしなかったが、それで飛んじゃったんです。つまりエルロンが捩れちゃって、そこから飛んじゃったけれども、あれはヒンジが三つあって端の二つだけ飛んじゃってね——それから調べてみましたらマスバランスの入れ方がユニフォームに入れてなかったんです。本当はユニフォームに入れればいいわけですが、マスバランスを入れるのに端だけ入れたんですね。それからマスバランスを平にしたらそれからそういうことがなくなって、その後は震動の問題については全然聞いたことがなかった。キ61については空中分解は一回もありませんね。

本誌　坂井さんはキ61で速度はどのくらい出されましたか？

坂井　六二〇～三〇ぐらいやったんじゃないですか。

　零戦というのは制限速度をよくいわれましたね、ところがキ61は全然制限速度がない。それは普通に使った人からもいわれたですね。

本誌　そうすると構造はよほど頑丈にできていたわけですね。

土井　頑丈にはできてましたよ。それで一番最後に米軍が二〇〇機ぐらいこわしてきましたが、こわすことができないといっていました（笑声）。

北野　私も本当に「飛燕」はいい飛行機だったと思うんです。ただ液冷エンジンの整備ですね。整備能力がその当時の軍に平行してついて行けばよかったわけですね。ところが今まで田舎で藷を掘っていたような百姓さんを徴用して、そういう人がかり出されてきて整備員になるんでしょう。だからそういう点に欠陥があったんじゃないでしょうか。

土井　これはね、今の三〇〇〇メートルで七八〇キロというのは――三〇〇〇メートルというのは一・一五倍するんですから、本当の実速にしたら八五〇キロなんてとうに過ぎている。マッハ〇・八五ぐらいまでいっているでしょう。九〇〇キロぐらいはいってますよ。

本誌　その当時としては飛躍的なもんですね。

土井　いや、わからないんだから、それは偶然ですね。ただ機体の強度がよかったからそこまでやれた。それからその上にどのくらい出しても舵のリヴァーサルがない。それは乗っていた人がみんないいましたね。それにいわゆるキ84なんかは突き進んで行くと舵が重くなって駄目だが、それがないといっていたし、その点はよかったと思いますね。それから武装も二〇ミリ砲を四門積んだというふうになってきてますから、その点などがよかったんじゃないかと思いますがね。

「飛燕」二型の機体に空冷式エンジンを搭載した五式戦闘機

「飛燕」から五式戦に

本誌　後でエンジンを空冷につけかえて、非常に評判がよかったという話ですね。

土井　キ61は、まず一型を作ったでしょう。次にリンゲリヤをかえたり、翼面積をかえたりなんかして二型を作った。その二型も相当いいんですよ。いいけれども発動機（ハ一四〇）がついてこなかったですなア。

本誌　結局、発動機の問題ですか。

土井　二型だって速度は水平で六二〇キロ出ているんですからね。当時、六二〇出るというのは相当なもんですよ。ところが発動機のプロダクションがつづかなかったんですね。それで空冷のハ一一二にとりかえて、キ100としたわけです。

坂井　あれは五式戦闘機といったんですね。軽戦じみているということでした。だから速度はやや少いけれども、格闘戦にはいいというふうなことがあった。

本誌　結論的には空冷をつけた方が格闘性能はいいけれども、速度は出ないと……。

審査部の「飛燕」でB－29

土井　坂井さんが三機でもってB－29を落としたことがあるというのは、液冷の二型で、坂井さんが編隊長になって、あとは伊藤大尉と今一人、それでもってB－29を落とした。それをだれかが書いたのを見たけれども、やはりあの当時、一万メートル近くで編隊が組めるというのは「飛燕」二型しかなかった。

本誌　そのころどこから飛び立ったんですか。

坂井　今の横田飛行場。あそこに陸軍の航空集団というのがあって、戦闘、偵察、爆撃みんなそろっていたんじゃないですか。

わしらは航空審査部で戦闘部隊じゃないんですけれども、戦闘隊がだんだん少なくなったし、少なくなったというより向こうの数が多くなったといった方がいいかもしれんですがね。だから臨時に編成されて、B－29がきたときはしょっちゅう出されたですね。キ61も出るし、キ84も出るし、キ43も出るし、各種出ておった。同じ審査部からでも……。

土井　だから坂井さんはそのキ61の戦隊長ですよ。それでもってB－29をやっつけるというんで、九〇〇〇メートル以上の上空でいいチームワークをもって落としちゃった。

本誌　相手は何機編隊でした？

坂井　七機ぐらいでしたかね。

本誌　やっぱり旋回銃かなんかで射ってくるでしょう？

坂井　それはもの凄いですね。もうこれで死ぬかと思ったですね（笑声）。

本誌　その「飛燕」は機銃はなにを積んでおったんですか？

坂井氏がB-29と空戦を実施した「飛燕」二型と同型機（写真は米軍からの返還機）

坂井　あのときは一三ミリ。

本誌　それじゃ一三ミリで落としたわけですか？

坂井　そうです。落としたのは七機編隊の一番最後のやつです。

本誌　〝最後のやつをねらえ〟と申し合わせてやったわけですか？

坂井　いや、大体編隊長を射つのが本当ですけれどもね。ちょっと遅れてるやつとか（笑声）マゴマゴしているやつ、つまり手っ取り早く落せるやつから落して行こうということで……。

本誌　手ごたえというものはあるもんですか？

坂井　よし、と思うやつは、やっぱりあるですね。

土井　とにかく当時、九〇〇〇メートルぐらいの高度で、まだ上昇をやって戦闘ができるというのはキ61（「飛燕」）の二型ですよ。

本誌　あれはエンジンが大体かわったんですね。

土井　二型ですからね、エンジンはハの一四〇。その前の一型はハの四〇ですね。ハの四〇というのは、一一五〇馬力ぐらいで、後の一四〇が一四〇〇から一四五〇馬力ぐらいのものですね。

本誌　スーパーチャージャーなんか大きくしたりしたんですか？

土井　そうです。スーパーチャージャーを大きくして、予圧高度を六〇〇〇ぐらいにしたんですからね。

本誌　坂井さん勲章をもらいましたか？

坂井　はあ、勲章はあるんですが、だれも買ってくれないから持っています（爆笑）。

川崎の試作機

土井　坂井さんはわれわれが作った飛行機、つまり九二式戦、九五式戦、それからキの28というように……。

本誌　そうすると川崎の戦闘機は、ほとんど全部テストされたわけですね。

土井　テストどころじゃない。

坂井　いつも研究機関とか審議の一部機関にはおったです。

土井　まあ、戦闘機は明野でやったですから——それで明野の操縦者はみんな教官が乗る。だから本当のコンペティション、競争のときには〝今度は勝った〟〝今度の空戦ではよかった〟とか、言っておりましたね。

坂井　ええ、競争ですからね。

土井　〝今度は一緒にやった〟とか〝弾丸があたる〟とか、キ28なんというのは弾丸が一番よくあたりましたね。

本誌　キ28が採用にならなかったというのは、どう考えても惜しいですね。

押しつぶれた風防――「飛燕」の速度テスト

昭和28年の12月に、東京日比谷公園で国産機の展示会が開かれたことがある。その一隅に、紅白の丸木にかこまれて、日の丸をつけたかつての日本陸軍戦闘機がスマートな姿勢で天の一角をにらんでいた。

それが、三式戦二型の「飛燕」だった。終戦のとき福生（現在の在日米空軍横田基地）飛行場にあったこの「飛燕」は、進駐してきた米軍によって保管されていたのだ。

いわゆる流線型に先が尖って、いかにも視界の広々としたようなこの「飛燕」だったが、それも、第2次世界大戦で活躍した日本機のうち、ただ一つといわれた液冷エンジン装備のためであった。前方視界が良いばかりでなく、胴体の断面積もほっそりと小さくできるという設計上の大きな利点もあった。それはともかく、視界のよいこの機は、したがって風防に風当たりも強いわけだ。

13号機の速度テストのとき、突然この風防がおしつぶされてしまうという珍事が突発した。「飛燕」の風防は、他の戦闘機と同じようにスライド式なのだが、この機には例のメッサーシュミットBf109の風防のような〝扉式〟のものを、ためしに付けていた。元来、メッサーの風防のワクは頑丈なスチール製であったのに、これにはそうしなかったので、はげしい風圧に叩きつぶされた強度の弱いこの扉式風防は、アッという間にへこんでしまった。

パイロット（陸軍航空審査部員・荒蒔義次氏）は操縦席に閉じ込められてしまった。そこで、計器をにらみながら、カンと慣れでつっこみそうになりながら着陸した。待ち受けていた地上陣も、これには大いに仰天したことだろう。何しろ、操縦者の影が見えない飛行機が降りてきたのだから。しかもよくよく見れば、風防に頭をつっこんで背中しか見えないということだったから、呆然としてしまったのも無理のない話である。

川崎がハ40を制作するために購入したドイツの発動機・DB-601

土井　いや、それは惜しくないです。いわゆるその次の試作に役立っている。

本誌　キの78ですか、研三の速度機ですね。あれは日本で一番早い飛行機だったらしいですが……。

井町　あれは東大の航空研究所が設計して、製作は川崎でやりました。速度機といっても低空ですからね。低空の馬力を上げて低空の速度を上げろというんで——上空のことまで考えると、そうたいしたこともなさそうですね。

本誌　でも、あの時代に七〇〇キロ出たんだから、大したものですね。

北野　そうですよ。スピードコースで七〇〇キロ出たんですから。あれは翼幅が八メートルぐらいでしたかね。ずいぶん小さな翼ですよ。

本誌　今の最新式のジェットではどの位ですか。

北野　一一メートルぐらいですよ。

井町　あれは機体が小さくて発動機の馬力だけ大きいでしょう。それで離陸のときなど、ずいぶん心配したんです。

本誌　高速機ではキ64というのがありましたね。

土井　61（「飛燕」）の翼を全部取りかえて、ラジエーターは全然なくしちゃって翼面をいわゆる蒸気冷却に使うもんだから二重にして、外鈑は厚さが二ミリぐらいありましたね。

北野　外鈑そのものはそのくらいですね。

土井　下に一〇ミリの間をつけて……。

北野　センベイにしちゃって……。

土井　そうセンベイにして、ちょうど一〇センチぐらいの間をつけてあった。

北野　今のジェット機の構想と似てますからね。あれは昭和十七年ぐらいでしたが……。

本誌　その頃、まだそういうものを設計する余裕はあったわけですね？

土井　いや、試作陣は本当に大事にしたし、勝手なことをさせたんですな。あれは東條さんがそういう考えだったからね。生産は別として——それで川崎は試作工場も持っていたし、試作機関もあって、工員も相当持っていたもんだから……。

本誌　どのくらい出たんですか？

土井　あれは七〇〇近く出たんですよ。あの小さい——小さいといって、本当にレジスタンス・エリアといいますか、本当に小さいやつですね。胴体の幅が九〇〇ミリで、リンゲリヤが二八、それで二二〇〇馬力ですからね。

北野　それから操縦者の後にも今のジェットのようにエンジンがあった。

土井　後にまたエンジンがあってね。それでエンジンの真中にエルロン・コントロールが一〇〇ミリぐらい。

北野　後のエンジンから前のエンジンにかかっているロング・シャフトがあるんですが、それを包んで操縦者を保護する。それを補助翼の……。

土井　補助翼のコントロールに使っている。それで前のエンジンのシャフトに行くでしょう。両方コントラクトを廻して……。

「飛燕」の種明し

本誌　キの61に対して、これまでに発表しなかったけれども、今だから話してもいいというようなことはありませんか？

土井　あれに対してのいろいろの問題というのは……。ただああいう構想をとった上にいろいろいわれたけれども、あれで押しきったということですね。だから、今の75S（ジュラルミンの種類）ですか、ああいう超々ジュラルミンなんか使ってないですよ。ほかの飛行機はみんな使っておりますが、うちは超々ジュラルミンは使ってない。そういう材料の面でいろいろネックがあったし、それからスペシャルの材料なんか使いません。

本誌　防御の面はどうだったんですか？

土井　防御の面は初めはなんともなかったですからね。後からはタンクも入れたし、防弾鋼鈑なんかも入れましたが、それで初めは三トン足らずだったが、後ではやはり三トン四〇〇ぐらいになったでしょう。

北野　あとでいろいろと性能が悪くなったというのは、初めの試作当時の航空本部から出る装備、その他のことと、やっておる途中から、あるいは生産に移ってから防弾鋼鈑を作れとか――あの頃で厚さが一三ミリの位の厚さですからね。

土井　ええ、そのくらいの厚さのを作りましたよ。

北野　それから初めの試作要綱では一三ミリ二つとか、七ミリ七と一三ミリというようにやっていたのが、こんどは二〇ミリをつけろというようなことで、結局重量が著しく増大した。

土井　そうそう。

坂井　そこが一番痛いところでしょうね。軍の要求のために、初めと終わりとでは飛行機はグッと違ってきている。

土井　だが初めて試験をやって五九〇キロ出たときには喜んだね。われわれは五七〇キロぐらいきり出ないだろうと思っていた。それで五九〇キロ出たんですからね。

北野　五九三キロですか。

土井　ええ。それはそのときのラジエーターなんかのアレンジメントがよかったんでしょうね。それに対してはキ60でいろいろ経験をやって、そして工合が悪いところをなおしたからであって、それも一つの経験です。だからキ60がいい経験になっているわけですね。それで戦後になってムスタングがオーバーホールで来たのを置いてあるのを見ると、本当に川崎の飛行機かなァと思いましたよ。

北野　要するに戦争でもっと活躍できる飛行機だったわけなんですがね。ムスタングの場合、アメリカの整備能力がよかったし、本当に使いこなせたわけですね。ところがわれわれの場合は整備能力がともなわない。

坂井　私の場合は見解がちょっと違うんですがね。というのはP－51ムスタングとかP－40、あるいはメッサーの109についているやつですね。これはみんな液冷ですが、ほとんど自動的になっていてあんまり整備に苦労しないで使えた。

北野　エンジンはたしかにいいね。

坂井　整備をやらんでも、自動車のエンジンと同じに使えるんだから……。

本誌　工業力の違いですね。

坂井　ずいぶん違うね。結局デザインとしてはいいし、同じようにやってもいいんだけれども、材質とか工作とか、そういう方面で非常なちがいを起こしていたんじゃないですか。それが根本なんです。P－40というのはね。戦争が始まってからマレーから帰還したときに、あれは全部で二〇機ぐらい空輸して持ってきたんですよ。当時、私がちょうど明野の甲種学生の教官だったもんですから、戦地とかその他いろいろのところから学生がくるでしょう。それですぐ戦地に行くためには、それと対戦しなければいかんということで、一〇人ばかりでP－40の一個中隊を作り、仮想敵を作ってすべてやっておったんですがね。それをやってみると実際にむこうのエンジンは良かったですよ。

だからこっちでできた飛行機を整備員の優秀なやつをつけて整備させた飛行機よりも――といっては悪いけれども（笑声）P－40は気がらくなんですね。そのくらいまでにわれわれの観念に植えついてしまったんですね。実際故障が起きませんからね。

本誌　結局、国力といおうか、とにかく材質が大きな問題だったんですね。それではこの辺で。

（特集「丸」『飛燕と雷電』・昭和三十三年八月）

三式戦闘機「飛燕」

Kawasaki Type 3 "Hien" & Type 5 Army Fighter

川崎キ61&キ100のすべて

カラー

よみがえった「飛燕」
——岐阜かがみがはら航空宇宙博物館　撮影／藤森　篤　001
クローズアップ復元「飛燕」　006
カラーフィルムの残されたTONY　012
海底のレクイエム ゼロ・ポイントに眠る「飛燕」　撮影／戸村裕行　014
「飛燕」一型甲の帰還と1/1 FRP製機　016
ハ40/140の原型ダイムラーベンツDB601　撮影／藤森　篤　020
「飛燕」一型丙側面図　作図／渡部利久　026
「飛燕」一型甲 解剖図　作図／永井淳雄　028
「飛燕」ファミリー各型イラスト　作図／永井淳雄　030
飛燕／五式戦 塗装&マーキング　作図／野原　茂　034
英国RAF博物館の五式戦　撮影／宮崎賢治　042
各務原ミュージアム 土井武夫遺産　048

モノクロ

帝都防空「244戦隊」　撮影／菊池俊吉　049
飛燕&五式戦型別写真集　058
沖縄で鹵獲された19戦隊の「飛燕」一型丁　076
川崎製戦闘機カタログ　080

私が設計した液冷戦闘機「飛燕」　土井武夫　084
高速戦闘機キ61開発物語　古峰文三　094
三式戦闘機一型甲四面図　渡部利久　104
川崎が育てたダイムラーベンツの血統　古峰文三　106
和製DB601のトラブル原因をさぐる　鈴木　孝　112
独逸よりもたらされた二〇粍マウザー砲　国本康文　116
陸軍ファイターの眼「三式射撃照準器」　高橋　昇　122
恐るべき武装の生まれるまで　二宮香次郎　124
三式戦／五式戦の機体構造&メカニズム　野原　茂　128
キ61&キ100装備部隊オールガイド　吉野泰貴　152
名戦闘機10番勝負　松田孝宏　162
青い目の見た「トニー」レポート　大塚好古　168
こがしゅうとの「キ61」　こがしゅうと　174
ウエワク山脈上の大空戦　梶並　進　176
飛行第56戦隊戦闘詳報　古川治良　184
メディアの中のヒーロー「ヒエン」　前野秀俊　191
プロジェクトリーダーが語る「飛燕」修復への熱き思い　冨田　光　196
エンジニア座談会　日本製万能戦闘機「キ61」のすべて
土井武夫／北野　純／井町　勇／坂井　養　198

〈カバー写真〉
岐阜かがみがはら航空宇宙博物館に展示された
三式戦闘機「飛燕」二型改（撮影・藤森 篤）

装幀&カラーページデザイン　天野昌樹

平成29年「丸」1月別冊
「三式戦闘機『飛燕』」増補改訂版

三式戦闘機「飛燕」

2021年7月21日　第1刷発行

編　者　「丸」編集部
発行者　皆川豪志
発行所　株式会社 潮書房光人新社
〒100-8077
東京都千代田区大手町1-7-2
電話番号／03(6281)9891(代)
http://www.kojinsha.co.jp
印刷製本　図書印刷株式会社

定価はカバーに表示してあります。
乱丁、落丁のものはお取り替えいたします。
本文は中性紙を使用。

 ISBN978-4-7698-1683-6 C0095